해양수산부 주관
한국산업인력공단 시행

최신판

1 수산물품질관리사

자격증series : 사마만의 證시리즈
證: [증거 증].
밝히다. 깨닫다.
최고의 실력을 證명하다.

수확 후 품질관리론

이영복 편저

- 2단편집(내용&TIP)
- 포인트 TIP으로 쪽집게 적중!
- 밑줄표시;
  중요한 부분 밑줄표시!

21세기는 해양주권의 시대이다. 유사 이래 바다로 나아갈 때 세계사에 큰 족적을 남긴 민족들이 많다. 우리나라는 대륙을 등에 업고 바다를 향해 가슴을 펼친 지정학적인 위치로 하여 운명적으로 해양국가일수 밖에 없다. 1990년대 이후 참치를 중심으로 세계 어업의 중심국가로 성장해온 우리나라가 그에 걸맞은 해양수산입국의 정책과 비전을 가지고 있는 지 반문할 때이다.

더욱이 1982년 유엔해양법협약에서 타결된 200해리 배타적경제수역에 대한 연안국의 배타적 주권이 인정됨으로써 타국 어선이 배타적 경제수역(EEZ) 안에서 조업을 하기 위해서는 연안국의 허가를 받아야 하게 되었고, 자국의 어업자원을 보호하고 국력의 자원으로 삼으려는 국제적 움직임이 활발해지고 있다.

2015년 새롭게 발족하게 된 해양수산부는 그 정체성을 확보했는지도 아직은 의구심이 드는 이때 제1회 수산물품질관리사 시험이 시작되었다.

식량자원은 농업분야 뿐만 아니라 어업분야에서도 그 중요성이 높으며, 자원의 고갈이라는 지구의 문제와 맞서면서도 자국 이익의 보호를 우선시하는 국제적 흐름을 어떻게 하면 슬기롭게 헤쳐 나갈 것인가가 당면의 과제로 떠올랐다.

본 편저자는 새롭게 닻을 올린 수산물품질관리사 제도가 우리나라의 어업발전에 기여하고, 국제간 힘의 싸움에서 슬기롭게 대처할 수 있는 인력의 양성이라는 측면에서 꼭 성공하는 제도가 되어주길 기대해 마지 않는다.

아직 수산물 분야의 학문적 성과나 그 결과가 사회 곳곳에서 나타나고 있지 못한 현실 앞에서, 나름대로 본서를 사용하는 학습자들에게 최선의 지침서가 되도록 심혈을 기울이긴 했지만 나름 아쉬운 부분이 한 두가지가 아니다. 향후 본서에 대한 여러 고언을 받아들여 더 향상된 교재가 될 수 있도록 최선을 다해 나갈 것을 약속드리면서 본서를 사용하는 모든 이에게 행운이 있기를 바랍니다.

편저자 일동

차 례

✔ 제 1장 | 서설 / 11
01 어획 후 관리의 의의 / 11
02 어획 후 품질관리의 필요성 / 11
03 수산물 유통의 특징 / 12
04 어획 후 품질관리 기술 / 13

✔ 제 2장 | 수산물의 특성 / 15
01 수산물의 특성 / 15
02 어류의 조직 / 16
03 수산물의 주요성분 / 18
• 실전문제 / 24

✔ 제 3장 | 수산물의 사후변화와 선도 / 28
01 사후변화 / 28
02 선도 / 30
03 수산물의 변질 / 35
• 실전문제 / 42

✔ 제 4장 | 수산물의 저장 / 51
01 저장의 의의 / 51
02 수산물의 저장 / 52
03 냉장 / 55
04 냉동과 냉동식품 / 61
05 냉동장치와 설비 / 73
• 실전문제 / 78

✔ 제 5장 | 선별과 포장 / 93
01 선별 및 입상 / 93
02 포장 / 95
03 포장 방법 / 100
04 수사물 표준규격의 포장규격 / 102
• 실전문제 / 109

✔ 제 6장 | 수산물의 저온유통 및 수송 / 115

01 콜드체인시스템 / 115
02 저온유통에 따른 식품의 품질 변화 / 118
03 활어의 수송 / 119
• 실전문제 / 122

✔ 제 7장 | 수산물의 가공 / 125

01 건제품 / 125
02 훈제품 / 132
03 염장품 / 135
04 발효식품 / 142
05 연제품 / 143
06 조미가공품 / 148
07 해조류 가공품 / 150
08 통조림 / 155
09 기능성 수산식품 / 163
10 기타 수산 가공품 / 167
• 실전문제 / 172

✔ 제 8장 | 안전성 / 184

01 중요성 / 184
02 위해요소 중점 관리 기준 / 184
03 수산물의 안전성 / 185
• 실전문제 / 194

✔ 부록 1 |

• 기출분석 / 199

✔ 부록 2 |

• 기출문제 / 319

시험정보

제1회 수산물품질관리사 시험시행 안내

✔ 자격정보

- **자 격 명** : 수산물품질관리사(Fishery Products Quality Manager)
- **자격개요** : 수산물의 적절한 품질관리를 통하여 안정성을 확보하고, 상품성을 향상하며 공정하고 투명한 거래를 유도하기 위한 전문인력을 확보하기 위함
- **수행직무**
  - 수산물의 등급판정
  - 수산물의 생산 및 수확 후 품질관리 기술지도
  - 수산물의 출하 시기 조절 및 품질관리 기술지도
  - 수산물의 선별 저장 및 포장시설 등의 운영관리
- **검정절차**

  | ① 시험시행공고 | → | ② 1차 원서접수 | → | ③ 1차 시험 | → | ④ 1차시험 발표 |

  | ⑤ 2차시험원서접수 | → | ⑥ 2차시험 시행 | → | ⑦ 2차 발표 | → | ⑧ 자격증발급 |

- **소관부처** : 해양수산부 수출가공진흥과
- **시행기관** : 한국산업인력공단
- **관계법령** : 농수산물품질관리법

① 시험과목 및 시험시간

구 분	시험과목	문항수	시험시간	시험방법
제1차 시험	① 수산물품질관리 관련법령* ② 수산물유통론 ③ 수확후 품질관리론 ④ 수산일반	100문항	120분	객관식 4지 택일형
제2차 시험	① 수산물품질관리실무 ② 수산물등급판정실무	30문항	100분	단답형, 서술형

※ 주1) 수산물품질관리 관련법령은 농수산물품질관리법령, 농수산물유통 및 가격안정에 관한 법령, 농수산물의 원산지 표시에 관한 법령, 친환경농어업 육성 및 유기식품 등의 관리·지원에 관한 법령이 포함됨

② 출제영역

◦ 수산물품질관리사 1차 시험 출제영역

시험과목	주요영역
수산물품질관리 관련법령	1. 농수산물품질관리 법령 2. 농수산물 유통 및 가격안정에 관한 법령 3. 농수산물의 원산지 표시에 관한 법령 4. 친환경농어업 육성 및 유기식품 등의 관리·지원에 관한 법률
수산물유통론	1. 수산물 유통 개요 2. 수산물 유통기구 및 유통경로 3. 주요 수산물 유통경로 4. 수산물 거래 5. 수산물 유통경제 6. 수산물 마케팅 7. 수산물 유통정보와 정책
수확 후 품질관리론	1. 원료 품질관리 개요 2. 저장 3. 선별 및 포장 4. 가공 5. 위생관리
수산일반	1. 수산업 개요 2. 수산자원 및 어업 3. 선박운항 4. 수산 양식관리 5. 수산업 관리제도

○ 수산물품질관리사 2차 시험 출제영역

시험과목	주요영역
수산물품질관리실무	1. 농수산물품질관리 법령
	2. 수확 후 품질관리 기술
	3. 수산물 유통관리
수산물등급판정실무	1. 수산물 표준규격
	2. 품질검사

❸ 응시자격

○ 응시자격 : 제한 없음[농수산물품질관리법시행령 제40조의4]
 - 단, 수산물품질관리사의 자격이 취소된 날부터 2년이 지나지 아니한 자는 응시할 수 없음[농수산물품질관리법 제107조]

❹ 합격자 결정

○ 제1차 시험[농수산물품질관리법시행령 제40조의4]
 - 각 과목 100점을 만점으로 하여 각 과목 40점 이상의 점수를 획득한 사람 중 평균점수가 60점 이상인 사람을 합격자로 결정
○ 제2차 시험[농수산물품질관리법시행령 제40조의4]
 - 제1차 시험에 합격한 사람을 대상으로 100점을 만점으로 하여 60점 이상인 사람을 합격자로 결정

❺ 응시수수료 및 접수방법

■ 응시수수료[농수산물품질관리법시행규칙 제136조의2]
 ○ 제1차 시험 : 20,000원
 ○ 제2차 시험 : 33,000원
■ 접수방법
 ○ 인터넷 온라인접수만 가능하며 전자결재(신용카드, 계좌이체, 가상계좌)이용

⑥ 합격자발표 및 자격증발급

- 합격자발표
  - 한국산업인력공단 큐넷 수산물품질관리사 홈페이지와 자동안내전화로 합격자 발표
- 자격증 발급
  - 국립수산물품질관리원에서 자격증 신청 및 발급업무 수행

★ 기타 시험세부사항은 추후 공지되는 『수산물품질관리사 자격시험공고문』을 참고하시기 바라며, 궁금하신 사항은 한국산업인력공단 HRD고객만족센터(☎1644-8000)으로 문의하시기 바랍니다.

제 1장 | 서설

❶ 어획 후 관리의 의의

1) 어획 후의 품질관리란 어획한 수산물이 최종 소비자의 손에 도달되는 과정에서 신선도 유지와 부패 방지로 품질을 유지하고 감모율을 줄이며 유통기간을 연장시키기 위한 목적으로 실시되는 모든 조치를 총칭하는 의미이다.

2) 어획된 수산물의 선별, 냉장, 저장, 포장, 수송 등에 이르는 전 과정에 대한 기술을 전문으로 이용함으로서 상품성을 최대한 증가시키는 활동이다.

3) 어획 후 관리는 수산물 물류 효율화를 위한 핵심기술이며 또한 상품성 향상을 통해 부가가치를 창출하는 제2의 생산활동이라 할 수 있다.

❷ 어획 후 품질관리의 필요성

1) **이론적 배경**
   (1) 수산물의 어획 이후 품질은 수산물의 특성, 관리기술의 활용정도, 사회 문화적 소비수준 등의 요소에 따라 달라진다.
   (2) 생산된 수산물의 각종 변화 등의 특성과 원리에 대하여 이해함으로써 어획 이후 발생하는 손실을 최소화하고 품질을 장기간 유지시키는 것을 목적으로 한다.

2) **국제 여건의 변화**
   외국 수산물과의 가격 및 품질, 경쟁력 제고의 필요성

3) **유통구조의 변화**
   (1) 유통경로별 유통 점유비율 증가

(2) 대형 유통업체와 전자상거래는 계속 성장, 재래시장 등은 정체 및 쇠퇴경향
(3) 고품질, 규격화된 수산물의 년 중 공급요구 증대

4) 소비자의 기호 변화

(1) 신선도, 안전성에 대한 요구 증대
(2) 수량, 가격에서 신선도 안전성으로 변화

❸ 수산물 유통의 특징

1) 부패성

수산물은 강한 부패성으로 인해 선도가 상품성 및 가격에 영향을 매우 많이 미친다.

2) 복잡한 유통경로

(1) 여러 단계의 복잡한 유통경로를 거쳐 소비자에게 전달된다.
(2) 유통 마진이 커진다.
(3) 활어 등 품질관리가 어려울수록 유통마진이 과다해진다.

3) 용도의 다양성

생산된 수산물은 선어, 냉동, 가공의 원료 등 여러 용도로 이용된다.

4) 계절의 편재성

계절적으로 생산량 및 상품성의 차이가 크다.

5) 규격화 및 표준화의 어려움

다양한 어종이 생산되고 또한 품질이 균일하지 못하다.

6) 가격의 변동성

수산물은 생산의 불확실성, 규격의 다양성 및 부패성으로 가격 유동성이 크다.

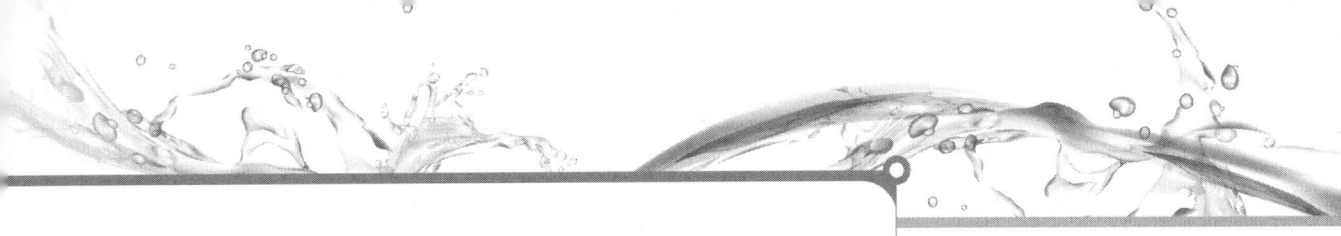

④ 어획 후 품질관리기술

1) 품질결정 요소

(1) 사회·문화적 환경(소비수준)
① 소비자 기호
② 소비자 유형
③ 시장성

(2) 생물적 특성
① 어종
② 어획방법
③ 어획시기
④ 저장성
⑤ 가공성
⑥ 수송성

(3) 품질관리기술
① 선도유지 및 안전성 유지기술
② 상품차별화 기술
③ 부가가치 창출기술
④ 시설, 장비의 효율적 이용기술

2) 어획 후 품질관리 기술의 개념

(1) 어획 후 부패성
① 사후변화
② 수분증발
③ 장해

(2) 유통환경
① 온도
② 상대습도

(3) 품질관리기술
① 품질안전성 유지기술
   ㉠ 냉장 및 냉동
   ㉡ 포장
   ㉢ HACCP의 적용 및 관련기술
② 상품화기술

제1장 | 서설

　　　　ⓐ 선별
　　　　ⓑ 상품포장
　　　　ⓒ 가공
　③ 시스템화기술
　　유통센터, 물류시스템 구축 및 효율화

제 2장 | 수산물의 특성

① 수산물의 특성

1) 종류의 다양성
수산물은 종류뿐만 아니라 생태적 특성도 매우 다양하다.

2) 어획량의 불확실
대부분 수산물은 자연 생산으로 수온, 염도, 해수의 유동 등 환경조건에 따라 생산량 차이가 크다. 최근은 양식기술 발달로 계획생산의 가능성이 조금은 가능해 졌다.

3) 장소와 시기의 한정
(1) 계절에 따라 해수 수온의 변화 등으로 특정지역에서 특정 어류의 어획은 시기의 제한을 받는다.
(2) 어장 형성에 따라 어획되는 어종 및 어획량의 차이가 매우 크다.

4) 보존성이 약하다.
(1) 해양세균 오염으로 변질 및 부패하기가 쉽다. 특히 해양세균의 대부분은 저온성 세균으로 저온에서도 쉽게 증식하므로 저온저장으로도 선도를 효율적으로 유지하기가 어렵다.
(2) 어류는 일반적으로 조직의 표피가 얇고 결합조직이 적으며 근섬유가 짧고 굵어 체조직이 연약하며 효소분해 및 미생물의 침입이 용이하다.
(3) 자가소화효소의 활성이 높아 효소에 의해 쉽게 분해, 변질된다. 일반적으로 회유성 어종이 비회유성 어종에 비해 효소활성이 높아 변질이 빠르다.
(4) 동물에 비해 조직이 연약하고 수분함량이 높아 미생물의 증식이 용이하다.
(5) 어류는 어획 후 어획물의 가치를 위하여 내장 및 아가미를 제거하지 않고 취급하는 경우가 많아 부패가 빠르다.

〈수산물의 특성〉
1) 종류의 다양성
2) 어획량의 불확실
3) 장소와 시기의 한정
4) 보존성이 약하다.
5) 다량의 생리활성물질이 존재한다.

(6) 어획 시 받은 상처 등으로 부패, 변질이 쉽다.

5) 다량의 생리활성물질이 존재한다.

(1) 생명현상에 영향을 미치는 생리활성물질이 다량 존재하며 이는 어획물의 가치상승 요인이 된다.
(2) peptide는 단백질을 이루고 있으며 혈압 강화와 혈중 콜레스테롤 저하작용 등을 한다.
(3) EPA(eicosapentaenoic acid, 에이코사펜타엔산),
DHA(docosahexaenoic acid, 도코사헥사엔산) 등이 다량 함유되어 있다.
(4) 혈압과 혈중 콜레스테롤을 저하시키는 taurine이 다량 함유되어 있으며 특히 문어, 오징어 새우 등에 많다.
(5) 그 외에도 칼슘, 여러 기능성 올리고당 등이 다량 함유되어 있다.

❷ 어류의 조직

1) 껍질부

(1) 어류의 피부는 표피와 진피로 구성되어 있다.
(2) 표피
  ① 여러 층의 표피세포로 구성되어 있다.
  ② 점액샘이 분포되어 있어 점액을 분비하므로 대체로 미끄럽다.
(3) 진피
  ① 여러 층의 결합조직으로 구성되어 있다.
  ② 진피 일부에 석회질이 침적하여 비늘을 만들어 표피를 덮고 있다.
(3) 색소세포층
  ① 진피와 그 내부 근육층 사이에 존재한다.
  ② 색소세포층의 색소 과립과 비늘 색소에 의해 어체 빛깔이 결정되며 표피와 진피에 의한 빛의 굴절에 복잡한 광채를 띤다.

2) 근육부

(1) 피하지방층
① 껍질부 색소세포층과 혈합육 사이에 존재한다.
② 껍질과 근육의 가교역할을 한다.
③ 주로 지방이 축적되어 있다.

(2) 혈합육(적색육)
① 암갈색이 진한 근육부분
② 운동성이 강한 회유성이 강한 어종이 비율이 높다.
③ 백색육에 비해 수분, 총질소, 비단백질소는 다소 적지만 지질이 많은 특징이 있다.
④ 고도의 불포화 지방산을 함유하고 있다.
⑤ 미오글로빈(myoglobin), 시토크롬(cytochrome) 등 색소단백질 함유량이 많다.
⑥ 결합조직, 비타민류, 각종 효소군이 풍부하다.
⑦ 가공 시 비린내가 많이 나는 특징이 있다.
⑧ 고등어, 정어리, 가다랑어, 방어 등은 근육의 일정비율이 적색육으로 구성되어 있다.

(3) 백색육(보통육)
① 맑은 육색 근육부분
② 운동성이 약한 정착성 어종에 많이 있다.
③ 도미, 넙치, 가자미, 조기, 대구 등은 근육의 대부분이 백색육으로 구성되어 있다.

3) 근육의 분류

(1) 존재 부위에 따른 분류
① 골격근: 뼈에 부착되어 있고 주로 식육의 대상이 된다.
② 심근: 심장을 형성하는 근육
③ 평활근: 내장과 혈관을 구성하는 근육

(2) 형태에 따른 분류
① 평활근: 가로무늬가 없는 근육으로 심근 외 내장근육
② 횡문근: 가로무늬가 존재하는 근육으로 심근과 골격근으로 구분된다.

(3) 기능에 따른 분류
① 수의근: 의사적으로 운동이 가능한 근육으로 골격근을 이

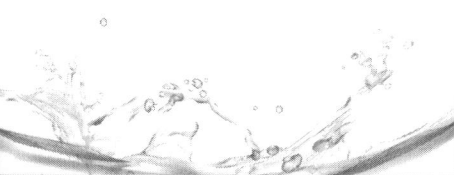

룬다.
② 불수의근: 심근과 평활근을 이룬다.
(4) 육색에 따른 분류
① 백색육
② 적색육

③ 수산물의 주요 성분

수산물은 어종, 크기, 암수, 어획기, 어장, 선도, 어체의 부위 등에 따라 다르지만 일반적으로 수분 60~85%, 단백질 15~25%, 지질 1~10%, 탄수화물 0.1~1.5% 무기질 1~2%로 구성되어 있으며 계절적 변화가 심하고 지방과 수분의 함량은 반비례한다.

1) 수분

(1) 일반적으로 수산물의 수분함량은 60~90%로 육상의 동물에 비해 조금 많다.
(2) 함유된 수분은 영양적 가치는 없으나 함량 및 존재 상태에 따라 어육의 가공성, 저장성, 조직감, 맛 색택 등에 영향을 미친다.

2) 단백질

(1) 근육단백질은 용해도에 따라 수용성인 근형질 단백질, 염용성인 근원섬유 단백질 및 불용성인 근기질 단백질로 나눌 수 있다.
(2) 근형질 단백질
  ① non-myosin protein으로 효소 단백질, 색소 단백질을 포함한다.
  ② 조성비: 20~50%
  ③ 용해도: 수용성
  ④ 모양: 구상
  ⑤ 종류
   ㉠ myogen: 근형질 단백질의 65%를 차지할 정도의 주성분
   ㉡ globulin X: 순수한 물에 난용성의 입상단백질

ⓒ myoalbumin: myogen과 같은 계열의 albumin성 단백으로 물에 녹기 쉬운 입상단백질이다.

(3) 근원섬유 단백질
① myosin protein이라고 하며 근육의 수축운동에 관여하며 ATP(adenosine triphosphate) 분해효소 작용이 있으며 물이나 중성염 용액에 녹고 점성이 크다.
② 조성비: 50~70%
③ 용해도: 염용성
④ 모양: 사상
⑤ 종류
  ㉠ actin: 근원섬유를 구성하는 수축성 단백질
  ㉡ actomyosin: myosin과 actin으로 구성되어 있으며 소금물에 녹였을 때 점도가 매우 높다.
  ㉢ tropomyosin: 근육 조절 단백질로 막대 모양의 분자구조를 가진다.

(4) 기질 단백질
① 뼈, 껍질, 비늘을 구성하는 단백질로 경단백질이라고 하며 물이나 염류, 묽은 산 및 묽은 알칼리에 거의 녹지 않는다.
② 조성비: 10% 이하
③ 용해도: 불용성
④ 모양: 사상
⑤ 종류
  ㉠ collagen: 근육, 진피, 뼈, 힘줄, 비늘 및 부레 등에도 많이 함유되어 있는 경단백질이다.
  ㉡ elastin: 탄력있는 결합조직의 산, 알칼리, 열에 안정적이다.

3) 지질

(1) 수산물 지질의 함량은 수분과 반비례 관계로 지질이 축적되면 수분이 감소하고 지질이 감소하면 수분이 증가하는 경향이 있다.
(2) 불포화지방산을 많이 함유하고 있어 일반적으로 상온에서 액상으로 존재한다.
(3) 회유성 적색육 어류는 근육에 지질을 다량 함유하며 간장에

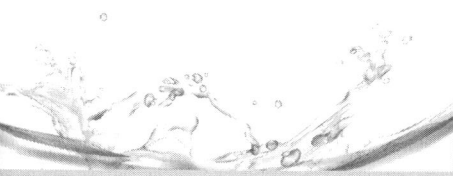

는 적고 주로 중성지질로 회유 시 운동 에너지원으로 사용된다.
(4) 백생육 어류는 간장에 지질을 축적하며 조직지질로 사용된다.
(5) 지질의 함량
  ① 함유량은 어종, 어획기, 산란, 영양, 어장, 성별 등에 따라 큰 차이를 보인다.
  ② 일반적으로 산란기 직전이 가장 많다.
  ③ 근육조직에서 지질의 함량: 배육>등육, 적색육>백색육, 머리>꼬리, 표층>내부
(6) 어패류 지방은 영양가는 높지만 산화되기 쉽고 저장 조건이 나쁘면 산패하여 독성을 나타내는 경우도 있다.

4) 탄소화물

(1) 근육 중에 소량의 유리당과 다당류인 글리코겐이 존재하며 어종에 따라 함량은 서로 다르다.
(2) 패류: 대체적으로 글리코겐 함량이 많다.
(3) 해조류: 식이섬유를 포함하며 다량의 탄수화물을 함유하기도 한다.
(4) 사후 혐기적 해당반응으로 젖산으로 변하며 글리코겐이 많은 어종일수록 사후 젖산 생성량이 많고 pH가 낮아진다.
(5) 어패류의 탄수화물
  ① 조개류(굴) 근육의 글리코겐
  ② 새우, 게 등 갑각류 껍질의 키틴, 키토산
  ③ 어패류 근육의 포도당
  ④ 상어, 가오리 같은 판새류의 물렁뼈의 콘드로이틴황산

5) 엑스성분

(1) 물로 어패류의 근육에서 추출한 여러 성분 중 단백질, 지질, 색소 및 기타 고분자 물질을 제외한 나머지 성분인 저분자 펩타이드, 아미노산, APT 관련물질 등 질소화합물과 저분자 탄수화물을 통틀어서 엑스성분이라 한다.
(2) 함량
  ① 갑각류>연체류>적색육 어류>백색육 어류
  ② 연골어>경골어

(3) 기능은 어패류의 맛과 변질 등에 관여한다.
(4) 주요 종류
   ① glycine, alanine, histidine, glutamic acid 등 유리아미노산이 가장 많으며 단맛, 쓴맛, 감칠맛 등 맛에 큰 영향을 주며 백색육 어류 보다는 적색육 어류가 적색육 보다는 백색육에 많이 포함되어 있다.
   ② ATP 관련물질: 핵산 구성성분으로 근육운동에 직접 관계하며 맛에 직접 관여하는 성분으로 시판 어획물에는 IMP(이노신산)가 많다.
   ③ TMAO(트리메틸아민산화물): 약간의 단맛이 있고 생체내에서는 암모니아 해독물질로 요소와 함께 삼투압 조절물질이며 함량은 해산동물〉담수산동물, 백색육〉적색육이다.
   ④ betaine: 오징어, 문어 새우 등 연체동물 및 갑각류에 들어 있으며 상쾌한 단맛을 낸다.
   ⑤ 숙신산(succinic acid): 패류에 함유되어 있으며 시원한 맛성분에 관여한다.
   ⑥ 당류: 어류 중 유리당으로 glycogen 분해산물인 glucose, ribose가 주성분이며 다당류로는 glycogen이 있다.

6) 냄새 성문
   (1) 생선 특유 비린내는 신선 어류에서는 거의 없으나 시간의 경과에 따라 강해지며 신선도를 가늠해주는 척도가 될 수 있다.
   (2) 신선도가 떨어져 어류에서 나는 냄새는 암모니아, TMA, 인돌, 저급지방산 등이 관여한다.
   (3) TMA(trimethylamine)은 해수어에는 있으나 담수어에서는 함량이 극히 적은 것이 특징이다.
   (4) 연골어류인 홍어, 상어 등의 근육에는 TMAO(trimethylamine oxide)와 요소의 함량이 높아 TMA과 암모니아가 생성되어 냄새가 강해진다.
   (5) 피페리딘(piperidine): 민물고기의 비린내

7) 색소
   (1) 근육색소

① myoglobin: 어패류 육색에 영향을 가장 크게 주며 선홍색을 나타낸다.
② carotenoid: 연어, 송어의 특유한 색을 나타내는 주성분
③ cytochrome: 적색육 어류의 육색을 결정하는 주성분

(2) 피부색소
① melanine: 표피를 이루는 색소로 갈색, 흑색을 나타내는 주색소이다.
② carotenoid: 표피의 적색이나 황색을 나타내는 색소이다.
③ 기타 어류 표피나 비늘에 pterin, 갈치비닐의 guanin 등이 있다.

(3) 혈액색소
① hemoglobin: 기본 원자단이 철인 어류의 혈액색소
② hemocyanin: 기본 원자단이 구리인 게, 새우, 오징어 문어 등의 혈액색소

(4) 내장색소
① 어류 간장에는 지용성 carotenoid가 많다.
② 담즙색소로 황갈색의 bilirubin, 녹색의 biliverdin이 있다.
③ 오징어류의 먹물 색소로 melamin이 있다.

8) 해조류의 주요 성분

(1) 탄수화물과 무기질 함량이 높고 지방과 단백질의 함량이 낮다.
(2) 해조류의 탄수화물: 함유량은 25~60%로 높으나 대부분이 소화 및 흡수되지 못해 에너지원으로 활용되지는 못한다.
① 한천: 홍조류인 우뭇가사리, 꼬시래기 등에서 추출
② 알긴산: 갈조류인 다시마, 미역 감태 등에서 추출
③ 카라기난: 홍조류인 돌가사리 등에서 추출
(3) 요오드, 마그네슘, 망간 등의 무기질을 다량 함유하고 있다.

9) 유독성분

(1) 크게 분류해 보면 생존상 독성분의 필요로 체내에서 만들어 내는 자연독, 자연 환경의 영향으로 축적되는 공해독, 사후 세균에 의해 생기는 세균독, 분해, 변패에 의한 부패독으로 분류할 수 있다.
(2) 종류

① tetrodotoxin: 복어독으로 수용성 및 내열성으로 내장, 간장, 난소에 많고 근육과 정소에는 적으며 마비 증세가 나타난다.
② saxitoxin 및 mytilotoxin: 섭조개, 가리비 등과 같은 이매패류를 섭취하는 경우 마비성 중독을 일으키는 독
③ ciguatera toxin: 적조 생물에 의해 생성되는 독으로 어류에 축적되어 먹이 연쇄로 사람에게 중독될 수 있고 혀의 마비, 구토, 복통, 신경과민, 피부 장애 등의 증상이 나타난다.
④ 기타 뱀장어 혈액의 이크티오톡신(ichthyotoxin), 해삼 내장의 홀로스린(holothurin), 문어 타액의 티라민(tyramine), 불가사리 위에 사포닌(saponin), 굴과 바지락 내장에 베네루핀(venerupin), 담치조개 간장에 진주담치독(mytilo toxin) 등의 독성 물질이 있다.

Point! 실전문제 수산물의 특성

1. **다음 설명 중 수산물의 긍정적 특성으로 보기 어려운 것은?**
   ① 우수한 맛과 기호성을 갖는다.
   ② 일시 다획성이다.
   ③ 생리활성 물질의 함유량이 많다.
   ④ 양질의 영양소를 함유한 다이어트 식품원료로 이용된다.

   > **정답 및 해설** ②
   > * 수산물의 긍정적 특성
   > - 양질의 영양소를 함유한 다이어트 식품원료로 이용된다.
   > - 생리활성 물질 함유량이 높아 건강 기능성 식품 원료로 이용된다.
   > - 우수한 맛과 기호성을 갖는다.

2. **다음 설명 중 수산물의 특성과 거리가 먼 것은?**
   ① 어종이 다양하다. ② 쉽게 부패되는 특성이 있다.
   ③ 어획량이 안정적이다. ④ 처리 취급이 불편하다.

   > **정답 및 해설** ③
   > 어획량이 불안정하며 계절적 특성이 강하다.

3. **수산물 보존성에 대한 설명으로 옳지 않은 것은?**
   ① 어획 시 받은 상처 등은 부패, 변질을 빠르게 한다.
   ② 해양세균의 오염으로 부패, 변질하기 쉽다.
   ③ 조직이 연하고 수분함량이 높아 미생물 증식이 용이하다.
   ④ 일반적으로 비회유성 어종이 회유성 어종에 비해 효소활성이 높아 변질이 빠르다.

   > **정답 및 해설** ④
   > 일반적으로 회유성 어종이 효소활성이 높다.

4. **다음은 어류 근육에 대한 설명이다. 옳지 않은 것은?**

① 백색육은 운동성이 강한 회유성 어종에 많다.
② 혈합육은 백색육에 비해 지질이 많은 특성이 있다.
③ 도미, 넙치 대구 등은 근육의 대부분이 백색육으로 구성되어 있다.
④ 혈합육은 가공 시 비린내가 많이 난다.

> **정답 및 해설** ①
> 백색육은 운동성이 약한 정착성 어종에 혈합육은 운동성이 강한 회유성 어종에 많다.

5. 다음 어패류 중 근육 내 지방 함량이 가장 높은 것은?
① 고등어
② 대구
③ 조기
④ 명태

> **정답 및 해설** ①
> 적색육 어류가 백색육 어류에 비해 지방 함유량이 높다.

6. 다음 중 어종 또는 계절적 변동이 가장 큰 성분은?
① 수분
② 무기질
③ 단백질
④ 지방

> **정답 및 해설** ④
> 계절 및 부위에 따라 지방함량의 변동이 크다.

Point 실전문제

7. 혈압육에 대한 설명 중 옳지 않은 것은?
① 운동성이 강한 회유성 어종에 비율이 높다.
② 백색육에 비해 선도저하와 부패가 비교적 느리다.
③ 백색육에 비해 지질 함량이 높다.
④ 백색육에 비해 영양적으로 우수하다.

정답 및 해설 ②

8. 다음은 어류가 함유하고 있는 단백질에 대한 설명이다. 옳지 않은 것은?
① 근형질 단백질은 효소단백질, 색소단백질을 포함한다.
② 근원섬유 단백질은 염용성이다.
③ 근형질 단백질은 물, 염류, 묽은 산 또는 묽은 알칼리에 거의 녹지 않는다.
④ 기질 단백질은 뼈, 껍질, 비늘을 구성하며 경단백질이라고도 한다.

정답 및 해설 ③
* 근형질 단백질: 수용성
* 근원섬유단백질: 염용성
* 기질단백질: 불용성이다.

9. 굴의 성분 중 단백질과 함께 계절적 변화가 가장 큰 성분은?
① 수분
② 비타민
③ 지질
④ 글리코겐

정답 및 해설 ④
글리코겐은 가을에서 겨울 사이에 증가한다. 또 이 시기의 굴이 영양적 가치와 맛도 좋아진다.

10. 어류의 맛은 산란기와 밀접하다. 산란기에 변동폭이 가장 큰 성분은?
① 무기질
② 지질
③ 탄수화물
④ 단백질

정답 및 해설 ②

11. 어류의 근육조직 내 지질의 함량에 대한 설명 중 옳지 않은 것은?
① 배육〉등육
② 적색육〉백색육
③ 머리〉꼬리
④ 내부〉표층

> **정답 및 해설** ④

12. 다음은 엑스 성분에 대한 설명이다. 옳지 않은 것은?
① 에스성분은 어패류 근육 내 불용성 물질의 총칭이다.
② 어패류의 맛과 변질 등에 관여한다.
③ 경골어에 비해 연골어류의 함유량이 많다.
④ 숙신산은 패류에 많이 함유되어 있으며 시원한 맛성분에 관여한다.

> **정답 및 해설** ①
> 물로 어패류의 근육에서 추출한 여러 성분 중 단백질, 지질, 색소 및 기타 고분자 물질을 제외한 나머지 성분인 저분자 펩타이드, 아미노산, APT 관련물질 등 질소화합물과 저분자 탄수화물을 통틀어서 엑스성분이라 한다.

13. 냄새성분에 대한 설명 중 옳지 않은 것은?
① TMA은 담수에서 함량이 극히 적은 특징이 있다.
② 어류의 특이한 비린내는 신선도와 판단에는 이용할 수 없다.
③ 연골어류의 근육에는 TMAO와 요소의 함량이 높다.
④ 담수어 비린내의 성분은 piperidine이다.

> **정답 및 해설** ②
> 생선 특유 비린내는 신선 어류에서는 거의 없으나 시간의 경과에 따라 강해지며 신선도를 가늠해주는 척도가 될 수 있다.

○ 어획 후 품질관리

제 3장 | 수산물의 사후변화와 선도

① 사후변화

1) 수산물의 사후 변화

(1) 살아있는 동안 신진대사에 의한 조화가 이루어지나 사후 조화가 흐트러지면서 여러 변화가 일어나고 결국 미생물에 의해 간단한 물질로 분해된다.

(2) 초기에는 주로 근육 중 효소에 의한 변화이며 이어 세균에 의한 부패가 진행된다.

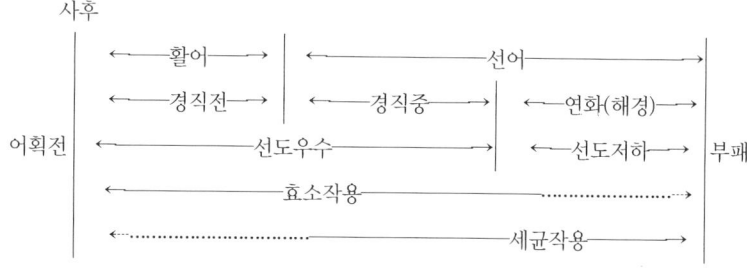

수산물의 사후 변화

〈사후변화〉
해당작용 – 사후경직 – 해경 – 자가소화 – 부패

2) 해당작용

(1) 글리코겐이 분해되면서 에너지 물질인 ATP와 산이 생성되는 과정

(2) 사후 어체에 산소의 공급이 중단되면서 소량의 ATP와 젖산이 생성된다.

(3) 젖산 생성이 많아지면 근육 pH가 낮아지고 근육의 ATP도 분해된다.

(4) 젖산의 축적, ATP 분해로 사후 경직이 시작된다.

3) 사후경직

(1) 사후 일정 기간이 경과되면 근육의 투명감이 떨어지고 수축하여 어체가 굳어지는 현상으로 사후경직 또는 사후 강직이라고 한다.

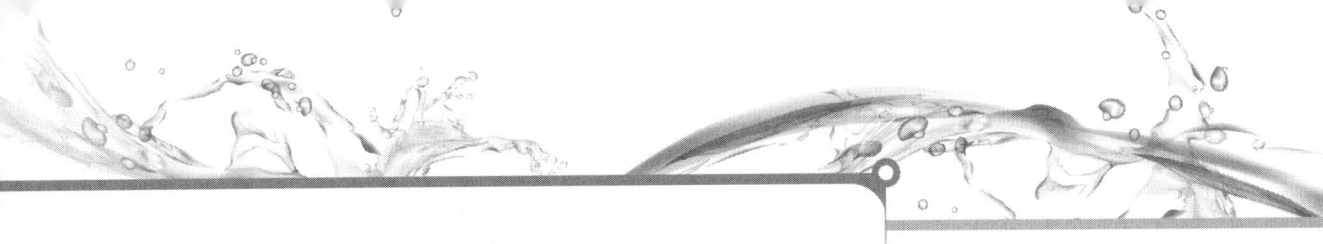

  (2) 해당 작용에 수반하여 <u>ATP의 소실이 원인</u>이다.
  (3) <u>사후경직 시작까지 시간과 지속은 어종, 연령, 조성, 죽기 전 활동, 죽음의 상태, 사후 온도, 내장의 유무에 따라 차이가 크다.</u>
  (4) 일반적으로 동일종의 경우 고민사에 비해 즉사가 늦고 길다.
  (5) 백색육 어류 보다 적색육 어류가 빨리 시작되고 지속 시간이 길다.
  (6) 사후경직 지속 시간은 신선도 유지와 직결된다.

4) 해경
  (1) 사후경직이 지난 후 수축된 근육이 풀어지면서 다시 연해지는 현상을 말한다.
  (2) 해경 단계는 매우 짧고 바로 자가소화로 이어진다.

5) 자가소화
  (1) <u>수산물 조직 내 자가소화효소에 의한 근육 단백질에 변화가 발생하여 근육이 부드러워지는 물리화학적 변화</u>를 의미한다.
  (2) 어종, 온도, pH의 영향이 크다.
  (3) 활동이 큰 원양성 회유어의 자가소화가 빠르다.
  (4) 해경과 자가소화는 구별하기 쉽지 않으며 자가소화 기간이 짧기 때문에 변질로 이어지기 쉽다.

6) 부패
  (1) <u>유기물이 미생물에 의해 유익하지 않은 물질로 분해되는 것</u>을 부패라 한다.
  (2) 미생물 환경조건인 수분, 온도, 미생물, pH 등에 의해 영향을 받으며 미생물 작용을 억제하면 진행을 늦출 수 있다.
  (3) TMAO가 세균에 의하여 TMA으로 환원되어 비린내를 나게 한다.
  (4) 아미노산 등 여러 성분이 분해되어 아민류, 지방산, 암모니아 등을 생성하여 부패 냄새의 원인이 된다.

❷ 선도

1) 수산물의 선도저하

(1) 세균의 오염이 용이하다.
  어패류가 살아 있을 때 표면, 소화관, 아가미 등에 존재하여 사후 증식하여 조직 속으로 침입하기 때문이다.

(2) 세균의 증식이 용이하다.
  어패류 부패 세균은 증식 온도 범위가 비교적 낮아 상온 이하의 저온에서도 증식을 잘한다.

(3) 체조직이 연약하다.
  근육 조직의 결합조직 함유량이 적고 근섬유도 짧고 굵기 때문에 육질이 연약하므로 분해가 쉽고 부패균의 침입도 쉬워진다.

(4) 자가소화 효소 활성이 강하다.
  어패류 어체에 함유된 효소의 활성이 강하며 특히 내장 조직의 효소 활성은 매우 강한 편이다.

(5) 수분 함량이 많다.
  일반적으로 어패류의 수분함량은 지질함량과 반비례하며 수분의 함량이 높아 미생물 증식이 용이하다.

(6) 어획 방법
  ① 일반적으로 어육에 글리코겐 함량은 적은데 어획 시 과격한 몸부림은 더욱 감소시킨다. 이는 사후 젖산의 양이 적어져 pH가 높아진다.
  ② 어획 방법에 따라 피로도가 크고 상처 입기 쉬워 변패 촉진의 원인이 되기도 한다.

2) 선도판정

(1) 개요
  ① 수산물의 선도판정은 위생적 안전성 판정을 위해 대단히 중요하다.
  ② 선도판정의 결과가 정확해야하며 간편하고 신속한 판정 방법이어야 한다.
  ③ 방법으로는 관능적 방법, 화학적 방법, 물리적 방법 및 세균학적 방법이 있으나 수산물의 종류가 많고 부패 진행과

정이 복잡하여 어느 한 가지 방법으로 일률적 판정이 곤란하므로 정확한 판정을 위해서는 여러 가지 판정법을 적용하여 종합적으로 판정하는 것이 효과적이라 할 수 있겠다.
④ 관능적 방법과 화학적 방법이 가장 많이 이용되고 있다.
⑤ 수산물의 선도는 취급방법 및 온도관리에 의해 크게 좌우된다.

(2) 관능적 판정법
① 원리
　관능적 방법은 사람의 오감에 의해 선도를 판정하는 방법이다.
② 관능적 방법에 의한 선도 판정의 기준

판정 부위	신선	선도저하
근육 (육질)	・어육이 투명하고 단단하다. ・1~2초간 눌러 보아 자국이 금방 없어진다.	・육질이 흐물거린다.
아가미	・담적색 또는 암적색이고 악취가 없다.	・회색 또는 회녹색으로 퇴색되고 악취가 생성된다.
안구	・맑고 정상 위치에 있을 것	・혼탁하고 침몰 또는 탈락
피부	・점액층이 투명하고 점착성이 적다. ・광택이 있으며 특유의 색채를 가짐 ・비늘이 밀착되어 있다.	・점액물이 생성되고 점착성이 커진다. ・변색 또는 퇴색되고 반점이 생긴다. ・비늘의 탈락이 많다.
복부	・내장이 단단히 붙어 있고 단단하게 느껴진다.	・흐물거리며 내장 일부가 노출
냄새	・해수취 또는 담수취	・불쾌취 및 비린내

③ 특징
　숙련된 검사원을 필요로 하며 짧은 시간에 판정할 수 있어 실용적이나 객관성이 적다.

제3장 | 수산물의 사후변화와 선도

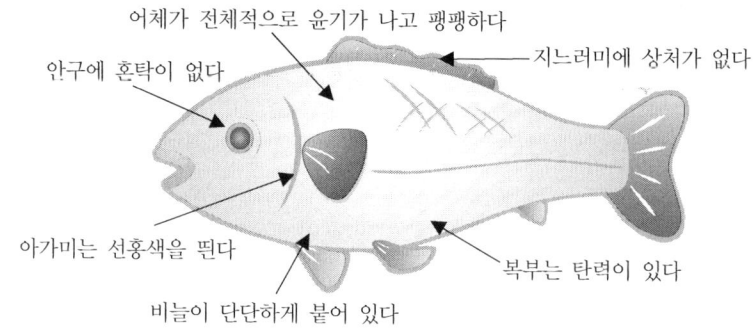

관능적 선도판정

(3) 화학적 판정법
① 원리

<u>어패류의 선도가 떨어지면 근육 성분이 세균에 의해 분해되며 새로이 생성되는 성분물들의 양을 측정하여 선도를 측정하는 방법으로 암모니아(NH_3), 트리메틸아민(TMA), 휘발성염기질소(VBN, volatile basic nitrogen), pH, K값, 히스타민(histamine) 등을 측정하여 선도를 판정한다.</u>

② pH 측정법
  ㉠ 어패류의 생육 시 pH는 7.2~7.4인데 사후 젖산의 생성으로 pH가 내려갔다가 부패가 시작으로 염기성질소화합물이 생성되면서 다시 상승한다.
  ㉡ 측정된 pH가 하강기인지 또는 상승기인지 판단하기 어려우나 일반적으로 선도판정의 대상이 되는 어체는 대개 pH하강기를 지나고 있는 것이 보통이다.
  ㉢ 일반적으로 초기 부패 판정은 적색육 어류는 pH가 6.2 ~6.4, 백색육 어류는 pH가 6.7~6.8에 이르면 초기 부패점이라고 보고 있다.
  ㉣ 어종과 pH만으로 선도를 판정하기는 어려우므로 다른 선도판정법과 병행하여 선도를 판정하는 것이 바람직하다.

③ 휘발성염기질소(VBN, volatile basic nitrogen) 측정법
  ㉠ 휘발성염기질소는 수산물이 함유하고 있는 단백질, 요소, 아미노산, TMAO, 등이 분해되어 생성되는 물질을 말하며 암모니아, TMA, DMA(dimethylamine) 등이다.

ⓒ 휘발성염기질소는 신선 어육에는 5~10mg/100g으로 함유량이 매우 적지만 선도가 떨어지면서 그 양이 점차 증가하며 현재 어패류 선도판정 방법으로 가장 많이 쓰이고 있다.
　　ⓒ 일반적으로 신선어육 5~10mg/100g,
　　　보통선도 15~25mg/100g, 부패 초기 30~40mg/100g으로 보고 있다.
　　ⓔ 상어와 홍어 등 무척추동물의 어육에는 암모니아와 TMA의 생성량이 많아 이 방법으로는 선도를 판정하기 힘들다.
④ 트리메틸아민(TMA, trimethylamine) 측정법
　　㉠ 트리메틸아민은 신선 어육에는 거의 존재하지 않으나 사후 세균에 의해 TMAO가 환원되어 생성되며, 그 증가율이 암모니아 보다 커서 선도판정에 적합하다.
　　ⓒ 어종에 따라 초기 부패로 판정할 수 있는 TMA 양은 다르나 일반 어류는 3~4mg/100g, 대구 4~6mg/100g, 청어 7mg/100g, 다랑어 1.5~2mg/100g 일 때 초기 부패로 판정한다.
　　ⓒ 가오리, 상어, 홍어 등은 TMAO 함유량이 많아 적용할 수 없으며 담수어 어육에는 TMAO 함유량이 해수어 보다 원래 적기 때문에 TMA 양으로 선도를 판정할 수 없다.
⑤ K값 판정법
　　㉠ 어패류의 사후 변화의 하나로
　　　ATP(adenosine triphosphate)
　　　ADP(adenosine diphosphate) 등이 여러 효소 작용으로
　　　AMP(adenosine monophosphate),
　　　IMP(inosine monophosphate) 등을 거쳐 inosine(HxR), hypoxanthine(Hx)으로 분해되는데 K 값은 전체 ATP 분해산물 함량에 대한 이노신(inosine)과
　　　히포크산틴(hypoxanthine)의 비율로 나타낸다.
　　ⓒ ATP의 사후 분해는 ATP → ADP → AMP → IMP → inosine(HxR) → hypoxanthine(Hx) 순으로 분해된다.
　　ⓒ 선도가 우수한 횟감 등에 적용하며 K 값이 적을수록 선

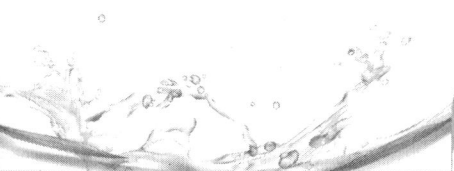

도는 좋은 것으로 판정한다.

㉣ K value(%)=
$$\frac{HxR+Hx}{ATP+ADP+AMP+IMP+HxR+Hx}\times 100$$

(4) 물리적 판정법

① 어패류의 선도저하에 따른 물리적 변화를 측정하여 선도를 판정하는 방법이다.

② 판정 결과를 신속히 얻을 수 있다는 장점은 있으나 어종이나 개체에 따라 차이가 많아 일반화된 방법은 아니다.

③ 물리적 방법에 의한 선도판정 기준

항목	신선	선도저하
어육의 경도	경도가 높다	경도가 낮다
어체 전기저항	전기저항도가 높다	전기저항도가 낮다
안수 수정체의 혼탁	투명하다	혼탁하다

(5) 세균학적 판정법

① 어패류에 부착된 세균의 수로 선도를 판정하는 방법이다.

② 세균수가 어체 부위별로 달라 상당한 오차가 있으며, 측정에 소요되는 시간이 많이 필요하며, 복잡한 조작과 기술이 필요하여 실용성이 적다.

③ 세균학적 방법에 의한 어획물의 선도판정 기준

판정	생균수
신선	10^5 CFU 이하/g
초기부패	$10^5 \sim 10^6$ CFU/g
부패	1.5×10^6 CFU 이상/g

3) 선도유지의 필요성

(1) 수산물은 특성상 변질, 부패가 쉬워 식중독의 발생 위험이 있다.

(2) 선도 유지는 식품의 위생 안전상 어획 후 선상에서의 처리, 저장과 유통 중 반드시 필요하다.

(3) 수산물의 선도 유지를 위한 가장 효과적 방법은 저온이며 이는 미생물이나 효소 작용을 줄이고 사후 경직 기간을 길게 하는 효과가 있다.

③ 수산물의 변질

1) 수산물의 보존성

(1) 수산물은 농산물이나 축산물에 비해 부패, 변질되기 쉬운 특징을 가지고 있다. 이는 수계생물(水界生物)을 생물학적 특성이라 할 수 있다.

(2) 수산물은 선에 때부터 가공, 최종 소비단계에까지 부패, 변질할 수 있다는 특성을 잘 인식하고 취급해야 할 것이다.

2) 수산물의 변질

(1) 미생물에 의한 변질

① 미생물 오염
  ㉠ 1차 오염: 미생물이 어패류 자체에 부착된 오염으로 어류의 경우 일반적으로 껍질 10^2~10^5/g, 아가미 10^3~10^7/g, 소화관 10^3~10^8/g 정도의 미생물에 오염된 것으로 알려져 있다.
  ㉡ 2차 오염: 수산물을 운반, 저장, 가공 또는 유통단계에서도 오염되고 있다.

② 어패류의 부패균
  ㉠ 어패류 부패에 관련되는 세균류는 어패류의 서식환경이 수중이기 때문에 주로 수중세균이다.
  ㉡ 어패류 부패에 관여하는 세균으로는 슈도모나스(pseudomonas), 플라보박테리움(flavobacterium), 비브리오(vibrio), 아크로모박터(achromobacter)속 등에 속하는 것이 많다.
  ㉢ 슈도모나스(Pseudomonas)속은 증식속도가 빨라 어패류 부패에 가장 관련이 깊다.
  ㉣ 플라보박테리움(flavobacterium)속은 단백질분해활성이 강한 것이 많고 저온 발육성이기 때문에 저온 보존식품

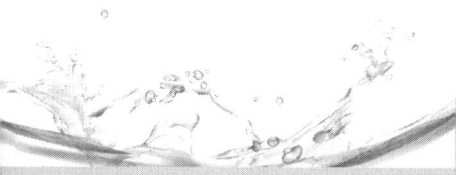

제3장 | 수산물의 사후변화와 선도

의 열화에 관여하는 세균으로서 식품미생물학상 중요시 되고 있다.
ⓜ 살아있는 어패류의 경우 외부와 접하는 껍질, 아가미, 소화관 등은 많은 세균이 존재하나 조직은 무균상태이다. 그러나 사후 단시간 내에 근육이나 내장조직 내에 세균이 침입하게 된다.
ⓑ 어패류 부패에 관여하는 세균은 상온에서 잘 증식하나 그 이하 저온에서도 발육이 가능하고 상당한 저온에서도 적응한다.

③ 식중독균
㉠ 식중독이란 식품의 섭취에 연관된 인체에 유해한 미생물 또는 유독 물질에 의해 발생했거나 발생한 것으로 판단되는 감염형 또는 독소형 질환을 말한다.
㉡ 식중독의 일반적 증상으로는 구토, 복토, 설사, 발열 등이 나타난다.
㉢ 미생물에 의해 나타나는 식중독은 세균성 감염형, 세균성 독소형, 바이러스성 식중독으로 분류한다.
　ⓐ 세균성 감염형:
　　장염비브리오균(Vibrio parahaemolyticus),
　　살모넬라균(salmonella) 등
　ⓑ 세균성 독소형: 황색포도상구균(Staphylococcus aureus), 클로스트리듐 보툴리늄균(Clostridium botulinum) 등
　ⓒ 바이러스성: 노로바이러스(noro virus) 등

④ 미생물 생육에 영향을 미치는 요인
㉠ 온도: 생육 적온에 따라 저온균, 중온균, 고온균으로 분류한다.

종류	온도		
	최저	최적	최고
저온성 미생물	-7~5	15~20	25~30
중온성 미생물	10~15	30~35	35~40
고온성 미생물	45	50~65	75~80

미생물 발육에 필요한 온도

㉡ 산소 필요 유무에 따라 호기성, 혐기성, 미호기성, 통성

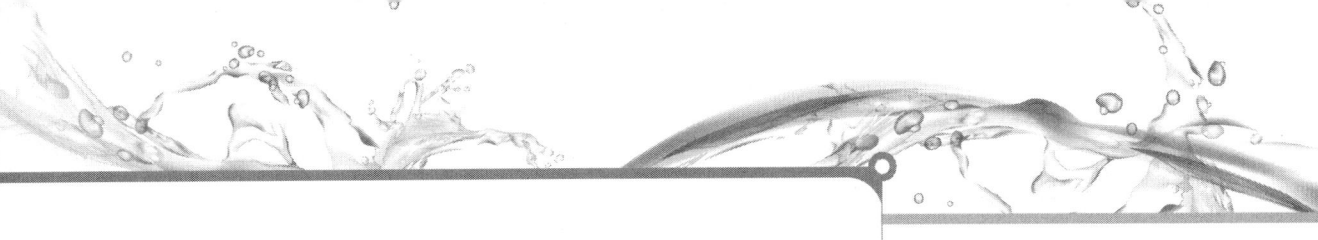

혐기성으로 분류한다.
ⓒ 세균의 내열성은 일반적으로 중성에 강하나 산성에서 약하므로 pH4.6 이상의 저산성에서는 고온 살균한다.

(2) 효소에 의한 변질
① 효소
  ㉠ 효소는 화학 반응 속도를 촉진하는 단백질로 이루어진 생체 촉매이다.
  ㉡ 생물의 체내 대사과정에서 일어나는 화학반응 활성화 에너지를 낮추어 반응속도를 증가시키며, 활성화 에너지의 화학반응은 반응물의 유효충돌이 필요하고 이를 위해 필요한 최소한의 에너지이다.
  ㉢ 효소는 하나의 기질 또는 유사기질에만 촉매 작용을 하는 기질 특이성이 있으며, 이는 효소의 입체 구조에 의존한다.
② 효소활성 조절
  ㉠ 온도, 기질의 농도, pH에 따라 효소활성이 달라진다.
  ㉡ 효소의 활성은 온도의 증가에 따라 증가한다. 최적 온도를 지나면 활성이 감소하며 종국엔 불활성화 된다.
  ㉢ 최적 pH는 효소 활성이 가장 높을 때이며, 최저보다 높거나 낮으면 대부분 효소활성은 감소하거나 없어진다.
③ 어패류의 효소에 의한 영향
  ㉠ 어체 각 조직의 효소 활성도는 강력하며 특히 내장 조직 중의 효소의 활성은 더욱 강하다.
  ㉡ 어체는 조직이 연약하여 사후 효소에 의해 쉽게 분해되어 세균의 침입이 용이해진다.
  ㉢ 어패류의 효소에 의한 변질
    ⓐ 자가 소화: 단백질 분해효소에 의해 펩티드, 아미노산이 생성되며 결과로 조직이 연화되며 부패가 촉진된다.
    ⓑ 지질 분해: 지질 분해효소에 의해 지방산, 스테롤이 생성되며 결과로 불쾌한 맛과 냄새 및 산패를 촉진한다.

(3) 갈변에 의한 변질

① 갈변
  ㉠ 식품 색깔이 저장, 가공 및 유통과정 중에서 갈색 또는 흑갈색을 변화하는 것을 갈변이라 한다.
  ㉡ 갈변은 효소의 관여에 따라 효소적 갈변과 비효소적 갈변으로 구분한다.

② 효소적 갈변
  ㉠ 새우 등 갑각류가 변질에 의해 외관이 검게 변색되는 현상인 흑변은 대표적인 효소적 갈변이다.
  ㉡ 흑변은 갑각류의 티로시나아제(tyrosinase)에 의해 아미노산인 티로신(tyrosine)이 멜라닌으로 변하여 일어난다.
  ㉢ 티로시나아제(tyrosinase)는 0℃에서도 활성이 완전히 정지하지 않으므로 흑변의 억제는 산성아황산나트륨($NaHSO_4$) 용액에 침지 후 냉동하거나 가열처리하여 효소를 불활성화 시켜야 한다.
  ㉣ 단백질이 주성분인 효소는 가열, pH의 변화로 단백질이 변성되어 불활성화 된다.

③ 비효소적 갈변
  ㉠ 효소와는 무관하게 식품 성분 간 반응에 의해 갈색으로 변하는 반응을 비효소적 갈변이라 한다.
  ㉡ 메일러드 반응(Maillard 반응), 캐러멜 반응, 아스코르브산(ascorbic acid) 산화 반응 등이 비효소적 갈변으로 분류된다.
  ㉢ 메일러드 반응 = 아미노카르보닐(aminocarbonyl)
    ⓐ 대부분 식품에서 자연 발생적으로 일어나는 갈변 반응이다.
    ⓑ 아미노산의 아미노기와 당질의 카르보닐기가 함께 존재할 때 일어나는 반응으로 자연적으로 쉽게 갈색의 멜라노이딘(melanoidin) 색소를 생성하며 아미노카르보닐(aminocarbonyl) 반응이라 하며 발견자의 이름을 따서 메일러드 반응이라고도 한다.
    ⓒ 식품의 성분이 반응하는 것이므로 근본적으로 억제는 힘드나 저온 저장으로 갈변 진행의 일부를 억제할 수 있다.

ⓓ 좋은 향 등을 식품에 부여하기도 하지만 색의 변색과 아미노산의 감소로 품질을 저하시킨다.

(4) 산화에 의한 변질
① 산화
㉠ 협의로는 물질이 산소를 얻는 것을 의미하며 식품에서는 식품의 다양한 성분이 산소와 결합하면서 산화된다.
㉡ 식품에서는 지질의 산화가 식품 변질의 주요 원인 중 하나이다.
㉢ 어류는 불포화 지방산을 다량 함유하고 있어 산소나 빛, 열에 의해 쉽게 산화된다.
㉣ 지질 산화의 결과 변색, 불쾌한 냄새, 영양가 손실, 단백질 변성 등 품질변화에 관여할 뿐만 아니라 마론알데히드(malonaldehyde) 등과 같이 변이를 일으키는 원인으로 작용, 발암성을 가진 유해 산화분해생성물을 만드는 경우도 있어 안전성에도 나쁜 영향을 미친다.

② 지질의 변질 종류
㉠ 지질의 변질을 산패라 한다.
㉡ 자동산화
ⓐ 자기촉매적 연쇄반응이며 반응이 개시되면 반응 속도는 급격히 증가한다.
ⓑ 수산 식품의 가장 일반적 산패
㉢ 가열산화
ⓐ 기름을 고온에서 가열할 때 일어나는 산화
ⓑ 기름 튀김 식품에서 많이 발생
㉣ 감광체 산화: 빛 또는 감광체에 의하여 산화되는 것

③ 산패 측정
㉠ 자동산화 반응
ⓐ 산화 초기에는 거의 일정하게 산소를 흡수하나 일정 시간 경과 후 산소 흡수량은 급격히 증가한다.
ⓑ 유도기간: 지질의 산소 흡수량이 일정하게 낮은 수준을 유지하는 단계
ⓒ 유도기간 후 지질의 산소 흡수 속도는 급격히 증가하며 산화 생성물도 급격히 증가하여 산패는 급속도

로 진행하게 된다.
ⓒ 산패 측정
ⓐ AV(acid value, 산가): 지질 산화로 생성된 유리지방산 측정
ⓑ POV(peroxide value, 과산화물가): 산화 생성물인 과산화물가함량을 측정
④ 산패의 억제
㉠ 산소의 차단이나 제거: 진공포장, 불활성가스 치환포장, 탈산소제 봉입 등
㉡ 불투명 용기를 이용하여 빛의 차단
㉢ 냉동, 냉장 등 저온관리: 동결저장온도가 낮을수록 산화가 억제된다.
㉣ 산화방지제 첨가: 아스코르브산(ascorbic acid), 토코페롤(tocopherol), BHA(butylated hydroxyanisole), BHT(dibutyl hydroxy toluene), 카테킨(catechin) 등

(5) 동결에 의한 변질
① 건조
㉠ 어패류의 동결 저장 중 표면건조가 생기면 품질이 현저하게 떨어진다.
㉡ 급속 동결 중에는 적으나 그 후 저온저장 중에도 천천히 진행된다.
㉢ 저장온도가 낮을수록 건조가 작아지고 완만 동결 온도 범위에서 건조되기 쉽다.
㉣ 저장 중 온도의 변화는 건조를 촉진한다.
㉤ 심한 경우 외관이 하얗게 스폰지 상태로 된다.
㉥ 승화로 인해 얼음이 없어진 공간은 표면적을 증가시키므로 산소와 접촉면이 넓어져 지질산화가 촉진된다.
㉦ 건조 방지를 위해서는 포장 및 글레이즈(glaze) 처리를 적절히 하는 것이 필요하다.
② 단백질의 변성
㉠ 지질가수분해 효소의 작용은 어류의 냉동저장 중에도 진행되며 단백질 변성요인 중 하나이다.
㉡ 지질의 산화는 단백질의 변성을 가져온다.

③ 동결화상(freezer burn)
  ㉠ 어패류의 냉동 중 수분의 발산으로 인한 조직의 변화로 산화에 의해 생성된 각종 카르보닐화합물과 질소화합물이 반응하여 황색, 오렌지색의 착색물을 만드는 경우가 있는데 이와 같은 현상을 동결화상이라 한다.
  ㉡ 동결화상으로 외관상 손실, 향미 저하, 영양가 저하, 단백질태질소, 아미노산, 리신이 감소된다.
  ㉢ 동결화상에 의한 변색은 갈색화 반응에 의한 비효소적 갈변이다.
  ㉣ 동결화상의 방지를 위해서는 지질의 산화를 방지하는 것이 중요하다.

④ 미오글로빈(myoglobin, Mb)의 메트(met)화
  ㉠ 신선한 다랑어육이 산소와 접촉을 하면 선홍색이 되고 방치하거나 냉동저장하면 서서히 갈색으로 변하여 상품성이 떨어진다.
  ㉡ 원인은 미오글로빈이 산화되어 갈색의 메트미오글로빈이 생성되기 때문이며 이를 메트화라 부른다.
  ㉢ −18℃에서 메트화가 진행되며 동결저장온도가 낮을수록 메트미오글로빈의 생성이 크게 억제되며 참치육의 동결에는 −40℃이하 온도에서 온도 변동 없이 저장히는 것이 필요하다.
  ㉣ 가다랑어, 참돔, 민물돔, 방어 등의 혈합육도 메트화에 의해 갈변되기 쉬우므로 초저온저장으로 방지할 수 있다.

수산물의 사후변화와 선도

Point! 실전문제

1. 다음은 어패류 사후 변화과정이다. ( ) 안을 채우시오.

> 해당작용 – ( ) – ( ) – ( ) – 부패

① 해경 – 사후경직 – 자가소화
② 사후경직 – 자가소화 – 해경
③ 해경 – 자가소화 – 사후경직
④ 사후경직 – 해경 – 자가소화

정답 및 해설 ④

2. 다음은 자가소화에 대한 설명이다. 옳지 않은 것은?

① 자가소화는 어종에 영향을 받지만 온도나 수소이온농도의 영향은 받지 않는다.
② 자가소화를 식품에 이용한 예로 젓갈, 액젓, 식해 등이 있다.
③ 자가소화가 진행된 생선은 회로 먹기에 좋지 않다.
④ 소화효소작용에 의한 근육 단백질의 변화로 근육이 부드러워지는 현상이다.

정답 및 해설 ①
자가소화는 여러 영향을 받지만 어종, 온도, pH가 가장 크게 좌우한다.

3. 관능적 방법으로 선도를 판정하였다. 다음 중 선도가 가장 낮은 것은?

① 아가미 색이 선홍색이다.
② 해수 냄새보다는 비린내가 난다.
③ 항문 부위에 내장이 나와 있지 않다.
④ 비늘이 단단히 붙어 있다.

정답 및 해설 ②

항목	판정기준
피부	광택이 있고 고유 색깔을 가질 것 / 비늘이 단단히 붙어 있을 것 점질물이 투명하고 점착성이 적어야 할 것
눈동자	눈은 맑고 정상 위치에 있을 것 / 혈액의 침출이 적을 것
아가미	아가미 색이 선홍색이나 암적색일 것 / 조직은 단단하고 악취가 나지 않을 것
육질	어육은 투명하고 근육이 단단하게 느껴지는 것 근육을 1~2초간 눌러 보아 자국이 금방 없어지는 것
복부	내장이 단단히 붙어있고 손가락으로 눌렀을 때 단단하게 느껴질 것 연화, 팽창하여 항문 부위에 내장이 나와 있지 않을 것
냄새	해수 또는 담수의 냄새가 날 것 / 불쾌한 비린내가 나지 않을 것

4. 다음은 사후경직에 대한 설명이다. 옳지 않은 것은?
   ① 사후경직 지속시간이 길어야 신선도가 오래 유지된다.
   ② 흰 살 생선보다 붉은 살 생선이 지속시간이 길다.
   ③ 죽은 후 근육이 수축하여 어체가 굳어지는 현상이다.
   ④ 어류의 종류, 죽은 후 방치온도, 내장의 유무에 따라 차이가 나타난다.

   정답 및 해설 ②
   붉은 살 생선은 흰 살 생선보다 빨리 시작되고 지속시간도 짧다.

5. 다음 중 화학적 선도판정법으로 보기 어려운 것은?
   ① 휘발성질소화합물의 양을 측정하였다.   ② pH를 측정하였다.
   ③ 배지를 이용하여 세균 수를 측정하였다.   ④ 트리메틸아민을 측정하였다.

   정답 및 해설 ③
   세균 수를 측정하는 것은 세균학적 선도 판정법이다.

6. 사람의 감각을 통하여 신속하고 간편하게 어패류의 선도를 판정하는 방법은?
   ① 화학적 방법   ② 물리적 방법
   ③ 관능적 방법   ④ 세균학적 방법

   정답 및 해설 ③

7. 다음 어패류 선도에 대한 설명 중 옳지 않은 것은?
   ① 홍어와 상어의 선도판정을 위하여 휘발성염기질소법을 이용하였다.
   ② 어패류는 사후 젖산의 생성으로 pH가 낮아졌다가 부패가 시작되면 다시 높아진다.
   ③ 어패류 사후 근육 단백질이 분해되는 현상을 자가소화라 한다.
   ④ 어패류 화학적 선도 판정 방법으로는 휘발성염기질소법, 트리메틸아민법 등이 있다.

   정답 및 해설 ①
   상어와 홍어 등 무척추동물의 어육에는 암모니아와 TMA의 생성량이 많아 휘발성염기질소방법으로는 선도를 판정하기 힘들다.

8. 어패류의 부패, 변질이 쉬운 이유로 가장 옳은 것은?

① 어패류는 조직 내 효소의 활성이 강하다.
② 어류는 껍질 및 신체 조직이 강하다.
③ 물속에서 생활하므로 세균의 오염 기회가 적다.
④ 수분함량이 적어 세균의 발육이 빠르다.

정답 및 해설 ①
어패류는 물속에서 생활하므로 세균 오염 기회가 많고, 조직이 연하며, 수분함량이 높아 부패, 변질이 쉽다.

9. 사후 경직에 대한 설명 중 옳지 않은 것은?
① 해당작용으로 인한 ATP 소실이 원인이다.
② 백색육 어류가 적색육 어류 보다 빨리 시작되고 지속시간이 길다.
③ 동일종의 경우 즉사가 고민사에 비해 늦고 길다.
④ 사후경직 지속시간은 신선도 유지와 직결된다.

정답 및 해설 ②
백색육 어류 보다 적색육 어류가 빨리 시작되고 지속 시간이 길다.

10. 해당작용에 대한 설명으로 옳지 않은 것은?
① 근육 pH가 높아지고 ATP도 분해된다.
② 젖산의 축적 및 ATP 분해로 사후 경직이 시작된다.
③ 사후 산소 공급이 중단되면서 일어난다.
④ 글리코겐이 분해되면서 ATP와 산이 생성되는 과정이다.

정답 및 해설 ①
젖산의 생성이 많아지면서 pH가 낮아지고 ATP 분해도 시작된다.

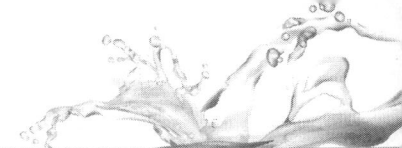

11. 다음은 효소에 의한 수산식품의 변질에 관한 설명이다. 옳지 않은 것은?
① 효소에 의한 변질은 자가소화와 지질분해 등이 있다.
② 자가소화의 결과 불쾌한 맛과 냄새 및 산패 촉진 등의 현상이 나타난다.
③ 지질분해의 생성물로 지방산 등이 생성된다.
④ 자가소화는 단백질 분해효소에 의해 지질분해는 지질 분해효소에 의해 진행된다.

> **정답 및 해설** ②
> 자가소화는 단백질 분해효소에 의해 단백질을 펩티드와 아미노산으로 분해하여 미생물을 증식시켜 조직의 연화와 부패가 촉진된다.

12. 다음 중 자가소화에 대한 설명으로 옳지 않은 것은?
① 어종, 온도 pH의 영향이 크다.
② 자가 소화 효소에 의한 근육 단백질의 변화로 근육이 부드러워지는 변화를 의미한다.
③ 수산물의 부패 후 발생하는 비가역적 변화이다.
④ 활동이 큰 원양성 회유어는 자가소화가 빠르다.

> **정답 및 해설** ③
> 자가소화로 인하여 부패가 빨라진다.

13. 수산물의 선도에 대한 설명 중 옳지 않은 것은?
① 체조직이 연약하여 분해가 쉽고 부패균의 침입이 쉽다.
② 어패류의 소화관, 아가미 등에 세균의 오염이 용이해 사후 조직으로 침입이 용이하다.
③ 자가소화 효소의 활성이 강하므로 내장 조직을 제거하면 선도 유지에 도움이 된다.
④ 수분과 지질의 함량은 반비례하므로 지질의 함량이 높을수록 미생물 증식이 용이하다.

> **정답 및 해설** ④
> 수분과 지질의 함량은 반비례하므로 지질의 함량이 적으면 수분의 함량이 높아져 미생물 증식에 용이하다.

14. 화학적 선도판정 방법에 대한 설명이다. 옳지 않은 것은?

① 어패류 선도가 떨어지면서 새로 생성되는 성분들의 양을 측정하여 선도를 판정하는 방법이다.
② 가오리, 상어, 홍어 등은 TMAO 함유량이 많아 TMA측정법으로 선도를 판정하는 것이 정확하다.
③ 휘발성염기질소측정법은 화학적선도판정법의 하나이다.
④ K값 선도판정법은 선도가 우수한 횟감 등이 적용하며 K값이 적을수록 선도는 좋은 것으로 판정한다.

정답 및 해설 ②
가오리, 상어, 홍어 등은 TMAO 함유량이 많아 적용할 수 없으며 담수어 어육에는 TMAO 함유량이 해수어 보다 원래 적기 때문에 TMA 양으로 선도를 판정할 수 없다.

15. 화학적선도판정법 중 TMA측정법으로 TMA를 측정하였더니 다음과 같은 결과가 나왔다. 초기부패로 판정하기 어려운 것은?

① 청어 1.5mg/100g
② 일반어류 3~4mg/100g
③ 대구 4~6mg/100g
④ 다랑어 1.5~2mg/100g

정답 및 해설 ①
청어는 7mg/100g 일 때 초기부패로 판정한다.

16. 다음은 선도 유지에 관한 설명이다. 옳지 않은 것은?

① 가장 효과적인 방법은 저온저장법이다.
② 저온은 효소작용을 줄여줄 수 있다.
③ 저온유지는 사후 경직기간을 짧게 하여 선도가 오래 유지된다.
④ 저온은 미생물의 생육을 줄일 수 있다.

정답 및 해설 ③
사후 경직 기간이 짧으면 선도유지 기간 짧아진다.

17. 다음은 미생물 생육에 대한 설명이다. 옳지 않은 것은?
    ① 저온균은 0~10℃가 생육 최적온도이다.
    ② 고온균은 15~60℃가 생육 최적온도이다.
    ③ 대부분의 식품 미생물은 중온균이나 슈도모나스 속은 저온균에 속한다.
    ④ 클로스트리듐 속은 포자를 형성하여 높은 내열성을 나타내므로 가연 살균 시 유의해야 한다.

    > **정답 및 해설** ①
    > 저온균: 10~20℃, 중온균: 25~40℃, 고온균: 25~60℃에서 생육 최적온도를 나타낸다.

18. 산화에 대한 설명 중 옳지 않은 것은?
    ① 단백질의 변질을 산패라 한다.
    ② 식품의 성분이 산소와 결합되어 나타나는 식품의 변질 원인이다.
    ③ 원인으로 산소, 빛, 가열 등으로 나타난다.
    ④ 산소를 자연발생적으로 흡수하여 연쇄적으로 산화되는 것을 자연산화라 한다.

    > **정답 및 해설** ①
    > 산패: 지질의 변질을 산패라 하며 자동산화, 가열산화, 감광체 산화가 있다.

19. 동결에 의한 변질에 대한 설명으로 옳지 않은 것은?
    ① 횟감용 참치의 변색은 -18℃ 이하에서는 나타나지 않으므로 저장온도를 -18℃ 이하로 한다.
    ② 빙의로 건조나 지질의 산화를 줄일 수 있다.
    ③ 단백질의 변성 방지를 위하여 어육에 솔비톨 등 당류를 첨가한다.
    ④ 급속동결하면 드립 발생을 줄일 수 있다.

    > **정답 및 해설** ①
    > 횟감용 참치육을 동결저장하면 마이오글로빈이 산화되어 갈색의 메트마이오글로빈으로 변하는데 이 변색은 -18℃에서도 계속 일어나므로 -50~-55℃에 냉동 저장한다.

Point 실전문제

20. 다음은 수산식품 갈변에 관한 설명이다. 옳지 않은 것은?
① 새우 등 갑각류에서 잘 발생한다.
② 효소가 직접 관여하는 효소적 갈변과 효소와 관계가 없는 비효소적 갈변으로 나눈다.
③ 효소적 갈변에는 메일러드 반응, 캐러멜 반응 등이 있다.
④ 흑변억제를 위하여 산성아황산나트륨용액에 침지 후 냉동저장하거나 가열처리하여 효소를 불활성화 시키기도 한다.

정답 및 해설 ③
비효소적 갈변은 메일러드 반응, 캐러멜 반응, 아스코르브산 산화반응으로 구분한다.

21. 메일러드 반응에 대한 설명 중 옳지 않은 것은?
① 식품의 색을 변색시키고 아미노산을 감소시킨다.
② 거의 모든 식품에서 자연 발생적으로 일어나는 갈변현상이다.
③ 수산 건제품이나 조미 가공품에서 흔히 발생한다.
④ 저온 저장으로 근본적 억제가 가능하다.

정답 및 해설 ④
메일러드 반응은 식품의 주요 성분이 반응에 관여하므로 근본적으로 억제가 힘들며 저온 저장으로 일부 억제가 가능하다.

22. 산패의 억제 방법으로 옳지 않은 것은?
① 산소를 제거하거나 차단한다.
② 빛의 투과율이 높은 용기를 사용하여 저장한다.
③ 온도를 낮게 유지한다.
④ 아스코르브산, BHA, BHT 등을 산화방지제로 첨가한다.

정답 및 해설 ②
빛의 투과율이 낮은 불투명 용기에 저장하여야 감광체 산화를 줄일 수 있다.

23. 산소 유무에 상관없이 생육할 수 있는 미생물은?
① 호기성 미생물
② 혐기성 미생물
③ 통성혐기성 미생물
④ 미호기성 미생물

> **정답 및 해설** ③

24. 어패류의 효소에 의한 변질에 대한 설명 중 옳지 않은 것은?
① 하나의 효소가 여러 개의 기질에 촉매작용을 하는 것이 일반적이다.
② 효소는 화학 반응 속도를 촉진하는 단백질로 이루어진 생체 촉매이다.
③ 효소의 활성은 온도의 증가에 따라 증가하며 최적 온도를 지나면 활성이 감소한다.
④ 어패류 각 조직의 효소 활성도는 강력하며 특히 내장 조직 중의 효소 활성은 더욱 강하다.

> **정답 및 해설** ①
> 효소는 하나의 기질 또는 유사기질에만 촉매 작용을 하는 기질 특이성이 있으며, 이는 효소의 입체 구조에 의존한다.

25. 다음은 지질 산화에 대한 설명이다. 옳지 않은 것은?
① 어류는 불포화 지방산을 다량 함유하고 있어 산소나 빛에 의해 쉽게 산화된다.
② 수산 식품의 가장 일반적인 산패는 자동산화이다.
③ 지질의 산화는 변색, 영양가의 손실, 단백질의 변성에 관여하나 안전성에는 큰 영향을 주지 않는다.
④ 기름을 고온에서 가열할 때 일어나는 산화를 가열산화라 한다.

> **정답 및 해설** ③
> 지질 산화의 결과 변색, 불쾌한 냄새, 영양가 손실, 단백질 변성 등 품질변화에 관여할 뿐만 아니라 마론알데히드(malonaldehyde) 등과 같이 변이를 일으키는 원인으로 작용, 발암성을 가진 유해 산화분해생성물을 만드는 경우도 있어 안전성에도 나쁜 영향을 미친다.

26. 다음 중 동결 중 일어나는 변질에 대한 설명이다. 옳지 않은 것은?

① 어패류의 동결 저장 중 표면건조로 품질이 떨어지는 현상이 발생할 수 있다.
② 지질 가수분해 효소의 작용은 냉동저장 중에는 진행되지 않아 단백질 변성이 일어나지 않는다.
③ 어패류의 냉동 중 수분의 발산으로 인한 조직의 변화로 산화에 의해 생성된 각종 카르보닐화합물과 질소화합물이 반응하여 황색, 오렌지색의 착색물을 만드는 경우가 있는데 이와 같은 현상을 동결화상이라 한다.
④ 참치육의 동결에서 미오글로빈의 메트화를 억제하기 위해서는 −40℃이하 온도에서 온도 변동 없이 저장하여야 한다.

정답 및 해설 ②
지질가수분해 효소의 작용은 어류의 냉동저장 중에도 진행되며 단백질 변성요인 중 하나이다.

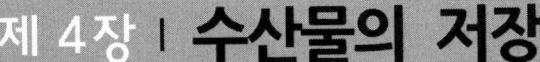

제 4장 | 수산물의 저장

❶ 저장의 의의

1) 저장 일반
(1) 저장이란 식품의 품질이 변하지 않도록 하는 일이다.
(2) 여기서 품질이란 영양학적인 가치와 기호적인 가치 및 위생학적인 가치를 들 수 있는데 소비자들은 기호적인 가치를 더 중요시하는 경향이 있다.
(3) 식품의 기호적인 가치에 영향을 미치는 것은 화학성분, 물리적 성분 및 조직적 상태이며 이들의 성상이 변치 않도록 하는 수단이 저장의 궁극적인 목적이라 할 수 있다.
(4) 저장의 가장 바람직한 환경은 온도, 공기순환, 상대습도, 대기조성이 조정될 수 있는 시설을 갖춤으로써 가능하다.

2) 저장의 기능
(1) 어획 후 선도 유지기능
  어획된 어패류가 생산이후 소비될 때까지 선도를 유지하도록 한다.
(2) 수급조절의 기능
  어획 시기에 따른 홍수출하로 인한 가격폭락, 계절별 편재성에 따른 가격의 급등을 방지하며 유통량의 수급을 조절하는 기능을 가지고 있다.
(3) 계절적 편재성이 높은 수산물을 장기저장함으로 소비자에게 연중 공급이 가능하도록 한다.
(4) 저장력이 높아지면서 장거리 수송이 가능해져 소비와 수요가 확대되는 기능을 가지고 있다.
(5) 가공산업에 원료 수산물을 연중 지속적으로 공급이 가능해져 수산 가공산업을 발전시킨다.

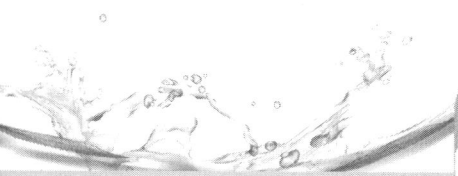

❷ 수산물의 저장

1) 목적

<u>미생물의 증식과 지질의 산패, 갈변, 효소 반응 등에 따른 수산물의 품질 저하를 억제함으로써 저장 기간을 연장하는 것이다.</u>

2) 수분활성도(Aw, water activity)의 조절

(1) 수분활성도
　① 식품 속 수분 중 미생물의 생육과 생화학 반응에 이용될 수 있는 수분의 함량
　② 일정 온도에서 순수한 물의 수증기압에 대한 식품의 수증기압의 비로 나타내며 공식은 다음과 같다.

$$수분활성도(Aw) = \frac{P}{P_0}$$

P : 주어진 온도에서 식품의 수증기압
P_0 : 주어진 온도에서 순수한 물의 수증기압

(2) 수분활성도에 따른 식품의 저장
　① 수분활성도에 따라 미생물의 증식, 갈변, 산화, 효소 작용 등의 속도는 달라지므로 수분활성도 조절에 따라 수산물의 저장 가능기간의 연장이 가능하다.
　② 수분활성도와 미생물의 증식
　　㉠ 미생물의 증식과 생화학 반응 속도는 수분활성도에 따라 달라진다.
　　㉡ 수분활성도에 따른 미생물의 증식
　　　ⓐ 호염성 세균은 0.75, 내건성 곰팡이는 0.65, 내삼투압성 효모는 0.62에서도 증식이 가능하다.
　　　ⓑ 일반적으로 세균 0.75, 효모 0.88, 곰팡이 0.80 이하에서는 증식하지 않는다.
　　㉢ 효소 반응, 갈변, 지질 산화속도는 수분활성도에 따라 달라지는데 지질의 산화속도는 수분활성도가 지나치게 낮아지면 오히려 빨라진다.
　　㉣ 수분활성도를 낮추는 방법을 이용한 저장
　　　ⓐ 수분조절제(humactant) 첨가

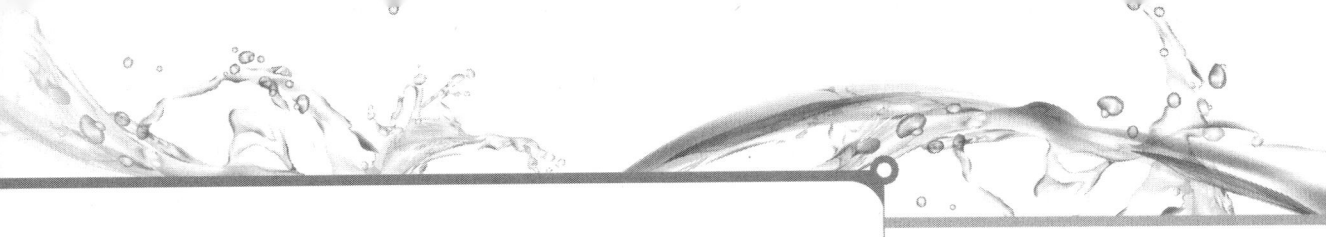

   ⓑ 건조
   ⓒ 염장
   ⓓ 훈연 등
  ③ 자유수와 결합수
   ㉠ 식품에 포함되어 있는 물은
    ⓐ 식품에서 자유롭게 이탈되는 자유수와
    ⓑ 식품의 성분 또는 조직과 밀접하게 결합되어 있는 결합수로 구분된다.
   ㉡ 자유수
    ⓐ 식품에서 자유롭게 이탈된다.
    ⓑ 동결 초기 단계에서 빙결정이 된다.
    ⓒ 미생물의 증식 또는 화학반응에 이용된다.
    ⓓ 건조나 압착으로 쉽게 제거된다.
    ⓔ 용매로 작용한다.
   ㉢ 결합수
    ⓐ 식품성분 또는 조직과 밀접하게 결합되어 있다.
    ⓑ 동결 시 결합수까지는 동결하지 않는다.
    ⓒ 미생물의 증식에 이용되지 못한다.
    ⓓ 건조나 압착으로 제거되기 어렵다.
    ⓔ 용매로 작용하지 않는다.

3) 저온에 의한 저장

 (1) 저온과 저장성
  ① 모든 식품은 시간의 경과에 따라 화학적, 물리적, 생물학적 변화에 품질의 저하와 상품성이 저하된다.
  ② 특히 미생물의 증식, 독소발생, 부패 등이 발생한다.
  ③ 저온은 이들의 방지와 선도저하를 지연시킬 수 있다.
  ④ 온도의 저하는 갈변 등 생화학적 반응속도를 감소시킨다.
 (2) 온도와 미생물의 생육
  ① 미생물은 최적 증식온도를 기준으로 온도변화에 따라 증식 속도가 달라진다.
  ② 고온에서는 급격히 사멸한다.
  ③ 최적 온도 이하에서는 서서히 증식속도가 감소하며 저온에서도 완전히 사멸하지는 않는다.

④ 저온성 세균들은 0℃에서도 활발하게 증식하며 0~-10℃에서도 완만하게 증식하거나 동면상태로 존재한다.

(3) 냉동
① 저장 온도를 -18℃이하로 동결저장 하는 방식이다.
② 저장원리
  ㉠ 수산물의 동결은 수산물 내 대부분의 수분이 빙결정을 이루어 수분활성도가 낮아져 미생물의 증식이 억제된다.
  ㉡ 저온은 효소반응과 같은 생화학 반응 속도가 감소되면서 장기 저장이 가능하다.

(4) 냉장
① 10℃~0℃의 빙점 이상의 온도에서 수산물 내 수분이 얼지 않는 온도에서 냉각 저장하는 방법이다.
② 저온은 부패세균의 증식을 억제하며 효소활성도 일부 억제된다.
③ 빙점 이상의 저온은 세균과 효소활성이 계속 진행되므로 단기 저장에만 이용된다.

4) 식품첨가물의 이용

(1) 저장을 위한 첨가물로 보존제와 산화방지제가 사용된다.
(2) 보존제
① 보존제: 세균, 곰팡이, 효모 등의 미생물 증식을 억제하여 저장 가능기간을 늘려주는 식품 첨가물이다.
② 종류: 소르브산, 소르브산 칼륨, 소르브산 칼슘 등
(3) 산화방지제
① 산화방지제: 지질의 산패를 방지하기 위하여 사용하는 첨가물이다.
② 종류: 비타민 C, 비타민 E, 부틸히드록시아니솔(BHA, butyl hydroxyanisole), 디부틸히드록시톨루엔(BHT, dibutyl hydroxytoluene) 등
③ 산화방지제는 산패가 시작된 후에는 효과가 떨어지므로 신선한 식품에 첨가해야 저장성을 연장할 수 있다.

5) 가열에 의한 저장

(1) 가열에 의한 미생물의 사멸
 ① 미생물은 낮은 수분활성도, 넓은 pH에서도 생육이 가능하나 열에는 대체적으로 약해 100℃ 정도에서 대부분 사멸한다.
 ② 가열은 미생물 등의 세포 내 단백질이 비가역적으로 변성되기 때문에 대부분 미생물은 사멸한다.
 ③ 내열성 포자를 형성하는 바실러스(Bacillus)속이나 클로스트리듐(Clostridium)속의 세균은 100℃에서 가열하여도 쉽게 사멸하지 않아 레토르트로 고온 살균하여야 한다.

(2) 가열 온도 및 시간에 따른 미생물의 사멸
 ① 미생물 농도가 높을수록 살균시간은 길어진다. 따라서 살균 전 전처리 과정을 위생적으로 처리해 미생물 농도를 줄이면 살균 시간을 줄일 수 있다.
 ② 일반적으로 내용물 및 형상에 따라 다르나 살균온도 10℃ 증가에 따라 살균 시간은 1/10로 줄어든다.
 ③ 내열성 포자를 형성하는 클로스트리듐 보툴리눔(Clostridium Botulinum) 포자의 살균에 소요되는 시간은 가열 온도가 높을수록 시간은 감소한다.

(3) pH에 따른 내열성
 ① 대체로 미생물의 내열성은 pH가 낮을수록 약하고 중성에 가까울수록 강해진다.
 ② 대체로 pH가 4.6 미만의 낮은 식품은 저온살균을 그 이상의 식품은 레토르트 고온 살균한다.

❸ 냉장

1) 수산물 냉장 중 변화 및 억제

(1) 수산물의 냉장
 ① 냉장 수산물은 냉동품에 비해 저장 기간은 짧아지나 조직감이 우수해 비싸게 유통된다.
 ② 온도가 5℃ 이하로 되면 식중독 균은 증식이 억제된다.
 ③ -10℃ 이하로 온도가 내려가면 호냉성 세균까지도 증식이 억제되며 지질의 산화도 억제된다.

제4장 | 수산물의 저장

④ 어획된 어패류의 환경 온도를 저온으로 하면 미생물의 증식과 지질 산화를 억제함으로써 저장성을 갖게 할 수 있다.

⑤ 어획된 수산물은 물리적 요인, 화학적 요인, 생물학적 요인 등에 의해 품질저하가 일어나지만 저온에 의해 억제가 가능하다.

(2) 생물학적 요인에 의한 변화 및 억제 방법

① 세균, 곰팡이, 효모 등의 미생물과 효소 작용에 의해 신선도가 저하된다.

② 저온은 미생물의 증식 억제 및 효소의 활성이 억제된다.

③ pH 및 공기 조성의 변화는 품질저하를 억제할 수 있다.

(3) 화학적 요인에 의한 변화 및 억제 방법

① 연화, 갈변 및 향미 악변 등 효소반응과 산소에 의해 지질의 산화 중합 퇴색 등으로 품질이 저하된다.

② 반응 속도는 온도가 10℃ 낮아지면 1/2~1/3로 억제된다.

③ 항산화제 처리 등으로 품질저하를 억제할 수 있다.

(4) 물리적 요인에 의한 변화 및 억제 방법

① 열에 의한 건조, 빛, 식품의 성분 변화 등은 품질 저하의 원인이 된다.

② 저온은 수분증발을 줄임으로 건조를 억제할 수 있다.

③ 속포장 또는 글레이징 처리로 품질저하를 억제할 수 있다.

(5) 식품의 보존 온도영역의 구분

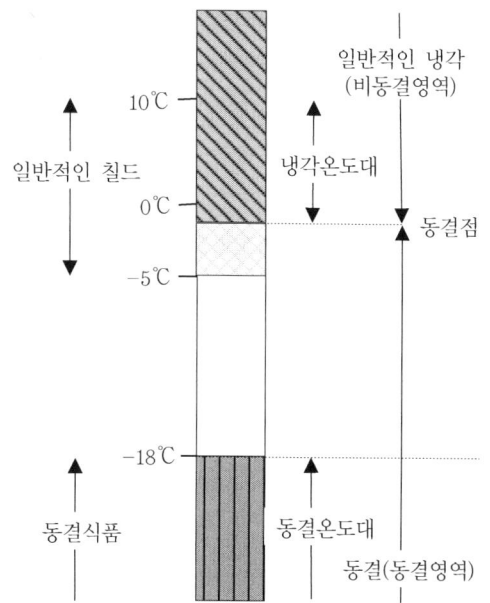

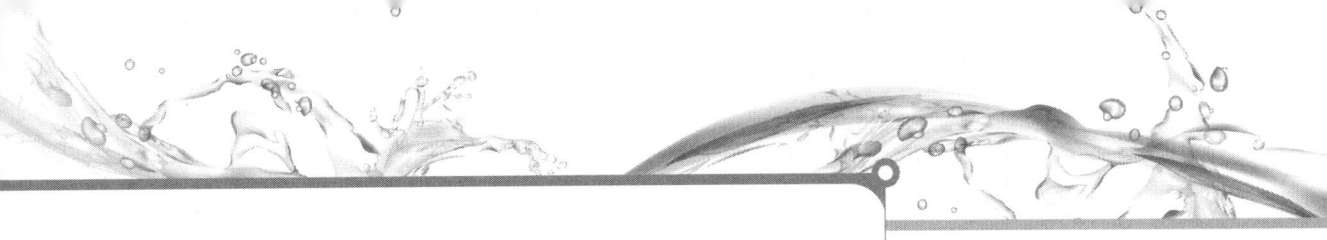

2) 냉장 방법

(1) 빙장법

① 개요
  ㉠ 얼음을 사용하여 얼지 않는 범위에서 실온보다 낮게 저장하는 방법
  ㉡ <u>쇄빙법과 수빙법이 있다.</u>
  ㉢ 연안 어류의 선도유지에 주로 이용된다.
  ㉣ 조직 내 수분이 빙결되지 않으므로 자가소화효소에 의한 분해 및 세균 증식을 완전히 저장할 수 없어 단기간 저장을 목적으로 한다.

② 방법
  ㉠ 쇄빙법
    ⓐ <u>얼음 조각 속에 어패류 묻어 얼음 자체의 냉각력으로 저온저장하는 방법</u>이다.
    ⓑ 어체를 그대로 얼음에 매몰시키나 참치 등 대형어의 경우는 내장을 제거하고 그 속에 얼음을 채운다.
    ⓒ 부패 및 변질을 지연시킬 수 있어 어선 내에서나 육상 수송 시 널리 이용되고 있다.
  ㉡ 수빙법
    ⓐ <u>쇄빙을 가한 냉수에 어체를 침지하여 저온저장하는 방법</u>이다.
    ⓑ 일반적으로 담수어에는 담수를, 해수어에는 해수를 사용하나 담수어에 해수를 사용할 수 있으나 해수어에 담수를 사용할 경우 어체가 광택을 잃고 안구가 백탁되는 수가 있다.
    ⓒ 어체의 온도를 급속히 내릴 수 있어 세균의 번식 기회가 줄어들며 경직기간을 오랫동안 유지시킬 수 있다.
    ⓓ 어체의 경직도가 높으며 경직 시간이 길어 선도 유지에 유리하다.
    ⓔ 물의 온도를 더 낮게 유지시키고 어체의 색택 변화 방지를 위하여 3% 정도의 식염을 첨가하기도 한다.
    ⓕ 장점으로는 어체의 온도를 급속히 낮출 수 있다.
    ⓖ 단점: 운반에 있어 물이 새지 않는 큰 용기 필요 등의 불편이 있고 시간 경과에 따른 저온 유지에 많은

노력이 필요하다.
ⓗ 수빙법으로 장기 저장하면 어체가 수분을 흡수하고 표피가 변색될 우려가 있어 단시간의 빙장에 이용하는 것이 효과적이다.

③ 얼음의 종류
㉠ 백빙(opaque ice)
원료수를 정지상태에서 급속동결시켜 물에 포함되어 있는 염류 및 기포를 빙결정 사이에 포착시켜 유백색으로 만든 얼음

㉡ 투명빙(transparent ice)
원료수를 교반 유동시켜 빙결면에서 염류 및 기포를 제거하면서 비교적 완만히 결빙시킨 얼음

㉢ 결정빙(crystal ice)
완전히 탈염, 탈기시켜 불순물이 제거된 원료수를 빙결시킨 얼음

㉣ 해수빙(salt ice)
해수를 원료수로 이용한 얼음으로 해수의 빙점은 약 -2℃로 해수빙으로 빙장하면 일반빙에 비하여 저장기간이 더 연장된다.

㉤ 약품빙(chemical ice)
원료수에 살균방부제를 넣어 만든 얼음으로 안전성, 색, 냄새 등의 이유로 실용화되지는 못하고 있다.

㉥ 염수빙(brine ice)
식염, 염화마그네슘, 염화칼슘 등의 수용액을 동결시켜 만든 얼음

㉦ 공융빙(eutetic ice)
포화식염수를 동결시켜 만든 얼음

④ 빙장법의 주의사항 및 특징
㉠ 쇄빙법
ⓐ 얼음을 충분히 사용하여야 한다.
ⓑ 너무 높이 쌓으면 어체가 연약하여 조직이 허물어지기 쉽다.
ⓒ 얼음물에 의한 오염을 주의하여야 한다.
ⓓ 얼음이 어체에 접촉이 불완전하게 이루어져 냉각불

충분으로 변색이나 악취가 발생하는 현상(ice bum)이 발생하지 않도록 해야 한다.
ⓒ 수빙법
ⓐ 물을 미리 -1~0℃로 냉각시켜야 하며 얼음을 충분히 사용하여야 한다.
ⓑ 오염의 위험이 있으므로 수산물을 미리 세척하는 것이 좋다.
ⓒ 물을 잘 교반하여 온도가 균일하도록 하여야 한다.
ⓓ 염분 및 수분의 침투를 고려하여 어체 중심부가 0℃로 냉각되면 쇄빙으로 옮기는 것이 좋다.
ⓒ 쇄빙법과 수빙법의 비교

항목	쇄빙법	수빙법
작업	용이	어려움
냉각속도	완만	신속
산화	용이	일부억제
손상	있음	없음
건조	일부진행	진행 없음
퇴색	산화 변색	수용 퇴색

김진수 외3인, 2007, 도서출판 효일, 수산가공학의 기초와 응용 표 6-3

(2) 냉장법
① 냉장법은 빙장법과 같이 0℃ 내외의 온도에서 저장하나 냉각 매체가 공기라는 점에서 차이가 있다.
② 단기 저장을 목적으로 하는 저장법이다.

(3) 빙온법
최대 빙결정 생성대인 -3℃ 온도구간에 저장하는 방법으로 수산물의 단기저장에 이용된다.

(4) 냉장수산물의 제조
① 처리 과정
원료 입하 → 선별 → 수세 및 탈수 → 어체 처리 → 재수세 및 탈수 → 선별 → 포장 → 냉각 → 저장
② 원물을 크기, 신선도, 상처 등에 따라 선별한다.
③ 얼음물로 수세 후 탈수한다.
④ 어체를 목적에 맞게 처리한다.
⑤ 재수세를 통해 혈액 및 내장 등을 씻어내고 탈수한다.
⑥ 선별하고 포장하여 전처리한다.

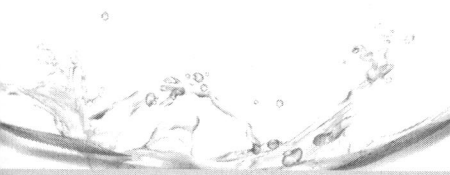

⑦ 포장된 제품을 빙장 등의 방법을 통해 유통하거나 단기 저장한다.

⑧ 어류의 가공처리 형태

용어	설명
Round	두부, 내장을 포함한 원형 그대로의 것
Semi-dressed	Round 상태의 어체에서 아가미와 내장을 제거한 것
Dressed	두부와 내장을 제거한 것
Pan dressed	Dressed로 처리한 어체에서 지느러미와 꼬리를 제거한 것
Fillet	Dressed 상태에서 척추골 부분을 제거하고 2개의 육편으로 처리한 것. 단, 학꽁치, 뱀장어, 붕장어, 보리멸 등은 dressed로 한 후 등뼈 제거 제품의 경우 fillet로 분류하고 이 경우 fillet는 껍질이 붙은 것(skin-on), 꼬리가 있는 것(tail-on) 등으로 구분하여 표시함.
Chunk	Dressed 또는 fillet을 일정한 크기의 가로로 절단한 것
Steak	Dressed 또는 fillet을 2cm 정도의 두께로 절단한 것
Slice	Steak 보다 더욱 얇게 절단한 것
Dice	어육을 2~3cm의 육면체형으로 절단한 것
Chop	어육 채취기로 채육한 것
Ground	고기갈이로 고기갈이 한 것
Shreded	자주 잘게 채썰기를 한 것
Loin	혈합육과 껍질을 제거한 것
Fish-block	어육을 일정한 형틀에 넣고 눌러서 단단하게 한 것으로 모서리의 각이 바르고 면이 평평함
Stick	Fish-block을 세절하여 각봉형으로 만든 것

김진수 외3인, 2007, 도서출판 효일, 수산가공학의 기초와 응용 표 6-13

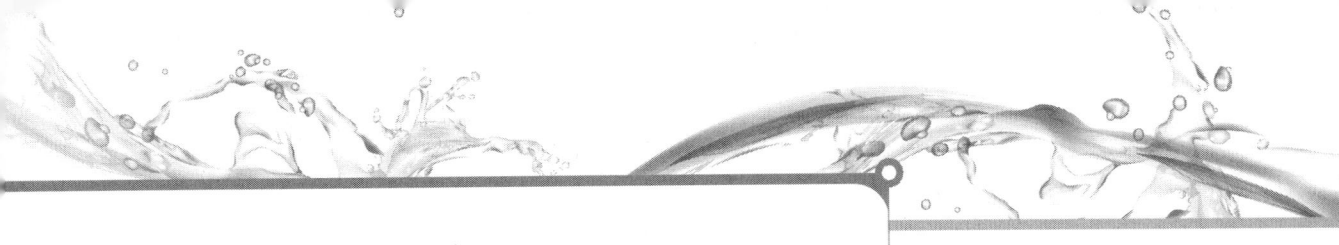

❹ 냉동과 냉동식품

1) 동결의 의의

(1) 수산물의 동결은 함유되어 있는 수분의 대부분을 빙결시켜 저장하는 방법으로 국제냉동협회는 −18℃ 이하의 온도에서 저장하도록 권장하고 있다.

(2) 동결품은 동결-저장-해동의 과정을 거쳐야하므로 본래 상태로의 복원이 불가능하기 때문에 냉장품에 비해 가격이 낮다.

(3) 동결 장치에 요구되는 일반적인 조건
① 품온유지를 위하여 급속동결과 심온동결이 가능할 것
② 비용을 낮추기 위하여 가동률을 높일 수 있을 것
③ 동결 작업 시에 에너지 절약이 가능할 것
④ 위생적인 작업이 가능할 것

(4) 냉장법과 동결법의 비교

항목	냉장법	동결법
효소적, 비효소적 갈변	진행	억제
미생물의 발육	진행	억제
고품질 보존기간	단기간	장기간
원상태로의 복원	가능	불가능
동결변성 및 조직파괴	없음	있음
드립유출	없음	있음
에너지 소비	적음	많음

김진수 외3인, 2007, 도서출판 효일, 수산가공학의 기초와 응용 표 6-4

2) 동결현상

(1) 동결곡선
① 동결곡선이란 동결 중 온도 중심선의 시간대별 온도변화를 기록한 곡선으로 빙결점 이상의 냉각곡선(cooling curve)과 빙결점 이하의 냉동곡선(freezing curve)로 이루어졌다.
② 냉각구역: 빙결점까지의 구역
③ 동결구역: 빙결점~−5℃ 범위로 최대 빙결정 생성대이다.

제4장 | 수산물의 저장

④ 온도 강하구역: 빙결점 미만의 저장 온도까지의 범위

(2) 최대빙결정생성대(zone of maximum ice crystal formation)
① -1~-5℃의 빙결정이 가장 많이 만들어지는 온도구간을 의미한다.
② 대부분 최대빙결정생성대에서 60~90%의 수분이 빙결정으로 변한다.
③ 이 온도구간에서는 많은 빙결잠열의 방출로 식품 온도 변화는 거의 일어나지 않고 동결이 이루어지면서 냉동곡선은 거의 평탄하다.
④ 빙결정의 수, 모양, 크기 위치 등이 이 온도구간에 머무는 시간에 따라 좌우되며 물질에 영향을 준다.
⑤ 냉동품의 조직 구조가 파괴되면서 ATP, 글리코겐 및 지질의 효소적 분해, 단백질의 동결변성 등이 최대로 발생한다.
⑥ 이 온도대에서 발육이 가능한 저온 미생물이 있으므로 신속히 -10℃까지 온도를 낮추어야 한다.

(3) 빙결정의 성장
① 동결품은 저장 중 미세 빙결정은 수가 줄고 대형의 빙결정이 생성되는데 이는 품질저하의 원인이 된다.
② 빙결정의 성장 원인은 저장 중 온도 변화, 작은 결정과 큰 결정의 증기압 차 등이다.
③ 빙결정 성장의 방지
  ㉠ 급속 동결로 빙결정의 크기를 될 수 있는 대로 비슷하게 한다.
  ㉡ 동결 종온을 낮추어 빙결율을 높여 잔존 액상의 적게 한다.
  ㉢ 저장 온도를 낮추어 증기압을 낮게 유지한다.
  ㉣ 저장 중 온도의 변화를 없게 한다.(±1℃)

(4) 용어의 정리
① 온도중심점: 냉동품의 냉각 또는 동결 시 온도 변화가 가장 느린 저점을 의미하며 품온 측정 부분이다.
② 빙결점(동결점, freezing point): 냉동품의 얼기 시작하는 온도로 어류의 경우 담수어는 평균 -0.5℃로 가장 높고, 회유성 어류는 평균 -1.0℃, 저서성 어류의 평균은 -0.

2℃로 가장 낮다.
③ 공정점(eutectic point): 동결품 내 수분이 완전히 얼었을 때의 온도로 일반적으로 −55 ~ −60℃이다.
④ 빙결율(동결율, freezing ratio): 동결품 내 수분이 빙결정으로 변한 비율을 의미한다.

$$빙결율(\%) = \left(1 - \frac{식품의\ 빙결점}{식품의\ 품온}\right) \times 100$$

3) 급속동결과 완만동결

(1) 급속동결
① 최대빙결정생성대(−1~−5℃)를 짧은 시간(30~50분 이내)에 통과하면서 빙결정의 크기를 작게 하여 고품질의 제품을 제조하는 동결법이다.
② 급속동결은 냉동품의 빙결정 크기를 작게함으로써 조직 파괴 및 단백질 구조 파괴의 억제, 해동 중 drip 유출로 인한 영양성분의 손실 억제 및 동결시간의 단축으로 경제적 손실을 절감할 수 있다.
③ 급속동결 후 낮은 온도에 저장하면 빙결정의 크기를 작게 하여 조직의 손상을 줄일 수 있으며 오랜 시간을 걸쳐 동결시키거니 높은 온도에서의 저장은 빙결정의 크기가 커져 조직 손상이 크므로 냉동품의 품질은 최대빙결정생성대를 통과하는 시간이 짧을수록 좋아진다.

(2) 완만동결
① 최대빙결정생성대(−1~−5℃)를 완만하게 통과하는 것을 말한다.
② 냉동품 내에 생성되는 빙결정이 커서 조직 손상이 큰 동결법이다.
③ 조직 파괴, 식품 중 단백질 구조의 파괴, 염 농축에 의한 단백질 동결변성이 일어난다.
④ 동결품의 빙결정은 보존온도가 높고 기간이 경과되면 서서히 조직이 파괴된다. 이러한 조직 파괴를 억제하기 위해서는 반드시 급속동결 및 −18℃ 이하의 저온 유지 및 저장 중 온도변화를 억제하여야 한다.

4) 동결방법

(1) 공기동결법(sharp freezing)
  ① 냉각관을 선반모양으로 조립한 후 그 위에 식품을 얹어 동결실 내 정지한 공기 중에서 동결하는 방법
  ② 장점은 동결장치가 간단하고 모양에 구애받지 않고 대량 처리가 가능하다.
  ③ 단점은 동결속도가 완만하다.

(2) 송풍실내에서의 평균동결법(송풍동결법, air-blast freezing)
  ① 동결실의 상부, 측면 또는 바닥면에 공기 냉각기를 설치하고 냉각한 공기를 동결실 한쪽방향에서 강제적으로 송풍하여 식품을 동결시키는 방법
  ② 일반적으로 두께 15cm, 중량 15kg의 생선상자, 골판지상자 내의 생선을 -18℃ 이하까지 12시간 이내에 동결
  ③ 대부분 식품에 사용이 가능하다.
  ④ 수산창고에서 정어리, 전갱이, 고등어, 꽁치 등을 1시간에 대량동결 하는 경우에 이용한다.
  ⑤ 블록급속 동결품은 냉동팬, 나무상자, 방수골판지상자, 플라스틱 상자 등의 용기에 채워 동결하는 경우도 많다.
  ⑥ 동결속도는 냉풍속도와 포장의 유무에 크게 영향을 받는다.
  ⑦ 구조가 간단하고 비교적 싸다.
  ⑧ 포크리프트 등에 의한 작업성이 좋다.
  ⑨ 동결속도는 1~5mm/h

(3) 관선반식동결법(반송풍식동결법)
  ① 냉각관을 선반 모양으로 만들어 선반과 선반사이에 물건을 넣어 동결시키는 방식
  ② 냉각관내로 냉매액이 흐르고 물건과 접촉하여 냉각한다.
  ③ 선반식 동결실의 양단의 상하에 송풍기를 설치해 공기를 유동시킨다.
  ④ 접촉과 통풍공기에 의해 식품을 동결시킨다.
  ⑤ 원양 다랑어 어선에서 풍속 2~3m/s, 실온 -55℃이하로 두께 약 30cm, 중량 60kg의 다랑어를 -50℃ 이하까지 24시간 이내로 동결한다.
  ⑥ 다랑어 어선(-60 ~ -70℃), 오징어 낚시배(-35 ~ -40℃), 어항에서의 생선을 통째로 동결(-20 ~ -30℃), 냉동식품

등 다용도로 널리 이용된다.
　⑦ 구조가 간단하고 싸다.
　⑧ 다량 수용이 가능하다.
　⑨ 동결속도가 비교적 빠르다.
　⑩ 하역작업 등 일손이 많이 필요하다.
　⑪ 동결속도는 3~15mm/h
(4) 송풍터널식동결법(tunnel freezer)
　① 송풍과 반송장치의 조합에 의한 동결방법
　② 보냉 판넬로 둘러싸인 가운데에 낱개의 고형식품을 컨베어로 반송해 터널 내를 통과하기까지 동결이 완료된다.
　③ 일반적으로 식품동결이 이루어지는 방열구획 내를 풍송 3~5m/s, 평균 -40℃로 함으로써 두께 1~5cm 정도의 식품을 -18℃ 이하의 품온까지 0.5~2.5 시간에 동결한다.
　④ 일반적인 동결방법이다.
　⑤ 가리비, 튀김용 토막살 등 비교적 소형과 얇은 것의 개체를 연속적으로 동결하는데 적합하다.
　⑥ 벨트 컨베어식이나 스파이럴식 등 냉동식품공장 등의 제조라인을 ILF(in-line freezing system)로서 널리 이용된다.
　⑦ 동결속도는 15~30mm/h
(5) 접촉식동결법(contact freezing)
　① 가운데 구멍이 있는 금속판(플랫탱크)에 -30~-40℃의 냉매를 흘려 냉각된 금속판 사이에 식품을 두어 동결하는 방법
　② 일반적으로 두께 75mm 정도의 10kg 용량의 동결 팬에 채운 생선을 -18℃까지 4~6시간에 동결한다.
　③ 냉동어묵, 오징어 낚시배의 오징어, 고래고기, 작은 새우, 조갯살 등의 급속동결에 이용한다.
　④ 두께가 얇은 균질의 식품에 적절하다.
　⑤ 동결시간이 짧고 간단하여 취급이 쉽다.
　⑥ 동결속도는 유속과 포장의 유무에 크게 영향을 받는다.
　⑦ 동결속도는 12~25mm/h
(6) 브라인(액체냉각식)동결법
　① 브라인(진한 염용액, 알콜류)을 냉각하여 식품을 직접 담구어 동결하는 방법

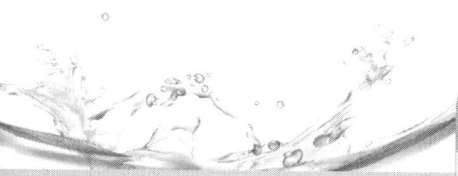

② 식염수용액에서는 약 -20℃, 염화칼슘수용액-에탄올수용액에서는 약 -40℃의 브라인 온도에서 급속동결이 가능하다.
③ 각종형상, 크기의 식품도 동결이 가능하다.
④ 급속동결이 가능하여 좋은 품질을 얻을 수 있으나 어육의 분열이 발생하거나 식품 내부로의 브라인의 침투 등의 단점이 있어 포장하는 과정이 필요하다.
⑤ 원양 가다랑어 어업에 많이 사용된다.
⑥ 동결속도는 10~50mm/h

(7) 액체가스동결법(cryogenic freezing)
① 액화질소나 액화탄산가스를 식품에 분무하여 급속동결시키는 방법이다.
② 식품 조직의 손상이 적고 해동하더라도 원상태 회복이 매우 좋다.
③ 소형의 고급식품(고급생선, 새우 등), 바쁜 시기에 생산증가(어묵류 등)에 이용된다.
④ 액화가스가 저온이기 때문에 식품에 균열이 발생할 가능성이 있다.
⑤ 냉동기가 불필요하고 초기비용은 싸지만 운영비가 많이 든다.
⑥ 동결속도는 30~100mm/h

(8) 저온 삼투압 탈수동결법
① 빙결정 생성에 따른 조직손상 방지를 위해 동결 처리 전 미리 빙결정 생성인자인 수분을 탈수한 후 동결하는 방법
② 장점
　㉠ 자유수 제거로 동결 변성이 적다.
　㉡ 드립량이 적다.
　㉢ 육질 개선효과가 있다.
　㉣ 탈수로 동결에너지가 절감된다.
③ 단점으로 대량 처리가 곤란하다.
④ 저온 삼투압 탈수의 효과와 응용

대상식품	원리	효과
냉동식품	* 자유수의 적당한 탈수 * 미세빙결정으로 세포막 파손억제	냉동내성의 향상
염장품 및 젓갈	* 탈수에 의한 세포막의 경고	저염 가공 가능
선어, 염장어 및 축육	* 정미성분 농축 * 어취 제거 * 조직감 향상	향미 향상
냉장식품 (chilled foods)	* 표층에 단백질 층의 생성으로 균의 침입 방지 * glutamic acid 등의 농도 증가로 인한 조직세포의 변성 억제 * 드립 감소로 조직세포의 변성 억제	품질수명의 연장
소고기, 돼지고기 및 양고기	* 칼슘 농도 증가로 조직 연화 촉진 * 칼슘에 의한 단백분해효소의 작용으로 정미성분 증가	숙성촉진
정어, 정어리 등	* 수분의 감소에 의한 산화 억제	산패취이 발생 억제
다랑어회	* 용존산소 감소 * 아미노산 농도 증가 * 염소이온 감소	변색 및 퇴색 억제
상어, 다랑어회	* 색소(철분 등) 농축	색의 농후
향신료 대용	* 어취제거에 의한 어육 및 축육 고유의 향미유지	고유의 향미유지
절임식품, 훈제품	* 세포 간 수분의 탈수	조미액의 침투성 향상
튀김 및 가열식품	* 중심부의 여분 수분 제거 * 조리 중 여분의 수분 및 용해성분의 유출 감소	조리성 향상

김진수 외3인, 2007, 도서출판 효일, 수산가공학의 기초와 응용 표 6-11

(9) partial freezing(부분동결)
① −3℃ 부근에서 반냉동 상태로 저장하는 방법
② 일반적으로 −1~−5℃의 최대빙결정생성대에서 저장하는 경우 해당작용, 근원섬유 단백질의 변성, 지질산화 및 전분의 노화 등이 야기되기 쉬우나 세균세포도 조직적 손상을 입는데 이러한 원리를 이용한 방법이다.
③ 식품 성분의 품질저하는 야기되나 식품위생적으로는 안전하여 1주일에서 약 10일 간 저장에는 적절한 방법이다.

5) 수산냉동식품의 일반적 제조공정
(1) 제조공정
원료입하 → 선별 → 수세 및 탈수 → 선별 → 특별 전처리(산화방지제 및 동결변성 방지제 처리) → 칭량 → (속포장) → 팬 채움 → 동결 → 팬 빼기 → (글레이징) → 겉포장 → 저장

(2) 전처리
① 원료 입하부터 동결 전까지의 공정을 의미한다.
② 전처리의 목적
  ㉠ 불가식부에 해당하는 운임 및 창고료를 절약할 수 있다.
  ㉡ 불가식부를 사전에 처리함으로써 조리가 편리해진다.
  ㉢ 비위생적인 불가식부를 신속하게 제거하여 위생성을 향상시킬 수 있다.
  ㉣ 품질저하를 억제할 수 있다.
③ 선별
  적절한 크기 및 선도를 가진 어체를 원료로 선별한다.
④ 수세 및 탈수
  ㉠ 대형어: 개체별로 분무하여 수세 후 탈수한다.
  ㉡ 소형어: 한번에 침지하여 혈액, 점액, 유지 및 기타 이물질을 잘 제거하고 탈수한다.
  ㉢ 수세수: 담수어는 담수나 해수를 사용해도 좋으나 해수어는 해수를 사용하는 것이 좋다.
⑤ 어체처리
  용도, 수요자의 요구 등에 맞게 어체를 처리한다.
⑥ 재수세 및 탈수

어체 처리 중 발생한 혈액, 내장, 뼈, 껍질, 비늘 등을 제거하기 위한 수세를 하고 탈수한다.

⑦ 선별

크기, 손상 등에 따라 재선별한다.

⑧ 특별전처리

염수처리, 가염처리, 가당처리, 산화방지제 및 동결변성방지제 처리 등과 같은 특별전처리를 한다.

⑨ 칭량 및 속포장

선별된 것을 목적하는 중량으로 칭량하고 건조 및 지질산화 방지를 위한 속포장을 한다. 속포장 하는 경우 글레이징을 생략한다.

⑩ 팬 채움(panning)

㉠ 대형어 및 중형어: 팬 채움 과정을 생략하고 개체 동결할 수 있다.

㉡ 소형어: 동결팬에 넣어 동결하고 머리가 외부로 노출되도록 하고 꼬리는 중앙으로 가도록 하여야 하며 표면은 기복이 없어야 하며 동결 팽창도 고려하여야 한다.

(2) 동결

대형어와 중형어는 개체 동결을 소형어는 동결팬에 넣어 동결방법을 선택하여 실시한다.

(3) 후처리

① 팬 빼기(depanning)

표면에 냉수를 분무하거나 유수에 참지한 후 충격을 주어 냉동물을 팬으로부터 분리한다.

② 글레이징(glazing)

건조 및 산화방지를 목적으로 빙의(氷衣)를 입힌다. 단 전처리 과정 중 속포장 한 경우 생략한다.

③ 겉포장

적절한 포장재를 활용하여 포장한다.

6) 냉동식품

(1) 냉동식품

① 정의

<u>가공 또는 조리한 식품을 장기 저장을 위해 동결처리 후 용</u>

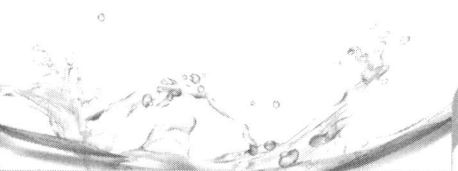

제4장 | 수산물의 저장

기포장 한 것으로 냉동보관을 요구하는 식품을 의미한다.
② 냉동식품의 장점
  ㉠ 저장성: 품온을 낮춰 신선도를 유지
  ㉡ 편리성: 불가식부 제거 등 전처리로 편리하며 조리가 간편하다.
  ㉢ 안전성: -18℃ 이하의 저온에 저장이 1년 이상 가능하며 품질의 안전성이 인정된다.
  ㉣ 가격안정성: 원료의 장기저장이 가능해져 가격 안정성을 꾀할 수 있다.
  ㉤ 유통합리성: 수산물의 계절적 편재성 등에 따른 홍수출하를 저장으로 연중 고른 유통이 가능해져 유통의 합리화가 가능하다.

(2) 냉동식품의 해동
  ① 개요
    ㉠ 냉동품을 여러 해동매체를 통하여 녹이는 조작을 의미한다.
    ㉡ drip 발생을 가능한 한 줄여야 한다.
    ㉢ 해동속도, 해동환경, 해동종온 등은 냉동품의 종류 및 용도에 따라 결정된다.
  ② 해동품의 상태변화
    ㉠ 육질의 연화
    ㉡ 미생물과 효소의 활동이 용이해 진다.
    ㉢ 산화되기 쉽다.
    ㉣ 표면건조
    ㉤ 맛 성분과 영양 성분의 손실
  ③ 해동품의 선도저하 및 부패
    ㉠ 조직의 변화로 인해 표면세균의 내부 침투로 부패하기 쉽다.
    ㉡ 연화된 조직으로 미생물의 침입과 증식이 쉬워진다.
    ㉢ drip이 미생물 등의 증식에 있어 영양원이 된다.
  ④ Drip
    ㉠ 개요
      ⓐ 동결품 해동 시 녹은 빙결정에서 생성되는 수분이 육질에 흡수되지 못하고 분리되어 나오는 것을 말한다.

ⓑ drip의 유출은 단백질, 염류, 비타민, 아미노산, 엑스성분 등 수용성 성분이 녹아 같이 유출되며 풍미물질도 유출되면서 식품가치 저하 및 무게 감소가 발생한다.
ⓒ 발생원인
ⓐ 빙결정에 의해 육질의 기계적 손상과 세포의 파괴
ⓑ 체액의 빙결분리
ⓒ 단백질 변성
ⓓ 해동 경직에 따른 근육의 이상 강수축 등
ⓒ drip 발생
ⓐ 표면적이 작고 동결속도가 빠르며 온도가 낮고 동결냉장 기간이 짧을수록 drip은 적어진다.
ⓑ 식염, 당, 중합인산염을 첨가할수록 drip은 적어진다.
ⓒ 절단 근육에 비해 비절단 근육이 drip이 적다.
ⓓ 지방함량이 많고 수분함량이 적으면 drip이 적다.
ⓔ 해동 후 품온이 상승하지 않도록 중심온도를 0~5℃를 유지한다.
ⓒ drip 발생을 줄이기 위한 조치
ⓐ 선도가 높은 좋은 원료를 선택한다.
ⓑ 동결 시 완만동결 보다는 급속동결을 실시한다.
ⓒ 동결 후 냉장온도를 낮게하고 냉장기간을 짧게한다.
ⓓ 온도의 변동폭을 작게한다.
⑤ 해동 정도에 따른 구분
㉠ 완전해동: 냉동 고등어 등에 적용하며 해동 종온을 빙결점 이상의 온도로 해동하나 가능한 낮은 온도가 좋다.
㉡ 반해동: 냉동 연육 등에 적용하며 해동 종온을 온도 중심점이 약 -3℃ 정도로 칼로 절단할 수 있는 정도로 해동한다.
㉢ 개체 동결식품 등은 별도의 해동이 불필요하다.
㉣ 생선 패티나 스틱은 해동시켜서는 안된다.
⑥ 해동방법
㉠ 공기해동법
ⓐ 해동 매체로 공기를 이용하는 방법
ⓑ 자연해동법(정지공기해동법)은 모든 해동에 이용이 가

능하나 해동 시간이 길고 공간을 많이 필요로 한다.
ⓒ 풍속해동법은 정지공기해동법에 비해 해동 시간이 짧다.
ⓛ 수중해동법
ⓐ 해동 매체로 물을 이용하여 해동하는 방법으로 정지법, 유동법, 살포법이 있다.
ⓑ 열의 전달이 공기 보다 크고 매체에 접촉면이 넓어 공기해동법에 비해 속도가 빠르다.
ⓒ 수산 가공에 가장 많이 사용된다.
ⓓ 원형 및 블록형 해동에 적합하다.
ⓔ 해동수의 오염 가능성이 커서 해동수 관리가 필요하며 폐수 처리 비용이 많이 든다.
ⓒ 접촉해동법
ⓐ 온수가 흐르는 금속판 사이에 냉동품을 끼워 넣어 해동시키는 방법이다.
ⓑ 동결 연육 해동에 많이 이용된다.
ⓔ 전기해동법
ⓐ 고주파 또는 초단파를 이용하는 해동방법이다.
ⓑ 냉동품의 내부에서 가열하는 방식으로 해동시간이 짧다.
ⓜ 조합해동법: 여러 가지 해동법을 조합한 장치를 이용하여 해동하는 방법이다.

7) 저온에 따른 미생물

(1) 온도에 따른 미생물의 증식
① 미생물은 증식 최적 온도에 따라 호냉성 세균, 중온성 세균, 호열성 세균으로 분류한다.
② 호냉성 세균(저온성 세균)
㉠ 20℃ 내외가 증식 최적온도대이다.
㉡ 7℃ 이하에서도 증식을 잘하며 0℃에서도 증식한다.
㉢ 비브리오(Vibrio), 슈도모나스(Pseudomonas) 등이 속한다.
③ 중온성 세균
㉠ 20~40℃에서 증식하며 37℃ 내외가 증식 최적온도대이다.
㉡ 0℃ 이하 및 50℃ 이상에서는 증식이 안된다.

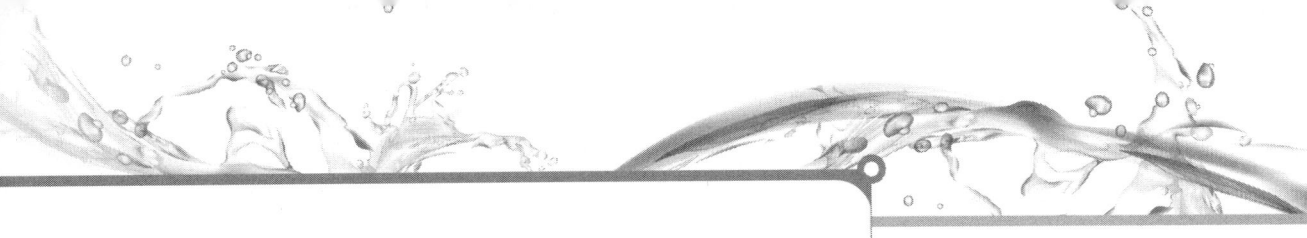

　　　ⓒ 대부분의 병원성 세균이 여기에 속한다.
　④ 호열성 세균(고온성 세균)
　　ⓐ 50~60℃가 증식 최적온도대이다.
　　ⓑ 중온성 세균이 사멸하는 75℃에서도 증식이 가능하다.
　　ⓒ 최저 온도대는 40℃ 정도이다.
(2) 저온에 의한 미생물의 사멸
　① cold shock
　　ⓐ 식품을 급격히 냉각하면 빙결점 이상에서 일부 균이 사멸하는 현상
　　ⓑ 식품을 급격히 냉각하면 세균의 세포막에 손상이 일어나 세포 내 성분이 유출되면서 증식 또는 대사활성 등이 저하된다.
　　ⓒ 고온성 세균 및 중온성 세균〉저온성 세균, GRAM 음성균〉GRAM 양성균
　② 최대빙결정생성대
　　ⓐ 최대빙결정생성대에서는 미생물의 증식은 정지하나 일부 효소계가 작용하고 있으며 점차 사멸한다.
　　ⓑ 대장균 등 미생물은 대부분 빙결점 내외에서 사멸한다.
　　ⓒ 최대빙결정생성대 보다 저온으로 내려가면 생리적 기능이 완전 정지되면서 휴면상태로 된다.
　③ 동결
　　ⓐ 동결은 미생물 세포 내에 빙결정이 생성되면서 여러 가지 장해가 일어난다.
　　ⓑ 동결은 세포막의 투과성 파괴로 인해 세포 내 성분의 유출, 유해물질의 침입, 환경에 대한 감수성 증대 및 세포구조의 기계적 파괴로 사멸하게 된다.
　　ⓒ 동결속도가 빠를수록 일반적으로 사멸율은 높아진다.

❺ 냉동장치와 설비

1) 냉매선도

(1) 종축에 절대압력p(MPa)와 횡축에 비엔탈피 h(kJ/kg)를 각각 로그 값과 등간격으로 나타낸 것이며 어떤 시점에서의

냉매상태를 선도에 나타낼 수 있다.
(2) 냉매선도는 외부에서 알 수 있는 압력과 온도만으로 내부의 상태를 유추하고 냉동기의 현재 성능을 평가하기 위하여 사용한다.

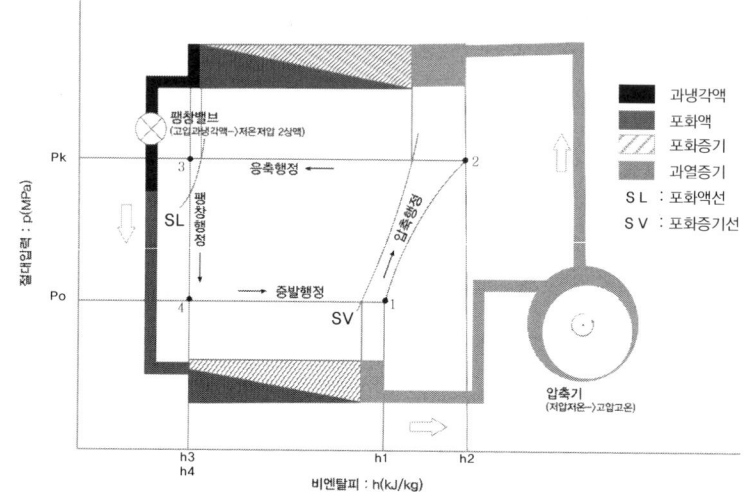

냉매의 상변화와 p-h 선도
(오후규 외7인, 2012, 세종출판사, 신판식품냉동기술, 그림 11.1)

2) 냉동사이클

(1) 압축 → 응축 → 팽창 → 증발의 과정을 거친다.
(2) 냉동사이클 과정 중의 냉매 상태 변화
　① 압축
　　㉠ 압축기에서 냉매 증기를 압축하는 과정
　　㉡ 상온의 물이나 공기에 의해 냉각되어 응축이 잘 될 수 있도록 압력을 높이는 역할을 하는 과정이다.
　　㉢ 압축 변화는 등엔트로피선을 따라 응축 압력에 도달하게 된다.
　　㉣ 압축일량: 압축과정 동안 압축기가 한 일의 양을 의미하며 압축기 입, 출구의 엔탈피 차로 구할 수 있다.
　② 응축
　　㉠ 응축기 내에서 냉매가 응축되는 과정이다.
　　㉡ 냉매는 응축기 외부의 물 또는 공기에 의해 냉각되어 액체 상태로 변한다.

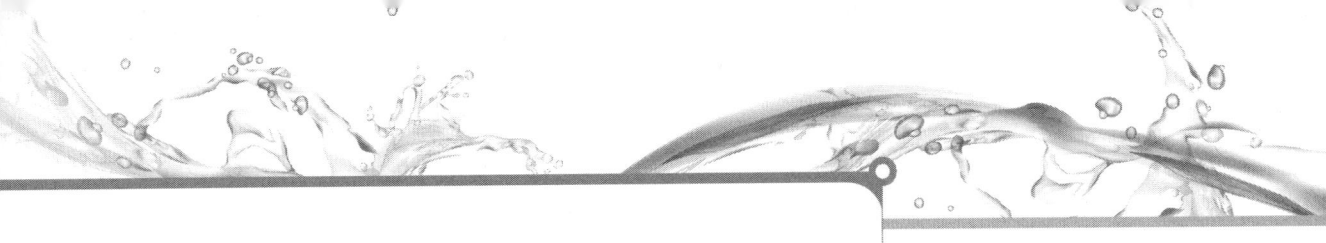

ⓒ 압축기를 통과한 고압의 냉매 가스는 냉각수 또는 냉각 공기에 의해 쉽게 액화될 수 있는 상태가 되며 이 때 냉각수 또는 냉각공기로 방출되는 열량을 응축열량이라 한다.
ⓓ 응축기 내 냉매는 증기와 액의 혼합 상태이며 기체에서 액체로 변화하는 사이 응축압력과 온도 사이에는 일정한 관계가 있다.
ⓔ 압력이 결정되면 온도가 결정되며 역으로도 온도가 결정되면 그 때 압력도 알 수 있다.
ⓕ 응축열량은 냉매가 증발기에서 흡수한 열량과 압축기에서 압축에 의해 가해진 열량을 합한 열량이 된다.

③ 팽창
ⓐ 액체 상태의 냉매가 팽창밸브를 통과할 때 상태가 변하는 것을 말한다.
ⓑ 응축기에서 응축된 액체 냉매가 증발기에서 쉽게 증발할 수 있도록 압력과 온도의 저하, 증발기로 유입되는 냉매의 양을 조절하는 역할을 한다.
ⓒ 외부와 열의 출입이 없이 단열팽창으로 엔탈피의 변화는 없다.

④ 증발
ⓐ 증발기 속의 액체 냉매가 열교환기 주변의 공기 등으로부터 증발에 필요한 증발잠열을 흡수하여 증발하는 과정을 말한다.
ⓑ 팽창밸브를 통해 공급된 액체 냉매는 증발에 필요한 증발잠열을 외부로부터 빼앗아오면서 냉각작용을 하게 된다.
ⓒ 액체 냉매의 증발에 의해 열을 빼앗긴 열교환기 주변의 공기 또는 물질은 냉각되어 저온이 된다.
ⓓ 증발 시 냉매가 액체에서 기체로 증발하는 과정에서 냉매의 온도와 압력은 일정하게 유지된다.

3) 냉동장치

(1) 압축기(compressor)
① 증발기에서 증발된 기체 상태의 냉매를 흡입하여 필요한 응축 압력까지 압축시켜 응축기로 보내 압력을 높이는 장

치로 냉동사이클에서 냉매 순환의 원동력이 된다.
② 압축방식에 따라 용적식, 원심식, 흡수식으로 분류한다.

(2) 응축기(condenser)
① 압축기로부터 송출된 고온 고압의 냉매가스를 물이나 공기로 냉각시켜 응축시키는 장치
② 냉각 물질의 종류에 따라 수랭식, 공랭식, 증발식이 있다.

(3) 팽창밸브
① 액화된 냉매가 증발하기 쉽도록 감압 및 냉매량을 조절하는 장치
② 팽창밸브에서 냉매의 공급량에 따라 부족한 경우는 증발온도를 유지하지 못해 압축기가 과열 운전되며 공급량이 지나칠 경우는 습압축이 되어 안정된 운행이 어렵게 된다.
③ 수동팽창밸브, 자동팽창밸브, 모세관으로 분류된다.

(4) 증발기
① 액화된 냉매를 증발시키고 그 증발잠열을 이용하여 물 또는 브라인을 냉각하는 냉각장치이다.
② 팽창밸브를 통해 냉각에 필요한 액체 상태의 냉매액을 공급받고 증발된 기체 냉매는 압축기로 흡입된다.
③ 증발기의 종류는 냉매의 공급방식에 따라 건식증발기, 만액식증발기, 액순환식증발기로 분류된다.

(5) 기타 부속기기
① 수액기
㉠ 응축기에서 액화한 냉매를 팽창밸브로 보내기 전에 일시적으로 저장하는 용기로 증발기 부하변동에 따라 냉매 공급량을 조절한다.
㉡ 냉동장치 정지 또는 수리 시 냉매를 저장한다.
② 기름분리기
압축기에서 송출된 냉매 기체에 혼입된 윤활유를 분리시키는 고압용기
③ 액분리기
증발기에서 냉매가 완전히 증발되지 않은 상태로 압축기에 액체와 기체가 동시에 흡입되면 압축기의 파손 위험이 있으므로 이를 방지하기 위한 장치이다.
④ 불응축 가스분리기

응축기에 부착하여 장치 내의 공기와 냉매를 분리하여 공기를 제거하는 장치이다.
⑤ 제상장치
  ㉠ 냉각기에 결로가 생겨 얼음층으로 덮이면 열교환이 일어나지 않아 저장고 온도유지가 어려워지며 심하면 온도가 상승하게 된다.
  ㉡ 고온가스 서리제거방식과 전열식 서리제거방법이 있다.
  ㉢ 서리 제거의 주기와 시간은 서리의 양에 따라 결정하고 제거가 끝나면 바로 냉장에 들어가야 불필요한 에너지 소모와 저장고 내 온도의 상승을 막을 수 있다.

Point! 실전문제 — 수산물의 저장

1. 다음 중 저장의 기능 및 목적으로 보기 어려운 것은?
① 소비자 기호를 위해 저장 중 영양적 가치를 상승시키는 것은 저장의 목적의 하나로 볼 수 있다.
② 어패류의 저장은 어획 후 소비까지 선도를 유지시키는 것이다.
③ 저장은 홍수출하에 따른 가격 폭락을 방지할 수 있다.
④ 계절적 편재성이 큰 수산물을 연중 소비자에게 공급할 수 있다.

정답 및 해설 ①
화학성분, 물리적 성분 및 조직적 상태 등의 성상이 변치 않도록 하는 수단이 저장의 궁극적인 목적이라 할 수 있다.

2. 동결 저장식품에 대한 설명으로 가장 거리가 먼 것은?
① 1년 이상 유지가 가능할 만큼 저장성이 우수하다.
② 우수한 편의성으로 즉석조리가 가능하다.
③ -18℃ 이상의 온도에서 저장하는 것을 의미한다.
④ 안전성이 우수하다.

정답 및 해설 ③
-18℃ 이하에서 저장하는 것을 동결이라 한다.

3. Aw를 낮추는 방법으로 옳지 않은 것은?
① 건조
② 훈연
③ 당 첨가
④ 소금 첨가

정답 및 해설 ③

4. 저온저장에 대한 설명 중 옳지 않은 것은?
   ① 저장 온도를 수분이 동결되지 않는 온도까지 냉각하여 저장하는 것을 냉장이라 한다.
   ② 저장 온도를 동결점에서부터 –18℃ 근처까지 내려 얼려서 저장하는 것을 동결이라 한다.
   ③ 냉장은 세균의 증식이나 효소의 활성이 일부 억제되기 때문에 단기 보존에 이용한다.
   ④ 냉동은 수분활성도가 낮아져 미생물의 증식이 억제되고 생화학 반응속도가 감소하여 장기간 저장할 수 있다.

   정답 및 해설 ②
   동결은 –18℃ 이하로 저온 저장하는 방법이다.

5. 수산물 동결 장치에 대한 설명 중 옳지 않은 것은?
   ① 접촉식은 동결 속도가 빠르고 일정한 모양을 가진 포장식품인 경우 더욱 효과적이다.
   ② 송풍식은 냉풍의 유속을 빠르게 하면 동결 속도가 빨라진다.
   ③ 송풍식은 짧은 시간에 많은 양의 급속 동결이 가능하나 가격이 비싼 단점이 있다.
   ④ 송풍식은 동결 중 송풍에 의한 수산물의 건조와 변색이 있다.

   정답 및 해설 ③
   송풍식의 장점은 가격이 저렴하다.

6. 수산물 냉장 중 성분 변화와 억제방법 중 옳지 않은 것은?
   ① 생물학적 요인인 미생물과 효소작용에 의해 신선도가 저하된다.
   ② 광선, 열 등에 의해 건조나 성분 변화는 물리적 요인 때문이다.
   ③ 화학적 요인에 의한 성분변화는 항산화제 처리로 억제가 가능하다.
   ④ 물리적 요인에 의한 성분변화는 pH 또는 공기 조성의 변화로 억제할 수 있다.

   정답 및 해설 ④
   물리적 요인에 의한 성분변화는 속포장 또는 글레이징으로 처리하여 억제할 수 있으며 생물학적 요인에 의한 성분변화는 pH 또는 공기 조성의 변화로 억제할 수 있다.

7. 빙결정 성장의 방지를 위한 방법으로 옳지 않은 것은?
① 저장 중 온도의 변화를 없게 한다.
② 저장 온도를 낮게 하여 증기압을 높게 유지한다.
③ 급속동결하여 빙결정의 크기를 될 수 있은 한 같게 한다.
④ 종결종온을 낮추어 빙결율을 높임으로 잔존하는 액상이 적게 한다.

> **정답 및 해설** ②
> 저장 온도를 낮게 하여 증기압을 낮게 유지한다.

8. 동결 저장 중 식품의 성분변화 억제 방법을 잘못 설명하고 있는 것은?
① 단백질 변성 억제를 위하여 인산염 처리를 하였다.
② 빙결정에 의한 품질저하를 방지하기 위하여 글레이징 처리를 하였다.
③ 공기차단에 의한 산화방지와 수분의 증발 방지를 위하여 포장처리 하였다.
④ 유리지방산 생성과 단백질 변성촉진을 억제하기 위하여 산화방지제 처리를 하였다.

> **정답 및 해설** ②
> 삼투압 탈수처리: 빙결정에 의한 품질저하를 방지
> 글레이징 처리: 공기를 차단하여 건조 및 산화에 의한 표면의 변질 방지

9. Drip 발생량을 줄이기 위한 방법으로 옳지 않은 것은?
① 냉장온도를 낮추고 냉장기간을 길게 한다.   ② 급속동결을 실시한다.
③ 온도의 변동 폭을 작게 한다.   ④ 선도가 좋은 원료를 선택한다.

> **정답 및 해설** ①
> 냉장온도를 낮추고 냉장기간을 짧게 한다.

10. 어패류의 저온저장법 중 빙장법과 냉각해수법에 대한 설명으로 옳지 않은 것은?
① 냉각해수법이 냉각속도가 더 빠르다.
② 빙장법이 하층 어체에 압력을 더 받는다.
③ 냉각해수법이 소요시간과 일손이 더 절약된다.
④ 빙장법은 장기유통에 널리 이용된다.

> **정답 및 해설** ④
> 저온저장법은 단기유통할 때 저장과 수송에 이용되며 장기 저장에는 적당하지 않다.

11. 동결저장법에서 글레이즈에 대한 설명으로 거리가 가장 먼 것은?
① 동결한 어류 표면에 입힌 얇은 얼음막을 말한다.
② 동결시 글레이즈 작업을 충실히 하면 다시 작업할 필요가 없어진다.
③ 글레이즈 작업은 장기저장 시 수분증발에 따른 무게 감소를 줄여줄 수 있다.
④ 변색방지의 효과를 기대할 수 있다.

> **정답 및 해설** ②
> 장기 저장 시 빙의가 없어지므로 12개월마다 다시 작업하여야 한다.

12. 결합수와 자유수에 대한 설명이다. 옳은 것은?
① 자유수는 건조나 압착으로 제거하기 쉽다.
② 자유수는 미생물의 증식이나 화학반응에 이용된다.
③ 결합수는 용매로 작용한다.
④ 결합수는 미생물 증식에 이용된다.

> **정답 및 해설** ②
> 결합수: 단백질, 전분 등의 식품 성분과 직간접적으로 결합되어 있다.
> 건조나 압착으로 제거하기 어렵다.
> 용매로 작용하지 않는다.
> 미생물 증식에 이용되지 않는다.
> 자유수: 미생물의 증식이나 화학반응에 이용된다.
> 건조나 압착으로 쉽게 제거된다.
> 용매로 작용한다.

Point 실전문제

13. 다음 식품첨가물 중 성격이 다른 하나는?
① 소르브산　　　　　　② BHA
③ BHT　　　　　　　　④ 비타민 C

> **정답 및 해설** ①
> 보존료: 소르브산, 소르브산 칼슘, 소르브산 칼륨 등
> 산화방지제: 비타민 C, 비타민 E, BHA, BHT 등

14. 다음 수산물 냉장 방법에 대한 설명 중 옳지 않은 것은?
① 최대 빙결정 생성대에 해당하는 온도구간에 식품을 저장하는 방법은 쇄빙법이다.
② 수빙법으로 장기간 저장하면 어체가 수분을 흡수하게 되고 표피가 변색될 우려가 있다.
③ 쇄빙법은 부패나 변질을 지연시키는 효과가 있어 널리 이용되고 있다.
④ 수빙법은 어체의 손상이 없다.

> **정답 및 해설** ①
> 빙온법: 최대 빙결정 생성대에 해당하는 온도구간에 식품을 저장하는 방법

15. 급속동결에 대한 설명 중 옳지 않은 것은?
① 해동 중 드립 유출로 인한 영양성분의 손실이 억제 된다.
② 동결 시간이 단축되어 경제적 손실 절감 효과가 있다.
③ 냉동품에 큰 빙결정이 생성되어 조직 손상이 크다.
④ 저장기간이 길어지면 세포 외 동결 쪽이 품질저하가 크게 된다.

> **정답 및 해설** ③
> 급속동결은 냉동품에 빙결정의 크기를 작게 함으로써 고품질의 제품을 제조하는 동결법이다.

16. 동결 전 전처리 목적으로 거리가 먼 것은?
① 운임 및 보관료 절약　　② 조리의 편리성
③ 품질저하 억제　　　　　④ 신선도 유지

> **정답 및 해설** ④
> 신선도 유지는 동결의 목적이지 전처리의 목적과는 거리가 멀다.

17. 냉장설비에 해당되지 않는 것은?
① 응축기(condenser) ② 압축기(compressor)
③ 팽창밸브(expansion valve) ④ 제상장치

> 정답 및 해설 ④

18. 저온창고의 습도유지를 위한 조치 중 가장 잘못된 설명은?
① 저장고 바닥에 물을 충분히 뿌려 콘크리트 바닥의 수분흡수를 줄인다.
② 포장용기는 수분흡수가 적은 것을 사용한다.
③ 저장고 온도와 냉각코일의 온도편차를 줄인다.
④ 가습기 이용시 분무입자는 작은 것 보다는 커야 효율적이다.

> 정답 및 해설 ④

19. 수분활성도와 식품의 저장과의 관계에 대한 설명 중 옳지 않은 것은?
① 수분활성도가 높아지면 미생물은 증식이 잘된다.
② 수분활성도가 낮아지면 낮아질수록 지질의 산화속도는 느려진다.
③ 효소반응, 갈변 등은 수분활성도에 영향을 받는다.
④ 자유수 비중이 클수록 수분활성도는 높다.

> 정답 및 해설 ②
> 효소 반응, 갈변, 지질 산화속도는 수분활성도에 따라 달라지는데 지질의 산화속도는 수분활성도가 지나치게 낮아지면 오히려 빨라진다.

20. 다음 중 결합수에 대한 설명으로 옳은 것은?
① 미생물의 증식 또는 화학반응에 이용된다. ② 동결 초기 빙결정이 된다.
③ 용매로 작용하지 않는다. ④ 건조 또는 압착으로 제거된다.

> 정답 및 해설 ③

Point 실전문제

21. 다음 중 산화방지제가 아닌 것은?
  ① 소르브산 칼륨
  ② 부틸히드록시아니솔(BHA, butyl hydroxyanisole)
  ③ 아스코르브산
  ④ 디부틸히드록시톨루엔(BHT, dibutyl hydroxytoluene)

> **정답 및 해설** ①
> 보존료: 소르브산, 소르브산 칼슘, 소르보산 칼륨 등
> 산화방지제: 비타민 C, 비타민 E, 부틸히드록시아니솔(BHA, butyl hydroxyanisole), 디부틸히드록시톨루엔(BHT, dibutyl hydroxytoluene) 등

22. 온도와 미생물의 생육과의 관계에 대한 설명 중 옳지 않은 것은?
  ① 미생물은 대체적으로 열에 약해 100℃ 정도에서 대부분 사멸한다.
  ② 미생물의 농도와 살균시간은 크게 관계가 없다.
  ③ 내열성 포자를 갖는 클로스트리듐(Clostridium)속의 세균은 100℃에서 가열하여도 쉽게 사멸하지 않아 레토르트로 고온 살균하여야 한다.
  ④ 일반적으로 살균온도 10℃ 증가에 따라 살균 시간은 1/10로 줄어든다.

> **정답 및 해설** ②
> 미생물 농도가 높을수록 살균시간은 길어진다. 따라서 살균 전 전처리 과정을 위생적으로 처리해 미생물 농도를 줄이면 살균 시간을 줄일 수 있다.

23. 다음 중 가열살균으로 곰팡이, 미생물 등을 사멸시켜 저장성이 증가된 식품은?
  ① 염장품　　　　　　　　　② 훈제품
  ③ 레토르트 파우치　　　　　④ 연제품

> **정답 및 해설** ③

24. 냉장과 어획된 수산물과의 관계에 관한 설명 중 옳지 않은 것은?
① 저온은 미생물의 증식 억제 및 효소의 활성이 억제된다.
② 저온은 수분증발을 줄임으로 건조를 억제할 수 있다.
③ 냉장 수산물은 냉동품에 비해 저장 기간은 짧아지나 조직감이 우수해 비싸게 유통된다.
④ 온도가 0℃ 이하로 되면 대부분의 미생물은 사멸한다.

정답 및 해설 ④

25. 미생물의 내열성에 대한 설명 중 옳지 않은 것은?
① 저산성 통조림은 저온 살균한다.
② 미생물의 내열성은 중성에서 강하고 산성에 약하다.
③ pH4.6 미만 식품은 저온 살균한다.
④ 온도가 0℃ 이하로 되면 증식이 억제된다.

정답 및 해설 ①
대체로 pH가 4.6 미만의 낮은 식품은 저온살균을 그 이상의 식품은 레토르트 고온 살균한다.

26. 빙장법 중 쇄빙법과 수빙법에 대한 비교 설명이다. 옳은 것은?
① 쇄빙법은 작업이 용이하다.
② 수빙법은 산화 변색 될 수 있다.
③ 수빙법은 건조 진행이 없다.
④ 쇄빙법은 수산물에 손상이 있을 수 있다.

정답 및 해설 ②

항목	쇄빙법	수빙법
작업	용이	어려움
냉각속도	완만	신속
산화	용이	일부억제
손상	있음	없음
건조	일부진행	진행 없음
퇴색	산화 변색	수용 퇴색

김진수 외3인, 2007, 도서출판 효일, 수산가공학의 기초와 응용 표 6-3

27. 냉장수산물 제조를 위해 어체를 처리하고자 한다. 두부와 내장을 제거한 어류 가공처리 형태는?

① Round　　　　　　　　　② Fillet
③ Dressed　　　　　　　　④ Ground

정답 및 해설 ③

용어	설명
Round	두부, 내장을 포함한 원형 그대로의 것
Semi-dressed	Round 상태의 어체에서 아가미와 내장을 제거한 것
Dressed	두부와 내장을 제거한 것
Pan dressed	Dressed로 처리한 어체에서 지느러미와 꼬리를 제거한 것
Fillet	Dressed 상태에서 척추골 부분을 제거하고 2개의 육편으로 처리한 것. 단, 학꽁치, 뱀장어, 붕장어, 보리멸 등은 dressed로 한 후 등뼈 제거 제품의 경우 fillet로 분류하고 이 경우 fillet는 껍질이 붙은 것(skin-on), 꼬리가 있는 것(tail-on) 등으로 구분하여 표시함.
Chunk	Dressed 또는 fillet을 일정한 크기의 가로로 절단한 것
Steak	Dressed 또는 fillet을 2cm 정도의 두께로 절단한 것
Slice	Steak 보다 더욱 얇게 절단한 것
Dice	어육을 2~3cm의 육면체형으로 절단한 것
Chop	어육 채취기로 체육한 것
Ground	고기갈이로 고기갈이 한 것
Shreded	자주 잘게 채썰기를 한 것
Loin	혈합육과 껍질을 제거한 것
Fish-block	어육을 일정한 형틀에 넣고 눌러서 단단하게 한 것으로 모서리의 각이 바르고 면이 평평함
Stick	Fish-block을 세절하여 각봉형으로 만든 것

김진수 외3인, 2007, 도서출판 효일, 수산가공학의 기초와 응용 표 6-13

28. 냉장법과 동결법의 비교설명이다. 옳지 않은 것은?

① 냉장법은 드립 유출이 없다.　　　② 에너지의 소비량은 동결법이 더 많다.
③ 동결법은 보존기간이 더 길다.　　④ 동결법은 원상태로의 복원이 가능하다.

정답 및 해설 ④

항목	냉장법	동결법
효소적, 비효소적 갈변	진행	억제
미생물의 발육	진행	억제
고품질 보존기간	단기간	장기간
원상태로의 복원	가능	불가능
동결변성 및 조직파괴	없음	있음
드립유출	없음	있음
에너지 소비	적음	많음

김진수 외3인, 2007, 도서출판 효일, 수산가공학의 기초와 응용 표 6-4

29. 최대빙결정생성대 온도범위는?

① 0℃
② -4℃
③ -10℃
④ -18℃

정답 및 해설 ②

최대빙결정생성대란 -1℃~-5℃의 빙결정이 가장 많이 만들어지는 온도구간을 말한다.

30. 최대빙결정생성대에 대한 설명 중 옳지 않은 것은?

① 빙결정이 가장 많이 만들어지는 온도구간을 의미한다.
② 이 구간에서 60~90%의 수분이 빙결정으로 변한다.
③ 이 온도구간에서는 냉동대상품목의 온도 변화가 극심하다.
④ 이 온도구간에서 발육이 가능한 저온 미생물이 있으므로 신속히 -10℃까지 온도를 낮추어야 한다.

정답 및 해설 ③

이 온도구간에서는 많은 빙결잠열의 방출로 식품의 온도의 변화는 거의 일어나지 않고 동결이 이루어지면서 냉동곡선은 거의 평탄하다.

31. 빙결정 성장 방지를 위한 대책으로 옳지 않은 것은?
 ① 저장 온도를 낮추어 증기압을 낮게 유지한다.
 ② 동결 종온을 가급적 높게 한다.
 ③ 급속동결로 빙결정의 크기를 될 수 있는 대로 비슷하게 한다.
 ④ 저장 중 온도변화를 없게 한다.

> **정답 및 해설** ②
> 동결 종온을 낮추어 빙결율을 높여 잔존 액상의 적게 한다.

32. 다음은 동결에 대한 설명이다. 옳지 않은 것은?
 ① 급속동결은 최대빙결정생성대를 짧은 시간에 통과하면서 빙결정의 크기를 작게 하여 고품질의 제품을 제조하는 동결법이다.
 ② 완만동결은 조직 파괴, 식품 중 단백질 구조의 파괴, 염 농축에 의한 단백질 동결변성이 일어날 수 있다.
 ③ 완만동결은 냉동품 내에 생성되는 빙결정이 커서 조직 손상이 큰 동결법이다.
 ④ 급속동결 후 낮은 온도에 저장하면 빙결정의 크기가 커져 조직의 손상을 가져올 수 있다.

> **정답 및 해설** ④
> 급속동결 후 낮은 온도에 저장하면 빙결정의 크기를 작게하여 조직의 손상을 줄일 수 있으며 오랜 시간을 걸쳐 동결시키거나 높은 온도에서의 저장은 빙결정의 크기가 커져 조직 손상이 크므로 냉동품의 품질은 최대빙결정생성대를 통과하는 시간이 짧을수록 좋아진다.

33. 동결속도 1~5mm/h 정도이며 동결속도가 냉풍속도와 포장유무에 크게 영향을 받으며 대부분 식품에 사용이 가능한 동결방법은?
 ① 송풍동결법   ② 반송품식동결법(관선반식동결법)
 ③ 송풍터널식동결법   ④ 공기동결법

> **정답 및 해설** ①

34. 액화가스동결법에 대한 설명으로 옳지 않은 것은?
① 액화질소나 액화탄산가스를 식품에 분무하여 급속동결시키는 방법이다.
② 식품 조직의 손상이 적고 해동하더라도 원상태 회복이 매우 좋다.
③ 액화가스가 저온이기 때문에 식품에 균열이 발생할 가능성이 있다.
④ 냉동기가 불필요하고 초기비용이 싸고 운영비가 적게 드는 장점이 있다.

정답 및 해설 ④
냉동기가 불필요하고 초기비용은 싸지만 운영비가 많이 든다.

35. 다음은 저온삼투압탈수동결법에 대한 설명이다. 장점으로 보기 어려운 것은?
① 자유수의 제거로 동결변성이 적다.
② 드립량이 적다.
③ 대량처리가 곤란하다.
④ 탈수로 동결에너지가 절감된다.

정답 및 해설 ③

36. 냉동식품에 대한 설명이다. 옳지 않은 것은?
① 품온을 낮춰 신선도를 유지한 식품이다.
② -18℃ 이하의 저온이라도 1년 이상 저장 시 안전성에 문제가 생긴다.
③ 불가식부 제거 등 전처리로 편리하다.
④ 원료의 장기 저장이 가능해져 가격 안정성을 꾀할 수 있다.

정답 및 해설 ②
-18℃ 이하의 저온에 저장이 1년 이상 가능하며 품질의 안전성이 인정된다.

37. 냉동품 해동의 상태변화에 대한 설명 중 옳지 않은 것은?
① 육질이 경화된다.
② 산화되기 쉽다.
③ 영양 성분이 손실된다.
④ 미생물의 침입과 증식이 쉬워진다.

정답 및 해설 ①
육실은 연화된다.

38. drip에 대한 설명 중 옳지 않은 것은?

① 절단 근육에 비해 비절단 근육이 적다.
② 빙결정에 의해 육질이 기계적 손상을 입는다.
③ 지방함량이 적고 수분함량이 높으면 적어진다.
④ 미생물 등의 증식에 영양원이 된다.

정답 및 해설 ③

지방함량이 많고 수분함량이 적으면 drip이 적다.

39. drip 발생을 줄이기 위한 조치로 부적절 것은?

① 선도가 높은 원료를 사용한다.
② 온도의 변동폭을 작게한다.
③ 동결 후 냉장하여 온도를 낮게한다.
④ 동결 시 완만동결을 실시한다.

정답 및 해설 ④

* drip 발생을 줄이기 위한 조치
  - 선도가 높은 좋은 원료를 선택한다.
  - 동결 시 완만동결 보다는 급속동결을 실시한다.
  - 동결 후 냉장온도를 낮게하고 냉장기간을 짧게한다.
  - 온도의 변동폭을 작게한다.

40. 다음은 수중해동법에 대한 설명이다. 옳지 않은 것은?

① 해동 매체로 물을 이용하는 방법이다.
② 냉동품과 매체의 접촉면이 공기해동법 보다 적다.
③ 수산 가공에 가장 많이 사용하는 방법이다.
④ 해동수의 오염 가능성이 커서 해동수 관리가 필요하다.

정답 및 해설 ②

열의 전달이 공기 보다 크고 매체에 접촉면이 넓어 공기해동법에 비해 속도가 빠르다.

41. 다음 중 냉동품의 제조공정에서 글레이징 처리로 생략할 수 있는 공정은?
    ① 어체처리 ② 수세
    ③ 속포장   ④ 겉포장

    > **정답 및 해설** ③
    > 냉동품 제조공정상 글레이징과 속포장은 두 공정 중 하나만 실시한다.

42. 냉동식품 제조를 위해 해동시켜서는 안 되는 제품은?
    ① 생선 스틱   ② 냉동 참치
    ③ 냉동 연육   ④ 냉동 고등어

    > **정답 및 해설** ①
    > * 냉동식품의 해동
    > - 완전해동 품목: 냉동 고등어
    > - 반해동 품목: 냉동 연육
    > - 별도 해동이 불필요한 품목: 개체 동결식품
    > - 해동해서는 안 되는 품목: 생선 스틱, 패티

43. 다음 중 drip 유출 시 drip 성분에 포함되기 힘든 성분은?
    ① 단백질   ② 지질
    ③ 아미노산 ④ 엑스성분

    > **정답 및 해설** ②
    > drip의 유출은 단백질, 염류, 비타민, 아미노산, 엑스성분 등 수용성 성분이 녹아 같이 유출되며 풍미 물질도 유출되면서 식품가치 저하 및 무게 감소가 발생한다.

44. 다음 중 기계적 냉동법에 해당되지 않는 것은?
    ① 전자냉동식   ② 흡수식
    ③ 액체가스동결식 ④ 증기압축식

    > **정답 및 해설** ③
    > 액체가스동결법은 자연냉동법에 해당한다.

45. 다음 중 냉동 사이클에 해당되지 않는 것은?
    ① 압축   ② 응축

Point 실전문제

③ 팽창   ④ 제상

정답 및 해설 ④
냉동 사이클 공정은 압축 - 응축 - 팽창 - 증발의 순서이다.

제 5장 | 선별과 포장

① 선별 및 입상

1) 선별

(1) 선별

수산물의 선별은 불필요한 물질이나 부패된 어획물의 분리 및 제거와 객관적인 품질평가기준에 따라 등급을 분류하고 분류된 등급에 상응하는 품질을 보증함으로써 수산물의 균일성으로 상품가치를 높이고 유통상의 상거래질서를 공정하게 유지하도록 한다.

(2) 선별방법

① 어류
 ㉠ 어류 고유의 색채를 갖추고 눈알이 푸르고 맑으며 아가미가 선명하고 적홍색을 띄어야 한다.
 ㉡ 비늘이 어체에 밀착되어 있고 표피에 상처가 없어야 한다.
 ㉢ 불쾌한 냄새가 나지 않아야 한다.
 ㉣ 생태는 눈이 맑고 아가미가 선홍색이며 어체를 손으로 눌렀을 때 단단해야 한다.
 ㉤ 새우는 껍질에 윤기가 있고 투명하며 머리가 달려 있는 것이 좋으며 머리 부분이 검게 되었거나 전체가 흰색으로 투명한 것은 피하며 껍질은 잘 벗겨지지 않아야 한다.
 ㉥ 게는 발이 모두 붙어 있고 무거우며 입과 배 사이에 검은 반점이 없어야 한다.
 ㉦ 문어와 오징어는 살이 두텁고 처지지 않으며 색체는 선명한 것이 좋고 하얗거나 붉은색 또는 변색된 것은 피하는 것이 좋다.

② 패류
 ㉠ 종 특유의 색깔과 광택 및 탄력성이 있고 신선한 향기와 껍질에 윤기가 있어야 한다.
 ㉡ 반투명으로 생활력을 갖고 있어야 한다.
 ㉢ 조개류는 가능한 살아있어야 한다.

　　　ㄹ 대합은 껍질이 두껍고 표면의 무늬가 엷어야 한다.
　　　ㅁ 굴은 몸집이 통통하고 탄력이 있어야하며 손으로 눌렀을 때 탄력이 있고 바로 오그라드는 것이 좋다.
　　　ㅂ 바지락은 껍질에 구멍이 없고 작은 것이 좋다.
　③ 해조류
　　　ㄱ 신선한 원료의 색과 향미, 중량 및 건조 상태를 보아야 한다.
　　　ㄴ 협잡물이 없고 고유의 색에 홍조는 띠는 것이 좋다.
　　　ㄷ 향미가 좋고 약간 비린내가 나며 바다냄새가 많이 날수록 좋다.
　　　ㄹ 수분 함량이 15% 이하여야 한다.
　　　ㅁ 미역은 줄기가 가늘고 흑갈색으로 검푸른 빛에 잎이 넓은 것이 좋다.
　　　ㅂ 다시마는 국물용은 두꺼운 것이, 쌈용은 얇으면서 딱딱하게 건조되고 잡티가 없는 것이 좋다.
　④ 건어류
　　　ㄱ 해조류와 동일하게 선별한다.
　　　ㄴ 마른멸치는 맑은 은빛을 내고 기름이 피지 않으며 수분 함량이 20~30% 이하인 것이 좋으나 국물용 봄멸치는 기름을 약간 띠고 만져서 딱딱하지 않으며 부드러운 것이 좋다.
　　　ㄷ 북어 채는 연한 노란색에 육질이 부드럽고 수분과 가루가 적은 것이 좋다.
　　　ㄹ 마른오징어는 선명하고 곰팡이와 적분이 피지 않고 다리부분이 검은색을 띠지 않는 것이 좋다.
(3) 입상
　① 어상자
　　　ㄱ 종류: 나무상자, 금속, 합성수지 고무 등이 있다.
　　　ㄴ 금속제와 합성수지 상자의 장점 단점
　　　　ⓐ 장점: 여러 번 사용해도 잘 파손되지 않으며 냉각속도가 빠르고 오염이 적어 선도유지에 유리하다.
　　　　ⓑ 단점: 가격이 비싸고 회수가 어렵다.
　② 입상 방법
　　　ㄱ 어상자는 깨끗하게 세척하고 내장을 제거한 어체는 복

강 내 혈액과 내용물을 제거해야 한다.
- ⓒ 입상 시 종류별, 크기별로 담고 혼합 입상을 피해야 한다.
- ⓒ 어체의 길이가 어상자 보다 더 긴 것은 상자에 걸쳐 입상하지 않도록 해야 한다.
- ⓒ 갈고리 사용은 가급적 피하고 던지거나 밟지 않아야 한다.
- ⓒ 저장기간과 기온을 고려해 얼음과 고기의 양을 결정해야 한다.
- ⓒ 얼음을 상자 바닥에도 깔고 입상하고 얼음 녹은 물은 쉽게 빠져 어체의 냉각이 잘 되도록 해야 한다.
- ⓒ 상처 있는 고기나 선도가 안 좋은 것은 따로 선별 보관하여야 한다.
- ⓒ 어체를 깨끗이 잘 배열하고 어체 손상이 없도록 해야 한다.

③ 입상 배열
- ⓒ 배립형: 등이 위로 오게 하는 배열
- ⓒ 복립형: 복부가 위로 오게 하는 배열
- ⓒ 평힐형: 옆으로 가지런히 배열
- ⓒ 산립형: 잡어 같은 작은 어종을 아무렇게나 배열하는 방법
- ⓒ 환상형: 장어, 삼치 같이 어체가 상자 보다 긴 경우 상자 안에 환상으로 배열하는 방법
- ⓒ 배열 방법의 선택은 어종, 용도 또는 저장기간을 고려하여 선택한다.
- ⓒ 저장 예정기간에 따른 배열
    - ⓐ 예정기간이 10일 이내인 경우는 배립형
    - ⓑ 예정기간이 10일을 넘기는 경우는 복립형

❷ 포장

1) 의의와 기능

(1) 포장의 의의

포장이란 수산물의 유통과정에 있어 그 보존성과 위생적 안전성을 높이고 편의성과 보호성을 부여하며 판매를 촉진하기

위하여 알맞은 재료나 용기를 사용하여 적절한 처리를 하는 기술을 의미한다.

(2) 기능

어획에서부터 소비까지 이르는 과정에 있어 수송 중의 물리적 충격의 방지와 미생물에 의한 오염방지 및 빛, 온도, 수분 등에 의한 수산물의 변질을 방지한다.

(3) 목적

① 편의성

상품의 수송, 하역, 보관과 유통상의 편의를 위해 필요성이 커지고 있다.

② 표준화 및 정보제공

상품의 품질, 등급 및 생산정보의 표시 수단이 된다.

③ 소비자 구매욕구 증대

브랜드 개념을 도입한 다양한 디자인을 통하여 소비자의 구매욕을 증대시키는 목적도 큰 비중을 차지한다.

2) 포장의 분류

(1) 소비, 유통측면의 포장분류

① 겉포장

속포장한 수산물의 운반과 수송 및 취급을 목적으로 큰 단위로 포장하는 것

② 속포장

상품을 몇 개씩 용기에 담아 유통 단위나 소비 단위로 만드는 것을 속포장이라 한다.

③ 낱개포장

속포장의 일종이지만 특별히 상품을 하나씩 포장하는 방식이다.

(2) 유통기능에 따른 분류

① 1차포장

제품을 직접 담는 용기 혹은 필름백

② 2차포장

안전성 향상을 위한 박스포장

③ 3차포장(직송포장)

수송 및 저장의 안전성과 효율을 높이기 위한 대단위 포장

(3) 포장재의 기본요건
　① 겉포장재
　　㉠ 외부의 충격방지
　　㉡ 수송, 취급의 편리성
　　㉢ 부적절한 환경으로부터 내용물의 보호
　② 속포장재
　　㉠ 적절한 공간확보와 충격의 흡수성
　　㉡ 유통 중 발생할 수 있는 부패 또는 오염의 확산을 막을 수 있는 재질
(4) 포장재의 구비조건
　① 위생성 및 안전성
　　㉠ 속포장재의 경우 포장재질로부터 유해물질이 내용물에 전이되지 않아야 한다.
　　㉡ 속포장재를 사용하지 않고 바로 겉포장을 하는 경우 겉포장재의 위생성 및 안전성이 확보되어야 한다.
　② 보존성, 보호성 및 차단성
　　㉠ 내용물의 보존성과 보호성에 적합하여야 하며 물리적 강도를 가져야 한다.
　　㉡ 차단성
　　　ⓐ 겉포장재는 물리적 강도유지를 위한 방습성, 방수성이 있어야 한다.
　　　ⓑ 속포장재는 내용물의 품질을 보호하기 위해 냄새의 차단성이 필요로 한다. 유통과정에서의 오염물질, 휘발성 이취발생물질의 노출위험과 인쇄 잉크의 유기용매 냄새가 산물에 오염되는 경우도 있으므로 이러한 물질에 대한 차단성을 갖추어야 한다.
　③ 작업성(기계화)
　　ⓐ 겉포장재로는 접은 상태로 보관하여 공간점유면적이 최소화되도록 하여야 한다.
　　ⓑ 쉽게 펼쳐지고, 모양을 갖출 수 있어야 하며 봉합이 용이하도록 설계되어야 한다.
　　ⓒ 속포장재는 일정한 경탄성, 미끄럼성, 열접착성이 있어야 하고 정전기가 발생하지 않도록 대전성이 없어야 한다.
　④ 인쇄적정성 및 정보성

ⓐ 인쇄적정성, 광택, 투명성 등 외관은 물론 상품의 특성이 잘 나타나야 한다.
ⓑ 속포장 필름의 경우는 상품의 품질이 쉽게 확인될 수 있도록 투명해야 소비자의 신뢰도를 높일 수 있다.
ⓒ 인증표시 등 소비자가 요구하는 정보가 제대로 표시되어야 한다.

⑤ 편리성

　소비자 입장에서 해체구조 및 개봉이 편리해야 한다.

⑥ 경제성

ⓐ 포장재료의 생산비, 디자인 개발비 등은 모두 포장경비에 포함되므로 경제성을 갖추어야 한다.
ⓑ 소비자 욕구에 부응하고 물류효율화에 적합한 포장설계가 필요하다.

⑦ 환경친화성

ⓐ 분해성, 소각성이 좋아야 한다.
ⓑ 쓰레기 문제가 야기되지 않도록 재활용, 재사용 시스템을 갖추어야 한다.

⑧ 예냉과 내열성

　포장 후 예냉이 가능하고, 내열성을 갖추어야 한다.

(5) 포장재의 종류 및 특성

① 골판지상자

㉠ 장점

ⓐ 대량 생산품의 포장에 적합하다.
ⓑ 대량 주문요구를 수용할 수 있다.
ⓒ 가볍고 체적이 작아 보관이 편리하므로 운송 및 물류비가 절감된다.
ⓓ 작업이 용이하고 기계화와 생력화(省力化)가 가능하다.
ⓔ 조건에 맞는 강도 및 형태의 제작이 용이하다.
ⓕ 외부충격을 완충하여 내용물의 손상을 방지한다.

㉡ 단점

ⓐ 습기에 약하고 수분에 의한 강도가 저하된다.
ⓑ 소단위 생산시 단위당 비용이 많이 든다.
ⓒ 취급시 변형과 파손이 되기 쉽다.

㉢ 방수골판지 상자

ⓐ 방수골판지에는 발수골판지, 차수골판지, 내수골판지가 있다.
ⓑ 발수골판지: 단시간 물이 떨어졌을 경우에 물이 방울로 되어 흘러 물의 침투를 방지하도록 표면 가공한 골판지
ⓒ 차수골판지: 장시간 물과 접촉하여도 물을 거의 통과시키지 않도록 가공한 골판지
ⓓ 내수골판지: 장시간 침수시켰을 경우 그다지 강도가 떨어지지 않도록 골판지용 라이너, 골판지용 골심지, 접착제 또는 골판지에 가공한 골판지
ⓔ 발수도: R0, R2, R4, R6, R7, R8, R9, R10로 나타내며 R값이 커질수록 방수성이 높다.

② 플라스틱상자
㉠ 폴리프로필렌 성형수지에 규정된 2종 05500급 이상 또는 폴리에틸렌 성형재료의 3종 3~4류를 사용한다.
㉡ 낙하 충격 및 하중변형에 견디는 강도를 필요로 한다.

③ PE대(폴리에틸렌대)
㉠ 폴리에틸렌 필름 봉투형태의 겉포장재로 내용물의 중량에 따라 적정한 두께가 정해져 있다.
㉡ 인장강도, 신장율, 인열강도 등은 KS M3509(포장용 폴리에틸렌 필름)에 따른다.

④ PP대(직물제 포대)
포장용 폴리올레핀 연신사로 직조한 포대포장으로 인장강도, 직조 밀도 등을 규정한다.

⑤ 그물망
고밀도 폴리에틸렌 모노필라멘트계 원단을 사용해 메리야스상으로 직조한 그물로서 포장단량에 따라 적당한 그물망의 강도를 무게로 정하고 있다.

⑥ PE, PP, PVC
㉠ PE(polyethylene): 가격이 싸고 거의 대부분의 형상으로 성형이 가능하며 가스의 투과도가 높다.
㉡ PP(polypropylene): 방습성, 내열성, 내한성, 투명성이 높아 투명포장 및 수축포장에 많이 이용된다.
㉢ PVC(염화비닐; polyvinyl chloride): 연실과 경질로 나

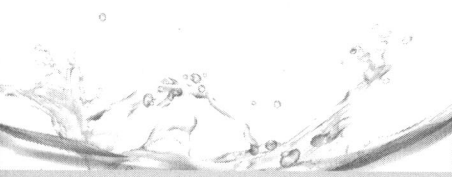

누며 경질은 내유성 및 산과 알칼리에 가하고 가스 차단성이 높아 유지식품의 산패방지에 많이 이용되고 있다.

(6) 그 밖에 기능성 포장재

① 연신필름
㉠ 플라스틱 필름에 온도와 장력을 가하여 장력 방향으로 분자배열을 이루도록 만든 플라스틱 필름이다.
㉡ 인장강도, 내열성, 내한성, 충격강도가 좋다.
㉢ 수증기 및 기체의 투과도가 감소하여 차단성이 좋다.
㉣ 연신 온도 이상 가열하면 원래의 치수로 수축하는 성질을 이용하여 수축포장에 이용된다.

② 열 수축 필름
㉠ 플라스틱 필름에 필름이 용융하지 않을 정도의 열을 가하여 연신한 필름을 말하며 필름으로 포장하고 열을 가하여 수축시켜 밀착 포장하는 필름을 통틀어 수축 필름이라 한다.
㉡ 투명성, 광택성이 우수하여 상품 가치 및 보존성을 향상시킬 수 있다.
㉢ 비용이 저렴하다.
㉣ 복잡한 형상이나 여러 개의 상품을 한 번에 포장할 수 있다.

③ 도포필름
새로운 기능성 부여를 위하여 필름 표면에 여러 가지 물질을 도포하여 만든 필름을 말한다.

④ 적층필름
㉠ 다른 필름을 겹쳐 붙여서 가공한 필름을 말한다.
㉡ 다른 두 종류 이상의 플라스틱 필름이나, 플라스틱과 알루미늄 박 또는 지류 등과 복합 가공된 필름으로 종류가 다양하다.
㉢ 레토르트 파우치 등에 이용된다.

③ 포장방법

1) 진공포장

(1) 포장 내부의 산소를 제거함으로써 주요 부패균인 호기성세균의 증식을 억제하고 지방산화를 지연시켜 저장성을 높이는 데 목적이 있다.
(2) 일반적으로 가스 투과도가 낮은 필름으로 포장하는 것이 미생물 증식을 더 억제시킨다.
(3) 진공포장은 포장 내부 산소의 저하로 옥시미오글로빈(oxymyoglobin)이 디옥시미오글로빈(deoxymyoglobin) 형태로 바뀌며 육색은 적자색으로 변한다.
(4) 진공포장의 효과
① 호기성 부패균의 증식을 억제한다.
② 수분손실을 방지한다.
③ 제품의 부피를 줄여 수송 보관 등을 용이하게 한다.
④ 미오글로빈의 화학적 변성을 억제한다.

Tip

〈진공포장의 효과〉
① 호기성 부패균의 증식을 억제한다.
② 수분손실을 방지한다.
③ 제품의 부피를 줄여 수송 보관 등을 용이하게 한다.
④ 미오글로빈의 화학적 변성을 억제한다.

2) 입체진공포장

(1) from(형태)-fill(충전)-seal(접착)의 포장으로 폼(플라스틱 용기)에 필(내용물을 충전)하고 실(상부에 필름을 덮어 진공 후 밀봉)이 연속으로 이루어지는 포장이다.
(2) 진공포장에 비해 제품의 입체감이 두드러져 소비자 선호도가 높아지고 생산성이 우수한 포장이다.
(3) 고급 연제품, 육가공 프랑크 소시지 등에 사용된다.

3) 가스치환포장(MA; Modified Atmosphere)

(1) 포장 내부의 공기 조성을 N_2, CO_2, O_2 등의 불활성 가스로 치환하여 밀봉하는 포장방식이다.
(2) 불활성 가스의 충전은 상품을 불활성 가스에 저장하는 것과 같은 효과를 얻게하여 변질이나 변패는 방지할 수 있다.
(3) 진공포장에서의 수축과 변형 및 파손 등이 일어날 수 있는 문제를 해결할 수 있다.
(4) 질소는 식품의 향, 색, 산화방지에, 이산화탄소는 곰팡이, 세균의 증식억제, 산소는 고기 색소의 발색에 이용된다.

4) 무균포장

(1) 식품을 살균한 후 살균 용기에 무균 상태로 포장하는 것이다.
(2) 즉석 밥, 슬라이스 햄, 아이스크림, 과즙음료 등에 이용된다.

5) 전자레인지 포장

(1) 전자레인지를 이용하여 간단히 빨리 먹을 수 있는 식품의 제공을 목적으로 한다.
(2) 장점
   ① 가열시간이 짧고 식품의 품질과 영양 성분의 파괴가 적다.
   ② 포장과 함께 가열조리가 가능하다.
(3) 단점
   ① 식품 내부에서부터 가열되기 때문에 표면의 갈변이나 바삭한 조직감을 만들지 못한다.
   ② 식품의 형태에 따라 균일한 가열이 어렵다.

6) 탈산소제 첨가 포장

(1) 산소 차단성이 우수한 포장재에 식품과 함께 탈산소제를 봉입한 후 밀봉하는 방법이다.
(2) 곰팡이, 호기성 세균의 억제 등에 의한 부패방지와 지방의 산패방지, 색소 산화방지, 향기 또는 맛 보존 등을 목적으로 한다.

❹ 수산물 표준규격의 포장규격

국립수산물품질관리원고시 제2013-13호
「수산물 표준규격」(농림수산검역검사본부 고시 제2012-145호)을 다음과 같이 개정 고시합니다.
2013년 5월 3일
국립수산물품질관리원장

수산물 표준규격

제1조(목적) 이 고시는 「농수산물품질관리법」(이하 "법"이라 한다)
제5조, 같은 법 시행령(이하 "영"이라 한다) 제42조제5항제2호 및 같

은 법 시행규칙(이하 "규칙"이라 한다) 제5조 내지 제7조에 따라 수산물의 포장규격과 등급규격에 관하여 필요한 세부사항을 규정함으로써 수산물의 상품성 제고와 유통능률 향상 및 공정한 거래 실현에 기여함을 목적으로 한다.

제2조(정의) 이 고시에서 사용하는 용어의 뜻은 다음과 같다.
1. "표준규격품"이란 이 고시에서 정한 포장규격 및 등급규격에 맞게 출하하는 수산물을 말한다. 다만, 등급규격이 제정되어 있지 않은 품목은 포장규격에 맞게 출하하는 수산물을 말한다.
2. "포장규격"이란 거래단위, 포장치수, 포장재료, 포장방법, 포장설계 및 표시사항 등을 말한다.
3. "등급규격"이란 수산물의 품종별 특성에 따라 형태, 크기, 색택, 신선도, 건조도 또는 선별상태 등 품질구분에 필요한 항목을 설정하여 특, 상, 보통으로 정한 것을 말한다.
4. "거래단위"란 수산물의 거래시 포장에 사용되는 각종 용기 등의 무게를 제외한 내용물의 무게 또는 마릿수를 말한다.
5. "포장치수"란 포장재 바깥쪽의 길이, 너비, 높이를 말한다.
6. "겉포장"이란 산물 또는 속포장한 수산물의 수송을 주목적으로 한 포장을 말한다.
7. "속포장"이란 소비자가 구매하기 편리하도록 겉포장 속에 들어있는 포장을 말한다.
8. "포장재료"란 수산물을 포장하는데 사용하는 재료로써 식품위생법 등 관계 법령에 적합한 골판지, 그물망, P.P, P.E, P.S, PPC 등을 말한다.

제3조(거래단위) ① 수산물의 표준거래단위는 3kg, 5kg, 10kg, 15kg 및 20kg을 기본으로 한다. 다만, 형태적 특성 및 시장 유통여건을 고려한 어종별 표준거래단위는 별표 1과 같다.

② 5kg 미만, 최대 거래단위 이상 등 표준거래단위 이외의 거래단위는 거래 당사자간의 협의 또는 시장 유통여건에 따라 사용할 수 있다.

제4조(포장치수) 수산물의 포장치수는 별표2에서 정하는 한국산업규격(KS M3808)에서 정한 발포폴리스틸렌(P.S) 상자의 포장규격 및 한국산업규격(KS A1002)에서 정한 수송포장계열치수 T-11형 파렛트(1,100×1,100㎜)의 평면 적재효율이 90%이상인 것을 우선 적용하고, 높이는 해당 수산물의 포장이 가능한 적정높이로 한다.

제5장 | 선별과 포장

제5조(포장치수의 허용범위) ① 골판지상자 및 발포폴리스틸렌상자(P.S)의 포장치수 중 길이, 너비의 허용범위는 ±2.5%로 한다.

② 그물망, 직물제포대(P.P대), 폴리에틸렌대(P.E대)의 포장치수의 허용범위는 길이의 ±10%, 너비의 ±10㎜, 지대의 경우에는 각각 길이·너비의 ±5㎜로 한다.

③ 속포장의 규격은 사용자가 적정하게 정하여 사용할 수 있다.

제6조(포장재료 및 포장재료의 시험방법) 포장재료 및 포장재료의 시험방법은 별표 3에서 정하는 기준에 따른다.

제7조(포장방법) 포장은 내용물이 흘러나오지 않도록 하여야 하며, 내용물이 보이도록 개방형으로 포장하는 경우에는 적재하는데 용이하여야 한다. 다만, 별표5와 같이 포장방법이 달리 정해진 품목은 그 규정에 따른다.

제8조(포장설계) ① 골판지 상자의 포장설계는 KS A1003(골판지상자 형식)에 따른다.

② 별표5에서 정한 품목의 포장설계는 별지 그림에서 정한 바에 따른다.

제9조(표시방법) 표준규격품의 표시방법은 별표4에 따른다.

제10조(등급규격) ① 수산물 종류별 등급규격은 별표 5와 같다.

② 등급규격이 정하여진 품목중 발포폴리스틸렌상자(P.S) 포장이 가능한 품목은 별표2에서 정한 포장규격을 사용할 수 있다.

제11조(표준규격의 특례) 포장규격 또는 등급규격이 제정되어 있지 않은 품목 또는 품종은 유사 품목 또는 품종의 포장규격 또는 등급규격을 적용할 수 있다.

[별표 1]
수산물의 표준거래 단위(제3조 관련)

종류	품목	표 준 거 래 단 위
선어류	고등어	5kg, 8kg, 10kg, 15kg, 16kg, 20kg
	오징어	5kg, 8kg, 10kg, 15kg, 20kg
	삼치	5kg, 7kg, 10kg, 15kg, 20kg

종류	품목	표준거래단위
선어류	조기	10kg, 15kg, 20kg
	양태	3kg, 5kg, 10kg
	수조기	3kg, 5kg, 10kg
	병어	3kg, 5kg, 10kg, 15kg
	가자미	3kg, 5kg, 7kg, 10kg
	숭어	3kg, 5kg, 10kg
	대구	5kg, 8kg, 10kg, 15kg, 20kg
	멸치	3kg, 4kg, 5kg, 10kg
	가오리	10kg, 15kg, 20kg
	곰치	10kg, 15kg, 20kg
	넙치	10kg, 15kg, 20kg
	뱀장어	5kg, 10kg
	전어	3kg, 5kg, 10kg, 15kg, 20kg
	쥐치	3kg, 5kg, 10kg
	가다랑어	15kg, 20kg
	놀래미	5kg, 10kg, 15kg
	명태	5kg, 10kg, 15kg, 20kg
	조피볼락	3kg, 5kg, 10kg, 15kg
	화살오징어	3kg, 5kg, 10kg
	도다리	3kg, 5kg, 10kg
	참다랑어	10kg, 20kg
	갯장어	5kg, 10kg
	기타 다랑어	15kg, 25kg
	서대	3kg, 5kg, 10kg, 15kg
	부세	5kg, 7kg, 10kg
	백조기	5kg, 7kg, 10kg, 15kg, 20kg
	붕장어	4kg, 8kg
	민어	8kg, 10kg, 15kg, 20kg
	문어	3kg, 5kg, 10kg, 15kg, 20kg
패류	생굴	0.2kg, 1kg, 3kg, 10kg
	바지락	3kg, 5kg, 10kg, 20kg
	고막	3kg, 5kg, 10kg
	피조개	3kg, 5kg, 10kg
	우렁쉥이	3kg, 5kg, 10kg

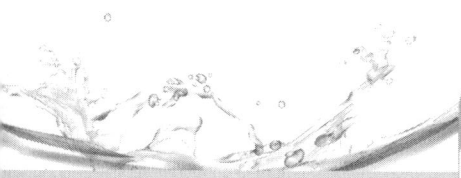

제5장 | 선별과 포장

[별표 2]
수산물의 표준포장규격(제4조 관련)

1. 표준포장규격(거래단위별 공통규격)

구 분	거래단위 (kg)	포장규격		높이(mm)		KS규격	
		길이 (mm)	너비 (mm)	낮은 상자	높은 상자	1단 적재 상자수	규격 번호
전체 어종 공통 규격	5이하	488	305	135	150	2×4	11-31
		545	345			2×3	신규
	5~10	545	345	135	150	2×3	신규
		550	366			2×3	11-16
	10~15	550	366	135	150	2×3	11-10
		580	435			4	신규
	15~20	580	435	145	155	4	신규
		660	440			2	11-10
포장 재료	한국산업규격 KS M3808 발포폴리스틸렌 단열통 1호 내지 3호 규격에 준하여 밀도 0.025g/㎤ 이상의 것을 사용						

주 : 1. 포장규격 : 한국산업규격 수송포장계열치수(KS A1002) 또는 적재효율 90% 이상인 신규 규격을 우선 적용
　　2. 1단적재상자수 : KS A1002의 T-11 표준파렛트(1.1m×1.1m)에 1단으로 적재시 상자 개수
　　3. 규격번호 : T-11 표준파렛트(1.1m×1.1m) 69개 수송포장계열 치수의 일련번호
　　4. 상자 두께 : 길이 및 너비 두께는 25mm, 바닥 두께는 44mm를 적용
　　5. 뚜껑 높이 : 40mm 적용. ※ 단 굴, 오징어의 상자두께와 뚜껑높이는 도매시장에서 사용하는 어상자 규격을 그대로 적용

2. 어종별 예외포장규격

구 분	거래단위 (kg)	포장규격		높이(mm)		KS규격	
		길이 (mm)	너비 (mm)	낮은 상자	높은 상자	1단 적재 상자수	규격 번호
고등어	10~20	550	366	150		6	11-25
		620	400	143		4	신규
오징어	20	545	345	150		6	신규
삼치	5~20	590	360	120		4	신규
		628	435	120		4	신규
갈치	3	687	412	120		4	11-8
	10~15	830	366	130		3	신규
굴	5이하	260	260	220		16	신규
바지락	5이하	366	366	230	270	9	11-46
		488	305	240	260	8	11-31
포장 재료	한국산업규격 KS M3808 발포폴리스틸렌 단열통 1호 내지 3호 규격에 준하여 밀도 0.025g/㎤ 이상의 것을 사용						

* 단, 표준포장규격(거래단위별 공통규격)에 맞게 출하한 경우에도 표준규격품으로 인정한다.

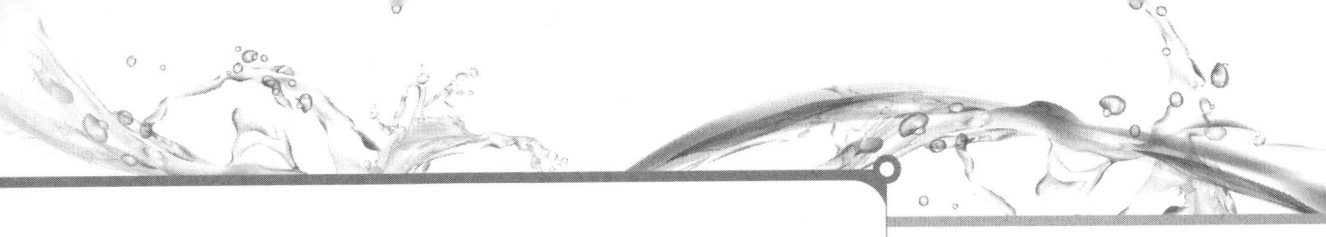

[별표 3]
포장재료 및 포장재료의 시험방법(제6조 관련)

포장재료는 식품위생법에 따른 용기·포장의 제조방법에 관한 기준과 그 원재료에 관한 규격에 적합하여야 한다.

1. 골판지 상자
① 표시단량별 골판지 종류

표시단량	5kg 미만	5kg 이상 10kg 미만	10kg 이상 15kg 미만	15kg 이상
골판지종류	양면골판지 1종	양면골판지 2종	이중양면 골판지1종	이중양면 골판지2종

② 골판지의 품질기준 및 시험방법은 KS A1059(상업포장용 골판지), KS A1502(외부포장용 골판지)에서 정하는 바에 따른다.

2. P.E대(폴리에틸렌대)
① 표시단량별 P.E 두께

표시단량	5kg 미만	5kg 이상 10kg 미만	10kg 이상 15kg 미만	15kg 이상
P.E 두께	0.03mm이상	0.05mm이상	0.07mm이상	0.10mm이상

② P.E 종류 및 두께에 대한 인장강도, 신장율, 인열강도 등은 KS M3509(포장용 폴리에틸렌 필름)에 따른다.

3. P.S대(폴리스틸렌대)

밀 도 (g/㎤)	굴곡강도 (N/㎠)	흡수량	연소성
0.025 이상	20이상	두께 30mm 미만 2.0이하, 두께 30mm 이상 1.0이하	3초 이내에 꺼져서 찌꺼기가 없고 연소한계선을 초과하여 연소하지 않을 것

3. P.P대(직물제 포대)

섬 도 (데니아)	인장강도 (kgf)	봉합실 인장강도(kgf)	적조밀도 (올/5cm)	기 타
900±10	3.0이상	4.0이상	20±2	원단의 위사 너비는 4~6㎜ 이내로 접혀진 원사로 제작한다.

※ 원단은 KS A1037(포대용 폴리올레핀 연신사)의 폴리프로필렌 연신사로 직조한다

4. 표시단량별 그물망의 무게

표시단량	5kg 미만	5kg 이상 10kg 미만	10kg 이상 15kg 미만	15kg 이상
포장재무게	15g이상	25g이상	35g이상	45g이상

※ 원단은 고밀도 폴리에틸렌 모노필라멘트계이며, 메리야스 상으로 직조한 것

[별표 4]
표준규격품의 표시방법(제9조 관련)

표준규격품을 출하하는 자는 규칙 제5조 제1항의 규정에 따라 "표준규격품" 문구와 함께 품목, 생산지역, 무게, 생산자의 성명 또는 생산자단체의 명칭, 출하자의 성명 및 전화번호를 포장 외면에 표시하여야 한다. 단, 품종을 표시하여야 하는 품목과 무게 또는 마릿수의 표시방법은 아래 2항과 같다.

① 표시양식(예시)

표준규격품	표 시 사 항			
	품 목		생산지역	
	생 산 자		출 하 자	
	무게(마릿수)	kg(마리)	연 락 처	

※ 무게는 반드시 표기하여야 하며 필요시 마릿수를 병기할 수 있다.

② 일반적인 표시방법
  ㉠ 표시사항은 가급적 한 곳에 일괄표시 하여야 한다.
  ㉡ 품목의 특성, 포장재의 종류 및 크기 등에 따라 양식의 크기와 글자의 크기는 임의로 조정할 수 있다.
  ㉢ 위 표시사항 외에 추가 표시사항이 있는 경우에는 추가할 수 있다
  ㉣ 원양산의 생산지 표시는 수산물품질관리법시행령 제18조제2항에서 정하는 바에 따른다.

선별과 포장

Point! 실전문제

1. 다음 수산물 포장재 중 동일조건에서 산소투과도가 가장 낮은 것은?
   ① 폴리스티렌(PS)
   ② 폴리에스터(PET)
   ③ 폴리비닐클로라이드(PVC)
   ④ 저밀도폴리에틸렌(LDPE)

   정답 및 해설 ②

필름종류	가스투과성(ml/㎡ · 0.025mm · 1day)		포장내부
	이산화탄소	산소	이산화탄소:산소
저밀도폴리에틸렌(LDPE)	7,700~77,000	3,900~13,000	2.0~5.9
폴리비닐클로라이드(PVC)	4,263~8,138	620~2,248	3.6~6.9
폴리프로필렌(PP)	7,700~21,000	1,300~6,400	3.3~5.9
폴리스티렌(PS)	10,000~26,000	2,600~2,700	3.4~5.8
폴리에스터(PET)	180~390	52~130	3.0~3.5

2. 포장용 골판지 상자의 시험방법과 거리가 먼 것은?
   ① 인장강도
   ② 파열강도
   ③ 압축강도
   ④ 수분함량

   정답 및 해설 ①

3. 다음 수산물 선별 방법 중 옳지 않은 것은?
   ① 어류는 비늘이 어체에 밀착되어 있고 표피에 상처가 없어야 한다.
   ② 새우는 껍질에 윤기가 있고 머리가 달려 있는 것이 좋다.
   ③ 바지락은 껍질에 구멍이 없고 큰 것이 좋다.
   ④ 게는 발이 모두 붙어 있고 무거우며 입과 배 사이에 검은 반점이 없어야 한다.

   정답 및 해설 ③
   바지락은 껍질에 구멍이 없고 작은 것이 좋다.

Point 실전문제

4. 다음 해조류 선별 방법 중 옳지 않은 것은?
   ① 색과 향미, 중량 및 건조 상태를 보아야 한다.
   ② 건조된 상품은 수분함량이 15% 이하여야 한다.
   ③ 다시마는 국물용은 두꺼운 것이, 쌈용은 얇으면서 딱딱하게 건조되고 잡티가 없는 것이 좋다.
   ④ 향미가 좋고 비린내와 바다냄새는 적게 날수록 좋다.

   정답 및 해설 ④
   향미가 좋고 약간 비린내가 나며 바다냄새가 많이 날수록 좋다.

5. 금속제와 플라스틱 어상자의 장점으로 보기 어려운 것은?
   ① 여러 번 사용해도 잘 파손되지 않는다.   ② 회수가 어렵다.
   ③ 냉각속도가 빠르다.   ④ 오염이 적다.

   정답 및 해설 ②
   가격이 비싸고 회수가 어려운 것은 단점이다.

6. 입상 방법에 대한 설명이다. 옳지 않은 것은?
   ① 종류별, 크기별로 담고 혼합 입상은 피한다.
   ② 저장기간과 기온을 고려하여 얼음의 양을 결정한다.
   ③ 신선도를 위해 갈고리를 사용하더라도 신속하게 입상한다.
   ④ 얼음 녹은 물이 쉽게 빠져 나와 어체의 냉각이 잘 되도록 해야 한다.

   정답 및 해설 ③
   갈고리 사용은 가급적 피하고 던지거나 밟지 않아야 한다.

7. 입상 배열에 대한 설명이다. 옳지 않은 것은?

① 복립형: 복부가 위로 오게 하는 배열
② 환상형: 장어, 갈치 같이 어체가 상자 보다 긴 경우 상자 안에 환상으로 배열하는 방법
③ 배열 방법의 선택은 어종, 용도 또는 저장기간을 고려하여 선택한다.
④ 저장 예정기간이 10일 이내인 경우는 복립형이, 10일을 넘기는 경우는 배립형이 좋다.

> 정답 및 해설 ④
> * 저장 예정기간에 따른 배열
> - 예정기간이 10일 이내인 경우는 배립형
> - 예정기간이 10일을 넘기는 경우는 복립형

8. 포장의 목적으로 보기 어려운 것은?

① 브랜드 개념의 도입으로 가격의 상승
② 생산정보의 표시
③ 유통의 편의
④ 유통과정 중 보존성

> 정답 및 해설 ①

9. 수산물을 속포장 후 겉포장하여 유통하는 경우 겉포장재의 기본요건과 거리가 가장 먼 것은?

① 외부 충격의 방지
② 부적절한 환경으로부터 내용물의 보호
③ 적절한 공간의 확보
④ 수송 또는 취급의 편리

> 정답 및 해설 ③
> * 포장재의 기본 요건
> ① 겉포장재
> ㉠ 외부의 충격방지
> ㉡ 수송, 취급의 편리성
> ㉢ 부적절한 환경으로부터 내용물의 보호
> ② 속포장재
> ㉠ 적절한 공간확보와 충격의 흡수성
> ㉡ 유통 중 발생할 수 있는 부패 또는 오염의 확산을 막을 수 있는 재질

Point 실전문제

10. 다음은 골판지 상자의 발수도이다. 다음 중 가장 방수성이 좋은 것은?
① R0
② R4
③ R8
④ R10

정답 및 해설 ④
발수도: R0, R2, R4, R6, R7, R8, R9, R10로 나타내며 R값이 커질수록 방수성이 높다.

11. 다음 진공포장에 대한 설명으로 옳지 않은 것은?
① 미오글로빈의 화학적 변성을 억제한다.
② 혐기성 세균의 증식을 억제한다.
③ 수분손실을 방지한다.
④ 제품의 부피를 줄여 수송, 보관 등을 용이하게 한다.

정답 및 해설 ②
호기성 세균의 증식을 억제하며 혐기성 세균에 의한 특정유형의 부패가 발생할 수 있다.

12. 진공포장에 대한 설명으로 옳지 않은 것은?
① 산소의 제거로 호기성 세균의 증식을 억제한다.
② 지방산화를 지연시켜 저장성을 좋게한다.
③ 일반적으로 가스투과성이 높은 필름이 미생물 증식을 더 억제한다.
④ 포장 내부 산소의 저하로 옥시미오글로빈(oxymyoglobin)이 디옥시미오글로빈(deoxymyoglobin) 형태로 바뀌며 육색은 적자색으로 변한다.

정답 및 해설 ③
일반적으로 가스 투과도가 낮은 필름으로 포장하는 것이 미생물 증식을 더 억제시킨다.

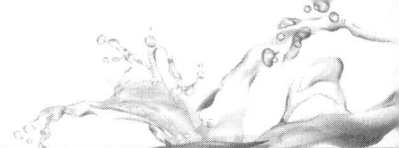

13. 다음 기능성 포장필름 중 레토르트 파우치에 많이 이용되는 플라스틱 필름은?
① 연신필름　　　　　　　　② 열 수축 필름
③ 도포필름　　　　　　　　④ 적층필름

> **정답 및 해설** ④
> * 적층필름
>   - 다른 필름을 겹쳐 붙여서 가공한 필름을 말한다.
>   - 다른 두 종류 이상의 플라스틱 필름이나, 플라스틱과 알루미늄 박 또는 지류 등과 복합 가공된 필름으로 종류가 다양하다.
>   - 레토르트 파우치 등에 이용된다.

14. 다음 중 탈산소제포장의 목적으로 보기 어려운 것은?
① 곰팡이 및 호기성 세균의 억제　　② 고기 색소의 발색
③ 지방의 산패 방지　　　　　　　　④ 향기와 맛의 보존

> **정답 및 해설** ②
> * 탈산소제포장은 곰팡이, 호기성 세균의 억제 등에 의한 부패방지와 지방의 산패방지, 색소 산화방지, 향기 또는 맛 보존 등을 목적으로 하며 고기 색소의 발색을 위해서는 산소를 충전한 MA포장을 한다.

15. 어획 후 선상에서 어획물의 취급에 대한 설명이다. 옳지 않은 것은?
① 고민사 한 어류는 사후강직이 빨리 시작되고 기간도 짧다.
② 일반적으로 작은 고기는 큰 고기에 비해 부패속도가 빠르므로 작은 고기는 분리한다.
③ 일반적으로 내장의 제거는 부패가 빠르고 어체가 작은 어종을 대상으로 한다.
④ 쇠스랑 또는 갈고리는 선별을 편리하게 하지만 갈고리 사용 시는 반드시 두부에 한정하여야 한다.

> **정답 및 해설** ③
> 내장을 제거하는 일은 일반적으로 어체가 크고 부패가 빠른 어종을 대상으로 실시한다.

16. 입상에 대한 설명 중 옳지 않은 것은?

① 입상 시 기온과 저장 기간을 고려하여 얼음량을 결정하여야 한다.
② 어체를 깨끗이 잘 배열하여 어체에 손상이 없어야 한다.
③ 어체가 어상자 보다 긴 경우 걸치기 입상을 한다.
④ 혼합 입상을 피해야 한다.

정답 및 해설 ③

17. 칼치와 장어와 같이 길이가 긴 어류를 입상할 때 입상 배열은?

① 환산형　　　　　　　　② 복립형
③ 산립형　　　　　　　　④ 배립형

정답 및 해설 ①

제 6장 | 수산물의 저온유통 및 수송

① 콜드체인시스템(저온유통체계; cold chain system)

1) 의의
(1) 어획 즉시 품온을 낮춰 어획에서부터 판매까지 적정 저온이 유지되도록 관리하는 체계를 콜드체인시스템 또는 저온유통 체계라 한다.
(2) 수산물의 신선도 및 품질을 유지하기 위하여 알맞은 적정 저온으로 냉각시켜 저장·수송·판매에 걸쳐 적정온도를 일관성 있게 관리하는 것이다.

2) 관리방법
(1) 산지: 출하되기 전까지 적정 저온에 저장할 수 있는 저온저장고가 필요하다.
(2) 운송: 냉장차량의 보급으로 저온을 유지하며 산지에서 소비지까지 운송되어야 한다.
(3) 판매: 적정 저온을 유지할 수 있는 냉장시설이 판매대에도 설치되어야 한다.

3) 저온유통체계 필요성
(1) 신선한 어패류의 공급이 가능해진다.
(2) 생산에서 소비까지의 유통 전 과정에서 변질 및 부패에 의한 감모율이 줄어들어 유통비용이 줄어든다.
(3) 어패류의 불가식부를 제거하여 유통하므로 수송 및 유통경비의 절감을 꾀할 수 있다.
(4) 출하 시 품질을 유지할 수 있어 수취 가격을 높을 수 있다.
(5) 상품의 표준화를 이룰 수 있는 기반이 조성된다.

4) 저온유통의 설비
(1) 냉동차

〈저온유통체계 필요성〉
(1) 신선한 어패류의 공급이 가능해진다.
(2) 생산에서 소비까지의 유통 전 과정에서 변질 및 부패에 의한 감모율이 줄어들어 유통비용이 줄어든다.
(3) 어패류의 불가식부를 제거하여 유통하므로 수송 및 유통경비의 절감을 꾀할 수 있다.
(4) 출하 시 품질을 유지할 수 있어 수취 가격을 높을 수 있다.
(5) 상품의 표준화를 이룰 수 있는 기반이 조성된다.

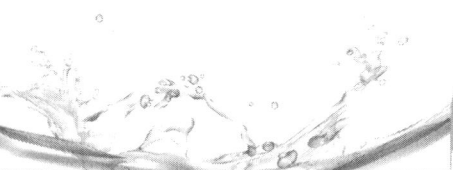

① 냉각장치의 유무에 따라 보냉차와 냉동차로 분류한다.
② 보냉차
　㉠ 드라이아이스식: 드라이아이스의 승화열을 이용하여 냉각하는 방법으로 이동 중 수산물에 직접 접촉하지 않도록 하여야 한다.
　㉡ 얼음식: 얼음의 융해열을 이용하여 냉각하는 방법으로 0℃ 이하의 온도 유지는 불가능하다.
③ 냉동차
　㉠ 기계식
　　ⓐ 현재 냉동차에 이용되는 가장 대표적인 방법이다.
　　ⓑ 냉동차 자체에 냉동기의 증발기가 있다.
　　ⓒ 압축기 구동방식에 따라 보조 엔진식과 주 엔진식으로 구분한다.
　　ⓓ 냉동장치의 형태에 따라 일체형 및 분리형으로 구분하기도 한다.
　㉡ 액체질소식
　　ⓐ 비점 −196℃인 액체질소의 기화 잠열을 이용하는 방법이다.
　　ⓑ 급속냉각이 가능하다.
　　ⓒ 소음이 없고 구조가 단순하여 고장이 적다.
　　ⓓ 액체질소를 쉽게 구할 수 없으며 유지비가 비싸게 든다.
　㉢ 냉동판식
　　ⓐ 축냉제를 금속용기에 충진하여 냉매배관을 통해 냉각시킨 후 축냉제의 융해 잠열로 냉각하는 방법이다.
　　ⓑ 고장이 적고 취급이 간단하며 유지비가 적게 든다.
　　ⓒ 냉동판의 중량으로 인해 적재량이 감소한다.
　　ⓓ 사용 온도 범위가 다양하지 못하다.
(2) 냉동컨테이너
① 냉동기를 부착한 컨테이너를 이용하여 냉동화물을 수송하는 방법이다.
② 냉동기를 이용하여 전 수송과정에서 지정된 온도를 유지할 수 있도록 설계되어 있다.
③ 냉동기를 컨테이너에 설치하므로 냉동사이클의 반복으로

수송되는 화물을 적정 온도로 유지시킬 수 있다.
- (3) 쇼케이스
  - ① 소비자를 상대로 상품의 진열 판매 시 상품의 온도유지를 목적으로 하는 냉장 또는 냉동장치를 의미한다.
  - ② 용도별 구분
    - ㉠ 냉장용: 0~10℃의 온도로 식품을 보관하는 쇼케이스
    - ㉡ 냉동용: -18℃ 이하의 냉동식품의 보관을 목적으로 하는 쇼케이스
  - ③ 형태별 구분
    - ㉠ 오픈형
      - ⓐ 문이 없이 내부가 오픈된 쇼케이스
      - ⓑ 오픈으로 인한 외기 유입을 에어 커튼을 이용하여 막는다.
      - ⓒ 현재 국내에서 가장 많이 사용되고 있다.
    - ㉡ 세미 오픈형 쇼케이스
      - ⓐ 오픈형 윗면에 유리문을 붙인 형태
      - ⓑ 통상적으로 문을 닫은 상태로 유지하며 고객이 물건을 고를 때만 열리게 되므로 온도유지가 오픈형에 비해 쉽다.
    - ㉢ 글로스형
      - ⓐ 쇼케이스에 유리문을 부착한 형태
      - ⓑ 물건은 고객이 문을 열고 직접 꺼내므로 온도 유지에 유리하다.

5) 저온유통체계 관련 기술
- (1) 저온유통체계에 요구되는 기술은 주 기술과 보조 기술로 구분할 수 있다.
- (2) 주 기술
  - ① 예냉기술
  - ② 저온 저장 기술
  - ③ 저온 수송 및 배송 기술
  - ④ 저온 판매시설 등이다.
- (3) 보조 기술
  - ① 전처리 기술

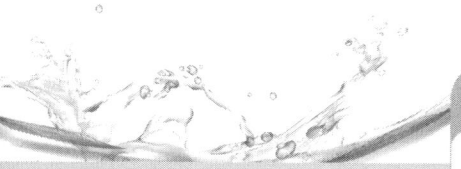

② 포장 기술
③ 선도유지기술
④ 안전성 관련 기술
⑤ 선별, 규격 등 표준화 기술
⑥ 정보 및 환경 등이다.

❷ 저온유통에 따른 식품의 품질변화

1) 시간-온도 허용한도(T.T.T; time-temperature tolerance)

(1) 동결식품의 상품가치에 대한 허용(tolerance)되는 경과시간(time) 동안 유지되는 품온(temperature)의 관계를 숫자로 나타내는 개념이다.
(2) 저장 시간과 유지되는 품온의 관계에 따라 식품별로 상호 허용성이 존재하는 관계를 숫자적으로 처리하는 방법으로 냉동식품의 품질저하의 정도를 알 수 있는 방법이다.
(3) 동결품은 품온이 낮을수록 품질 보존 기간이 길어진다.
(4) T.T.T는 동결식품의 유통과정 중 식품의 품질유지를 위한 온도 설정의 중요한 지침이 된다.
(5) 냉동식품의 품질에 미치는 요인
　① P.P.P: 원료(product), 냉동과 그 후 처리(processing), 포장(package)
　② T.T.T: 저장시간(time), 품온(temperature), 허용한도(tolerance)
(6) 시간-온도 허용한도의 계산 값이 1.0 이하이면 동결식품의 품질이 양호하며 1.0 이상이면 품질저하는 커진다.

2) 품질저하의 누적

(1) 일반적으로 온도별 저장기간에 따른 품질저하는 생산에서부터 소비까지 각 단계를 지나며 누적되며 증가한다.
(2) 누적 합계는 단계적 순서가 바뀌어도 변화가 없다.

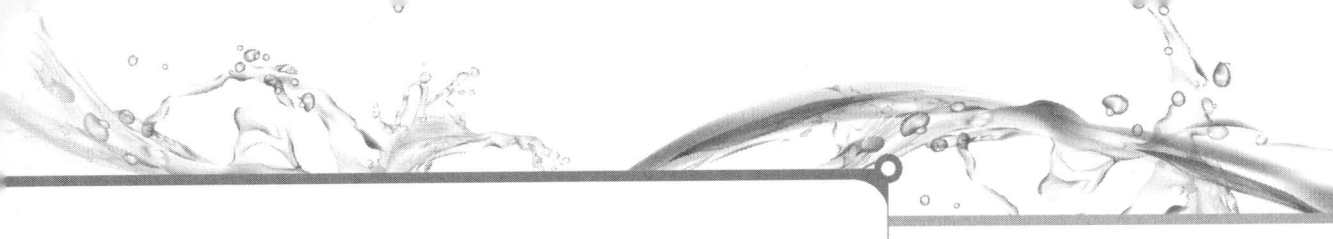

❸ 활어의 수송

1) 개요
(1) 어패류를 살아있는 상태로 수송하는 것을 의미한다.
(2) 활어의 수송은 바다에서는 활어 어선이 이용되며 육지에서는 주로 활어차가 이용되고 있다.
(3) 대부분의 어류는 물 밖에서는 생존이 불가능하므로 수조에 담아 수송한다.
(4) 횟감용, 양식용 치어, 관상용 어류의 수송에 많이 이용된다.
(5) 공기 중에서 장시간 살 수 있는 게, 새우, 조개, 뱀장어 등은 상자 또는 바구니에 담아 수송할 수도 있다.

2) 활어수송의 유의사항
(1) 저온
  ① 수송 중 수온은 낮게 유지하여야 한다.
  ② 수송 중 낮은 수온은 활어의 생리대사를 억제시킬 수 있다.
  ③ 높은 수온은 활어의 생리대사량을 증가시켜 품질이 떨어진다.
(2) 산소의 보충
  ① 수송 중 수조 내에 산소 공급 장치를 이용하여 산소를 공급하여야 한다.
  ② 수조 내 산소의 부족은 활어가 질식할 수 있다.
(3) 상처의 예방
  ① 수조의 크기를 고려하여 적정량의 활어를 수송하여야 한다.
  ② 수조의 크기에 비하여 많은 양의 활어는 마찰 등에 의한 상처를 입거나 비늘이 떨어질 수 있다.
(4) 수조 내 오물의 제거
  ① 수조 내 물은 여과 장치를 이용해 배설물 등 오염물을 제거하여야 한다.
  ② 수송을 위해 대량의 활어를 수조에 넣을 경우 배설물 또는 피부에서의 점질 물질 등에 의해 수질이 오염될 수 있다.
(5) 위생관리
  ① 활어의 수송 전, 후 소독 등 위생관리를 철저히 하여야 한다.

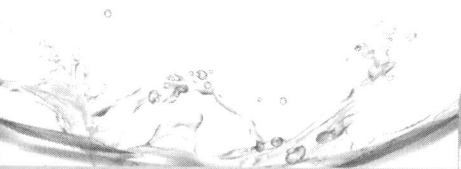

② 대부분의 활어는 횟감용 등으로 소비자가 가열하지 않고 섭취하게 되므로 균 처리 장치를 설치하는 등 병원균이나 식중독 균에 오염되지 않도록 위생관리를 하여야 한다.

3) 활어의 수송 방법

(1) 활어차를 이용한 수송
  ① 공기나 산소를 보충하는 수조에 활어를 넣고 수송하는 방법
  ② 대량의 활어를 수송할 수 있어 가장 많이 사용되는 방법이다.
  ③ 단점으로는 수조 설비 비용, 특수 차량의 필요성, 어종에 따른 생리특성의 불확실성, 수송 중 폐사 위험 등이 있다.

(2) 마취를 이용한 수송
  ① 마취 약품 또는 냉각을 이용하여 마취시켜 운송하는 방법
  ② 마취는 대사기능을 저하시켜 취급이 쉽고 상처가 적다.
  ③ 마취 약품을 이용하는 경우 안전성 여부와 소비자에게 혐오감을 줄 수 있다.

(3) 침술 수면을 이용한 수송
  ① 침술을 이용하여 어류의 활동력을 저하시키며 가수면 상태에 빠뜨려 수송하는 방법
  ② 시간이 많이 걸리고 어체를 일일이 처리해야 하는 문제점이 있다.

4) 활어차를 이용하여 수송하는 경우 산소의 보충

(1) 포기법
  ① 수조안의 물과 공기 또는 산소를 접촉시켜 물 속에 산소가 녹아들어가게 하는 방법이다.
  ② 기체주입법
    기체 분사기를 이용하여 산소 또는 공기를 수조 안의 물에 미세한 기포로 불어 넣는 방법으로 가장 많이 사용되는 방법이다.
  ③ 살수법
    압력수를 수조 위에서 분사하여 산소가 녹아들어가는 것을 촉진시키는 방법이다.
  ④ 산소봉입법

수조의 물 일부를 산소로 치환하는 방법으로 치어 또는 고급어종의 소량 수송에 적합하다.

(2) 환수법
① 활어를 활어선을 이용하여 수송할 때 이용된다.
② 배의 측면 또는 바닥에 환수구를 만들어 외부의 신선한 물과 교류시키는 방법이다.

Point! 실전문제 — 수산물의 저온유통 및 수송

1. 한 번에 많은 양의 활어를 수송할 수 있어 가장 널리 이용되는 방법은?
① 마취수송법　　　　　　② 침출수면수송법
③ 활어차수송법　　　　　④ 인공동면수송법

> **정답 및 해설** ③

2. 활어 수송에 있어 고려사항으로 거리가 먼 것은?
① 수송 중 활어의 생력 유지를 위해서 수온은 너무 낮게 유지하지 않는 것이 좋다.
② 대량의 활어를 수송하면 산소 부족으로 질식의 우려가 있어 산소를 보충해 주어야 한다.
③ 여과 장치를 이용하여 배설물을 제거 한다.
④ 수조의 크기에 알맞은 적정량을 넣어 상처를 예방한다.

> **정답 및 해설** ①
> 수송 중 활어의 대사 억제를 위하여 활어 수조의 해수 온도를 낮추어야 한다.

3. 저온유통시스템에 대한 설명으로 옳지 않은 것은?
① 매장에서의 저온관리를 포함한다.
② 출하 전까지 적정 저온 유지가 가능한 저온저장고가 필요하다.
③ 상온유통에 비해 압축강도가 낮은 포장상자를 사용한다.
④ 냉장차량의 보급으로 저온 수송이 되어야 한다.

> **정답 및 해설** ③

4. 콜드체인시스템에 관한 가장 올바른 설명은?
① 저장적온에서 저장된 수산물은 콜드체인시스템을 적용하지 않아도 된다.
② 예냉 후 곧바로 콜드체인시스템을 적용하면 부패될 수 있다.
③ 콜드체인시스템은 선진국에 적합한 방식으로 국내실정에 맞지 않는다.
④ 저온컨테이너 운송은 콜드체인시스템의 하나의 과정이다.

> 정답 및 해설 ④

5. 저온유통체계의 필요성으로 옳지 않은 것은?
① 유통과정 중 변질 및 부패에 의한 감모율을 줄일 수 있다.
② 냉장차량의 이용으로 수송 경비를 줄일 수 있다.
③ 품질 유지가 가능해져 수취가격을 높일 수 있다.
④ 상품 표준화의 기반이 된다.

> 정답 및 해설 ②

6. 기계식 냉동차에 대한 설명으로 옳지 않은 것은?
① 급속 냉동이 가능하다.
② 현재 냉동차에 이용되는 가장 대표적 방법이다.
③ 냉동차 자체에 냉동기의 증발기가 있다.
④ 일체형, 분리형으로 구분한다.

> 정답 및 해설 ①
> 급속냉각은 액체질소식 냉동차의 특징이다.

Point 실전문제

7. 활어수송 시 유의해야할 사항으로 보기 어려운 것은?
① 수송 중 수조 내에 산소를 공급하여야 활어의 질식을 막을 수 있다.
② 활어의 생리대사를 위해 수온은 높게 한다.
③ 수조의 크기를 고려하여 적정량의 활어를 수송하여야 한다.
④ 수조 내 배설물 등 오염물질을 제거하여야 한다.

정답 및 해설 ②
수송 중 낮은 수온은 활어의 생리대사를 억제시킬 수 있으며 높은 수온은 활어의 생리대사량을 증가시켜 품질이 떨어진다.

8. 다음 활어의 수송 시 수조에 산소를 공급하는 방법 중 성격이 다른 하나는?
① 기체주입법
② 살수법
③ 환수법
④ 산소봉입법

정답 및 해설 ③

9. T.T.T 값을 계산하였더니 82%였다. 옳게 설명한 것은?
① 품질저하율이 18%이다.
② 상품가치가 없어졌다.
③ 실용저장기간이 82% 남았다.
④ 실용저장기간이 18% 남았다.

정답 및 해설 ④

10. 특정온도에 저장된 동결식품의 실용저장기간(PSL)이 500일 이라면 일일 품질 저하율은 얼마인가?
① 0.2
② 0.25
③ 0.5
④ 0.75

정답 및 해설 ①
품질저하율 = % ÷ 일 = 100 ÷ 500일 = 0.2%

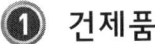

제 7장 | 수산물의 가공

① 건제품

1) 건제품의 가공 원리

(1) 개요
① 어패류를 건조시켜 저장성을 향상시킨 제품으로 가장 오랜 역사를 지니고 있다.
② 건제품은 어패류 내 수분을 감소시킴으로 미생물 및 효소의 활성을 억제시켜 저장성을 높인 제품이다.
③ 최근 저온 또는 포장 등의 다른 저장 기술과 결합하여 제품의 맛, 조직감 등을 향상시키며 비교적 수분 함량이 많은 제품들이 소비자 기호를 고려하여 생산이 늘고 있다.

(2) 가공원리
① 수산물의 수분을 제거하여 수분활성도를 낮춰 미생물의 발육을 억제시킴과 동시에 독특한 풍미 및 조직을 가지도록 하는 것이다.
② 수산물의 저장성은 미생물 이용이 가능한 수분의 양에 따라 결정된다.
③ 수분량이 많으면 수분활성도가 높고 수분량이 적으면 수분활성도가 낮다.
④ 수분의 제거 방법으로는 증발, 가압, 흡수제의 이용 등이 있다.
⑤ 건제품은 건조 과정 중 근섬유가 치밀하게 되고 알맞은 강도 및 탄력을 가지며 수분의 감소로 농축된 맛 성분을 함유하여 독특한 풍미와 감촉을 지니게 된다.

(3) 건조 방법
① 천일건조법
   ㉠ 태양의 복사열 또는 바람 등과 같은 천연 자연 조건을 이용하는 건조방법으로 가장 오래된 방법이다.
   ㉡ 간편하며 비용이 적게 들어간다.
   ㉢ 넓은 공간이 필요하다.
   ㉣ 날씨의 영향을 많이 받는다.

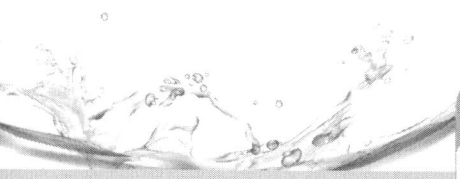

ⓜ 지방 함량이 높은 수산물은 건조 중 품질이 열화된다.
ⓑ 바닷가에서 어패류 및 해조류 건조에 많이 이용된다.

② 동건법
㉠ <u>겨울철 일교차로 동결과 해동을 반복시켜 건조시키는</u> 방법이다.
㉡ 밤의 낮은 기온은 수산물 내 수분을 동결시키고 낮에 상승된 온도는 해동시키면서 수분이 외부로 나오는 과정이 반복되면서 수산물이 건조되는 원리이다.
㉢ 동결 시 생기는 얼음결정은 수산물의 세포를 파괴하고 해동 시에는 수용성 성분이 제거되는 과정이 반복되며 독특한 물성을 갖게 된다.
㉣ 동결 과정에서 생긴 빙결정이 녹으면서 조직에 구멍이 생기며 스펀지와 같은 조직이 된다.
㉤ 최근 자연상태가 아닌 냉동기를 이용하는 경우가 늘고 있다.
㉥ 한천과 황태의 건조에 많이 이용된다.

③ 열풍건조법
㉠ <u>수산물을 건조기에 넣고 열풍을 이용하여 건조시키는</u> 방법이다.
㉡ 건조 속도가 빨라 천일건조법에 비해 비교적 일정한 품질의 제품을 생산할 수 있다.
㉢ 기후 조건의 영향을 받지 않는 건조법이다.
㉣ 어류 및 어분 등의 건조에 이용된다.

④ 냉풍건조법
㉠ <u>건조한 냉풍을 이용하여 수산물을 건조하는 방법이다.</u>
㉡ 건조 온도가 낮아 효소반응과 지질 산화 및 변색 억제로 색깔이 좋은 제품의 생산이 가능하다.
㉢ 건조속도는 열풍건조법에 비해 느리고 설비비가 많이 든다.
㉣ 오징어, 멸치 등의 건조에 이용된다.

⑤ 배건법
㉠ <u>나무 등을 태운 열로 구우면서 수분을 증발시켜 건조하는 방법이다.</u>
㉡ 나무 등을 태울 때 발생하는 훈연 성분 중 항균, 항산화 성분으로 인해 저장성이 향상된다.
㉢ 가다랑어를 삶은 후 배건한 가스오부시가 대표적이다.

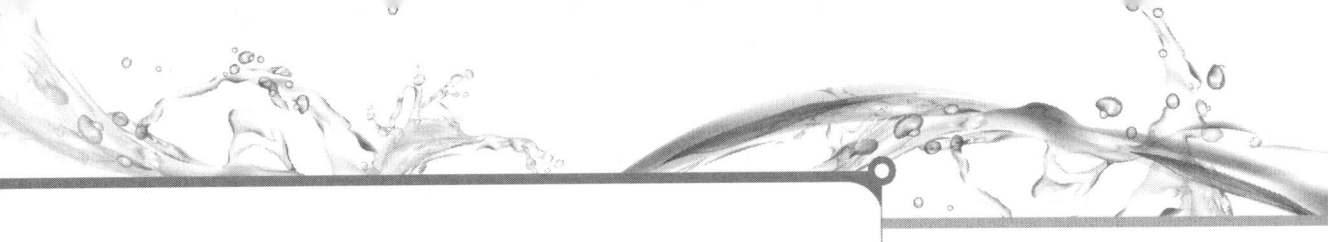

⑥ 감압건조법
  ㉠ 밀폐된 건조기에 수산물을 입고하고 일정온도에서 감압으로 압력을 낮추어 건조시키는 방법
  ㉡ 지방의 산화 및 단백질의 변성이 적고 소화율이 높은 제품을 생산할 수 있다.
  ㉢ 생산에 비용이 많이 들고 연속 작업이 안 된다.
⑦ 동결건조법
  ㉠ 수산물을 동결시킨 상태로 낮은 압력에서 빙결정을 승화시켜 건조시키는 방법이다.
  ㉡ 수산물 내부의 수분은 고체상태인 얼음에서 액체 상태를 거치지 않고 기체로 승화되면서 제거된다.
  ㉢ 건조 중 품질변화가 가장 적은 건조법이다.
  ㉣ 색, 맛 등 물성의 변화가 최대한 억제되고 복원성이 좋은 제품을 생산할 수 있다.
  ㉤ 빙결정의 승화로 인해 다공성이며 부스러지기 쉽고 수분의 흡수와 지질 산패가 잘 일어난다.
  ㉥ 북어, 건조 맛살, 전통국 등의 생산에 이용되고 있다.
⑧ 분무건조법
  ㉠ 액체 상태의 원료를 열풍 속에 미립자 상태로 분산시켜 순간적으로 건조시키는 방법
  ㉡ 건조 시간이 짧다.
  ㉢ 열에 의한 단백질 변성이 적어 품질이 우수하다.
  ㉣ 대량의 제품을 연속적, 경제적으로 건조할 수 있다.

2) 건제품의 종류

건제품	건조방법	종류
소건품	수산물을 아무런 전처리 없이 그대로 건조한 제품	마른오징어, 마른대구, 마른김, 마른미역 등
자건품	자숙한 후 건조한 제품	마른멸치, 마른해삼, 마른새우, 마른패주 등
동건품	자연적 기후조건 또는 기계적으로 동결 및 해동을 반복하여 건조한 제품	황태, 한천, 과메기 등
염건품	소금에 절인 후 건조한 제품	굴비, 염건고등어 등
훈건품	훈연하면서 건조한 제품	훈연오징어, 훈연굴 등
조미건제품	조미 후 건조한 제품	조미오징어, 조미쥐치 등
배건품	불에 구워서 건조한 제품	가스오부시 등

제7장 | 수산물 가공

(1) 소건품
① <u>수산물을 그대로 또는 전처리하여 물로 씻은 후 건조한 제품으로 건제품 중 가장 먼저 개발된 방법이다.</u>
② 어패류 보다는 해조류 품목의 생산이 많으며 저장성의 부여, 풍미 개선의 효과가 있다.
③ 주로 기온이 낮은 한랭한 지역에서 발전된 방법이다.
④ 건조 전 가열처리가 없기 때문에 고온다습한 계절에는 세균 또는 자가소화 효소의 작용으로 건조 중 육질이 연화될 수 있다.
⑤ 마른오징어, 마른명태, 마른대구, 마른상어지느러미, 마른김, 마른미역 등이 있다.
⑥ 제조시 유의사항
　㉠ 선도가 좋은 원료를 사용하여야 한다.
　㉡ 맑은 물을 이용하여 염분을 제거한 후 건조하여야 한다. 바닷물을 수세에 이용하면 흡습성이 강하게 되고 광택이 떨어진다.
　㉢ 음건 후 양건하여야 한다.
⑦ 마른오징어
　㉠ 내장 및 눈 등을 제거한 후 세척하여 건조한다.
　㉡ 특유의 향미가 있다.
　㉢ 황갈색 또는 황백색이다.
　㉣ 다리나 흡반의 탈락이 적다.
　㉤ 표면에 적당량의 흰 가루가 있으며 이는 베타인 및 타우린, 글루탐산, 히스티딘 등의 유리아미노산이 주성분이다.

(2) 자건품
① <u>원료를 삶은 후 건조한 제품을 말한다.</u>
② 원료를 미리 삶는 것은 조직 중 자가소화 효소를 파괴하고 미생물을 사멸시켜 부패를 막고 육단백질을 응고시켜 일부 수분과 피하지방을 제거함과 동시에 보다 쉽게 건조시키기 위한 것이다.
③ 부패하기 쉬운 소형 어패류의 건조에 많이 이용된다.
④ 대표적인 제품으로 마른멸치, 마른새우, 마른해삼, 마른전복, 마른패주 등이 있다.

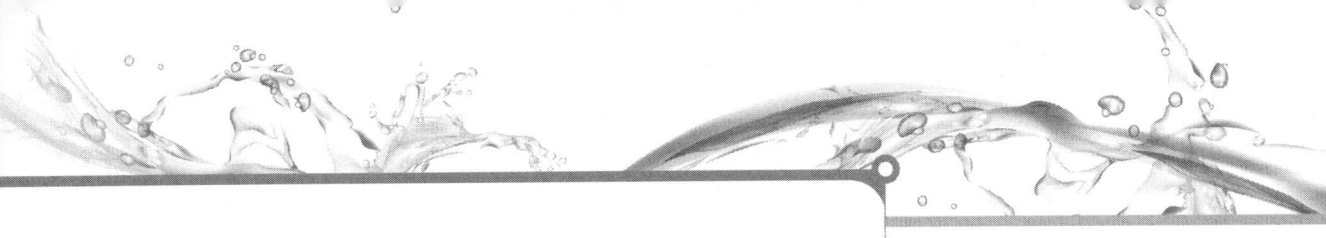

⑤ 마른멸치
　㉠ 다른 원료와는 달리 멸치는 자가소화 효소가 강력하여 원료를 육상으로 수송하지 않고 어획 후 바로 어선에서 자숙처리 한다.
　㉡ 채발에 얇게 펴 염도 5~6% 끓는 물에 넣어 어체가 떠오를 때까지 삶은 후 물을 뺀다.
　㉢ 대부분 자숙한 멸치는 육상으로 이송하여 건조하나 최근 주로 냉풍건조를 한다.

(3) 동건품
　① <u>수산물 조직 내 수분을 동결과 융해를 반복하여 탈수, 건조시켜 만든 제품</u>이다.
　② 일반적으로 자연냉기를 이용하여 겨울철 밤에 동결시킨 후 낮에 녹이는 작업을 반복하지만 최근 기계적 조건에 의해 제조하기도 한다.
　③ 대표적으로 동건 명태, 과메기, 한천 등의 제품 등이 있다.
　④ 마른명태
　　㉠ 명태의 내장을 제거한 후 아가미나 코를 꿰어 묶는다.
　　㉡ 담수에 담가 수세 및 표백하고 어체에 물을 충분히 흡수시킨다.
　　㉢ 야외 선소내에 길어 동결시킨다.
　　㉣ 야간에 동결된 어체는 낮에 얼음이 녹으면서 수분이 유출되고 밤에 다시 어는 과정이 반복되며 건조가 진행된다.

(4) 염건품
　① <u>수산물을 적당히 전처리한 후 소금에 절인 다음 말린 것</u>이다.
　② 염지는 조직에 적당한 짠맛을 부여하여 맛의 향상과 함께 조직 중의 수분의 일부를 탈수시켜 세균에 의한 변질을 막는 효과가 있다.
　③ 최근 짠맛을 피하는 소비자가 많아 짠맛이 적고 수분 함량이 많은 염건품의 선호도가 높아 제조법도 변화되어 가고 있다.
　④ 염지 방법으로는 물간법 또는 마른간법 등이 있다.
　⑤ 대표적인 제품으로 굴비, 간대구포, 염건고등어, 염건 꽁치, 염건 숭어알 등이 있다.

⑥ 굴비
  ㉠ 아무런 전처리 없는 조기를 원형 그대로 물간 또는 마른간을 한 후 건조한 것
  ㉡ 염지방법은 물간의 경우 포화식염수에 7~10일간 침지, 마른간의 경우 원료 무게의 15~30%의 식염을 뿌려 약 7일간 염장한다.
  ㉢ 어체의 크기에 따라 선별 후 3~4회 세척하여 이물질을 제거한다.
  ㉣ 건조대에 걸어 2~3일 그늘에서 건조한다.
  ㉤ 최근 수분함량이 높고 염분의 농도가 낮은 제품도 만들어지는데 이런 제품은 저장성이 약하므로 저온에 보관, 유통하여야 한다.

(5) 자배건품
  ① 원료 어육을 자숙 후 배건하여 나무 막대처럼 딱딱하게 건조한 제품이다.
  ② 대표적 제품으로 가스오부시가 있다.
  ③ 가스오부시는 가다랑어 같은 적색육 어류를 원료로 자숙 및 배건하여 제조한 제품을 말한다.

3) 건제품의 가공 및 저장 중 품질변화

(1) 건조 중 변화
  ① 단백질 변성
    ㉠ 수산물의 건조는 외관, 수분함량, 조직감, 맛 등이 달라지고 물에 담가도 원래 상태로 복원되지 않는 단백질 변성이 일어난다.
    ㉡ 어육 건조의 경우 건조도에 비례하여 육단백질의 불용화가 진행되며 불용화 되는 것은 대부분 myosin 단백질이다.
    ㉢ 그러나 동결건조법에 의해 건조된 제품은 다시 수분의 흡수로 복원될 때 원래대로 복원이 잘되는 특징이 있으며 이는 건조 조건이 적당하면 myosin 단백질의 용해성이 거의 변하지 않기 때문이다.
  ② 지질의 산화
    ㉠ 어체의 지방은 건조 중 수분의 이동에 따라 표면으로

이동하게 되고 이는 공기나 빛의 영향으로 산화된다.
ⓒ 어패류의 지방은 불포화지방산이 많아 쉽게 산화, 분해되어 산패 및 갈변의 원인이 되기도 한다.

③ 색소의 퇴색
ⓐ 색소는 불포화 결합을 가지고 있어 산소나 광에 의해 쉽게 산화, 분해되어 퇴색하게 된다.
ⓑ 새우의 적색 색소인 카로티노이드(carotenoid)계 아스타크산틴(astaxanthine)은 산화되면서 적색이 소실되면 상품 가치를 상실하게 된다.

④ 엑스성분의 소실
ⓐ 자건품은 자숙 중 엑스 성분이 상당량 자숙수로 유실된다.
ⓑ 소건품 및 염건품은 자건품에 비해 엑스성분의 손실이 적고 자가소화 효소가 불활성화 되지 않아 건조 중 효소작용으로 엑스성분의 양이 증가한다.
ⓒ 엑스성분이 많은 수산물을 건조하면 흡습성이 커지고, 아미노산 또는 당류를 많이 함유한 수산물은 건조 중 갈변의 우려가 있다.
ⓓ 건조는 수분의 탈수로 인해 상대적으로 엑스성분은 농축되므로 맛은 강해진다.

⑤ 소화율의 저하
ⓐ 어육 건조 온도가 지나치게 높으면 소화율은 떨어진다.
ⓑ 건조 온도가 높을수록 소화율은 떨어진다.

(2) 저장 중의 변화
① 수분의 흡수 및 건조
ⓐ 건제품은 수분의 함량이 상당히 낮기 때문에 제품 주위의 상대습도의 영향을 많이 받게 된다.
ⓑ 주위의 상대습도에 따라 수분의 흡수 및 건조가 일어날 수 있으므로 주의하여야 한다.
ⓒ 수분의 흡수는 외관이 나빠지며 수분 함량이 15% 정도가 되면 곰팡이가 생육하게 된다.

② 지질의 산화 변색
ⓐ 지방 함량이 높은 건제품은 장기저장 시 산소와 접촉하는 경우 산화 변색 및 산패되어 악취 및 떫은 맛을 내게 된다.

ⓒ 지질의 산화 및 변색의 방지를 위해 진공포장, 불활성 가스치환포장, 탈산소제 봉입 포장, 탈기 및 밀봉, 산화방지제의 사용 등의 방법을 이용하기도 한다.

③ 갈변
  ㉠ 어육은 단백질 식품이기 때문에 비효소적 갈변을 일으키기 쉽다.
  ㉡ 마른오징어, 마른대구 등에서 볼 수 있는 갈변은 Maillard형 갈변이 일어난다.

④ 충해
  ㉠ 소건품과 자건품은 건제품 중에서도 가장 충해를 받기 쉽다.
  ㉡ 7~9월의 고온기에 특히 피해 입기 쉽다.
  ㉢ 해충은 건조한 단백질을 즐겨 먹고 어두운 곳을 좋아하므로 제품을 쌓아둘 때 피해 입기 쉽다.
  ㉣ 충해의 억제는 밀봉, 냉장, 천일건조, 진공포장, 불활성 가스치환 포장, 약제 훈증 등의 방법으로 억제가 가능하다.

❷ 훈제품

1) 훈제품의 가공원리

(1) 개요 및 가공원리
  ① <u>훈제품은 목재를 불완전 연소시켜 발생되는 연기를 쐬어 건조시켜 독특한 풍미와 보존성을 가지도록 한 식품이다.</u>
  ② <u>훈연 중 건조에 따른 수분 감소, 첨가하는 식염과 연기 중 방부성 물질 등에 의해 보존성이 주어지는 원리를 이용한 것이다.</u>
  ③ 연기 속에는 포름알데히드, 페놀류, 유기산류 등이 항균성을 갖고 있으며 특히 페놀류는 항균성, 항산화성을 갖고 있으나 발암성 물질인 벤조피렌이 생성될 수도 있다.
  ④ 연기는 독특한 냄새와 신맛, 쓴맛 등의 성분을 지니고 있어 원료 자체의 비린내 등을 감소시키고 새로운 풍미를 갖게 한다.

⑤ 훈제 재료로 쓰이는 나무는 수지가 적고 단단한 것이 좋으며 수지가 많은 경우 그을음이 많고 불쾌한 맛을 줄 수 있다.

(2) 훈제 방법
  ① 냉훈법
    ㉠ 단백질이 응고하지 않은 저온에서(10~30℃, 보통 25℃ 이하) 1~3주 정도의 비교적 오랜 시간 훈제하는 방법
    ㉡ 제품의 건조도가 보통 30~35% 정도로 높아 1개월 이상 보존 가능한 제품을 생산할 수 있다.
    ㉢ 온훈법에 비해 저장성은 좋으나 풍미는 떨어진다.
    ㉣ 연어, 대구, 청어, 송어 등에 사용된다.
  ② 온훈법
    ㉠ 30~80℃ 정도의 온도에서 3~8시간의 비교적 짧은 시간에 훈제하는 방법
    ㉡ 낮은 건조도로 수분 함량이 높아 보존성은 낮으나 풍미가 좋다.
    ㉢ 높은 수분 함량으로 저장 가능가간이 짧으므로 장기 저장 할 때는 통조림 또는 저온저장이 필요하다.
    ㉣ 보존성 보다는 풍미를 목적으로 하는 훈제법이다.
    ㉤ 연어, 송어, 오징어, 문이, 뱀장어, 청어 등에 이용한다.
  ③ 열훈법
    ㉠ 100~120℃의 고온에서 2~4시간 정도의 짧은 시간에 훈제하는 방법
    ㉡ 수분 함량이 60~70% 정도로 높아 저장성이 낮다.
    ㉢ 뱀장어 오징어 등이 대표적이다.
  ④ 액훈법
    ㉠ 훈연액에 어패류를 직접 침지 후 꺼내 건조 또는 훈연액을 가열하여 나오는 연기에 훈제하는 방법
    ㉡ 단시간에 많은 제품의 가공이 가능하다.
    ㉢ 시설이 간단하며 일손이 적게 든다.
    ㉣ 단점으로는 훈연액에 의한 품질 변화와 훈연액의 농도 또는 침지 시간을 맞추기 어렵다.

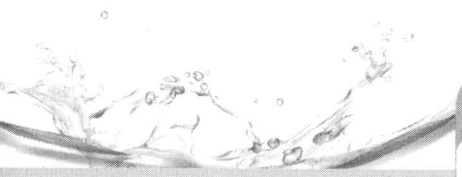

2) 훈제품의 가공

(1) 훈제품의 일반적 제조 공정

> 전처리 → 염지 → 수침 및 탈수 → 풍건 → 훈제 → 포장

(2) <u>수산물 훈제품은 대부분 냉훈품과 온훈품이며 연어 훈제품과 오징어 조미 훈제품이 대표적</u>이다.

(3) 연어 냉훈품
  ① 연어를 전처리 후 염지 및 냉훈한 수산가공품으로 어류 훈제품 중 가장 고급품에 속한다.
  ② 연어 냉훈품에는 아가미를 제거한 유두 냉훈품과 머리를 제거한 무두 냉훈품 및 필레 처리한 필레 냉훈품이 있다.

(4) 오징어 조미 온훈품
  ① 오징어의 내장 등을 제거하고 박피한 후 조미 및 훈건하여 제조한다.
  ② 조미 오징어 육을 훈제 후 수분 함량을 50% 정도로 만든 후 충분히 냉각하여 수분의 분포를 고르게 한다.
  ③ 냉각을 마친 육은 롤러에 넣고 육을 펴서 줄무늬를 넣고 압착시킨다.

3) 훈제품의 가공 및 저장 중 품질변화

(1) 훈연 중 변화
  ① <u>단백질의 변성</u>
    훈연 중 단백질의 변성은 훈연 방법 및 조건에 따라 차이가 크게 난다.
  ② <u>지질의 산화</u>
    ㉠ 훈연성분 중에는 페놀성분을 포함한 여러 항산화 성분의 존재로 다른 건제품에 비해 훨씬 미약한 정도의 산패만 진행된다.
    ㉡ 훈제품의 큰 특징 중 하나는 지질의 산화 억제이다.
  ③ <u>색소의 퇴색</u>
    훈연성분 중 항산화성분에 의해 건제품에 비해 상당한 억제가 가능하다.
  ④ <u>소화율의 저하</u>

(2) 저장 중 변화
① 수분의 흡수 및 건조
② 갈변

훈제품 역시 갈변을 일으키기 쉽지만 훈제품의 경우 제품 자체가 갈색 또는 흑색을 나타내고 있어 갈변에 의한 제품의 품질 저하는 거의 없다.

❸ 염장품

1) 염장품의 가공원리

(1) 개요
① 수산물을 식염에 절이거나 식염수에 침지하여 어체에 식염을 침투시킨 것을 의미한다.
② 특별한 제조 설비가 필요치 않아 예로부터 비교적 생산량이 많다.
③ 최근 저염 제품을 선호하는 경향이 많아 식염량이 적은 제품들이 제조되고 있다.

(2) 가공원리
식염이 가지고 있는 높은 삼투압에 의해 탈수 및 식염 침투에 의한 수분활성도를 저하시켜 저장성을 가지도록 하는 제품이다.

(3) 식염의 방부 효과
① 의의
㉠ 식염은 방부효과, 안전성, 풍미, 간편성, 가격 등을 보면 다른 식품 방부제와 비교하여 많은 장점을 가지고 있다.
㉡ 식염의 방부효과는 식염 자체의 살균력이라기보다는 여러 작용들의 복합효과이다.

② 탈수작용
㉠ 식염수의 고삼투압에 의해 세균 세포의 탈수는 세균의 원형질 분리를 일으켜 사멸시킨다.
㉡ 탈수작용으로 수분활성도를 저하시켜 미생물의 생육을 어렵게 한다.
㉢ 탈수작용은 미생물이 이용할 수 있는 자유수를 감소시

커 미생물 작용이 어렵게 한다.
③ 단백질 분해효소 작용의 억제
식염의 구성 원소가 단백질 분해효소가 결합하여야 할 peptide 결합 위치에 먼저 결합하여 효소 결합을 원천적으로 봉쇄한다.
④ 식염수에 대한 산소 용해도의 감소
식염수 농도가 증가할수록 산소용해도는 감소하고 이는 호기성 세균의 발육을 억제시킨다.
⑤ 염소이온의 직접적인 방부 작용

(4) 식염 농도에 대한 세균의 발육
① 식염에 대한 세균의 저항성
세균의 식염 저항성은 일반적으로 병원균<부패균, 간균<구균, 번식체<포자(spore)의 관계에 있다.
② 식염에 대한 통성 또는 편성호염성 세균의 특징
통성 또는 편성호염성세균의 식염 처리에 대해 세균의 발육이 극히 완만해지며 단백질 분해 작용이 약해지며 급격한 부패는 진행하지 않는다.

2) 염장 방법

〈염장법의 종류〉

일반법	건염법(마른간법), 습염법(물간법)
	개량법: 개량마른간법, 개량물간법
특수법	변압염장법, 염수주사법, 압착염장법, 가온염지법, 맛사지법

(1) 일반법
① 건염법(마른간법)
㉠ 원료에 직접 식염을 뿌려 염장하는 방법
㉡ 일반적으로 식염의 양은 원료무게의 20~35% 정도이다.
㉢ 원료 전체에 식염을 고루 비벼 뿌리고 겹겹이 쌓아 염장할 때에는 원료의 쌓은 층 사이에도 식염을 뿌려준다.
㉣ 염장고등어, 염장멸치, 염장명태알, 캐비어, 염장미역 등이 있다.
㉤ 장점
ⓐ 설비가 간단하다.
ⓑ 식염의 침투가 빨라 초기부터 부패가 줄어든다.

ⓒ 포화 염수 상태로 탈수효과가 크다.
ⓓ 염장이 잘못되었을 때 부분적으로 피해를 그치게 할 수 있다.
ⓑ 단점
ⓐ 식염 침투가 불균일하다.
ⓑ 탈수가 강하여 제품 외관이 불량하고 수율이 낮다.
ⓒ 지방 함량이 높은 어류는 어체가 공기와 접촉하게 되므로 지방이 산화되기 쉽다.
② 습염법(물간법)
㉠ 식염을 녹인 염수에 원료를 담가 염장하는 방법
㉡ 소금이 침투됨에 따라 원료에서 수분이 탈수되므로 염수의 농도는 묽어진다.
㉢ 염수의 농도를 일정하게 유지하기 위하여 식염을 수시로 보충하고 염수를 교반하여야 한다.
㉣ 육상에서의 염장과 소형어 염장에 주로 이용한다.
㉤ 장점
ⓐ 식염의 침투가 균일하다.
ⓑ 원료와 공기의 접촉이 없어 산화가 적다.
ⓒ 과도한 탈수가 없어 외관, 풍미, 수율이 좋다.
ⓓ 제품의 짠맛을 조절할 수 있다.
㉥ 단점
ⓐ 식염의 침투 속도가 느리다.
ⓑ 식염의 양이 많이 필요하다.
ⓒ 염장 중 소금의 보충이 필요하고 자주 교반해야 한다.
ⓓ 마른건법에 비해 탈수효과가 적고 어체가 무르다.

〈마른간법과 물간법의 비교〉

구분	마른간법	물간법
식염 침투 속도	빠르다	완만하다
초기 부패	적다	많다
염장이 잘못되었을 때 손실	일부	전체
어육 중 영양 성분 유실	적다	많다
식염 침투의 균일성	불균일하다	균일하다
탈수 정도	많다	적절하다
수율	낮다	높다
지방의 산화	많다	적다
짠맛의 조절	불가능하다	가능하다

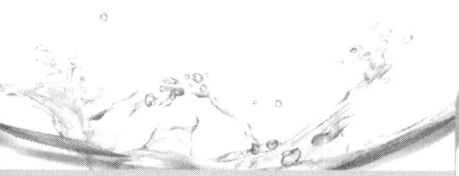

③ 개량습염법(개량물간법)
  ㉠ 건염법과 습염법의 단점을 보완한 개량 염장방법이다.
  ㉡ 마른간을 한 다음 누름돌을 얹어 가압하여 어체로부터 스며 나온 수분이 포화식염수가 되어 결과적으로 물간이 되도록 하는 방법이다.
  ㉢ 염장초기 부패 우려가 적다.
  ㉣ 소금의 침투가 균일하다.
  ㉤ 제품의 외관과 수율이 양호하다.
  ㉥ 지방 산화를 억제할 수 있고 변색을 방지할 수 있다.
④ 개량건염법(개량마른간법)
  ㉠ 물간으로 수산물의 표면에 부착된 세균 및 점질물 등을 제거한 후 마른간으로 염장 효과를 높이는 방법이다.
  ㉡ 기온이 높은 계절 또는 선도가 불량한 수산물의 염장에 사용한다.

(2) 특수법
  ① 변압염장법
    ㉠ 감압으로 식품 조직 내 기체를 제거하고 염수를 주입하여 물간 후 식염의 침투를 용이하게 한 염장방법이다.
    ㉡ 염장 시간은 단축할 수 있으나 경비가 많이 든다.
  ② 염수주사법
    ㉠ 대형 어육에 주사기로 염수를 주사한 후 일반 염장법으로 염장하는 방법이다.
    ㉡ 염장 시간의 단축과 경비가 적게 든다는 장점이 있다.
  ③ 압착염장법
    ㉠ 마른간 후 물간을 하여 식염의 침투를 완료시키고 염수에서 건져 가압하여 과잉 염수를 수분과 함께 압출시키는 방법이다.
    ㉡ 염도의 조절로 풍미를 개선할 수 있다.
    ㉢ 대량 생산에는 부적절하다.
  ④ 가온염장법
    ㉠ 염지액을 가온하여 온도를 항상 50℃가 되도록 하는 염장방법이다.
    ㉡ 주로 축육에 이용하여 축육의 자가소화를 촉진시켜 풍미, 연도 등을 개선하는 장점이 있다.

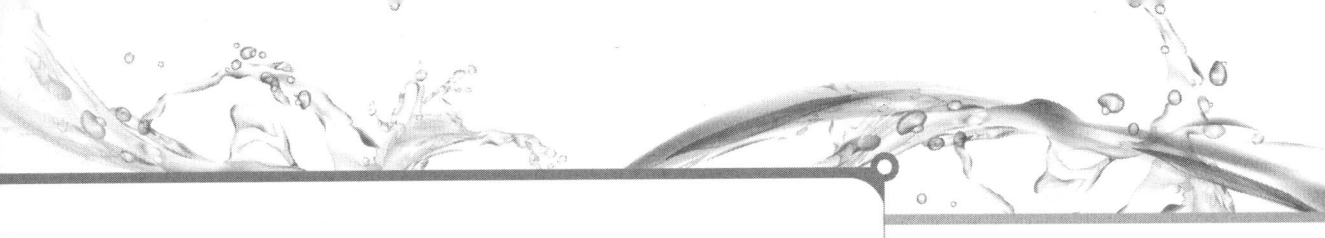

　　　ⓒ 단점은 관리를 잘못하게 되는 경우 변패의 위험이 있다.
　⑤ 맛사지법
　　ⓐ 비교적 대형의 원료를 massage 또는 tumbler에서 교반하여 염지액의 침투, 염용성 단백질의 추출, 원료의 조직 파괴를 촉진하여 염장 시간 단축 및 결착성을 향상시킬 수 있다.

(3) 염장 중 소금의 침투에 영향을 미치는 요인
　① 식염량이 많을수록 침투속도는 빠르다.
　② 식염에 Ca염 및 Mg염이 존재하면 침투를 저해한다.
　③ 어체에 지방함량이 높으면 침투를 저해한다.
　④ 염장온도가 높을수록 침투속도는 빠르다.
　⑤ 염장방법에 따라 초기 침투속도는 마른간법＞개량물간법＞물간법 순이고 18%이상의 식염수에 염장하는 경우 물간법＞마른간법 순이다.

3) 염장품의 가공

(1) 종류로는 염장고등어, 염장조기, 염장대구, 염장연어알, 캐비어, 염장해파리, 염장미역 등이 있다.
(2) 과거 저장기술이 발달하지 못한 시기 우리나라 내륙지방에서 발달된 수산물의 가공 방법 중 하나이다.
(3) 대표적인 염장품은 염장고등어로 간고등어, 자반고등어로 불리며 어체 처리방법에 따라 배가르기와 등가르기로 나눈다.

4) 염장품의 가공 및 저장 중 품질변화

(1) 염장 중의 변화
　① 식염의 침투
　　ⓐ 염장 중 식염의 침투는 확산 및 삼투에 의하여 이루어진다.
　　ⓑ 식염의 침투는 탈수를 유도한다.
　　ⓒ 탈수는 어체의 염분과 식염수의 농도가 평형을 이룰 때까지 계속된다.
　② 수분함량의 변화
　　ⓐ 염장어의 수분함량은 염장 조건에 따라 달라진다.
　　ⓑ 마른간은 수분을 일방적으로 감소시키며 사용되는 식염

량이 많아질수록 탈수량도 많아진다.
    ㉢ 물간에 있어 10% 이상의 식염수를 사용하면 농도가 높을수록 탈수는 빠르게 진행되고 탈수량도 많아지나 10% 이하의 식염수를 이용한 물간은 염장 전보다 어육 중 수분이 오히려 증가한다.
  ③ 무게의 변화
    ㉠ 염장은 식염의 침투에 따른 수분함량의 변화와 육성분 일부가 유출되며 무게가 변화된다.
    ㉡ 마른간에 있어 식염 사용량이 많아질수록 탈수량도 많아져 무게의 감소가 크다.
    ㉢ 물간은 식염수의 농도가 높을수록 탈수량이 많아지지만 10% 이하의 식염수를 사용하면 수분량은 오히려 증가하여 제품 무게가 증가한다.
(2) 저장 중의 변화
  ① 지방의 산화
    ㉠ 염장어의 저장 중 지방의 산화에 의한 산패와 유지의 산화 변색으로 불쾌한 자극성 냄새와 떫은 맛 및 복부의 황갈색의 변화가 나타난다.
    ㉡ 이러한 변화는 외관 저하, 영양 저하, 풍미의 저하를 가져온다.
    ㉢ 염장 시 항산화제의 사용은 이러한 지방의 산화를 방지할 수 있다.
  ② 자가소화
    ㉠ 식염의 농도가 높아질수록 자가소화는 억제되지만 식염 농도가 포화 상태에 달하여도 완전히 정지하지는 않는다.
    ㉡ 자가소화는 저온에서는 천천히 진행되며 온도가 높아질수록 속도가 빨라지므로 염장품은 저온에 저장하는 것이 바람직하다.
    ㉢ 염장 시 여러 효소를 많이 함유하고 있는 내장의 제거는 자가소화를 억제하는데 도움이 된다.
  ③ 부패
    ㉠ 염장어는 어육 중에 식염의 농도가 높고 저장 온도가 낮으면 주로 자가소화만 일어나지만 저장 온도가 높고 식염의 농도가 낮으면 부패가 일어난다.

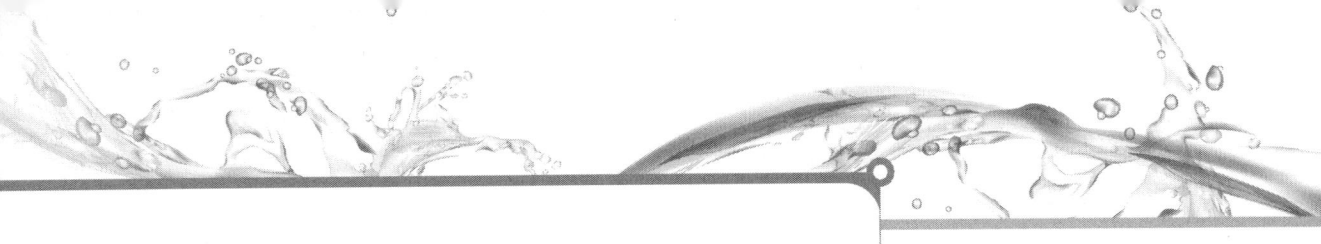

　　ⓒ 어육 중 식염 농도가 20% 이상 시 상온에서 부패의 염려가 적고 식염량이 같은 경우 수분함량이 적은 쪽이 저장성이 좋아진다.
　　ⓒ 부패를 줄이기 위해서는 식염량을 늘려 탈수율을 높이고 어육에 식염을 잘 침투시켜 저온에 저장하는 것이 좋다.
　④ 곰팡이에 의한 변질
　　㉠ 곰팡이는 세균이 발육이 힘든 낮은 수분활성도에서도 생육이 가능하여 염장품에서도 발생하는 경우가 있다.
　　ⓒ 곰팡이는 호기성이므로 염장품의 표면이 공기와 접촉하는 경우 발생하기 쉽다.
　　ⓒ 곰팡이의 발생 시 색소에 의해 염장품에 흰색, 흑색, 적색 또는 자색의 반점과 함께 냄새가 나서 상품성이 낮아진다.
　　㉣ 곰팡이의 발생은 저온저장으로 방지 할 수 있다.
　⑤ 적변
　　㉠ 염장어는 여름철 고온 다습한 경우 색깔이 적색으로 변할 수 있다.
　　ⓒ 적변의 원인은 호염성 색소형성세균이 식염 속에서 발육하기 때문이다.
　　ⓒ 연어, 송어, 대구 등의 염장품에서 발생하며 염장 대구의 피해가 특히 크다.
　　㉣ 호염성 세균에 의한 변색 방지는 염장품을 식염수에 잠긴 상태로 저장하거나 진공포장 또는 저온저장 한다.
　⑥ 염장품의 저장성
　　㉠ 염장 시 식염량이 많을수록 식염의 침투속도 및 침투량이 많아져 저장에 유리하다.
　　ⓒ 지방함량이 적은 어종은 식염의 침투가 빠르고 지방함량이 많은 어종과 대형어는 식염의 침투속도가 느리므로 저온에서 염장하여 초기 부패가 생기지 않도록 하여야 한다.
　　ⓒ 아가미 및 내장을 제거하지 않은 경우 부패하기 쉬우므로 식염량을 늘리고 저온에서 염장하는 것이 좋다.

④ 발효식품(젓갈)

1) 발효식품의 가공원리

(1) 개요
① 젓갈은 어패류의 육, 내장, 및 생식소 등에 식염을 넣어 부패를 억제하면서 숙성 시킨 것이다.
② 젓갈은 식염을 첨가하여 저장성을 부여하면서 독특한 풍미를 갖게 하는 우리 고유의 전통 수산발효식품이다.

(2) 가공원리
① 식염을 가하여 부패를 억제하면서 자가소화와 미생물 작용으로 원료를 적당히 분해 숙성시킨다.
② 식염에 의한 부패 억제는 일반 염장품과 같다.
③ 염장품은 육질의 분해를 억제하나 젓갈은 독특한 풍미를 위해 육질의 분해를 의도적으로 시도한다.
④ 젓갈은 당, 단백질, 지질 등의 분해물질이 어우러져 감칠 맛이 진해 직접 섭취 또는 조미료로 많이 이용된다.

2) 발효식품의 종류

(1) 원료에 따른 분류
① 육젓(근육)
  ㉠ 어류: 고등어젓, 갈치젓, 까나리젓, 멸치젓, 밴댕이젓, 전어젓, 자리젓, 준치젓 등
  ㉡ 갑각류: 게젓, 새우젓 등
  ㉢ 연체류: 꼴뚜기젓, 낙지젓, 오징어젓 등
  ㉣ 패류: 굴젓, 바지락젓, 소라젓, 어리굴젓, 대합젓 등
② 내장, 아가미
  갈치속젓, 대구아가미젓, 전복내장젓, 창란젓, 해삼창자젓 등
③ 생식소
  게알젓, 대구알젓, 명란젓, 성개알젓, 숭어알젓, 연어알젓 등

(2) 가공방법에 따른 분류
① 육젓
  ㉠ 어패류의 원형을 유지
  ㉡ 어패류에 식염만을 사용하여 2~3개월 상온 발효시켜 만든 발효 젓갈

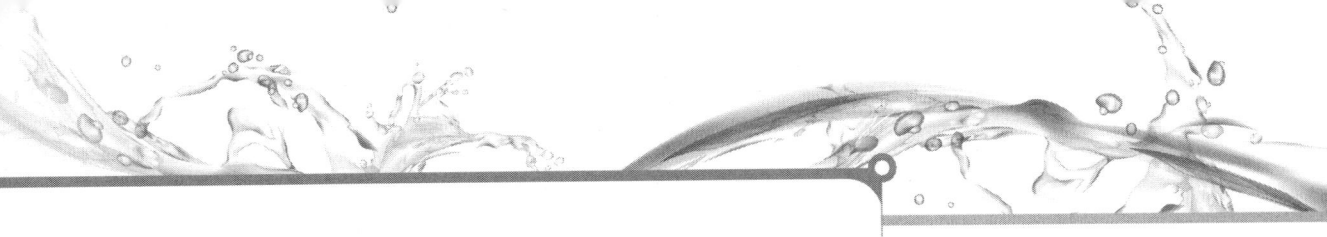

② 액젓
- ㉠ 어패류의 원형이 유지되지 않는 젓갈
- ㉡ 발효기간을 길게하여 더욱 분해시켜 만든다.
- ㉢ 멸치액젓, 까나리액젓 등이 대표적이다.

(3) 전통젓갈과 저염젓갈
① 전통젓갈
- ㉠ 어패류에 식염을 20% 이상을 넣어 부패를 방지하면서 자가소화 등을 활용하여 숙성시킨 것
- ㉡ 식염의 함량이 높아 장염 비브리오균 등이 생육할 수 없어 식중독 위험이 적다.
- ㉢ 식염의 농도는 약 10~20%
- ㉣ 숙성기간은 약 10~20일 정도로 저염젓갈에 비해 길다.
- ㉤ 자가소화 등을 활용하여 감칠맛 등을 생성한다.
- ㉥ 식염에 의해 부패를 방지한다.
- ㉦ 상온 저장이 가능하며 보존성이 높다.
- ㉧ 보존식품이다.

② 저염젓갈
- ㉠ 식염의 농도를 7% 이하로 하여 단기간 숙성시킨 것
- ㉡ 식염의 농도가 낮아 장염비브리오균 등의 증식으로 식중독 위험이 있다.
- ㉢ 식염의 농도는 약 4~7% 정도이다.
- ㉣ 숙성기간이 0~3일 정도로 짧다.
- ㉤ 조미료 등을 사용하여 감칠맛을 부여한다.
- ㉥ 보존제, 수분활성도의 조절 등을 이용하여 보존한다.
- ㉦ 보존성이 낮아 냉장 보관하여야 한다.
- ㉧ 에탄올, 솔비톨, 젖산 등을 첨가하여 부패를 억제한다.
- ㉨ 기호식품이다.

❺ 연제품

1) 연제품의 가공원리

(1) 개요
① 소량의 식염을 가하여 고기갈이를 한 육에 부원료를 첨가

하여 맛과 향을 낸 후 가열하여 겔(gel)화 시킨 제품이다.
② 원료의 사용범위가 넓다.
③ 어떤 소재라도 배합이 가능하다.
④ 맛의 조절이 자유롭다.
⑤ 외관과 향미 및 물성이 어육과는 다르고 바로 섭취가 가능하다.
⑥ 게맛 어묵이 대표적이다.

(2) 가공원리

어육에 2~3% 식염을 가한 후 고기갈이를 하여 어육 중의 염용성 단백질인 actomyosin을 용출하여 가열하여 그물모양의 엉킨 상태가 되도록하여 탄력있는 겔로 만든다.

2) 연제품의 원료

(1) 원료에 따른 겔 형성
① 어종에 따라 온수성〉냉수성, 백색육〉적색육
② 선도에 따라 양호〉불량

(2) 원료의 특성 및 주요어장
① 냉수성 어종
㉠ 명태
ⓐ 주요어장은 북태평양과 알래스카 베링해이다.
ⓑ 연재품 최대 원료로 감칠맛은 없다.
ⓒ 선도가 좋을 경우 탄력이 강하다.
ⓓ 자연응고 및 되풀림이 쉽다.
ⓔ 포름알데히드 생성으로 단백질 동결 변성이 쉽다.
㉡ 대구
ⓐ 북반구 한랭지역에 서식하며 주요어장은 북태평양이다.
ⓑ 단백질 분해효소의 활성이 강해 겔 강도가 약하다.
ⓒ 명태에 비하여 백색도는 떨어지지만 감칠맛이 있다.
ⓓ 자연 응고 및 되풀림이 쉽다.
㉢ 임연수어
ⓐ 주요어장은 일본 홋카이도 등 북태평양이다.
ⓑ 겔 형성능이 크고 자연 응고가 어렵다.
ⓒ 감칠맛이 있다.

ⓓ 구운 어묵, 튀김 어묵에 이용된다.
② 온수성 어종
  ㉠ 실꼬리돔
    ⓐ 주요어장은 태국, 베트남 등 동남아시아이다.
    ⓑ 육색이 희고 감칠맛이 풍부하다.
    ⓒ 겔 형성능이 좋다.
    ⓓ 명태 대체어종으로 이용된다.
    ⓔ 고온 및 저온에서 자연 응고와 되풀림이 쉽다.
    ⓕ 60℃ 부근에서 극단적으로 탄력이 저하된다.
  ㉡ 조기류
    ⓐ 주요어장은 중국, 한국, 베트남, 인도해역이다.
    ⓑ 탄력이 강한 고급 어묵용 원료로 이용된다.
    ⓒ 자연 응고가 약간 쉽고 되풀림이 극히 쉽다.
    ⓓ 황조기와 백조기가 주 어종이다.
  ㉢ 매퉁이
    ⓐ 주요어장은 태국, 베트남, 인도, 중국 남부해역이다.
    ⓑ 육색이 대단히 희고 감칠맛이 강하다.
    ⓒ 40~50℃의 고온 자연 응고 시 겔 강도가 강하다.
    ⓓ 선도 저하 시 되풀림이 쉽다.
    ⓔ 포름알데히드 생성으로 단백질의 동결 변성이 쉽다.

3) 연제품의 종류

(1) 형태에 따른 분류
  ① 판붙이 어묵
    작은 판에 연육을 붙여 찐 제품을 말한다.
  ② 부들 어묵
    꼬치에 연육을 발라 구운 제품을 말한다.
  ③ 포장 어묵
    플라스틱 필름을 이용하여 포장 및 밀봉하여 가열한 제품을 말한다.
  ④ 어단
    공 모양으로 성형하여 기름에 튀긴 제품을 말한다.
  ⑤ 기타
    집게 다리, 바닷가재, 새우 등의 틀에 넣어 가열한 제품 및

다시마 같은 것으로 말아서 만든 제품이 있다.
(2) 가열 방법에 따른 분류
① 찐 어묵
  소량의 식염과 어육을 함께 갈아 나무판에 붙여 수증기로 찐 제품이다.
② 구운 어묵
  꼬챙이에 고기갈이 한 어육을 발라 구운 제품이다.
③ 튀김 어묵
  고기갈이 한 어육을 일정모양으로 만들어 기름을 이용해 튀긴 제품이다.
④ 게맛 어묵
  동결 연육을 이용해 게살, 새우살, 및 바닷가재살의 풍미와 조직감을 가지도록 만든 제품이다.

4) 연제품 겔 형성에 영향을 미치는 요인

(1) 어종 및 선도
① 경골어류, 해수어, 백색육, 온수성 어종이 겔 형성력이 좋다.
② 냉수성 어류의 단백질에 비해 온수성 어류의 단백질이 더 안정하다.
③ 선도가 좋을수록 겔 형성능이 좋다.
(2) 수세
① 어육 내 지질 및 수용성 단백질은 겔 형성을 방해하므로 수세로 제거하는 것이 좋다.
② 수세는 지질 및 수용성 단백질 등을 제거하여 색이 좋아지게 한다.
③ 수세로 근원섬유 단백질이 농축되므로 겔 형성력이 좋아져 탄력이 좋은 제품을 얻을 수 있다.
(3) 식염의 농도
  식염을 고기갈이 때 첨가하면 근원섬유 단백질의 용출을 도와 겔 형성에 도움이 되며 맛을 좋게 한다.
(4) 고기갈이 온도와 육의 pH
① 0~10℃에서 단백질 변성이 적으므로 10℃ 이하에서 고기갈이를 한다.
② 고기갈이 어육의 pH는 6.5~7.5에서 겔 형성이 가장 강하다.

(5) 가열
　① 가열 시 온도가 높고 속도가 빠를수록 겔 형성이 강하다.
　② 가열은 급속 가열이 좋다.
　③ 저온에서 장시간 가열 시 탄력이 약한 제품이 생산된다.
(6) 첨가물
　① 조미료, 증량제, 탄력보강제, 광택제 등이 첨가물로 사용된다.
　② 조미료는 설탕, 소금, 물엿, 글루탐산나트륨 등이 사용된다.
　③ 탄력의 보강 및 광택을 목적으로 달걀흰자가 사용된다.
　④ 지방은 맛의 개선 또는 증량을 목적으로 사용된다.
　⑤ 녹말은 감자 녹말, 고구마 녹말, 옥수수 녹말 등이 탄력보강제 및 증량제로 사용된다.

5) 연제품의 품질변화

(1) 포장에 따른 저장성
　① 무포장 또는 간이포장
　　㉠ 2차 오염에 의해 표면에서부터 변질이 시작된다.
　　㉡ 상온에서 유통기간이 매우 제한적이다.
　② 진공포장
　　㉠ 대부분 Bacillus속 균에 의해 변실된다.
　　㉡ 10℃ 이하에서 유통 시 1개월 정도 저장성을 갖는다.
　　㉢ 저장 온도가 높아지면 표면에 기포, 점질물의 생성, 반점의 생성, 연화 및 산패 등이 일어난다.
(2) 변질 방지
　① 가열 직후 남아있는 세균의 수를 최대한 줄인다.
　② 2차 오염의 기회를 차단한다.
　③ 1~5℃의 저온 저장으로 세균의 증식을 억제한다.
　④ 중심온도 75℃ 이상 가열로 세균 사멸
　⑤ 소르브산 또는 소르브산 칼슘 등 보존료를 사용하고 포장 등의 방법을 이용하여 변질을 방지한다.

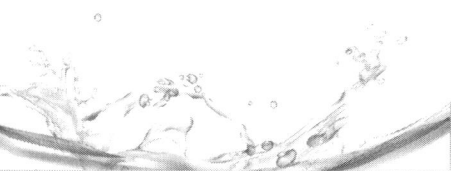

❻ 조미가공품

1) 조미가공품의 가공원리

(1) 수산물을 조미하여 자숙, 건조, 배소(불에 쬐어 익힘) 및 발효시켜 저장성과 풍미를 가지도록 한 제품
(2) 자숙, 배소 등의 고온 가열로 미생물을 사멸시키고 조미성분 중 당이나 식염에 의하여 수분활성도를 저하시킴으로 저장성이 부여된다.

2) 조미가공품의 종류

(1) 조미 자숙품
  ① 개요
    ㉠ 수산물을 간장과 설탕을 주 재료로 한 진한 조미액으로 고온으로 장시간 자숙하여 조미와 함께 보존성을 부여한 제품
    ㉡ 특별한 설비가 필요하지 않다.
    ㉢ 원료를 그대로 이용할 수 있다.
    ㉣ 휴대가 간편하고 바로 섭취가 가능하다.
  ② 조미액
    간장, 설탕, 물엿, 화학조미료 등을 배합한 진한 것을 사용하고 광택과 점성을 위해 한천, 젤라틴, 녹말 등을 더하기도 한다.
  ③ 제조방법
    ㉠ 자숙법
      ⓐ 솥에 조미액을 끓여 놓고 원료를 넣어 조미액이 원료에 침투할 때까지 자숙한 후 건져 올리는 방법
      ⓑ 새우, 바지락 등과 같이 모양이 부서지기 쉬운 원료에 이용한다.
    ㉡ 조림법: 조미액을 원료가 전부 흡수할 수 있을 정도로 넣고 원료에 조미액이 모두 흡수될 때까지 조리하는 방법
  ④ 종류는 오징어 조미자숙품, 까나리 조미자숙품, 다시마 조미자숙품 등이 있다.
(2) 조미 건제품

① 개요
  소형의 어패류를 조미액에 침지 후 건조하여 조미와 보존성을 부여한 제품
② 종류
  ⓐ 꽃포류: 생원료를 조미액에 침지한 후 건조한 제품
  ⓑ 조미 배건품: 배건한 원료를 조미액에 침지한 후 건조한 제품

(3) 조미구이 제품
  ① 개요
    원료에 조미액을 바른 후 숯불, 적외선 등의 배소기로 구워 만든 제품
  ② 종류
    뱀장어 조미구이, 방어조미구이 등이 있다.

(4) 발효 조미품
  ① 개요
    어패류를 염장 후 쌀겨, 간장, 식초, 된장, 누룩 등에 담금하여 독특한 풍미가 나게 한 일종의 저장 식품이다.
  ② 종류
    쌀겨 절임제품과 식초 절임제품 등이 있다.

3) 조미제품의 저장 중 품질변화

(1) 조미제품의 저장성
  ① 조미액이 침투되어 있고 건조 또는 가열로 농축되어 있어 어느 정도 저장성을 가지고 있다.
  ② 식초 담금의 경우 아세트산(acetic acid) 농도가 1% 이상일 경우 1~3일 본담금을 하면 부패균이나 병원균은 모두 사멸한다.
  ③ 조미조림품은 조미액과 같이 가열하면 미생물은 살균되고 수분함량이 낮아지며 소금 농도가 높아져 미생물의 증식이 억제된다.

(2) 조미제품의 품질변화
  ① 조미제품을 장기 저장하는 동안 세균의 오염 또는 곰팡이의 번식은 방치 시 문제가 된다.
  ② 공기 중 상대습도가 90% 이상이면 제품의 수분함량이 높

아져 미생물 번식의 원인이 된다.
③ 조미제품의 장기 저장은 방습용 포장재를 이용하고 저온에 저장하는 것이 효과적이다.

⑦ 해조류가공품

1) 해조류가공품의 개요

(1) 해조류의 가공은 크게 해조 자체를 이용하는 것과 해조류에 함유된 특수 성분을 추출하여 이용하는 두 가지로 나눌 수 있다.
  ① 해조 자체 이용은 마른 김, 마른 미역, 마른 다시마 등이 있다.
  ② 한천, 알긴산, 카라기난 등은 해조류에 함유된 특수 성분을 추출 및 분리하여 이용하는 경우이다.

(2) 해조류의 이용
  ① 최근 해조류를 식량 자원으로 재평가하려는 것이 세계적인 추세이다.
  ② 건강보조식품, 생리활성 물질의 공급원으로 이용이 늘고 있다.

2) 해조류가공품의 종류

(1) 김
  ① 마른 김 가공
    ㉠ 제조 공정: 원초 채취 → 절단 → 수세 → 초제 → 탈수 → 건조 → 결속 → 열처리 → 포장
    ㉡ 세척: 채취기로 원초를 채취하여 세척탱크 내에서 교반하여 세척한다.
    ㉢ 탈수 및 건조: 세척한 원초를 찬물에 풀어 잘 섞고 김 되로 떠서 탈수하여 건조한다.
    ㉣ 결속: 건조된 김을 발에서 떼어 낸 후 협잡물, 잡태 등의 이물질을 제거하고 10장을 한 첩으로 접고 10첩을 한 속으로 결속한다.
    ㉤ 열처리: 마른 김을 열처리하여 김의 수분을 낮추면 장

기 저장할 수 있다.
　　ⓑ 포장: 열처리 후 포장상자에 방습지를 깔고 김을 넣은 후 밀봉하여 포장한다.
　② 조미김
　　㉠ 개요: 마른 김을 조미 후 건조한 제품
　　㉡ 식용유 등 조미액을 발라 구운 후 절단하고 방습제를 넣어 밀봉, 포장한다.
　　㉢ 저장 또는 유통 중 지방의 산화로 품질에 영향을 미칠 수 있다.

(2) 마른 미역
　① 종류
　　㉠ 소건미역: 채취한 미역을 깨끗하게 세척한 후 건조한 미역
　　㉡ 화건미역: 생미역에 초목을 태운 재를 섞어서 건조한 미역
　　㉢ 염장 데친 미역: 끓는 물로 미역을 데쳐서 효소를 불활성화 시킨 후 소금으로 염장한 미역
　　㉣ 염장 썬 미역: 염장 미역을 세척 한 후 절단기로 4~5cm 크기로 절단한 후 포장한 미역
　　㉤ 실 미역. 염장된 미역의 잎만 선별하여 세척한 후 건조시켜 포장한 미역
　② 염장미역의 가공
　　㉠ 채취한 미역을 3~4% 식염수를 끓여 30~60초 정도 데친 후 찬물로 냉각 후 탈수 한다.
　　㉡ 탈수된 미역에 마른간법으로 식염을 뿌린 후 염지탱크에 넣어두면 수분이 베어나와 물간형태로 된다.
　　㉢ 충분히 염장된 미역은 탈수 후 줄기, 변색 또는 파손된 잎 등을 제거하고 다시 식염을 혼합하여 제조한다.
　③ 마른 썬 미역의 가공
　　㉠ 원료는 염장미역을 사용한다.
　　㉡ 염장미역을 수세로 과잉된 염분을 낮추고 압착기로 탈수한다.
　　㉢ 탈수된 미역에서 불량을 제거한 후 일정 크기로 절단하여 건조한다.

ㄹ. 건조된 미역은 이물질을 제거한 후 포장한다.

(3) 한천

① 원료
ㄱ. 원료로 홍조류가 이용되며 대표적인 것으로 우뭇가사리와 꼬시래기가 있다.
ㄴ. 해조류를 열수로 추출하여 얻은 액을 냉각하여 생기는 우무를 동결, 탈수, 건조한 것이다.
ㄷ. 우뭇가사리 등에 세포벽에 있는 다당류를 이용한다.
ㄹ. 전 세계적으로 꼬시래기가 가장 많이 사용된다.

② 제조 방법
ㄱ. 자연 한천 제조법
ⓐ 겨울철 일교차를 이용하여 동결과 해동을 반복하는 동건법으로 제조하는 방법이다.
ⓑ 자연 한천은 건조장의 조건이 중요한 요인이다.
ⓒ 밤의 최저온도가 -5~-10℃ 낮의 최고 온도가 5~10℃ 정도에 날씨가 맑고 바람이 적은 곳이 적당하다.
ⓓ 별도의 전처리 없이 상압에서 끓는 물로 장시간 자숙 후 추출한다.
ⓔ 추출한 한천의 성분을 여과 후 응고시켜 만든 우무를 일정 크기로 전단해 동건한다.
ⓖ 제조과정: 원료(우뭇가사리) → 수침 → 수세 → 자숙 및 추출 → 여과 → 절단 → 동결건조

ㄴ. 공업 한천 제조법
ⓐ 냉동기를 이용하여 동결하므로 자연 조건의 영향을 받지 않고 연중 생산이 가능하다.
ⓑ 탈수법은 동결탈수법과 압착탈수법이 있다.
ⓒ 우뭇가사리는 동결탈수법을 이용하고 꼬시래기는 압착탈수법을 이용하여 생산한다.
ⓓ 꼬시래기는 알칼리 전처리를 해야 품질이 좋은 한천을 생산할 수 있다.

③ 한천의 성질
ㄱ. 중성 다당류인 아가로스(agarose) 70~80%와 산성 다당류인 아가로펙틴(agaropectin) 20~30%로 구성된 혼합물이다.

ⓛ 응고력, 보수성, 점탄성이 강하다.
　　　ⓒ 사람의 소화 효소 및 미생물에 의해 분해되지 않는다.
　　　ⓔ 응고력이 강할수록 아가로스의 함유량이 많다.
　　　ⓜ 저온에서는 녹지 않지만 80℃ 이상 뜨거운 물에는 잘 녹는다.
　④ 용도
　　　㉠ 식품가공용
　　　　ⓐ 우무 요리, 일본 요리, 중국 요리 등에 용리용으로 이용
　　　　ⓑ 양갱, 젤리, 잼 등의 제과용으로 이용
　　　　ⓒ 아이스크림, 요구르트의 안정제 등의 유제품용으로 이용
　　　　ⓓ 맥주, 청주, 포도주, 식초 등의 정정제로 이용
　　　　ⓔ 저칼로리의 건강식품으로 이용
　　　㉡ 정장제, 외과 붕대, 치과 인상제, 변비예방치료제 등의 의약품으로 이용한다.
　　　㉢ 치약, 로션, 샴푸 등 공업용으로 이용
　　　㉣ 미생물의 배지, 조직 배양용, 겔 여과제, 분석 시약용으로 이용되기도 한다.

(4) 알긴산(alginic acid)
　① 원료
　　　㉠ 갈조류의 점질성 다당류이다.
　　　㉡ 갈조류 중 미역, 감태, 다시마, 톳 등이 이용된다.
　② 제조 방법
　　　㉠ 제조과정: 원료 → 전처리 → 추출 → 여과 → 표백 → 응고 → 탈수 → 중화 → 건조 → 분쇄 → 포장
　　　㉡ 전처리: 원료 중 알긴산 외의 성분을 제거하는 동시에 추출을 용이하게 하며 방법으로는 원료를 묽은 알칼리 용액과 묽은 산 용액에 처리하는 방법이 있다.
　　　㉢ 추출: 전처리 과정을 거친 원료를 탄산나트륨 또는 수산화나트륨 등 알칼리 용액으로 가온 처리하여 알긴산을 알긴산나트륨으로 바꾸어 용출시킨다.
　　　㉣ 여과: 추출액에 섞인 섬유질 찌꺼기를 제거한다.
　　　㉤ 표백 및 응고: 여과 후 차아황산나트륨($Na_2S_2O_4$) 용액을

가하여 표백한 후 묽은 황산으로 알긴산을 응고시킨다.
③ 알긴산의 성질
  ㉠ 만누론산(mannuronic acid)과 글루론산(guluronic acid)으로 구성된 고분자 산성 다당류이다.
  ㉡ 물에 녹지 않는다.
  ㉢ 칼슘 등 2가 금속 이온과 결합하면 겔을 만드는 성질이 있다.
  ㉣ 콜레스테롤, 중금속, 방사선 물질 등을 몸 밖으로 배출하며 장의 활동을 활발하게 하는 기능이 있다.
  ㉤ 점성, 겔 형성력, 막 형성력, 유화 안정성 등의 성질이 있다.
④ 알긴산의 용도
  ㉠ 쥬스류 점도증강제, 아이스크림 안정제, 양조 등 식품산업용으로 이용된다.
  ㉡ 인쇄용지 광택제, 용수 응집제, 직물용 호료(糊料) 등의 공업용으로 이용된다.
  ㉢ 로션, 크림 등의 점도증강제로 화장품에 이용된다.
  ㉣ 물의 정수제, 방사능물질의 제거 기능 등에 이용된다.

(5) 카라기난
① 원료
  ㉠ 진두발, 돌가사리, 카파피쿠스 알바레지 등 홍조류의 산성 점질 다당류이다.
  ㉡ 우리나라에서는 원료의 대부분을 동남아, 남미에서의 수입하고 있다.
② 제조 방법
  ㉠ 제조과정: 원료 → 수세 → 추출 → 여과 → 알코올 탈수 → 건조 → 분쇄 → 포장
  ㉡ 수세 및 추출: 수세로 불순물을 제거하고 자숙하여 카라기난을 추출한다.
  ㉢ 여과: 열수를 가하여 점도를 낮추어 여과 후 원심 분리기로 정제한다.
  ㉣ 알코올 탈수: 메틸알코올을 가하여 다시 탈수 정제한 후 알코올을 제거하고 건조하여 분쇄한다.
③ 카라기난의 성질

㉠ 한천에 비해 응고력은 약하나 점성이 매우 크고 투명한 겔 형성을 한다.
㉡ 단백질과 결합하여 단백질 겔을 형성한다.
㉢ 70℃ 이상의 물에 완전히 용해된다.
㉣ 결착성, 겔 형성력, 점성, 유화 안정성, 현탁 분산성 등의 기능이 있다.

④ 용도
㉠ 육가공, 연제품 등의 식품산업용으로 사용
㉡ 수산 냉동품의 글레이즈제로 이용
㉢ 아이스크림 안정제, 초콜릿 우유의 침전방지제, 식빵의 조직 개량제 및 보수제 등에 이용된다.
㉣ 화장품 및 치약의 점도 증가제로 이용된다.

⑧ 통조림

1) 통조림의 가공원리

(1) 개요
① 원료를 용기에 담고 공기를 제거하여 밀봉한 후 가열 살균하여 상온에서도 변질되지 않고 장기간 보존할 수 있도록 만든 제품이다.
② 원료를 금속용기에 넣고 밀봉하였더라도 가열 살균 처리하지 않은 제품은 통조림으로 보지 않는다.
③ 초기 용기로 유리병을 사용하다 현재는 금속 용기가 주로 이용되고 있다.
④ 참치, 꽁치, 골뱅이, 굴 통조림 등이 대표적인 수산물 통조림이다.

(2) 가공원리
① 저장성이 없는 원료를 전처리하여 밀봉기에서 탈기 후 뚜껑을 봉하는 밀봉공정을 동시에 마친 다음 레토르트 내에서 살균처리하고 급냉 공정을 처리하여 상온에서 유통이 가능하도록 한 제품을 말한다.
② 탈기, 밀봉, 살균, 냉각 공정을 통조림의 장기저장을 가능하게 하는 핵심 4대 공정이다.

(3) 장점
  ① 밀봉 후 가열 살균하므로 장기 보존할 수 있다.
  ② 살균으로 세균의 대부분이 사멸하기 때문에 식중독으로부터 안전한 식품이다.
  ③ 고온 가열로 별도의 조리 과정 없이 바로 섭취가 가능한 간편식품이다.
  ④ 가볍고 깨질 우려가 없으며 휴대가 간편하다.
(4) 단점
  ① 내용물의 직접적인 확인이 불가능하다.
  ② 원료에 따른 제품의 맛에 차이가 없다.

2) 통조림의 일반적 제조 공정

(1) 전처리
  ① 원료의 반입 및 선별
    반입된 원료는 신속히 크기, 선도, 상처 등에 따라 선별한다.
  ② 원료처리
    지느러미, 머리, 내장 등을 제거한다.
  ③ 수세 및 탈수
    어체의 표면 및 내장 주변의 오염물을 제거하고 탈수한다. 이때 수세수의 오염 및 온도 상승에 유의해야 한다.
  ④ 절단
    어체의 중심선에서 직각으로 절단한다.
  ⑤ 혈액제거
    curd(어체 표면에 부착되는 두부 모양의 응고물)의 생성을 방지하는 공정이나 선도저하 우려 또는 기온이 높은 경우에는 생략한다.
  ⑥ 염지
    ㉠ 10~15% 식염수에 20~30분간 침지한다.
    ㉡ 어피의 탈피 방지
    ㉢ 육조직의 수축
    ㉣ 염미 부여
    ㉤ 혈액 제거
    ㉥ 색택 향상
    ㉦ curd 생성 방지를 목적으로 한다.

〈통조림의 장점〉
① 밀봉 후 가열 살균하므로 장기 보존할 수 있다.
② 살균으로 세균의 대부분이 사멸하기 때문에 식중독으로부터 안전한 식품이다.
③ 고온 가열로 별도의 조리 과정 없이 바로 섭취가 가능한 간편식품이다.
④ 가볍고 깨질 우려가 없으며 휴대가 간편하다.

〈통조림의 제조공정〉
전처리 – 살쟁임 – 탈기 – 밀봉 – 살균 – 냉각

◎ 염지 중 품질저하를 목적으로 저온을 유지하여야 한다.
(2) 살쟁임
① 전처리가 끝난 원료를 주입액과 함께 용기에 채우는 공정
② 주입액 첨가의 목적
㉠ 맛 조정
㉡ 살균 시 열전달 향상
㉢ 관벽에 원료의 부착 방지
㉣ 고형물의 파손 방지
③ 주입액의 종류
㉠ 보일드통조림: 묽은 식염수
㉡ 가미통조림: 조미액
㉢ 기름담금통조림: 유지
(3) 탈기
① 밀봉 전 용기 내부의 공기를 제거하는 공정
② 목적
㉠ 관내부의 부식 억제
㉡ 산화로 인한 내용물의 품질저하 방지
㉢ 가열살균 시 밀봉부의 파손 또는 이그러짐 방지
㉣ 호기성 미생물의 발육 억제
㉤ 변패관의 식별 용이
③ 방법
㉠ 가열탈기법: 원료를 뜨거울 때 용기에 채워 밀봉하거나 원료를 용기에 채워 가밀봉 후 탈기함에서 용기채 가열하여 밀봉하는 방법
㉡ 기계적 탈기법
ⓐ 진공 밀봉기를 이용 감압장치 내에서 탈기와 밀봉을 동시에 실시하는 방법이다.
ⓑ 장점: 가열처리하지 않으므로 원료의 성분변화가 적고 작업면적이 좁으며 위생적이다.
ⓒ 단점: 원료에 흡장, 용해되어 있는 공기가 불완전하게 제거된다.
㉢ 증기분사법: 관 내부에 증기를 분사하여 공기를 증기로 치환 후 밀봉하여 진공을 얻는 방법

(4) 밀봉

① 공기의 유통 및 미생물의 침입 방지를 목적으로 curl을 flange 밑으로 말아 넣어 압착하여 기밀상태를 유지하도록 한 방법이다.

② 밀봉에 사용되는 기계는 밀봉기(seamer)라 한다.

③ seamer 주요 3부분의 역할

  ㉠ lifter: 관을 들어 올려 chuck에 접합시켜 주는 역할을 한다.

  ㉡ seaming chuck

    ⓐ 밀봉 시 lifter와 함께 관을 고정하는 역할을 한다.

    ⓑ seaming roll이 밀봉부를 압착하여 밀봉할 때 대벽 역할을 한다.

  ㉢ seaming roll

    ⓐ 제 1 roll: 뚜껑 curl부를 flange 밑으로 말아 넣어 2중으로 겹쳐서 굽히는 역할을 한다.

    ⓑ 제 2 roll: 1 roll에서 말아 넣은 것을 더욱 압착하여 견고하게 접착시켜 밀봉을 완성시킨다.

(5) 살균

① 밀봉 후 즉시 레토르트에 넣어 가열 살균한다.

② pH에 따른 통조림의 살균

  ㉠ Clostridium botulinum균의 포자는 내열성에 강하고, 맹독성이며 혐기세균이다. 이 균의 발육 한계 pH는 pH4.5로 pH4.5 이상의 식품은 균의 증식이 가능하므로 고온 살균을 pH4.5 이하인 식품은 저온살균을 한다.

  ㉡ 알칼리 식품은 황화수소 가스 발생으로 흑변이 발생할 수 있다.

③ pH에 따른 통조림의 분류

  ㉠ 강산성

    ⓐ pH3.7 이하

    ⓑ 절임식품, 발효식품 등

  ㉡ 산성식품

    ⓐ pH3.7~4.5

    ⓑ 토마토, 파인애플, 복숭아 등의 과실

  ㉢ 중산성 식품

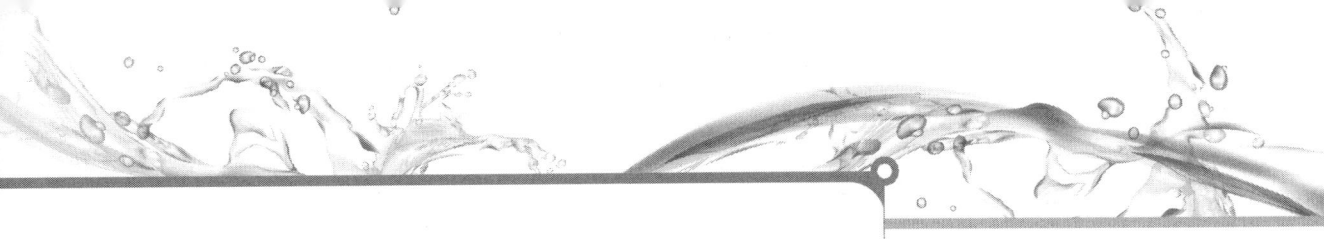

　　　　ⓐ pH4.5~5.0
　　　　ⓑ 고기와 야채 혼합물 등
　　ⓔ 저산성 식품
　　　　ⓐ pH5.0~6.8
　　　　ⓑ 축육, 어육, 유제품 등
　　ⓜ 알칼리성 식품
　　　　ⓐ pH7.0 이상
　　　　ⓑ 새우, 게 등
(6) 냉각
　① 목적
　　㉠ <u>조직의 연화 및 황화수소(H_2S)가스의 생성 억제</u>
　　　고온 살균 후 급속 냉각하지 않으면 고온에 의한 조직의 연화 및 황화수소가스가 발생해 금속과 결합하여 흑변이 발생한다.
　　㉡ <u>struvite($Mg(NH_4)PO_4 6H_2O$)의 생성 억제</u>
　　　무독성 유리모양의 결정으로 인체에 무해하나 소비자 거부감을 주는 struvite 성장을 억제한다.
　　㉢ 호열성 세균의 발육억제
　② 냉각방법
　　㉠ struvite가 문제되지 않는 통조림
　　　내용물의 평균온도 38℃ 정도에서 냉각을 종료하고 여열로 관외면 수분을 증발 시킨다.
　　㉡ struvite가 문제되는 통조림
　　　내용물의 평균 품온이 상온이 되도록 냉각하고 관외면 수분을 별도로 제거하여야 한다.

3) 통조림 종류

(1) 보일드 통조림
　① 주입액: 식염수
　② 종류: 고등어 보일드 통조림, 꽁치 보일드 통조림, 굴 보일드 통조림, 연어 보일드 통조림 등
(2) 가미 통조림
　① 주입액: 조미액
　② 종류: 골뱅이 가미 통조림, 소라 가미 통조림, 꽁치 가미

통조림, 정어리 가미 통조림 등
(3) 기름담금 통조림
① 주입액: 식용유
② 종류: 굴 훈제기름담금 통조림, 참치 기름담금 통조림, 홍합 훈제기름담금 통조림, 바지락 훈제기름담금 통조림 등
(4) 기타 통조림
① 주입액: 토마토 페이스트 등
② 종류: 고등어 토마토담금 통조림, 정어리 토마토담금 통조림 등

4) 통조림 용기의 종류

(1) 스틸 캔
① 두께 0.3mm 이하의 얇은 철판을 이용하며 철판은 주석도금과 무주석 철판 2종이 있다.
② 주석도금 철판
  ㉠ 철판 양면을 주석으로 도금한 것이다.
  ㉡ 주로 쓰리피스 캔에 많이 이용된다.
③ 무주석 철판
  ㉠ 주석 대신 크롬 또는 니켈로 도금한 철판이다.
  ㉡ 원가는 주석도금 철판에 비해 싸지만 스리피스 용접 캔에는 사용할 수 없어 투피스 캔에 주로 사용된다.
  ㉢ 참치 등 수산물 통조림의 투피스 캔에 많이 사용한다.
(2) 알루미늄 캔
① 장점
  ㉠ 통조림 내용물에서 금속 냄새가 없고 변색이 없다.
  ㉡ 가볍고 녹이 생기지 않는다.
  ㉢ 고급스러운 외관으로 상품성이 뛰어나다.
  ㉣ 뚜껑을 따기 쉬운 캔을 만들 수 있다.
② 단점
  강도가 약하고 소금에 의한 부식에 약하다.
③ 참치 등의 수산물 통조림과 탄산음료, 맥주, 유제품 등 대부분 식품에 많이 사용되고 있다.
(3) 스리피스 캔
① 뚜껑, 밑바닥, 몸통 세부분으로 이루어진 원형이나 사각관

을 말한다.
② 몸통의 사이드 시임 접착 방식에 의해 납땜 캔, 접착 캔, 용접 캔으로 분류한다.
③ 용접 캔이 접착 강도, 원가 및 위생성이 좋아 가장 많이 쓰인다.
④ 식품용으로 사용이 크게 줄고 있다.

(4) 투피스 캔
① 몸통과 바닥이 하나로 되어 있는 몸통과 뚜껑 2부분으로 구성되어 있는 캔을 말한다.
② 수산물 및 식품용 통조림의 대부분을 차지하고 있다.

5) 통조림 품질의 변화 및 관리

(1) 품질 변화
① 흑변
  ㉠ 어류패 가열 시 단백질이 분해되면서 발생하는 황화수소가 캔의 철 또는 주석과 결합하여 캔 내면에 흑변이 일어난다.
  ㉡ 원료의 선도가 나쁠수록 pH가 높을수록 많이 발생한다.
  ㉢ 원료로 참치, 새우, 게, 바지락 등을 이용 시 흑변을 일으키기 쉽다.
  ㉣ C-에나멜 캔 또는 V-에나멜 캔의 사용으로 흑변을 예방할 수 있다.
  ㉤ 게살 통조림의 경우 가공 시 황산지에 게살을 감싸는 것은 황화수소의 차단으로 흑변을 방지하기 위함이다.
② 허니콤(Honey comb)
  ㉠ 참치 통조림에서 흔히 볼 수 있으며 어육 표면에 벌집 모양의 작은 구멍이 생기는 것이다.
  ㉡ 어육 가열 시 어육 내부에서 발생된 가스가 배출되면서 생긴 통로이다.
  ㉢ 예방을 위해서는 어체 취급 시 상처를 방지해야 한다.
③ 스트루바이트(struvite)
  ㉠ 통조림에 유리 조각 모양의 결정이 생기는 현상이다.
  ㉡ 중성 또는 알칼리성 통조림에 나타나기 쉽다.
  ㉢ 꽁치 통조림에서 많이 생기며 참치 통조림에서도 pH6.3

이상 시 나타날 수 있다.
    ㄹ. 스트루바이트 최대 결정 생성 범위는 30~50℃ 이므로 예방을 위해서는 살균 후 급냉시켜야 한다.
④ 어드히전(adhesion)
  ㄱ. 캔의 개봉 시 어육의 일부가 뚜껑 또는 용기 내부에 눌러붙어 있는 현상이다.
  ㄴ. 어육과 용기면 사이에 수분이 있으면 일어날 수 없다.
  ㄷ. 예방
    ⓐ 캔 내면에 식용유 유탁액의 도포 또는 물을 분무한다.
    ⓑ 어육 표면에 식염을 뿌려 수분이 스며 나오게 한다.
⑤ 커드(curd)
  ㄱ. 어류의 보일드 통조림 표면에 두부 모양의 응고물이 표면에 생긴 것을 말한다.
  ㄴ. 가열 살균 시 어육 내 수용성 단백질이 녹아 나와 응고되면서 생성된다.
  ㄷ. 선도가 나쁜 원료를 사용할 때 생기기 쉽다.
  ㄹ. 예방
    ⓐ 어육을 살쟁임 전에 식염수에 담가 수용성 단백질을 미리 용출시킨다.
    ⓑ 육편과 육편 사이에 틈이 없도록 살쟁임을 한다.
    ⓒ 살쟁임 후 어육 표면온도가 빨리 50℃ 이상 되도록 가열한다.

(2) 캔의 변형
  ① 평면 산패
    ㄱ. 가스 생성 없이 산을 생성한 캔을 말한다.
    ㄴ. 외관은 정상이고 내용물의 확인으로 산패여부를 알 수 있다.
  ② 플리퍼
    ㄱ. 캔의 뚜껑, 밑바닥 외의 어느 한쪽 면이 약간 부풀어 있는 캔
    ㄴ. 부풀어 있는 부분을 누르면 소리와 함께 원상태로 회복된다.
  ③ 스프링거
    ㄱ. 캔의 뚜껑 또는 밑바닥이 플리퍼 보다 심하게 부풀어

있는 캔
ⓛ 부푼 면을 누르면 반대쪽이 소리와 함께 부풀어 튀어나온다.
④ 스웰 캔
변질이 심하게 일어나 캔 뚜껑 및 밑바닥 모두가 부푼 상태의 캔을 말한다.
⑤ 버클 캔
㉠ 캔의 내압이 외압보다 커서 몸통 부분이 볼록하게 튀어나와 있는 상태의 캔을 말한다.
㉡ 버클 캔의 발생이 쉬운 경우
ⓐ 가열 살균 후 급격한 증기의 배출
ⓑ 살쟁임을 과하게 한 경우
ⓒ 가열 살균 전 변질된 경우
ⓓ 배기가 불충분하게 된 경우
ⓔ 수소 팽창이 일어난 경우
⑥ 패널 캔
㉠ 버클 캔과 반대 현상이다.
㉡ 캔의 내압이 외압보다 낮아 캔 몸통이 안쪽으로 오목하게 들어간 상태의 캔을 말한다.
㉢ 패널 캔이 발생하기 쉬운 경우
ⓐ 진공도가 높은 대형 캔의 고압 살균 시 수증기의 급격한 주입으로 레토르트 압력이 급격히 높아지는 경우
ⓑ 가열 살균 후 가압 냉각 시 캔의 내압이 낮아졌으나 공기압이 너무 높은 경우

❾ 기능성 수산식품

1) 수산물의 기능성 물질

(1) 간유
① 신선한 어류의 간에서 얻은 기름을 말한다.
② 대구, 명태, 상어 등의 간을 원료로 한다.
③ 비타민 A, D와 에이코사펜타엔산(EPA; eicosapentaenoic acid), 도코사헥사엔산(DHA; docosahexaenoic acid) 함

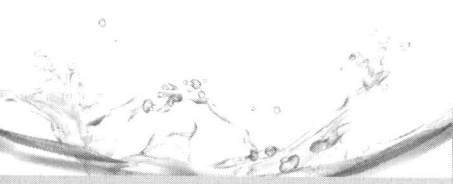

량이 높다.
④ 기력보호, 혈액순환 개선, 중성지질의 감소, 피부 건강, 뼈 건강 등의 기능성을 가지고 있다.

(2) EPA와 DHA
① 고도의 불포화지방산이다.
② 대구와 명태의 간과 고등어 정어리의 근육, 참치 머리 특히 안와에 DHA 함량이 높다.
③ 고도 불포화지방산의 특징
  ㉠ 인체 내 생리활성 기능이 우수하다.
  ㉡ 등푸른 생선인 고등어, 꽁치, 정어리, 방어, 참치 등에 많이 함유되어 있다.
  ㉢ 불안정하여 산소, 자외선 및 금속의 영향으로 변질되기 쉽다.
  ㉣ 공기와 접촉으로 산패하기 쉽고 산패로 이취의 발생과 기능이 떨어진다.
④ EPA(eicosapentaenoic acid)
  ㉠ 구조: 탄소 20개, 이중 결합 5개의 고도 불포화지방산이다.
  ㉡ 기능성
    ⓐ 혈중 콜레스테롤 및 중성 지방함량 저하
    ⓑ 혈소판 응집 기능
    ⓒ 고지혈증, 동맥경화, 혈전증 및 심장질환 예방
    ⓓ 면역력 강화
    ⓔ 항암효과
⑤ DHA(docosahexaenoic acid)
  ㉠ 구조: 탄소 22개, 이중결합 6개의 고도 불포화지방산이다.
  ㉡ 기능성
    ⓐ 혈행 개선 및 혈액 내 중성지질 개선
    ⓑ 동맥 경화, 혈전증, 심근경색 및 뇌경색 예방
    ⓒ 기억력 개선으로 학습능력 증진
    ⓓ 시력 향상
    ⓔ 당뇨, 암 등의 성인병 예방

(3) 스쿠알렌(squalene)
① 깊은 바다에 서식하는 상어 간유에 많이 함유되어 있다.

② 기능
  ㉠ 활성산소의 제거 및 지방 변화에 의한 질병 등의 부작용 예방 등 항산화작용을 한다.
  ㉡ 면역작용, 간 기능 개선 작용 등의 기능이 있다.
  ㉢ 산소 수송 기능의 강화 작용 등을 한다.
(4) 키틴(chitin) 및 키토산(chitosan)
  ① 키틴(chitin)
    ㉠ 게, 새우 등의 껍데기를 이루는 동물성 식이섬유의 한 종류이다.
    ㉡ 게 새우 등의 갑각류 등의 껍데기와 오징어 등의 연체동물의 골격 성분에 많다.
  ② 키토산(chitosan)
    ㉠ 키틴의 분해로 만들어진다.
    ㉡ 키토산이 분해되면 글루코사민(glucosamine)이 된다.
  ③ 키틴과 키토산의 기능 및 이용
    ㉠ 항균작용
    ㉡ 혈류 개선 및 콜레스테롤 감소
    ㉢ 인공 뼈, 피부 등 의료용 재료로 이용된다.
    ㉣ 수술용 실, 인조 섬유 등이 이용된다.
    ㉤ 다이어트 식품으로 이용된다.
(5) 콘트로이틴황산(chondroitin sulfate)
  ① 점질성 다당류의 한 종류로 단백질과 결합상태로 존재하여 뮤코다당 단백이라고도 한다.
  ② 상어, 홍어, 가오리 등 연골어류의 연골조직에 많이 함유되어 있으며 오징어, 해삼에도 함유되어 있다.
  ③ 상어 연골이 원료로 많이 사용된다.
  ④ 기능
    ㉠ 관절과 연골 건강에 도움이 되어 관절염을 예방한다.
    ㉡ 노화방지
    ㉢ 피부 보습작용 등이 있다.
(6) 콜라겐(collagen) 및 젤라틴(gelatin)
  ① 콜라겐(collagen)
    ㉠ 어류의 껍질 및 비늘에서 추출한다.
    ㉡ 동물의 거의 모든 부위에 존재하며 조직의 형태 유지

기능을 한다.
ⓒ 기능
ⓐ 피부 재생 및 보습효과
ⓑ 관절 건강에 기여한다.
ⓒ 소시지 케이싱 등 식품 소재로 이용된다.
② 젤라틴(gelatin)
㉠ 콜라겐을 열수로 처리하여 얻어지는 유도 단백질로 콜라겐을 가열하면 젤라틴이 된다.
㉡ 이용
ⓐ 캡슐, 정제, 지혈제, 파스 등 의약품의 소재로 이용된다.
ⓑ 식품용 젤리에 이용된다.

(7) 한천
① 우뭇가사리와 꼬시래기 등 홍조류에서 추출한다.
② 찬물에 잘 녹지 않으며 가열하면 녹고 식히면 겔이 형성된다.
③ 인체가 소화 및 흡수하지 못한다.
④ 변비의 개선 기능이 있고 저 칼로리 건강식품이다.

(8) 스피룰리나(spirulina)
① 열대성 미세조류로 엽록소, 카로티노이드, 필수지방산 등의 함량이 높다.
② 항산화, 체질개선, 콜레스테롤 감소 등의 기능이 있다.

(9) 클로렐라(chlorella)
① 민물에서 서식하는 단세포 녹조식물이다.
② 엽록소, 카로티노이드, 비타민, 필수지방산, 철분, 식이섬유 등이 풍부하다.
③ 피부건강, 항산화 및 체질개선, 콜레스테롤 감소의 기능이 있다.

2) 기능성 수산 가공품의 종류

(1) 고시형
① 식품의약품안전처에서 기능성을 인정하고 고시한 것
② 종류 및 효능
㉠ 글루코사민: 관절 및 연골의 건강

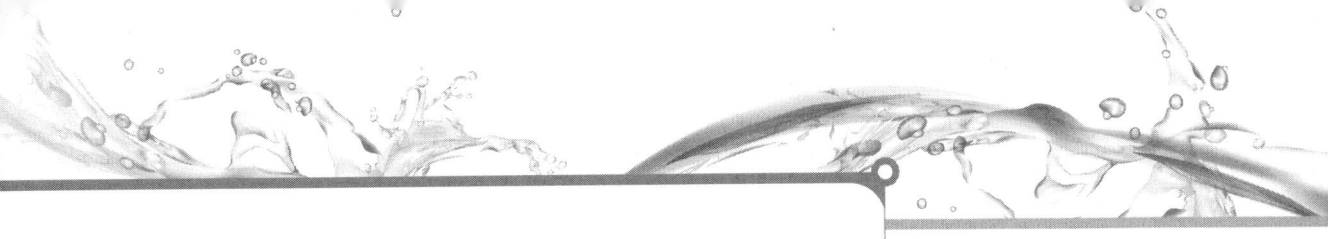

　　　ⓒ N-아세틸글루코사민: 피부보습, 관절 및 연골 건강
　　　ⓓ 스쿠알렌: 항산화 작용
　　　ⓔ 알콕시글리세롤 함유 상어간유: 면역력 증진
　　　ⓕ 오메가-3 지방산 함유 유지: 혈중 중성 지질 개선 및 혈행 개선
　　　ⓖ 뮤코다당·단백: 관절 및 연골 건강
　　　ⓗ 키토산, 키토올리고당: 콜레스테롤 개선
　　　ⓘ 스피룰리나: 피부건강, 항산화, 콜레스테롤 개선
　　　ⓙ 클로렐라: 피부 건강 및 항산화

　(2) 개별인정형
　　① 식품의약품안전처에 개인 또는 사업자가 특정원료의 기능성을 개별적으로 인정받은 것
　　② 종류 및 효능
　　　ⓐ DHA 농축 유지: 혈중 중성지질 감소, 혈행 개선
　　　ⓑ 연어 펩타이드: 혈압저하
　　　ⓒ 정어리 펩타이드: 혈압 조절
　　　ⓓ 김 올리고 펩타이드: 혈압 조절
　　　ⓔ 콜라겐 효소분해 펩타이드: 피부 보습
　　　ⓕ 분말한천: 배변 활동

⑩ 기타 수산가공품

1) 소금

　(1) 개요
　　① 보통 식염이라 하며 바닷물에 약 2.8% 들어 있다.
　　② 염화나트륨을 주성분으로 하며 칼슘, 마그네슘, 칼륨 등이 함유되어 있다.
　　③ 조미용, 저장용, 산업용, 공업용, 도로용 등 광범위하게 사용되고 있다.

　(2) 종류
　　① 천일염
　　　ⓐ 염전에서 자연 증발로 바닷물을 증발시켜 생산하는 소금을 말하며 이를 분쇄, 세척, 탈수한 소금을 포함한다.

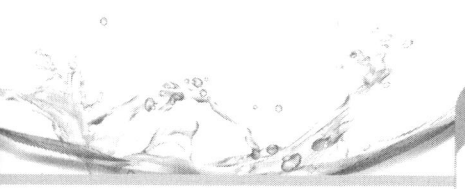

제7장 ┃ 수산물 가공

ⓒ 입자가 크고 거칠다.
ⓒ 불순물이 완벽하게 걸러지지 않았지만 대신 수분, 무기질, 미네랄 등이 풍부하다.

② 암염
㉠ 해수가 지각변동으로 땅속에 층을 이루고 있는 것을 제염한 것이다.
ⓒ 염화나트륨이 98~99%이고 미네랄은 거의 없다.
ⓒ 색은 투명한 것이 보통이나 토질에 따라 여러 색을 띠기도 한다.

③ 정제염
㉠ 이온교환막에 전기 투석시켜 얻어지는 함수를 증발시켜 제조한 소금을 말한다.
ⓒ 염화나트륨 함량이 99% 이상이며 미네랄은 거의 없다.
ⓒ 흡습성이 적고 백색을 띤다.

④ 재제염
㉠ 결정체 소금을 용해한 물이나 함수를 여과, 침전, 정제, 가열, 재결정, 염도조정 등의 조작을 거쳐 제조한 소금을 말한다.
ⓒ 염도는 90% 이상으로 높다.
ⓒ 천일염에 비해 입자와 색상이 곱다.
㉣ 여과 과정에서 미네랄 성분이 제거되어 천일염에 비해 미네랄은 적다.

⑤ 가공염
㉠ 소금을 볶거나 태우거나 융용 등을 통해 원형을 변형한 소금 또는 식품첨가물을 가하여 가공한 소금을 말한다.
ⓒ 구운 소금, 죽염 등이 있다.

2) 어분

(1) 개요
① 가공에 부적합한 잡어나 어류의 가공 부산물을 원료로 생산된다.
② 원료를 삶거나 찐 후 기름을 짜내고 건조, 분쇄하여 가루로 만든 것이다.

(2) 어분의 성분 및 이용

〈소금의 종류〉

① 주된 성분은
　㉠ 수분: 10% 이하
　㉡ 단백질: 60~70%
　㉢ 지방: 백색어분 3~5%, 갈색어분 5~12%
　㉣ 무기질 12~16%이다.
② 단백질 함유량은 가격 결정의 중요 요소이며 단백질이 많을수록 어분의 가격이 높다.
③ 주로 사료 또는 비료용으로 사용된다.
④ 정제하여 가공 식품의 원료로 사용한다.

(3) 어분의 종류
① 백색어분
　㉠ 명태, 대구 가자미 등의 백색육 어류를 원료로 한다.
　㉡ 지질 및 색소의 함유량이 적어 저장 중에도 잘 변색되지 않는다.
② 갈색어분
　㉠ 고등어, 정어리, 꽁치 등 적색육 어류를 원료로 한다.
　㉡ 지질 및 색소의 함유량이 많아 가공과 저장 중 지질의 산화 및 변색으로 갈색을 띈다.
③ 환원어분
　어분 가공 중 용양성분을 다시 회수하여 농축 처리하여 만들어진 어분을 말한다.
④ 잔사어분
　㉠ 명태 가공 부산물을 원료로 한다.
　㉡ 어체 가공 후 남은 비가식부를 주원료로 생산한다.
⑤ 연안어분
　㉠ 고등어 정어리 등을 원료로 한다.
　㉡ 연안에서 어획된 어종을 이용하여 생산한다.

3) 어유

(1) 개요
① 어류에서 채취되는 기름을 말한다.
② 어분 제조 공정 중의 부산물인 자숙액, 압출액 또는 내장을 이용하여 생산한다.
③ 고도 불포화지방산이 많이 함유되어 있다.

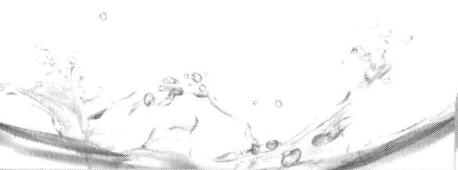

④ 오징어간유, 명태간유, 상어간유 등 간유가 대표적이다.

(2) 어유 가공
① 어체 중 지방 함유 조직을 파괴하여 탈수와 함께 지방을 분리시켜야 한다.
② 어체를 자숙하여 떠오르는 기름을 채취하는 자숙법이 가장 많이 쓰이고 있다.
③ 정제 공정은 탈산, 수세, 탈색, 냉각침전, 탈취 순이다.

(3) 어유의 성분 및 이용
① 주성분은 트리글리세리드이며 알코올, 스테롤, 탄화수소, 인지질, 당지질이 들어 있다.
② 경화유로 마가린, 쇼트닝에 첨가 또는 계면활성제로 이용된다.
③ 도료, 내한성 윤활유, 비누의 원료로 이용된다.

4) 기타 가공품

(1) 수산피혁
① 수산동물의 껍질을 적절한 가공하여 유연성, 탄력성, 내구성, 내수성 등을 부여하여 만든 가죽제품이다.
② 어류 껍질 주성분인 콜라겐을 추출하여 피혁으로 가공한다.
③ 수산동물은 육상동물의 피혁보다 품질은 떨어지나 원료가 풍부하고 가격이 저렴해 많이 이용되고 있다.
④ 악어, 고래, 먹장어, 가오리, 상어, 연어 등이 원료로 이용되고 있다.
⑤ 핸드백, 신발, 허리띠 등의 소재로 이용되고 있다.

(2) 수산공예품
수산 공예품으로 나전칠기, 진주, 산호 등이 있다.

⑪ 수산가공품의 종류 정리

분류			제품	비고
식용품	냉동품	냉동품	일반 어류 냉동품	
		냉동식품	조리 냉동식품	
	건제품	소건품	마른미역, 마른오징어	아무런 전처리 없이 건조
		자건품	마른멸치, 마른전복	자숙 후 건조
		염건품	굴비	염장 후 건조
		동건품	황태, 한천	낮에 건조 밤에 동결의 반복
		배건품	배건정어리	연기 및 불로 건조
	훈제품		훈제굴, 훈제오징어	
	염장품		간고등어, 간갈치	
	발효식품		젓갈, 어간장, 식해류	
	연제품	어묵	튀김어묵, 게맛살	
		어묵소시지		
	조미가공품		조미김, 조미쥐치포	
	엑스분		어육엑스분, 굴엑스분	
	통조림	보일드	고등어보일드통조림	주입액은 식염수
		조미	오징어조미통조림	주입액은 조미액
		기름담금	참치기름담금통조림	주입액은 기름
		기타	축육통조림	
	해조가공품		한천, 알긴산, 카라기난	
공용품	공업용 어유		오징어 내장유	
	수산피혁		상어껍질, 장어껍질	
공예품			산호, 인공진주, 패각 등	
의약품			비타민 A 및 D, EPA, DHA, 칼슘제, 타우린	
사료			어분, 오징어 내장	
비료			오징어 갑각, 새우 가공 잔사	

김진수 외3인, 2007, 도서출판 효일, 수산가공학의 기초와 응용 표 1-81

Point! 실전문제 수산물 가공

1. 수산물 가공방법 중 건조에 대한 설명 중 옳지 않은 것은?
   ① 천일건조법은 비용이 적게 들고 간편하며 기후조건에 영향이 적다.
   ② 겨울철 자연의 힘으로 동결과 해동을 반복하여 건조하는 방법은 동건법이다.
   ③ 건조 중 품질변화가 가장 적고 가장 좋은 건조방법은 동결건조법이다.
   ④ 냉풍건조법은 습도가 낮은 냉풍을 이용하는 방법으로 색깔이 양호한 제품을 생산할 수 있다.

   정답 및 해설 ①
   천일건조법은 기후조건의 영향을 많이 받는다.

2. 수산식품 가공 방법 중 훈제에 관한 설명이다. 옳지 않은 것은?
   ① 냉훈법은 단백질이 응고하지 않을 정도의 저온에서 1~3주 정도로 비교적 오랜 시간 훈제하는 방법이다.
   ② 열훈법은 고온에서 단시간 훈제하는 방법으로 수분 함량이 높아 저장성이 낮다.
   ③ 액훈법은 훈연액에 침지하여 꺼낸 후 건조하거나 훈연액을 다시 가열하여 나오는 연기에 원료를 쐬어 훈제하는 방법이다.
   ④ 온훈법은 80~100℃에서 3~8시간 비교적 짧은 시간에 이루어지며 저장기간이 길다.

   정답 및 해설 ④
   온훈법은 30~80℃에서 3~8시간 훈제하며 수분함량이 비교적 높아 저장기간이 짧으므로 장기 저장할 때는 통조림이나 저온 저장이 필요하다.

3. 수산물 가공처리의 목적으로 보기 어려운 것은?
   ① 저장성을 높인다.   ② 부가가치를 높일 수 있다.
   ③ 효율적 이용성을 높인다.   ④ 신선도 유지가 가능하다.

   정답 및 해설 ④

4. 건제품과 대표적인 종류가 옳게 짝지어진 것은?
   ① 염건품 - 김
   ② 자건품 - 멸치
   ③ 동건품 - 가스오부시
   ④ 자배건품 - 마른오징어

> **정답 및 해설** ②
> * 건제품의 종류
> 1. 소건품: 원료를 그대로 또는 간단한 전처리하여 말린 것. 마른오징어, 마른대구, 상어 지느러미, 김, 미역 등
> 2. 자건품: 원료를 삶은 후 말린 것. 멸치, 해삼, 전복, 새우
> 3. 염건품: 소금에 절인 후 말린 것. 굴비, 가자미, 민어, 고등어
> 4. 동건품: 얼렸다 녹였다를 반복해서 말린 것. 황태, 한천, 과메기
> 5. 자배건품: 원료를 삶은 후 곰팡이를 붙여 배건 및 일건 후 딱딱하게 말린 것. 가스오부시

5. 마른간법에 대한 설명이다. 옳지 않은 것은?
   ① 소금의 침투가 균일하다.
   ② 탈수 효과가 매우 크다.
   ③ 염장이 잘못되었을 때 그 피해를 부분적으로 그치게 할 수 있다.
   ④ 지방이 많은 어체의 경우 공기와 접촉하므로 지방이 산화되기 쉽다.

> **정답 및 해설** ①
> 소금 침투가 불균일하다.

6. 염장 중 소금 침투 속도에 미치는 영향 중 틀린 것은?
   ① 소금량이 많을수록 침투 속도가 빠르다.
   ② Ca염 및 Mg염이 존재하면 침투를 저해한다.
   ③ 지방함량이 많을수록 빠르다.
   ④ 염장온도가 높을수록 빠르다.

> **정답 및 해설** ③
> 지방함량이 높을수록 침투속도는 느리다.

Point 실전문제

7. 통조림의 일반적인 가공 공정을 옳게 설명한 것은?

① 원료선별 → 조리 → 살쟁임 → 탈기 → 살균 → 밀봉 → 냉각 → 포장
② 원료선별 → 조리 → 살쟁임 → 탈기 → 밀봉 → 냉각 → 살균 → 포장
③ 원료선별 → 조리 → 살쟁임 → 탈기 → 밀봉 → 살균 → 냉각 → 포장
④ 원료선별 → 조리 → 살쟁임 → 탈기 → 냉각 → 밀봉 → 살균 → 포장

정답 및 해설 ③

8. 다음 통조림의 품질변화에 대한 설명 중 옳지 않은 것은?

① 흑변의 원인은 황화수소가 캔의 철이나 주석 등과 결합하여 캔 내면에서 일어난다.
② 어드히전은 통조림 내용물에 유리 조각 모양의 결정이 나타나는 현상이다.
③ 허니콤은 어육의 표면에 벌집모양의 작은 구멍이 생기는 것이다.
④ 커드는 어류 보일드 통조림의 표면에 생긴 두부 모양의 응고물을 말한다.

정답 및 해설 ②
* 어드히전: 캔을 열었을 때 육의 일부가 용기의 내부나 뚜껑에 눌러붙어 있는 현상
* 스트루바이트: 통조림 내용물에 유리 조각 모양의 결정이 나타나는 현상이다.

9. 전통 젓갈과 저염 젓갈에 대한 설명 중 옳지 않은 것은?

① 전통 젓갈은 소금에 의해 부패가 방지된다.
② 전통 젓갈에 비해 저염 젓갈이 소금농도가 낮은 대신 숙성기간은 길다.
③ 저염 젓갈은 보존성이 낮다.
④ 저염 젓갈은 부패 방지를 위해 젖산, 솔비톨, 에타놀 등을 첨가한다.

정답 및 해설 ②
* 전통 젓갈: 소금농도 약 10~20%에서 약 10~20일 숙성
* 저염 젓갈: 소금농도 약 4~7%에서 약 0~3일 숙성한다.

10. 통조림의 장점이 아닌 것은?
   ① 밀봉하여 가열 살균하므로 안전하게 장기 보존할 수 있다.
   ② 살균처리로 대부분 세균이 사멸한다.
   ③ 깨질 염려가 없고 휴대가 간편하다.
   ④ 원료에 따른 제품의 맛에 차이가 적다.

   정답 및 해설 ④
   ④는 단점에 해당한다.

11. 통조림 품질변화 종류에 따른 방지법이 잘못 연결된 것은?
   ① 허니콤 – 어체가 상처나지 않도록 취급   ② 커드 – 수용성 단백질 제거
   ③ 스트루바이트 – 살균 후 급랭   ④ 흑변 – 캔 내면에 수분 및 기름 도포

   정답 및 해설 ④
   * 흑변: C-에나멜 캔 및 V-에나멜 캔 사용
   * 어드히전: 캔 내면에 수분 및 기름 도포

12. 소금 종류에 대한 설명 중 옳지 않은 것은?
   ① 가공염: 결정체 소금을 용해한 물 또는 함수를 여과, 침전, 정제, 가열, 재결정, 염도조정 등의 조작과정을 거쳐 제조한 소금
   ② 암염: 지각변동으로 해수가 땅 속에서 층을 이루고 파묻혀 있는 것을 제염한 것
   ③ 천일염: 염전에서 바닷물을 자연 증발시켜 생산하는 소금
   ④ 정제염: 결정체 소금을 용해한 물 또는 바닷물을 이온교환막에 전기 투석시키는 방법 등을 통하여 얻어진 함수를 증발시설에 넣어 제조한 소금

   정답 및 해설 ①
   * 가공염: 원료 소금을 볶거나 태우거나 융용 등의 방법으로 그 원형을 변형한 소금 또는 식품첨가물을 가하여 가공한 소금
   * 재제염: 결정체 소금을 용해한 물 또는 함수를 여과, 침전, 정제, 가열, 재결정, 염도조정 등의 조작과정을 거쳐 제조한 소금

Point 실전문제

13. 다음 건조법 중 건조 온도가 낮아 효소반응과 지질 산화 및 변색 억제로 색깔이 좋은 건제품 생산이 가능한 건조법은?
   ① 천일건조법 ② 열풍건조법
   ③ 분무건조법 ④ 냉풍건조법

   정답 및 해설 ④

14. 다음은 동건법에 대한 설명이다. 옳지 않은 것은?
   ① 겨울철 일교차로 동결, 해동을 반복시켜 건조하는 방법이다.
   ② 한천과 황태의 건조에 많이 이용된다.
   ③ 제품은 건조과정에서 근섬유가 치밀하게 된다.
   ④ 밤에 동결된 수분이 낮에 해동되면서 수분이 외부로 나오는 과정이 반복되면서 건조되는 원리이다.

   정답 및 해설 ③
   동결 과정에서 생긴 빙결정이 녹으면서 조직에 구멍이 생기며 스펀지와 같은 조직이 된다.

15. 다음 중 건제품과 건조방법이 잘못 연결된 것은?
   ① 염건품: 소금에 절인 후 건조한 제품 ② 소건품: 불에 구워서 건조한 제품
   ③ 자건품: 자숙한 후 건조한 제품 ④ 훈건품: 훈연하면서 건조한 제품

   정답 및 해설 ②
   * 소건품: 아무런 전처리 없이 그대로 건조한 제품
   * 배건품: 불에 구워서 건조한 제품

16. 다음은 소건품에 대한 설명이다. 옳지 않은 것은?
   ① 수산물을 그대로 또는 물로 씻은 후 건조한 제품이다.
   ② 주로 기온이 낮은 한랭 지역에서 발전된 방법이다.
   ③ 어패류 건조에 주로 이용되며 해조류에서는 사용하지 않는 방법이다.
   ④ 건조 전 가열처리가 없어 고온다습한 경우 건조 중 육질이 연화될 수 있다.

정답 및 해설 ③
어패류 보다는 해조류 품목의 생산이 많으며 저장성의 부여, 풍미 개선의 효과가 있다.

17. 자가소화 효소가 강력하여 원료를 육상으로 수송하지 않고 어획 후 바로 어선에서 자숙 후 건조하는 품목은?
① 건해삼　　　　　　　　② 건오징어
③ 건대구　　　　　　　　④ 건멸치

정답 및 해설 ④

18. 건제품의 건조 중 변화에 대한 설명이 잘못된 것은?
① 동결건조법에 의해 건조된 제품은 단백질의 변성이 심해 물에 담가도 원래 상태로 복원되지 않는다.
② 어체의 지방은 건조 중 수분의 이동에 따라 표면으로 이동하게 되고 이는 공기나 빛의 영향으로 산화된다.
③ 소건품 및 염건품은 자건품에 비해 엑스성분의 손실이 적고 자가소화 효소가 불활성화 되지 않아 건조 중 효소작용으로 엑스성분의 양이 증가한다.
④ 어육 건조 온도가 지나치게 높으면 소화율은 떨어진다.

정답 및 해설 ①
어육 건조의 경우 건조도에 비례하여 육단백질의 불용화가 진행되며 불용화 되는 것은 대부분 myosin 단백질이다. 그러나 동결건조법에 의해 건조된 제품은 다시 수분의 흡수로 복원될 때 원래대로 복원이 잘되는 특징이 있으며 이는 건조 조건이 적당하면 myosin 단백질의 용해성이 거의 변하지 않기 때문이다.

19. 건제품의 저장 중 품질변화 방지를 위한 처리 중 옳지 않은 것은?
① 지방 함량이 높은 건제품은 산화, 변패, 산패될 수 있으므로 탈산소제봉입포장을 했다.
② 건제품은 수분 흡수율이 낮기 때문에 상대습도를 높게 처리한 곳에 저장을 했다.
③ 갈변의 위험을 피하기 위해 냉장 저장을 했다.
④ 충해의 억제를 위해 밀봉포장을 했다.

정답 및 해설 ②
건제품의 수분 흡수는 외관이 나빠지며 수분 함량이 15% 정도가 되면 곰팡이가 생육하게 된다.

20. 훈제품 제조에 대한 설명 중 잘못된 것은?
① 훈제품은 목재를 불완전 연소시켜 발생되는 연기를 쐬어 건조시켜 독특한 풍미와 보존성을 가지도록 한 식품이다.
② 연기 속에는 포름알데히드, 페놀류, 유기산류 등이 항균성을 갖고 있으며 특히 페놀류는 항균성, 항산화성을 갖고 있다.
③ 연기는 독특한 냄새와 신맛, 쓴맛 등의 성분을 지니고 있어 원료 자체의 비린내 등을 감소시키고 새로운 풍미를 갖게 한다.
④ 훈제 재료로 쓰이는 나무는 수지가 많고 단단한 것이 좋으며 수지가 적은 경우 그을음이 많고 불쾌한 맛을 줄 수 있다.

정답 및 해설 ④
훈제 재료로 쓰이는 나무는 수지가 적고 단단한 것이 좋으며 수지가 많은 경우 그을음이 많고 불쾌한 맛을 줄 수 있다.

21. 다음 훈제 방법 중 저장성은 좋으나 풍미가 가장 떨어지는 훈제 방법은?
① 온훈법　　　　② 냉훈법
③ 열훈법　　　　④ 액훈법

정답 및 해설 ②

22. 염장에 있어 식염의 효과를 잘못 설명한 것은?
① 식염수의 고삼투압에 의해 세균 세포의 탈수는 세균의 원형질 분리를 일으켜 사멸시킨다.
② 탈수작용은 미생물이 이용할 수 있는 자유수를 감소시켜 미생물 작용이 어렵게 한다.
③ 식염수 농도가 증가할수록 산소용해도가 증가하여 세균의 발육을 억제시킨다.
④ 식염의 구성 원소가 단백질 분해효소가 결합하여야 할 peptide 결합 위치에 먼저 결합하여 효소 결합을 원천적으로 봉쇄한다.

정답 및 해설 ③
식염수 농도가 증가할수록 산소용해도는 감소하고 이는 호기성 세균의 발육을 억제시킨다.

23. 마른간법과 비교하여 물간법의 장점으로 보기 어려운 것은?
① 식염 침투가 균일하다.　　　　② 식염 침투 속도가 빠르다.
③ 원료와 공기의 접촉이 없어 산화가 적다.　④ 제품의 짠맛을 조절할 수 있다.

정답 및 해설 ②
* 물간법 장점
 - 식염의 침투가 균일하다.
 - 원료와 공기의 접촉이 없어 산화가 적다.
 - 과도한 탈수가 없어 외관, 풍미, 수율이 좋다.
 - 제품의 짠맛을 조절할 수 있다.
* 물간법 단점
 - 식염의 침투 속도가 느리다.
 - 식염의 양이 많이 필요하다.
 - 염장 중 소금의 보충이 필요하고 자주 교반해야 한다.
 - 마른건법에 비해 탈수효과가 적고 어체가 무르다.

24. 감압으로 어육 조직 내 기체를 제거하고 염수를 주입하여 식염의 침투를 용이하게 하는 염장방법은?
① 염수주사법　　　　② 압착염장법
③ 변압염장법　　　　④ 맛사지법

정답 및 해설 ③

25. 염장품 저장 중 발생하는 변화에 대한 설명 중 옳지 않은 것은?

① 염장어는 여름철 고온 다습한 경우 색깔이 적색으로 변할 수 있는데 원인은 호염성 색소형성 세균이 식염 속에서 발육하기 때문이다.
② 염장어의 저장 중 지방의 산화에 의한 산패와 유지의 산화 변색으로 불쾌한 자극성 냄새와 떫은 맛 및 복부의 황갈색의 변화가 나타난다.
③ 부패를 줄이기 위해서는 식염량을 늘려 탈수율을 높이고 어육에 식염을 잘 침투시켜 저온에 저장하는 것이 좋다.
④ 식염의 농도가 높아질수록 자가소화가 억제되며 식염 농도가 포화상태에 이르면 자가소화도 완전히 정지한다.

정답 및 해설 ④
식염의 농도가 높아질수록 자가소화는 억제되지만 식염 농도가 포화 상태에 달하여도 완전히 정지하지는 않는다.

26. 젓갈의 가공원리에 대한 설명 중 옳지 않은 것은?

① 젓갈은 식염의 첨가로 육질의 분해를 억제시킨다.
② 식염에 의한 부패 억제는 일반 염장품과 같다.
③ 감칠맛이 진해 직접 섭취 또는 조미료로 많이 이용된다.
④ 자가소화와 미생물 작용으로 원료를 적당히 숙성시킨다.

정답 및 해설 ①
염장품은 육질의 분해를 억제하나 젓갈은 독특한 풍미를 위해 육질의 분해를 의도적으로 시도한다.

27. 연제품에 대한 설명 중 옳지 않은 것은?

① 맛의 조절이 자유롭다.
② 바로 섭취가 가능하다.
③ 원료의 사용범위가 한정적이다.
④ 외관과 향미, 물성 등이 어육과는 다르다.

정답 및 해설 ③
원료의 사용범위가 넓다.

28. 다음은 연제품 겔 형성에 대한 설명이다. 옳지 않은 것은?
① 냉수성 어류의 단백질에 비해 온수성 어류의 단백질이 더 안정하다.
② 어육 내 지질 및 수용성 단백질은 겔 형성력이 좋다.
③ 선도가 좋을수록 겔 형성능이 좋다.
④ 고기갈이 어육의 pH는 6.5~7.5에서 겔 형성이 가장 강하다.

> **정답 및 해설** ②
> 어육 내 지질 및 수용성 단백질은 겔 형성을 방해하므로 수세로 제거하는 것이 좋다.

29. 다음 중 자연 한천 제조법에 대한 설명으로 옳지 않은 것은?
① 별도의 전처리 없이 상압에서 끓는 물로 장시간 자숙 후 추출한다.
② 겨울철 일교차를 이용하여 동결과 해동을 반복하는 동건법으로 제조하는 방법이다.
③ 추출한 한천의 성분을 여과 후 응고시켜 만든 우무를 일정 크기로 절단해 동건한다.
④ 자연 조건과 관계없이 어느 곳에서나 쉽게 건조할 수 있는 장점이 있다.

> **정답 및 해설** ④
> 자연 한천은 건조장의 조건이 중요한 요인이다.

30. 한천의 성질에 대한 설명 중 바르지 못한 것은?
① 응고력이 강할수록 아가로펙틴(agaropectin)의 함유량이 적다.
② 저온에서는 녹지 않지만 80℃ 이상 뜨거운 물에는 잘 녹는다.
③ 응고력, 보수성, 점탄성이 강하다.
④ 사람의 소화 효소 및 미생물에 의해 분해되지 않는다.

> **정답 및 해설** ①
> 응고력이 강할수록 아가로스의 함유량이 많다.

31. 알긴산의 주요 원료로 옳지 않은 것은?
① 미역   ② 다시마
③ 진두발   ④ 톳

정답 및 해설 ③
* 알긴산: 원료로는 갈조류 중 미역, 감태, 다시마, 톳 등이 이용된다.
* 한천: 원료로 홍조류가 이용되며 대표적인 것으로 우뭇가사리와 꼬시래기가 있다.
* 카라기난: 진두발, 돌가사리, 카파피쿠스 알바레지 등 홍조류의 산성 점질 다당류이다.

32. 통조림 가공의 주요 4대 공정에 속하지 않는 것은?
① 탈기　　　　　　　　　　② 냉각
③ 살균　　　　　　　　　　④ 살쟁임

정답 및 해설 ④
탈기, 밀봉, 살균, 냉각 공정을 통조림의 장기저장을 가능하게 하는 핵심 4대 공정이다.

33. 통조림 제조 공정 중 살쟁임 시 주입액을 첨가하는 목적과 가장 거리가 먼 것은?
① 맛을 조정한다.　　　　　② 살균 시 열전달을 향상시킨다.
③ 어피의 탈피를 방지한다.　④ 고형물의 파손을 방지한다.

정답 및 해설 ③
* 주입액 첨가의 목적
 - 맛 조정　　　　　　　- 살균 시 열전달 향상
 - 관벽에 원료의 부착 방지　- 고형물의 파손 방지
* 어피 탈피 방지는 염지의 목적 중 하나이다.

34. 통조림 제조 공정 중 밀봉 전 용기 내부의 공기를 제거하는 탈기의 목적과 거리가 먼 것은?
① 관 내부의 부식 억제　　　② 혐기성 미생물의 발육 억제
③ 가열살균 시 밀봉부의 파손 방지　④ 산화로 인한 내용물의 품질저하 방지

정답 및 해설 ②
* 탈기의 주요 목적
 - 관내부의 부식 억제　　　　　　- 산화로 인한 내용물의 품질저하 방지
 - 가열살균 시 밀봉부의 파손 또는 이그러짐 방지　- 호기성 미생물의 발육 억제
 - 변패관의 식별 용이

35. 통조림 제조 공정 중 조직의 연화 억제 및 황화수소(H_2S)가스의 생성 억제하여 흑변 방지를 목적으로 시행하는 공정은?
    ① 탈기
    ② 밀봉
    ③ 살균
    ④ 냉각

    정답 및 해설 ④

36. 통조림 제조 공정 중 struvite($Mg(NH_4)PO_4 6H_2O$)의 생성 억제를 목적으로 시행하는 공정은?
    ① 탈기
    ② 밀봉
    ③ 살균
    ④ 냉각

    정답 및 해설 ④

37. 통조림 알루미늄 캔에 대한 설명으로 잘못된 것은?
    ① 가볍고 녹이 생기지 않는다.
    ② 소금에 의한 부식에 강하다.
    ③ 통조림 내용물에서 금속냄새가 없고 변색이 없다.
    ④ 고급스러운 외관으로 상품성이 뛰어나다.

    정답 및 해설 ②
    알루미늄 캔의 단점은 강도가 약하고 소금에 의한 부식에 약하다.

38. 우리나라에서 생산량이 가장 많은 수산가공품은?
    ① 자건품
    ② 조미가공품
    ③ 냉동품
    ④ 통조림

    정답 및 해설 ③
    냉동품 54%, 해조품 17%, 연제품 9%, 조미가공품 4% 순이다.

제 8장 | 안전성

① 중요성

1) 소비환경이 변화됨에 따라 식품의 안전성에 대한 관심은 생산물의 고품질 유지와 더불어 가장 중요한 문제로 인식되고 있다.

2) 농수산물품질관리법에도 수산물의 품질향상과 안전한 수산물의 생산공급을 생산단계부터 유통단계, 판매단계까지 관리를 실시한다.

② 위해요소중점관리기준(HACCP: Hazard Analysis Critical Control Points)

1) 의의

(1) 식품의 원재료 생산에서부터 제조, 가공, 보존, 유통단계를 거쳐 최종 소비자가 섭취하기 전까지의 각 단계에서 발생할 우려가 있는 위해요소를 규명하고, 이를 중점적으로 관리하기 위한 중요관리점을 결정하여 자주적이며 체계적이고 효율적인 관리로 식품의 안전성(safety)을 확보하기 위한 과학적인 위생관리체계라 할 수 있다.

(2) HACCP은 위해분석(HA)과 중요관리점(CCP)으로 구성되어 있는데, HA는 위해가능성이 있는 요소를 찾아 분석·평가하는 것이다.

(3) CCP는 해당 위해 요소를 방지·제거하고 안전성을 확보하기 위하여 중점적으로 다루어야 할 관리점을 말한다.

2) HACCP의 원칙(국제식품규격위원회-CODEX에서 설정)

(1) 위해분선(HA)을 실시한다.
(2) 중요관리점(CCP)를 결정한다.
(3) 관리기준(CL)을 결정한다.

(4) CCP에 대한 모니터링 방법을 설정한다.
(5) 모니터링 결과 CCP가 관리상태의 위반 시 개선조치(CA)를 설정한다.
(6) HACCP가 효과적으로 시행되는지를 검증하는 방법을 설정한다.
(7) 이들 원칙 및 그 적용에 대한 문서화와 기록유지방법을 설정한다.

3) 중요성

(1) 수산물을 포장하고 가공하는 동안 물리적, 화학적 그리고 미생물 등의 오염을 예방하는 일은 안전한 수산물의 생산에 필수적인 것이다.
(2) HACCP은 자주적이고 체계적이며 효율적인 관리로 식품의 안전성을 확보하기 위한 과학적인 위생관리체계라 할 수 있다.

4) 국내 수산가공품의 HACCP 적용 현황

(1) 국내 수산가공품 중 HACCP 의무 적용품목은 어묵 등 7품목이다.
  ① 어묵가공품 중 어묵류
  ② 냉동수산식품 중 어류, 연체류, 패류, 갑각류, 조미가공품
  ③ 저산성 통조림, 병조림 중 굴 통조림
(2) 7품목 외 품목은 의무 이행은 아니며 업체의 희망에 따라 기준에 적합한 경우 승인하는 자율적 지정제도로 운영되고 있다.

> **Tip**
> 〈HACCP의 원칙〉
> (1) 위해분석(HA)을 실시한다.
> (2) 중요관리점(CCP)를 결정한다.
> (3) 관리기준(CL)을 결정한다.
> (4) CCP에 대한 모니터링 방법을 설정한다.
> (5) 모니터링 결과 CCP가 관리상태의 위반 시 개선조치(CA)를 설정한다.
> (6) HACCP가 효과적으로 시행되는지를 검증하는 방법을 설정한다.
> (7) 이들 원칙 및 그 적용에 대한 문서화와 기록유지방법을 설정한다.

❸ 수산물의 안전성

1) 식중독

(1) 개요
  ① 정의
    ㉠ 식품의 섭취로 열 동반 또는 열의 동반 없이 구토, 식욕부진, 설사, 복통, 신경마비 등이 발생하는 건강장해

를 뜻한다.
ⓛ 음식물에 미생물, 유독성 물질 등의 혼입 또는 오염으로 발생하는 것으로 급성위장염 등의 생리적 장해가 발생하는 것을 말한다.

② 원인
㉠ 식중독 세균인 비브리오, 살모넬라, 포도상구균 등에 노출된 식품의 섭취로 발생한다.
㉡ 식중독의 80% 이상이 세균성 식중독이다.

③ 증상
㉠ 가장 일반적인 증상은 설사 및 복통이며 그 외 발열, 구토, 두통이 나타나기도 한다.
㉡ 전염성은 아니다.

(2) 식중독의 분류
① 감염형 식중독
㉠ 개요: 식품에 혼입 또는 오염된 미생물을 식품과 함께 섭취하여 체내에서 증식되어 중독을 일으키는 것을 말한다.
㉡ 장염 Vibrio 식중독
ⓐ 원인균: 장염 비브리오균(Vibrio parahaemolyticus)
ⓑ 장염 비브리오균의 특징
 - 호염성세균, 무포자 간균이며 그람음성균이다.
 - 생육적온 37℃의 중온균이며 염분 농도 3~4%에서도 잘 자라는 호염성균이다.
 - 최적 온도에서 세대시간이 약 10~12분으로 증식속도가 빠르다.
ⓒ 원인식품: 어패류, 생선회, 초밥 및 도마 등 조리기구나 손을 통한 2차 감염이 원인이 된다.
ⓓ 감염원: 해수 연안, 갯벌 등에 널리 분포되어 있다.
ⓔ 잠복기: 식후 10~18시간이나 균량에 따라 차이가 있다.
ⓕ 증상: 복통, 구토, 메스꺼움, 설사, 발열 등 급성위장염 형태의 증상이 나타난다.
ⓖ 예방
 - 조리기구를 가열 처리한다.
 - 4℃ 이하에서는 증식을 못한다.

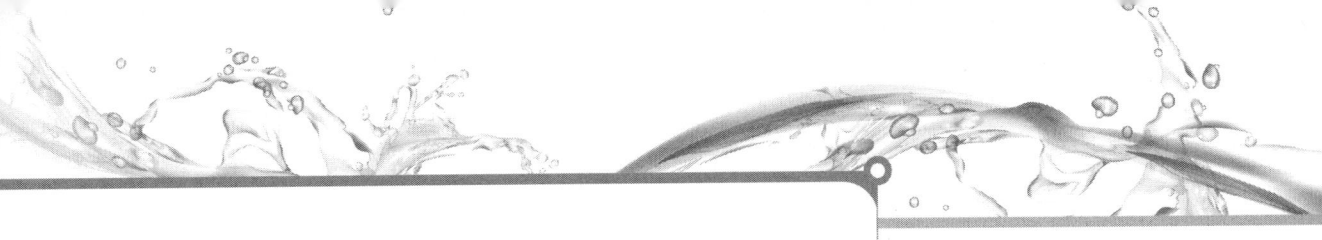

- 담수에 약하므로 충분히 세척한다.
ⓒ Salmonella 식중독
  ⓐ 원인균: Salmonella enteritidis, Salmonella typhimurium 등이다.
  ⓑ Salmonella균의 특징
    - 통성혐기성, 그람음성, 무포자 간균이다.
    - 최적 조건은 pH7~8, 온도 36~38℃이다.
  ⓒ 원인식품: 육류, 우유, 난류와 그 가공품 및 어패류 등으로 식중독 발생건수가 가장 많다.
  ⓓ 감염원: 설치류, 가금류, 달걀 등과 그 2차 가공품 의해 전파된다.
  ⓔ 잠복기: 보통 24~48시간이다.
  ⓕ 주요증상: 구토, 복통, 메스꺼움, 설사, 발열 등의 증세를 보인다.
  ⓖ 예방
    - 방충, 및 방서 시설로 파리, 바퀴벌레 같은 충과 쥐와 같은 설치류를 구제하여야 한다.
    - 60℃에서 20분 70℃에서 3분 이상 가열 시 거의 사멸하므로 식품의 섭취시 가열 살균한다.
    - 저온보관 한나.
ⓓ 병원성 대장균 식중독
  ⓐ 원인균: Escherichia coli 중에서 인체에 감염되어 나타내는 균주이다.
  ⓑ 병원성 대장균의 특징
    - 식품 및 물의 오염 지표로 이용된다.
    - 그람음성, 무포자 간균이다.
  ⓒ 원인식품: 육가공품, 튀김류, 채소, 샐러드 등이 있다.
  ⓓ 감염원: 보균감염자 또는 환자의 분변이 감염원이 된다.
  ⓔ 잠복기: 10~24시간
  ⓕ 증상: 설사, 발열, 복통 등의 증상이 나타난다.
  ⓖ 예방법
    - 화장실 사용 후 손 세척 습관
    - 분뇨의 위생적 처리
    - 분변에 의한 오염의 방지

- 침구, 욕조, 목욕탕과 식기의 소독을 철저히 한다.

ⓜ arizona 식중독
  ⓐ 원인균: Salmonella arizona group
  ⓑ 원인식품: 닭, 달걀 등 가금류와 어패류 및 그 가공품이며 그 외는 Salmonella와 비슷하다.
  ⓒ 잠복기: 10~12시간
  ⓓ 증상: 복통, 설사, 고열 등 급성 위장염 형태의 증상을 보인다.
  ⓔ 예방법: 방충, 가열 살균, 저온저장 등의 방법으로 예방할 수 있다.

ⓑ Yersinia enterocolitica 식중독
  ⓐ 원인균: Yersinia enterocolitica
  ⓑ Yersinia enterocolitica균의 특징: 그람음성 주모균으로 호냉성균이다.
  ⓒ 원인식품: 오염된 물, 가축, 생우유 등이다.
  ⓓ 감염원: 오물, 오염된 물, 가축, 애완동물, 쥐 등이다.
  ⓔ 잠복기: 2~5일
  ⓕ 증상: 유아의 복통, 발열 등 위장염 증상과 어린이의 설사 등이 증상으로 나타난다.
  ⓖ 예방법: 저온에서도 증식하므로 유의해야 한다.

ⓢ Listeria 식중독
  ⓐ 원인균: Listeria monocytogenes
  ⓑ 특징
    - 그람양성 무포자 간균이다.
    - 통성혐기성균이며 내염성, 호냉성균이다.
  ⓒ 원인식품: 식육가공품, 유제품, 가금류, 채소류 등이 원인식품이며 호냉균이므로 장기간 냉장고에 보관한 식품은 피해야 한다.
  ⓓ 감염원: 오염된 물, 오염된 식품, 감염된 동물과의 직접적인 접촉으로 발병한다.
  ⓔ 잠복기: 수일~몇 주
  ⓕ 증상: 미열, 위장염, 복통, 설사 등 유행성 감기와 비슷한 증상을 보이며 뇌막염, 자궁내막염, 패혈증 수막염 등의 증상이 나타난다.

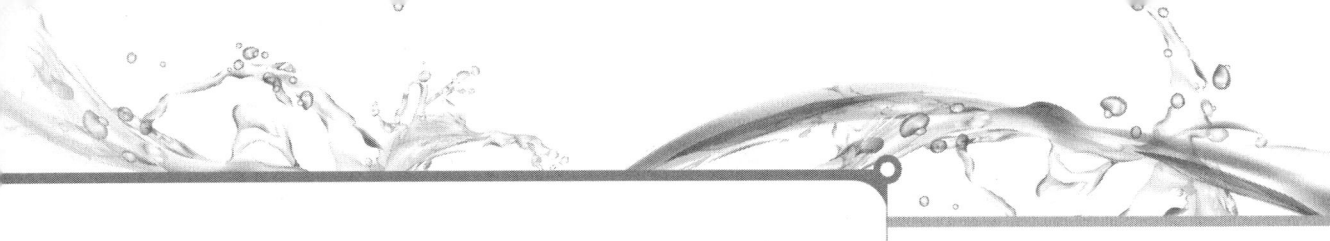

　　ⓖ 예방법: 열에 약하므로 식품 섭취 시 가열 조리한다.
　ⓞ Campylobacter 식중독
　　ⓐ 원인균: Campylobacter jejuni, Campylobacter coli
　　ⓑ 특징: 그람음성 나선형, 혐기성 간균이다.
　　ⓒ 잠복기: 2~11일
　　ⓓ 증상: 복통, 구토, 설사, 발열 등 급성 위장염 형태의 증상을 보인다.
　　ⓔ 예방법
　　　- 가축, 가금류의 위생관리를 한다.
　　　- 동물의 배설물에 의한 2차 오염이 발생하지 않도록 한다.
　　　- 열에 약하므로 식품을 가열 후 섭취한다.
② 독소형 식중독
　㉠ 황색포도상구균 식중독
　　ⓐ 원인균: Staphylococcus aureus(황색포도상구균)
　　ⓑ 특징
　　　- 그람양성 무포자 구균이다.
　　　- 통성혐기성균이다.
　　　- 고농도 식염에서도 발육이 가능하다.
　　ⓒ 독소: Enterotoxin
　　ⓓ Enterotoxin의 특징
　　　- 내열성이 커서 100℃에서 1시간 이상 가열하여도 활성을 잃지 않는다.
　　　- 균의 증식, 성장 시에만 독소를 생산한다.
　　ⓔ 감염원: 대부분 인간의 화농소
　　ⓕ 잠복기: 1~6시간으로 세균성 식중독 중 가장 잠복기가 짧다.
　　ⓖ 증상: 구토, 메스꺼움, 복통, 설사 등 급성위장염 형태의 증상이 나타난다.
　　ⓗ 예방법: 화농성 질환을 앓고 있는 사람이 음식을 조리해서는 안된다.
　㉡ Botulinus 식중독
　　ⓐ 원인균: Clostridium botulinum
　　ⓑ 특징: 그람양성 간균이며 편성혐기성균이다.

ⓒ 독소: Neurotoxin
ⓓ Neurotoxin의 특징: 신경독으로 열에 약해 80℃에서 30분정도의 가열로 파괴되며 저항력이 강하다.
ⓔ 잠복기: 12~36시간
ⓕ 증상: 구토, 메스꺼움, 복통, 설사 등 급성위장염 형태의 증상과 두통, 신경장애, 마비 등의 신경 증상을 나타내며 심할 경우 호흡마비 등이 나타난다.
ⓖ 예방법: 분변에 오염되지 않도록 하며 통조림 제조 시 충분히 가열살균 한다.

ⓒ Cereus 식중독
ⓐ 원인균: Bacillus cereus
ⓑ 특징
- 그람양성 통성혐기성균으로 아포를 가진다.
- 내열성으로 135℃에서 4시간 가열해도 견딘다.
ⓒ 잠복기: 설사형은 8~16시간, 구토형은 1~5시간이다.
ⓓ 증상: 복통, 메스꺼움, 설사, 두통, 발열 등 강한 급성 위장염 형태의 증상을 보인다.
ⓔ 예방: 남은 음식은 60℃ 보온 또는 냉장 보관한다.

③ 기타 세균성 식중독
㉠ Welchii균 식중독(중간형 식중독)
ⓐ 원인균: Clostridium perfrigens, Clostridium welchii
ⓑ 특징
- 그람양성 무포자 간균이다.
- 호열성, 편성혐기성균이다.
ⓒ 감염원: 분변 및 오염된 식품, 오염된 물 등에서 감염된다.
ⓓ 잠복기: 평균 8~24시간
ⓔ 증상: 복통, 설사 등의 증상을 보인다.
ⓕ 예방: 분변의 오염 방지 및 식품의 가열 조리 후 저장 시 신속히 냉각한다.

㉡ Proteus균 식중독
ⓐ 원인균: Proteus morganii, Proteus vulgaris, Proteus mirabilis
ⓑ 특징: 알레르기를 일으키는 히스타민을 생성하고 사

람 또는 동물의 장내에 상주한다.
ⓒ Proteus morganii은 어육 등에서 증식하여 Histidine 을 부패시켜 Histamine을 생성해 알레르기성 식중독 을 일으킨다.
ⓓ 잠복기: 12~16시간
ⓔ 증상: 구토, 설사, 복통, 발열 등 급성위장염 형태의 증상과 안면홍조, 발진 등이다.
ⓕ 예방법: 어패류의 섭취 시 세척과 함께 가열, 살균한다.

2) 어패류의 톡

(1) 복어독

① 독성분
  ㉠ <u>Tetrodotoxin(테트로도톡신)</u>
  ㉡ 복어의 알과 생식선, 간, 내장 피부 등에 함유되어 있다.
  ㉢ 독성이 강하고 물에 녹지 않는다.
  ㉣ <u>열에 안정하여 끓여도 파괴되지 않는다.</u>

② 잠복기 및 증상
  ㉠ 잠복기: 식후 30분~5시간
  ㉡ 중독 증상은 혀의 지각마비, 구토, 감각의 둔화, 보행곤란 등 단계적으로 진행된다.
  ㉢ 골격근 마비, 호흡곤란, 의식의 혼탁, 의식 불명, 호흡정지로 사망에 이르게 된다.
  ㉣ <u>청색증(syanosis)이 나타난다.</u>
  ㉤ 진행속도가 빠르고 해독제가 없어 치사율이 높다.

③ 예방
  ㉠ 복어 전문 조리사만 요리한다.
  ㉡ 독소가 많이 함유된 난소, 간, 내장 등의 부위는 먹지 않는다.
  ㉢ 독이 가장 많은 5~6월의 산란 직전에는 특히 주의한다.

(2) 마비성 조개류
  ① <u>홍합, 대합, 검은 조개 등에서 중독을 일으킨다.</u>
  ② <u>독성은 9~10월 가장 강하고 내열성이다.</u>
  ③ 독성분: <u>삭시톡신(Saxitoxin)</u>, <u>프로토고니오톡신(Protogonyautoxin)</u>,

　　　　고니오톡신(Gonyautoxin)
　　④ 잠복기: 식후 30분~5시간
　　⑤ 증상: 입술, 혀 등 안면 마비, 사지마비, 언어 장애 등이 나타나는 신경마비성 독소이다.
(3) 굴, 바지락, 모시조개 중독
　　① 독성분: 베네루핀(Venerupin)
　　② 독성은 2~5월 강하고 내열성이다.
　　③ 잠복기는 1~3일
　　④ 주요증상은 무기력, 급성위장염, 장점막 출혈, 황달, 피하출혈반응 등의 간독소이다.
(4) 어패류 독성물질 정리
　　① 복어
　　　　㉠ 함유부위: 간장, 난소 등
　　　　㉡ 독성물질: 테트로도톡신(Tetrodotoxin)
　　② 바지락
　　　　㉠ 함유부위: 내장
　　　　㉡ 독성물질: 베네루핀(Venerupin)
　　③ 굴
　　　　㉠ 함유부위: 내장
　　　　㉡ 독성물질: 베네루핀(Venerupin)
　　④ 굴
　　　　㉠ 함유부위: 근육, 내장
　　　　㉡ 독성물질: 삭시톡신(Saxitoxin)
　　⑤ 홍합
　　　　㉠ 함유부위: 근육, 내장
　　　　㉡ 독성물질: 삭시톡신(Saxitoxin)
　　⑥ 홍합
　　　　㉠ 함유부위: 간장
　　　　㉡ 독성물질: 삭시톡신(Saxitoxin)
　　⑦ 해삼
　　　　㉠ 함유부위: 내장
　　　　㉡ 독성물질: 홀로수린(Holothurin)
　　⑧ 뱀장어
　　　　㉠ 함유부위: 혈액

ⓒ 독성물질: 이크티오톡신(Ichthyotoxin)
⑨ 문어
　　㉠ 함유부위: 타액
　　ⓒ 독성물질: 티라민(Tyramine)

안전성

Point! 실전문제

1. 식품위해요소중점관리기준(HACCP)에 대한 설명 중 옳지 않은 것은?
  ① 식품 생산의 전과정에서 위해 물질이 해당 식품에 오염되는 것을 사전에 방지하기 위하여 각 과정을 중점적으로 관리하는 기준을 말한다.
  ② 농수산식품의 안전성과 생산량 증가 및 가격안정을 위한 시스템적 접근방법이다.
  ③ HACCP는 위해분석(HA)와 중요관리점(CCP)로 구성되어 있다.
  ④ 식품의 안전성을 확보하기 위한 과학적인 위생관리체계이다.

  정답 및 해설 ②

2. 농수산식품 유해요소중점관리제도(HACCP)의 효과와 거리가 먼 것은?
  ① 미생물 오염 억제에 의한 부패 저하
  ② 수산식품의 안전성 제고
  ③ 생산량 증대에 의한 가격 안정성 확보
  ④ 어획 후 신선도 유지기간 증대

  정답 및 해설 ③

3. 식품위해요인을 분석하고 중요관리점을 설정하여 식품안전을 관리하는 시스템은?
  ① HACCP
  ② GMP
  ③ ISO9001
  ④ QMP

  정답 및 해설 ①

4. 식품위해요소중점관리기준(HACCP)에서 정의하는 중요관리점(CCP)이란 무엇인가?
   ① 식품의 원료관리, 제조·가공·조리 및 유통의 모든 과정에서 위해한 물질이 식품에 혼입되거나 식품이 오염되는 것을 사전에 방지하기 위하여 각 과정을 중점적으로 관리하는 기준
   ② 한계기준을 적절히 관리하고 있는지 여부를 평가하기 위하여 수행하는 일련의 계획된 관찰이나 측정 등의 행위
   ③ 위해요소관리가 허용범위 이내로 충분히 이루어지고 있는지 여부를 판단할 수 있는 기준이나 기준치
   ④ 식품의 위해요소를 예방·제거하거나 허용수준 이하로 감소시켜 당해 식품의 안전성을 확보할 수 있는 중요한 단계 또는 공정

   정답 및 해설 ④

5. 유전자변형수산물의 안정성을 보장하기 위해 기본적으로 갖추어야 할 항목으로 옳지 않은 것은?
   ① 알레르기 유발물질이 들어 있지 않은 것 ② 자연발생 독성물질이 증가되지 않을 것
   ③ 중요 영양소의 감소가 없을 것 ④ 가공원료로 허용하지 않을 것

   정답 및 해설 ④

6. 다음 중 우리나라에서 HACCP 의무 적용 품목이 아닌 것은?
   ① 어묵류 ② 알칼리성 통조림
   ③ 굴 병조림 ④ 갑각류 냉동수산식품

   정답 및 해설 ②
   * 국내 수산가공품 중 HACCP 의무 적용품목은 어묵 등 7품목이다.
   - 어묵가공품 중 어묵류
   - 냉동수산식품 중 어류, 연체류, 패류, 갑각류, 조미가공품
   - 저산성 통조림, 병조림 중 굴 통조림

Point 실전문제

7. 다음은 식중독 원인균들이다. 성격이 다른 것은?
① 황색포도상구균 ② 살모넬라균
③ 장염비브리오균 ④ 노로바이러스

> **정답 및 해설** ④
> 세균성으로 감염형(장염비브리오균, 살모넬라균 등)과 독소형(황색포도상구균, 클로스트리듐 보툴리눔균 등)이 있으며 바이러스형으로 노로바이러스 등이 있다.

8. 다음 중 Staphylococcus aureus(황색포도상구균)에 대한 설명 중 옳지 않은 것은?
① 고농도 식염에서도 발육이 가능하다.
② 독소는 내열성이 커서 100℃에서 1시간 이상 가열하여도 활성을 잃지 않는다.
③ 주로 신경증상을 일으킨다.
④ 균의 성장 증식 시 독소인 Enterotoxin을 생성한다.

> **정답 및 해설** ③

9. 화농성 상처가 있는 사람이 조리한 음식을 먹고 식중독이 발생했다면 원인되는 균은?
① Campylobacter jejuni ② Staphylococcus aureus
③ Vibrio parahaemolyticus ④ Escherichia coli

> **정답 및 해설** ②

10. 청색증(syanosis)이 나타나는 어패류 독소는?
① 굴 ② 모시조개
③ 복어 ④ 뱀장어

> **정답 및 해설** ③

11. 다음은 어패류의 독에 대한 설명이다. 잘못 연결된 것은?

① 복어 – 테트로도톡신 ② 굴 – 베네루핀
③ 문어 – 마틸로톡신 ④ 바지락 – 삭시톡신

정답 및 해설 ③
문어 타액: 타라민

MEMO

수확후품질관리론 기출분석

❶ 수산물 유통정보·유통정책 및 기타

▶ 수산물 유통정책의 목적
1. 유통효율의 극대화
2. 가격안정
3. 가격수준의 적정화
4. 식품안전성의 확보

▶ 수산업 정보의 종류 및 특징
통계, 관측, 시장정보, 수산물 생산정보, 수산물 가공정보, 수산물 유통정보 등

▶ 유통정보 시스템
1. RFID(Radio Frequency Identification)
  지금까지 유통분야에서 일반적으로 물품관리를 위해 사용된 바코드를 대체할 차세대 인식기술로 꼽힌다. 우리나라의 경우 RFID는 대중교통 요금징수 시스템은 물론, 그 활용 범위가 넓어져 유통분야 뿐만 아니라, 동물 추적장치, 자동차 안전장치, 개인출입 및 접근허가장치, 전자요금징수장치, 생산관리 등 여러 분야로 활용되고 있다.
2. 부가가치 통신망(VAN, Value Added Network)
  가. 통신사업자가 통신회선을 직접보유하거나 통신회선을 임차하여 정보를 축적, 가공, 변환하여 부가가치를 부여한 음성, 화상 등의 정보를 정보 이용자들에게 제공하기 위하여 구축된 통신망으로 기본통신서비스, 화상회의서비스, 통신처리서비스, 정보처리서비스, 정보제공서비스, 국제통신서비스 등이 있다.
     LAN은 근거리통신망이고, EDI는 전자문서교환이며, CALS는 광속상거래이다.
3. 전자식 정보교환 시스템(EDI, Electronic Data Interchange)
  가. 전자문서(자료)교환 시스템이라고 하며, 거래 업체 간에 상호 합의된 전자문서표준을 이용하여 인간의 조정을 최소화한 컴퓨터와 컴퓨터 간의 구조화된 데이터의 전송을 의미한다.
  나. EDI 시스템의 도입은 기존 경쟁자에 대해서 차별화가 가능하고 새로운 경쟁자에 대해서는 진입장벽 구축의 효과를 가져다준다.
4. 정보통합 운용시스템(CALS, Computer At Light Speed)
  문서에 의한 조달과 운용의 정보를 디지털화하고 자동화·통합화하며 아울러 업무의 개선을 달성하는 미국 국방성과 미국 산업계의 전략이라고 정의할 수 있다. CALS는 동시공학, 제품수명주기 등의 개념을 도입하여 문서관리 소요비용, 행정절차 간소화, 인력감소 등을 통해 생산성을 비약적으로 향상시키고자 한다.
5. 고객관계관리(CRM, Customer Relationship Management) : 기존고객관리전략

▶ 유통정보 시스템의 유형
1. 전자식 정보교환시스템(EDI)
2. 바코드와 POS시스템
3. 소비자 ID카드
4. 데이터베이스
5. 부가가치 통신망(VAN)
6. 전략적 정보시스템(SIS)

> - SCM : 공급망 관리, 공급사슬 관리, 유통 총공급망 관리
> - TPL : 통합물류관리 시스템 제3자 물류
> - EOS : 자동발주시스템, 도·소매 모두 상품 보충 발주 시스템

※ 고객서비스에 대한 만족도는 외부환경이 아니라 유통정보 시스템이 실현되었을 때 고객이 느끼는 서비스 만족도이다.

※ 유통정보 시스템은 경영정보 시스템과 마케팅정보 시스템을 포함하지 않는다.

▶ 수산물 유통정보의 기능
1. 수산물 유통과정에서 발생하는 낭비의 최소화
   수산물 유통과정에서 낭비를 최소로 줄이는 윤활유와 같은 기능을 한다.
2. 합리적인 의사결정의 조성
   생산자, 유통업자, 소비자 정책입안자 연구자들에게 합리적인 의사결정을 하도록 도와준다.
3. 시장에서의 공정거래 촉진
   시장에서의 공정거래를 촉진시켜 어업인의 불이익을 감소시켜주며 수산물 상품의 특성에 따른 거래의 불확실성과 위험비용을 감소시킨다.
4. 유통비용의 감소
   거래자 간의 상품이용 및 거래시간을 감소시키고, 시장참가들 간에 지속적인 경쟁을 유발시켜 유통비용을 줄이는 역할을 한다.

▶ 수산물 유통정보의 분류
정보내용의 특성에 따라서
1. 통계정보 : 과거
2. 관측정보 : 미래
3. 시장정보 : 현재

※ 유통에 관련된 정보가 가장 처음 만들어지는 것은 수산물의 생산이 이루어지는 곳으로 양식장, 공동어장, 어선 등이 이에 포함된다.

▶ 수산물 유통정보의 요건

1. 적시성 : 다른 상품에 비해 신속한 정보제공
2. 정확성 : 정확히 반영한 것이어야 한다. 시장상황에 대한 정확한 정보를 수집해야 한다는 정보 수집 구성원의 의지가 필요하다.
3. 적절성
  가. 정보는 사용자의 목적, 의사결정과 관련하여 도움을 주어야 한다는 점에서 요구하는 것
  나. 정보는 다른 자산과는 달리 많으면 많을수록 효용이 커지는 것이 아니라 필요한 사용자에게 적절히 제공될 때에 그 가치가 커진다.
4. 통합성
  가. 개별적인 정보는 많은 관련 정보들과 통합됨으로써 재생산되는 상승효과를 가져온다.
5. 완전성
  가. 중요한 정보가 충분히 내포되어 있을 때 비로소 완전한 정보가 할 수 있다.
6. 기타 : 계속성, 객관성

▶ 수산물 가격 및 수급 안정 정책
1. 정부주도형 : 수산비축 사업
2. 민간협력형 : 수산업관측사업, 유통협약사업, 자조금제도

▶ 수산물의 식품안전성을 확보하기 위해 도입한 제도
① 수산물 안전성 조사제도
② 식품안전관리인증기준(HACCP)제도
③ 수산물 원산지 표시 제도
④ 수산물이력제도
⑤ 친환경수산물인증제도

▶ 수산물 소비의 특징
  산물 소비에 영향을 미치는 요인으로는 소득, 가격, 대체재 가격, 환율 등과 같은 경제적 변수 이외에도 연령, 시대, 과거 식습관 등과 같은 인구·사회적 요인을 들 수 있다. 최근 수산물소비에서 관찰되는 특징을 다음과 같이 유형화해 볼 수 있다.
1. 고급화   2. 간편화   3. 외부화   4. 안전지향

▶ 국내 수산물 가격 폭락의 원인

- 수입량의 급증
- 생산량의 급증
- 먹거리(수산물 등)의 문제점 발견시

▶ 국제기구
1. FTA : 자유 무역 협정(Free Trade Agreement)의 줄임말로, 국가 간에 관세 등 무역장벽을 낮추는 협정이다.
2. FAO : 국제식량농업기구 FAO(Food and Agriculture Organization) 국제연합에서 가장 오래된 상설전문기구이다.
3. WTO : 세계무역기구(World Trade Organization)
   관세 및 무역에 관한 일반협정(GATT) 체제를 대신하여 1995년부터 세계 경제질서를 규율해가고 있는 새로운 국제기구이다.
4. WHO : (유엔의)세계보건기구 World Health Organization

※ 국가 간 경제 통합단계
자유무역협정(FTA)→ 관세동맹→ 공동시장→ 경제공동체→ 단일시장으로 점차 발전한다.

▶ FTA(Free Trade Association, 자유무역협정)
 특정 국가 간의 상호 무역증진을 위해 물자나 서비스 이동을 자유화시키는 협정으로, 나라와 나라 사이의 제반 무역장벽을 완화하거나 철폐하여 무역자유화를 실현하기 위한 양국 간 또는 지역 사이에 체결하는 특혜무역 협정이다.
 FTA는 시장이 크게 확대되어 비교우위에 있는 상품의 수출과 투자가 촉진되고, 동시에 무역창출 효과를 거둘 수 있다는 장점이 있으나, 협정 대상국에 비해 경쟁력이 낮은 산업은 문을 닫아야 하는 상황이 발생할 수도 있다는 점이 단점으로 지적된다.

- 참고 -
※ UN 해양법 협약
〈주요내용〉
1. 영해의 폭을 최대 12해리로 확대
2. 200해리 배타적 경제수역제도를 신설
3. 심해저 부존광물자원을 인류의 공동유산으로 정의
4. 해양오염방지를 위한 국가의 권리와 의무를 명문화
5. 연안국의 관할수역에서 해양과학조사 시의 허가 등을 규정
6. 국제해양법재판소의 설치 등 해양관련 분쟁해결의 제도화

※ 배타적 경제수역(Exciusive Economic Zone : EEZ)
 1982년 UN해양법협약이 공해어업질서에 가장 큰 영향을 미친 것은 배타적 경제수역의 도입이다. 연안국이 자국해안으로부터 200해리 안에 있는 해양자원의 탐사, 개발 및 보존, 해양환경의 보존과 과학적 조사활동 등 모든 주권적 권리를 인정하는 UN 해양법 협약상의 해역을 말한다.

Point 실전문제

② 수확 후 품질관리론

▶ 원료품질관리 개요 이론

▶ 수산물의 내재적 특성
1. 단백질 식품이 많다.
 가. 수산물 중 특히 동물성 어패류(어류, 패류, 갑각류 및 연체류 등의 수산동물)의 근육은 축육에 비해 지질함량이 낮으며 우수한 아미노산 조성의 단백질로 구성되어 있다.
 나. 소화흡수성은 축육보다 우수하고 지질 함량이 낮아 열량은 낮은 고단백 저지방의 다이어트 식품으로 활용된다.
2. 영양성분의 변동이 심하다.
3. 변질이 쉽다.
4. 취급이 불편하며 비린내가 난다.
5. 식중독을 일으키기 쉽다.
6. 가식부의 조직 및 성분조성이 다르다.

▶ 수산물의 어획상의 특성
1. 어획이 불안정하다.
2. 어획장소와 어획시기가 한정되어 있다.
3. 일시 다획성이다.

▶ 수산물의 거래상의 특성
1. 거래에 있어서 시간적, 수량적인 제한이 있다.
2. 수산물의 특성 상 선물거래가 매우 어렵다.
3. 가격의 평준화가 어렵다(가격의 변동성이 크다).

▶ 어류의 근육조직
1. 어류는 근육을 구성하는 단위체인 근섬유가 모여서 근육조직을 이루고 있다.
2. 근섬유 속에는 수많은 근원섬유가 줄지어 들어있고 그 사이에 근형질이 들어있다.
3. 근원섬유에는 굵은 필라멘트를 이루고 있고 머리 부분과 꼬리부분으로 이루어진 단백질인 미오신과 얇은 필라멘트를 이루고 있는 이중나선 선형 단백질인 액틴이 대부분을 차지한다.
4. 어류의 근섬유의 크기는 축육보다 짧고 굵은 편이다.

5. 결합조직은 근섬유나 내부기관을 결속하는 섬유모양의 조직으로 어육은 결합조직이 축육보다 적어 조직이 약하고, 부드러운 것이 특징이다.

▶ 적색육
1. 비교적 운동성이 강한 회유성 어종에 적색육이 많다.
2. 미오글로빈, 헤모글로빈 등과 같은 근육색소의 함량이 많다.
3. 근섬유는 조금 가늘며, 근섬유 내에서는 근원섬유에 비해 근형질량이 많다.

▶ 백색육
1. 유동성이 약한 정착성 어류인 돔, 넙치, 대구, 가자미 등과 같이 근육의 색이 비교적 흰 어류를 일컫는다.
2. 근육 내의 색소 단백질이 극히 적고 근형질에 비하여 근원섬유가 많으며 수분, 총질소가 다소 많다.
3. 적색육 어류에는 백색육이 어느 정도 함유되어 있지만, 백색육 어류에는 적색육이 거의 없다.

▶ 적색육 어류와 백색육 어류의 지방 함유량의 차이
1. 적색육 어류 : 껍질과 근육에 지방이 많고, 내장에는 적은 편이다.
2. 백색육 어류 : 근육에는 적고 껍질과 내장 특히 간에 많다.
  가. 어체 부위별로 볼 때 복부에 특히 지방함유량이 많다.
  나. 어패류의 맛있는 시기는 지방 함유량이 많은 시기와 대체로 일치한다.

▶ 적색근과 백색근의 비교
 적색근은 백색근에 비하여 가늘고 지질이 풍부하다. 적색근과 백색근의 큰 차이점은 운동 시 역할이 다름에 있다.
1. 백색근 : 포식자로부터 도피나 먹이의 반격 시 급류를 거슬러 올라가는 등 긴급 시에만 사용하며 순간적인 큰 에너지를 발산한다. 산소를 사용하지 않고 글리코겐의 대사로 에너지를 얻는다. 일단 사용하게 되면 곧 다량의 젖산이 축적되어 단시간에 쉽게 피로해진다.
2. 적색근 : 어류가 저속으로 회유하거나, 장시간에 걸쳐 지속적인 유영을 하기 위해 사용한다. 지질을 산소로 태워 에너지를 얻으므로 젖산의 축적이 없다. 따라서 장시간의 유영을 계속 유지하여도 피로감이 없다.

▶ 어패류의 주요성분
1. 수분

가. 영양적인 가치는 없지만 어패류의 가공, 저장, 조직, 맛, 색깔 등에 큰 영향을 끼친다.
나. 어패류에는 수분이 70~85% 정도 함유되어 있는데 축육에 비해 수분의 함유량이 다소 높은 편이며, 해조류에는 수분이 90% 넘는 경우도 있다.
다. 어린 물고기의 내부에 많고 또한 적색육 어류보다는 백색육 어류에 많으며 수산 무척추동물에도 수분 함유량이 많다.
라. 존재 상태에 따라 자유수와 결합수로 구분 되는데 자유수는 어육성분과 결합되어 있지 않지만 결합수는 어육성분과 결합되어 있어 0℃ 이하로 냉각하여도 얼지 않는다.
마. 어패류의 수분함유량은 지질함유량과 반비례한다.

2. 단백질
 가. 비교적 변동이 적으며, 수분 함유량이 많으면 그만큼 단백질 함유량이 줄어든다.
 나. 어패류를 건조하여 수분을 제거하면 종류에 따른 단백질 함유량에는 차이가 적다.
 다. 어패류의 근육단백질은 축육과 마찬가지로 육장단백질과 기질단백질로 크게 구분된다.

▶ 육장단백질 : 구상의 근형질단백질, 섬유상의 근원섬유단백질
▶ 기질단백질 : 콜라겐, 엘라스틴 등의 결합단백질

1) 근원섬유단백질
근원섬유의 미세섬유인 근육미세섬유는 굵거나 가능 2종류가 존재한다.
 가) 가는 미세섬유는 주로 '액틴'이라는 단백질로 구성(약 22% 정도)
 나) 굵은 미세섬유는 주로 '미오신'이라는 단백질로 구성(약 48% 정도)
  (1) 어묵과 같은 탄력이 있는 어육 연제품을 만드는 데 결정적인 역할을 한다.
  (2) 가열이나 냉동에 의하여 변성되기 쉽다. 특히, 저수온수역에 사는 어류의 근원섬유 단백질은 변성되기 쉽다.
  (3) 근육의 수축과 이완운동에 관여한다.
2) 근형질 단백질(근장 단백질)
 가) 미오겐, 글로불린엑스, 미오글로빈 등으로 이루어지며, 어육의 색과 깊은 관련이 있다.
 나) 근형질 단백질은 어육의 사후변화, 숙성, 육색변화 등 어육의 가공과도 깊은 관련이 있다.
 다) 미오글로빈의 함량은 지속적 운동을 하는 적색근에 현저하게 많다.
3) 근기질 단백질
 가) 어패류의 껍질, 뼈, 비늘, 힘줄 등의 결합조직을 구성하는 불용성 단백질로 그 함량은 어패류 단백질의 2~5%로 가장 낮다.
 나) 섬유모양을 하고, 콜라겐이 대표적이다.
 다) 어류의 콜라겐은 축육의 콜라겐보다 소화되기 쉽고, 열에 쉽게 수축 되어 젤라틴으로 되기 쉽다.
 라) 어패류는 근기질 단백질이 현저하게 적으므로 조직이 연하고 선도가 빨리 떨어지는 특성이 있다.

▶ 단백질의 함유량
어류(20%) > 오징어, 패류(15% 전후) > 굴, 우렁쉥이, 해삼(약 5%)

3. 지질(지방)
  가. 오메가-3 고도불포화 지방산(DHA, EPA 등)이 많이 들어있어 생체조절 기능이 우수하다.
  나. 지질은 어패류의 일반성분 중 가장 변동이 심하다.
  다. 적색육 어류에는 껍질과 근육에 지질이 많고 내장에는 적은 편이다. 백색육 어류에는 근육에 지질이 적고 껍질. 내장 특히 간에 많다.
  라. 어체 부위 별로 볼 때, 복부에 특히 지질 함유량이 많다.
  마. 어획시기별로 볼 때, 복부에 특히 지질 함유량이 많다.
  바. 어획시기별로 산란 전에 지질 함유량이 많은데 어패류의 맛있는 시기는 지질 함유량이 많은 시기와 대체로 일치한다.
  사. 대체로 자연산 어류보다 양식산에 있어 근육의 지질 함유량이 높은 편이며 수분 함량과는 반대의 경향을 보인다.

4. 탄수화물
  가. 지질보다는 열량이 낮지만 지질과 함께 에너지를 공급하는 중요한 물질이다.
  나. 다당류인 글리코겐은 동물에게 에너지를 공급하는 중요한 물질이다.
  다. 글리코겐이 많은 어종일수록 사후젖산의 생성량이 많아 근육의 pH가 낮아진다.
  라. 어패류의 근육 중에 많은 탄수화물은 글리코겐이다.
  마. 패류의 글리코겐 함량은 계절에 따라 큰 차이를 보이는데 특히 제철에는 함유량이 높다. 굴의 경우 제철인 겨울에 글리코겐이 함유량이 가장 높다.
  바. 콘드로이틴황산은 상어나 가오리의 뼈와 해삼에 많이 들어있다.
※ 해조류에 들어있는 대표적인 탄수화물
1. 한천 : 홍조류인 우뭇가사리 및 꼬시래기에서 주로 추출하는 제품
2. 카라기난 : 홍조류인 진두발 등에서 추출
3. 알긴산 : 갈조류인 감태 등에서 추출
4. 푸코이단 : 세포벽을 구성하는 물질 중 황을 함유하고 있는 산성 다당류의 일종으로 체내에서 혈액이 응고되는 것을 방지

5. 엑스성분
  가. 어패류의 맛과 기능성에 중요한 역할을 하고 어패류의 변질과도 관련이 많다.
  나. 척추동물보다는 무척추동물에서 엑스성분 함유량이 많다.
  다. 엑스성분에는 아미노산, 뉴클레오티드, 베타인, 유기산 등이 있다.
  라. 어패류의 맛에는 아미노산, 뉴클레오티드 등이 많이 관여한다.
  마. 어패류의 엑스성분에서 가장 많이 차지하는 것은 글리신, 알라닌, 글루탐산 등과 같은 유리아미노산이다. 특히, '글루탐산'은 맛을 내는 아미노산 중에서 가장 중요하다.
  바. 뉴클레오티드 중에서 맛에 크게 관여하는 성분은 '이노신산'으로 이것은 매우 좋은 맛을 내는 성분이지만 다른 맛의 성분과 맛의 상승작용이 강한 특성이 있다.

사. 조개류에는 '숙신산'이 많아 국물이 시원하게 느껴지며, 연체동물과 갑각류에는 '베타인'이 많아 상쾌한 맛을 낸다.

아. 건조오징어의 표피를 덮고 있는 흰 가루 성분이 '타우린'이다.

자. 성게의 쓴맛은 아미노산의 일종인 '발린'이다.

6. 냄새성분

가. 트리메틸아민옥사이드(TMAO)는 해수어에 많이 존재하나, 담수어에는 거의 없는 것이 특징이다.

나. 상어, 가오리, 홍어 등의 연골어류 근육에는 트리메틸아민옥사이드(TMAO)와 요소의 함유량이 일반어류보다 월등히 많다.

다. 어패류를 굽거나 조릴 때에 나는 구수한 냄새는 비린내 성분인 '피페리딘'이 조미성분 등과 반응하여 나는 냄새

라. 오징어나 문어를 삶을 때 나는 독특한 냄새는 '타우린' 때문이다.

마. 미꾸라지 등의 담수어 등에서 나는 흙냄새는 '지오스민'이다.

7. 색소

가. 피부색소 : 멜라닌과 카로티노이드

나. 근육색소 : 미오글로빈(대부분의 어류), 아스타잔틴(연어, 송어 등)

다. 혈액색소 : 헤모글로빈(어류), 헤모시아닌(갑각류)
⇒ 헤모글로빈에는 Fe(철)이, 헤모시아닌에는 Cu(구리)가 함유

라. 내장색소 : 오징어 먹물에 있는 검은색 색소인 멜라닌이 있다.

▶ 어패류의 선도판정법의 종류

1. 물리적 방법 : 육질이나 고기추출액의 물성을 측정하기 때문에 신속히 할 수 있지만 실용가치는 없다. 어체의 경도, 어육 압착즙의 점도, 전기저항, 안구수정체의 탁도 등을 측정하여 선도를 판정하는 방법이 있다.

2. 화학적 방법 : 어패류의 단백질 그 밖의 성분의 세균에 의한 분해 생산물

▶ 유리아미노산, 휘발성 염기질소, 트리메틸아민, 휘발성 유기산, 휘발성·환원성 물질 등을 측정한다. 실용적으로는 휘발성 염기, 트리메틸아민의 특정이 초기부패의 판정에 널리 쓰이고 있다. 일반적으로 효소 화학적 방법은 선도의 지표로서 유력하며 상당히 신뢰도가 높은 방법이다.

3. 세균학적 방법 : 어패류의 생균수를 직접 측정한다. 조작도 번잡하고 시간을 요하는 것이 어려운 점이지만 주로 식품위생의 관점에서 실시된다.

4. 관능적 방법 : 인체의 감각을 이용하여 껍질의 상태(색깔, 비늘 등) 아가미의 색깔, 안구의 형태, 복부(연화, 항문에 장의 내용물 노출 등), 육의 투명감, 냄새 및 지느러미의 상처 등을 관찰함으로써 선도를 판정한다.

주관성이 강하며, 객관성 및 재현성이 결핍되는 문제점을 가진다.

③ 저장

▶ 저 장 이 론

▶ 어패류의 사후변화
1. 해당작용
   가. 수산물에 함유된 글리코겐이 분해되면서 에너지 물질인 ATP(아데노신 3인산)와 젖산이 생성되는 과정이다.
   나. 젖산의 양이 많아지면 근육의 pH가 낮아지고 근육의 ATP도 분해된다.
   다. 젖산의 축적과 ATP의 분해되면 사후경직이 시작된다.
2. 사후경직
   가. 어패류가 죽은 후의 일정시간이 경과 후에는 근육이 수축되어 탄성을 잃고 딱딱하게 되는 현상이다.
   나. ATP의 소실에 의하여 미오신과 액틴이 결합하여 액토미오신이 형성되어 근육은 수축 된다.
   다. 사후경직의 시작시간과 지속시간은 어패류의 종류, 연령, 성분조성, 생전의 활동, 사후상태, 사후의 관리 및 환경온도 등에 따라 달라지게 된다.
   라. 즉사한 경우가 고생사한 경우보다 사후경직이 늦게 시작되고 지속시간도 길다.
   마. 붉은 살 생선이 흰 살 생선보다 사후경직이 빨리 시작되고 지속시간이 짧다.
   바. 어패류의 신선도 유지와 직결되므로 죽은 후에 저온 등의 방법으로 사후경직 지속시간을 길게 해야 신선도를 오래도록 유지할 수 있다.
3. 해경
   가. 사후경직이 지난 뒤 수축된 근육이 풀어지는 현상이다.
   나. 해경의 단계는 극히 짧아 바로 자가(기)소화단계로 이어진다.
4. 자가(기)소화
   가. 근육조직 내의 자가소화 작용으로 근육 단백질이 부드러워지는 현상이다.
   나. 단백질 분해효소가 분해되면서 자가소화의 특징이다.
   다. 자가소화에 영향을 주는 주요요소는 어종, 온도, pH이다.
   라. 자가소화가 진행되면 조직이 연해지고 풍미도 떨어지며 부패로 진행된다.
   마. 자가소화를 이용한 식품으로 젓갈, 액젓, 식해류 등이 있다.
5. 부패
   비린내가 나타나는 현상: 트리메틸아민옥사이드(TMAO)가 트리메틸아민 (TMA)으로 환원되는 과정에서 나는 냄새다.
   가. 단백질이나 지질 등이 미생물의 작용에 의해 분해되는 과정이다.
   나. 비린내의 주요성분인 트리메틸아민(TMA)은 트리메틸아민옥사이드(TMAO)가 세균 또는 효소작용에 의하여 환원되어 발생된다.

다. 아미노산은 분해되어 아민류, 지방산, 암모니아 등을 생성해서 매운맛과 부패냄새의 원인이 된다.
라. 유독싱 아민류인 히스타민이 생겨서 알레르기나 두드러기 등의 중독을 일으킨다.

▶ 비린내 생성에는 트리메틸아민(TMA), 요소(Urea), 황이온을 가진 아미노산 등의 많은 화합물이 관여하고 있다.

▶ 트리메틸아민옥사이드(TMAO)는 어류가 사는 위치, 어종, 계절 등에 따라 양의 변화가 나타난다.

▶ 미꾸라지 등의 담수어에서 나는 흙냄새는 지오스민 등에서 비롯된다.

※ 어패류의 부패
1. 일반적으로 돔이나 넙치 같은 백색육 생선보다도 고등어나 다랑어 같은 적색육 생선의 부패속도가 빠르다.
2. 스트레스 등의 치사조건은 어패류의 사후 선도유지나 품질에 영향을 준다. 즉살시킨 어류는 고생사 시킨 어류보다 품질이 좋다는 것은 알려진 사실이다.
3. 일반적으로 어육은 산성 영역에서 자가소화는 촉진되나 부패세균의 발육은 억제된다. 어패류의 산도(pH)는 부패속도 추정의 좋은 요소이다.
4. 초기에 트리메틸아민(비린내 성분)이 생성되고 이후, 아민, 휘발성산, 암모니아, 인돌, 스카톨, 황화수소, 메탄 등이 생성된다.

▶ 화학적 선도 판정법
1. pH 측정법에 따른 어패류의 초기부패 판정기준
   활어의 경우 pH7.2~7.4이지만, 사후경직 시 pH5.6~6.0 정도로 낮아진다.
   ⇒ 이유 : 젖산 생성으로 인한 pH의 감소 이후, 부패가 시작되면 염기성 질소화합물이 생성되어 다시 pH가 높아진다.
   pH가 감소하다 증가하는 시점의 pH를 초기 부패시기 기준으로 한다.
   가. 적색육 어류 : pH6.2~6.4
   나. 백색육 어류 : pH6.7~6.8
   다. 새우류 : pH7.7~7.8
2. K값 측정법(신선어류에 대한 초기선도 표시방법 - K값이 낮을수록 좋다)
   가. 즉살어 : 10% 이하
   나. 생선회(고급 다랑어류)나 초밥 등의 상등품 : 20% 이하

다. 소매점에서 판매하는 선어 : 30% 정도

▶ ATP는 사후 어류의 근육에 형성된 산물로, 관련효소에 의해 아래 분해 과정을 거친다.

> ATP ⇒ ADP ⇒ AMP ⇒ IMP ⇒ HxR(이노신) ⇒ Hx(하이포산틴)
> 죽은 후 바로 진행되어 IMP가 축적 ⇒ 사후 직후 거의 존재X, 신선도가 떨어질수록 증가
> 어류의 신선도(K값, %) : 사후 ATP 분해 생성물 총량에 대한 HxR + Hx량의 백분율

3. 휘발성 염기질소(VBN) 측정법
   ★현재 어패류 선도판정 방법으로 가장 널리 쓰고 있는 방법
   가. 어육 부패정도에 따른 휘발성 염기질소의 수치를 기준으로 하는 방법
     1) 휘발성 염기질소(VBN) : 어육 내 단백질, 아미노산, 요소, TMAO 등이 세균 및 효소에 의해 분해되어 생성되는 산물
     2) 신선육 : 5~10mg/100g
     3) 보통선도어육 : 15~20mg/100g
     4) 부패초기어육 : 30~40mg/100g의 VBN(휘발성 염기질소)이 들어 있다.
   나. 홍어, 상어, 가오리 등의 연골어류는 이 방법으로 선도를 판정할 수 없다.
   다. 통조림과 같은 수산가공품의 경우 15~20mg/100g 이하인 것을 사용하는 것이 좋다.

4. 트리메틸아민(TMA) 측정법
   가. TMAO로부터 환원된 TMA 생성량을 기준으로 선도를 측정하는 방법
   나. 초기부패 어류의 TMA 측정값
     1) 일반어류 : 3~4mg/100g
     2) 대구 : 4~6mg/100g
     3) 청어 : 7mg/100g
     4) 다랑어 : 1.5~2.0mg/100g
   다. 담수어는 TMA 방법으로 선도를 판정할 수 없다.
   라. 홍어, 상어, 가오리 등 연골어류는 기본적으로 체내 삼투압 조절에 필요한 요소와 TMAO 수치가 높으므로, TMA 측정법에 의한 초기부패 측정이 불가능하다.

▶ 세균학적 선도판정법
1. 어육 1g 당 세균수가 105 CFU 이하 : 신선
2. 어육 1g 당 세균수가 105~106 CFU : 초기 부패단계
3. 어육 1g 당 세균수가 15 x 106 CFU 이상 : 부패

▶ 어패류의 사후변화

Point 실전문제

1. 해당작용
   - 가. 수산물에 함유된 글리코겐이 분해되면서 에너지 물질인 ATP(아데노신 3인산)와 젖산이 생성되는 과정이다.
   - 나. 젖산의 양이 많아지면 근육의 pH가 낮아지고 근육의 ATP도 분해된다.
   - 다. 젖산의 축적과 ATP의 분해되면 사후경직이 시작된다.

2. 사후경직
   - 가. 어패류가 죽은 후의 일정시간이 경과 후에는 근육이 수축되어 탄성을 잃고 딱딱하게 되는 현상이다.
   - 나. ATP의 소실에 의하여 미오신과 액틴이 결합하여 액토미오신이 형성되어 근육은 수축된다.
   - 다. 사후경직의 시작시간과 지속시간은 어패류의 종류, 연령, 성분조성, 생전의 활동, 사후상태, 사후의 관리 및 환경온도 등에 따라 달라지게 된다.
   - 라. 즉사한 경우가 고생사한 경우보다 사후경직이 늦게 시작되고 지속시간도 길다.
   - 마. 붉은 살 생선이 흰 살 생선보다 사후경직이 빨리 시작되고 지속시간이 짧다.
   - 바. 어패류의 신선도 유지와 직결되므로 죽은 후에 저온 등의 방법으로 사후경직 지속시간을 길게 해야 신선도를 오래도록 유지할 수 있다.

3. 해경
   - 가. 사후경직이 지난 뒤 수축된 근육이 풀어지는 현상이다.
   - 나. 해경의 단계는 극히 짧아 바로 자가(기)소화단계로 이어진다.

4. 자가(기)소화
   - 가. 근육조직 내의 자가소화 작용으로 근육 단백질이 부드러워지는 현상이다.
   - 나. 단백질 분해효소가 분해되면서 자가소화의 특징이다.
   - 다. 자가소화에 영향을 주는 주요요소는 어종, 온도, pH이다.
   - 라. 자가소화가 진행되면 조직이 연해지고 풍미도 떨어지며 부패로 진행된다.
   - 마. 자가소화를 이용한 식품으로 젓갈, 액젓, 식해류 등이 있다.

5. 부패

   비린내가 나타나는 현상: 트리메틸아민옥사이드(TMAO)가 트리메틸아민 (TMA)으로 환원되는 과정에서 나는 냄새다.
   - 가. 단백질이나 지질 등이 미생물의 작용에 의해 분해되는 과정이다.
   - 나. 비린내의 주요성분인 트리메틸아민(TMA)은 트리메틸아민옥사이드(TMAO)가 세균 또는 효소작용에 의하여 환원되어 발생된다.
   - 다. 아미노산은 분해되어 아민류, 지방산, 암모니아 등을 생성해서 매운맛과 부패냄새의 원인이 된다.
   - 라. 유독성 아민류인 히스타민이 생겨서 알레르기나 두드러기 등의 중독을 일으킨다.

▶ 비린내 생성에는 트리메틸아민(TMA), 요소(Urea), 황이온을 가진 아미노산 등의 많은 화합물이 관여하고 있다.

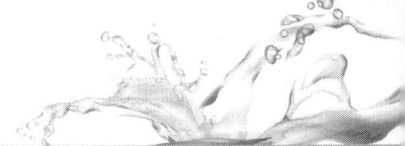

▶ 트리메틸아민옥사이드(TMAO)는 어류가 사는 위치, 어종, 계절 등에 따라 양의 변화가 나타난다.

▶ 미꾸라지 등의 담수어에서 나는 흙냄새는 지오스민 등에서 비롯된다.

※ 어패류의 부패
1. 일반적으로 돔이나 넙치 같은 백색육 생선보다도 고등어나 다랑어 같은 적색육 생선의 부패속도가 빠르다.
2. 스트레스 등의 치사조건은 어패류의 사후 선도유지나 품질에 영향을 준다. 즉살시킨 어류는 고생사 시킨 어류보다 품질이 좋다는 것은 알려진 사실이다.
3. 일반적으로 어육은 산성 영역에서 자가소화는 촉진되나 부패세균의 발육은 억제된다. 어패류의 산도(pH)는 부패속도 추정의 좋은 요소이다.
4. 초기에 트리메틸아민(비린내 성분)이 생성되고 이후, 아민, 휘발성산, 암모니아, 인돌, 스카톨, 황화수소, 메탄 등이 생성된다.

▶ 어패류의 선도판정법의 종류
1. 물리적 방법 : 육질이나 고기추출액의 물성을 측정하기 때문에 신속히 할 수 있지만 실용가치는 없다. 어체의 경도, 어육 압착즙의 점도, 전기저항, 안구수정체의 탁도 등을 측정하여 선도를 판정하는 방법이 있다.
2. 화학적 방법 : 어패류의 단백질 그 밖의 성분의 세균에 의한 분해 생산물

▶ 유리아미노산, 휘발성 염기질소, 트리메틸아민, 휘발성 유기산, 휘발성·환원성 물질 등을 측정한다. 실용적으로는 휘발성 염기, 트리메틸아민의 특정이 초기부패의 판정에 널리 쓰이고 있다. 일반적으로 효소 화학적 방법은 선도의 지표로서 유력하며 상당히 신뢰도가 높은 방법이다.
3. 세균학적 방법 : 어패류의 생균수를 직접 측정한다. 조작도 번잡하고 시간을 요하는 것이 어려운 점이지만 주로 식품위생의 관점에서 실시된다.
4. 관능적 방법 : 인체의 감각을 이용하여 껍질의 상태(색깔, 비늘 등) 아가미의 색깔, 안구의 형태, 복부(연화, 항문에 장의 내용물 노출 등), 육의 투명감, 냄새 및 지느러미의 상처 등을 관찰함으로써 선도를 판정한다. 주관성이 강하며, 객관성 및 재현성이 결핍되는 문제점을 가진다.

▶ 화학적 선도 판정법
1. pH 측정법에 따른 어패류의 초기부패 판정기준
활어의 경우 pH7.2~7.4이지만, 사후경직 시 pH5.6~6.0 정도로 낮아진다.

⇒ 이유 : 젖산 생성으로 인한 pH의 감소 이후, 부패가 시작되면 염기성 질소화합물이 생성되어 다시 pH가 높아진다.

pH가 감소하다 증가하는 시점의 pH를 초기 부패시기 기준으로 한다.

 가. 적색육 어류 : pH6.2~6.4

 나. 백색육 어류 : pH6.7~6.8

 다. 새우류 : pH7.7~7.8

2. K값 측정법(신선어류에 대한 초기선도 표시방법- K값이 낮을수록 좋다)

 가. 즉살어 : 10% 이하

 나. 생선회(고급 다랑어류)나 초밥 등의 상등품 : 20% 이하

 다. 소매점에서 판매하는 선어 : 30% 정도

▶ ATP는 사후 어류의 근육에 형성된 산물로, 관련효소에 의해 아래 분해 과정을 거친다.

ATP ⇒ ADP ⇒ AMP ⇒ IMP ⇒ HxR(이노신) ⇒ Hx(하이포산틴)

죽은 후 바로 진행되어 IMP가 축적 ⇒ 사후 직후 거의 존재X, 신선도가 떨어질수록 증가

어류의 신선도(K값, %) : 사후 ATP 분해 생성물 총량에 대한 HxR + Hx량의 백분율

---

3. 휘발성 염기질소(VBN) 측정법

 ★현재 어패류 선도판정 방법으로 가장 널리 쓰이고 있는 방법

 가. 어육 부패정도에 따른 휘발성 염기질소의 수치를 기준으로 하는 방법

  1) 휘발성 염기질소(VBN) : 어육 내 단백질, 아미노산, 요소, TMAO 등이 세균 및 효소에 의해 분해되어 생성되는 산물

  2) 신선육 : 5~10mg/100g

  3) 보통선도어육 : 15~20mg/100g

  4) 부패초기어육 : 30~40mg/100g의 VBN(휘발성 염기질소)이 들어 있다.

 나. 홍어, 상어, 가오리 등의 연골어류는 이 방법으로 선도를 판정할 수 없다.

 다. 통조림과 같은 수산가공품의 경우 15~20mg/100g 이하인 것을 사용하는 것이 좋다.

4. 트리메틸아민(TMA) 측정법

 가. TMAO로부터 환원된 TMA 생성량을 기준으로 선도를 측정하는 방법

 나. 초기부패 어류의 TMA 측정값

  1) 일반어류 : 3~4mg/100g

  2) 대구 : 4~6mg/100g

  3) 청어 : 7mg/100g

  4) 다랑어 : 1.5~2.0mg/100g

 다. 담수어는 TMA 방법으로 선도를 판정할 수 없다.

 라. 홍어, 상어, 가오리 등 연골어류는 기본적으로 체내 삼투압 조절에 필요한 요소와 TMAO 수치가 높으므로, TMA 측정법에 의한 초기부패 측정이 불가능하다.

▶ 세균학적 선도판정법
1. 어육 1g 당 세균수가 105 CFU 이하 : 신선
2. 어육 1g 당 세균수가 105~106 CFU : 초기 부패단계
3. 어육 1g 당 세균수가 15 x 106 CFU 이상 : 부패

▶ 수산물의 저장목적
미생물의 증식, 지질산패, 효소반응, 갈변 등에 의한 품질저하를 억제하여 수산물의 유통기간을 연장하려는 것이다.

▶ 자유수와 결합수
1. 자유수
  가. 자유수는 효소나 미생물이 이용할 수 있고 또한 전해질의 이동을 가능하게 하는 물을 의미한다.
  나. 용매로서의 기능을 한다.
  다. 미생물의 발육에도 영향을 줄 수 있는 수분이다.
  라. 건조나 가압에 의해서 쉽게 제거될 수 있는 수분이다.
2. 결합수
  가. 단백질·전분 등의 식품성분과 직·간접으로 결합되어 있다.
  나. 용매로서 기능이 없다.
  다. 0℃ 이하의 저온에서도 얼지 않는다.
  라. 수증기압이 극히 낮아서 대기 중에서 잘 증발하지 않는다.
  마. 큰 압력을 가해도 쉽게 분리되거나 제거되지 않는다.
  바. 미생물 발육이나 그 포자의 발아에 이용될 수 없는 수분이다.

▶ 수분활성도(Water Activity, Aw)
1. 수분활성도는 수분함량보다 각종 형태의 식품의 변패를 예측할 수 있는 더 정확한 지표가 된다.
2. 어떤 임의의 온도에서 그 식품의 수증기압(P)에 대한 그 온도에 있어서의 순수한 물의 수증기압(Po)의 비율이다(Aw= P/Po).
3. 일반적인 식품의 수분활성도 값은 1보다 작다.
4. 일반적으로 세균은 0.90 이하, 효모는 0.88 이하, 곰팡이는 0.80 이하에서 증식되지 않는다.

▶ 건조 상태에서 가장 생육이 가능한 미생물은 곰팡이이다.
5. 세균 중에서 5-10% 또는 그 이상의 식염농도의 배지에서 잘 자라는 호염성 세균 0.75, 내건성 곰팡이 0.65, 내삼투압성 효모 0.62에서도 증식한다.

6. 수분활성도가 지나치게 낮으면 지질산화 속도는 오히려 빨라진다.
7. 수분활성도를 낮추어 수산물을 저장하는 대표적인 방법에는 건조, 염장, 훈연, 수분조절제 첨가 등이 있다.

▶ 식품의 수분활성도를 낮추는 방법
1. 용매를 제거한다(농축, 건조에 의한 수분 제거).
2. 용질을 가한다(식염, 설탕 등 용질 첨가).
3. 물을 얼음으로 결정화시킨다(냉동).

▶ 미생물로 인한 부패방지 대책
1. 식품을 부패시키는 주원인은 미생물에 있으므로 미생물에 의한 식품의 오염방지와 미생물의 증식을 억제하고 식품의 신선도를 유지하게 하는 것이다.
2. 미생물의 발육에는 수분, 온도, 영양소, pH 등이 중요한 요소가 된다.
3. 물리적 보존법에는 가열살균법, 냉장 또는 냉동법, 탈수 건조법, 자외선, 방사선 살균법 등이 있다.
4. 화학적 처리에 의한 방법에는 염장법, 훈연법, 가스저장법 등이 있으며, 진공포장을 함으로써 더 효과적으로 부패를 방지할 수 있싸.

▶ 등온흡습곡선
1. 일정한 온도에서의 식품의 수분활성도(Aw)와 수분함량과의 관계를 그래프로 나타낸 것이다.
2. 등온흡습곡선은 변곡점을 기준으로 단분자층(막)영역, 다분자층(막)영역, 모세관 응축영역으로 나누어진다.
3. 모세관 응축영역의 수분은 비교적 쉽게 제거되지만 단분자층 영역의 수분 건조는 건조시간이 길어지고 에너지가 더 많이 소요된다

▶ 단분자층 영역
- 식품의 수분함량이 5~10%에 이르고 식품 내의 수분이 단분자막을 형성하는 영역으로 식품성분 중의 carbonyl기나 amino기와 같은 이온그룹과 강한 이온결합을 하는 영역이다.
- 식품 속의 물 분자가 결합수로 존재한다(흡착열이 매우 크다).
- 유지의 산화에 대하여는 수분함량이 단분자층 형성의 수분 함량일 때 가장 안정하다(산화방지).
4. 등온흡습곡선의 형은 일반적으로 역S자형이지만 식품의 주요성분인 전분·단백질 섬유, 탄수화물에 따라 특징적인 변화를 나타낸다.
5. 공기 중의 습도에 따라 증발 및 흡습을 평형상태 유지 시까지 반복적으로 발생된다.
6. 안전하게 식품을 저장할 수 있는 최대 수분 함량을 결정하여 포장재료 선정 등에 활용된다.

※ 유지의 산화속도에 미치는 수분활성도의 영향
1. 단분자층 형성의 수분함량 영역일 때 가장 안정하다.
2. 단분자층 형성 수분 함량보다 수분활성이 감소하거나 증가함에 따라 유지의 산화 속도는 증가한다.

▶ 물의 상태곡선
1. 온도와 압력 변화에 따른 물의 상태변화를 이용한다.
   : 얼음 ⇒ 물(액화), 물 ⇒ 수증기(기화), 얼음 ⇒ 수증기(승화)
2. 수산물 건조 활용방법에는 소건법, 열풍건조법, 동결건조법이 있으며, 효율적인 건조를 위해서는 표면 증발과 내부 확산속도의 균형 유지가 중요하다.

▶ 수산물 건조법
1. 열풍건조법(대류형 건조)
  가. 식품을 건조실에 넣고 가열된 공기를 강제적으로 송풍기나 선풍기 같은 기기에 의해 열풍을 불어 넣어 건조시키는 방법이다.
  나. 자연 순환식 증발기 : 가열된 공기의 자연적인 대류를 이용해 환기를 하는 방법으로 인공건조 중 가장 간단한 방법이다. 훈제품을 만들 때의 흔건법과 같으며 특히 배건법에서는 제품이 표면경화현상을 일으켜 내부의 수분이 표면으로 확산되기 어렵다(예 : 건조된 가다랑어 등)
  다. 터널건조기
   1) 열풍과 제품의 이동 방향에 따라 병류식과 항류식이 있다.
   2) 병류식 터널건조기의 경우
     가) 가장 뜨거운 공기가 가장 수분이 많은 제품과 접촉하기 때문에 더 뜨거운 공기를 사용할 수 있다.
     나) 한편 출구의 공기는 차기 때문에 최종 제품이 충분히 건조되지 않을 수 있다.
   3) 항류식 터널건조기의 경우
     가) 뜨겁고 건조된 공기는 제일 먼저 가장 잘 건조된 제품과 접촉하기 때문에 매우 건조가 잘된 제품을 얻을 수 있다.
     나) 한편 건조식품은 초기에 가장 뜨거운 공기와 접촉하게 되어 과열이 일어날 수도 있다.
     다) 항류식 터널건조기는 병류식보다 열을 적게 사용하며 건조가 더 잘된 제품을 얻을 수 있고 경제적이다.
2. 분무건조법
  가. 액체식품을 분무기를 이용해 미세한 입자로 분사하여 건조실 내에 열풍에 의해 순간적으로 수분을 증발하여 건조, 분말화시키는 것이다.
  나. 열풍온도 : 150~250℃
3. 동결건조법
  가. 미리 식품을 얼려서 수분을 가느다란 얼음 결정으로 변화시켜 이것을 고도의 진공 하에 승화

시켜 제거한다.
나. 얼음에서 수증기로 직접 승화시켜 건조하는 방법이다.
다. 승화를 빠르게 하려면 비교적 높은 진공이 필요하다.
라. 건조하고자 하는 식품의 색, 맛, 방향, 물리적 성질, 원형을 거의 변하지 않게 하며, 복원성이 좋은 건조식품을 만드는 가장 좋은 방법이다.
마. 이 방법은 미리 건조식품을 -40~-30℃에서 급속히 동결시켜 건조하는 방법이다.
바. 장점
  1) 일반의 건조방법에서 보다 훨씬 고품질의 제품을 얻을 수 있다.
  2) 건조된 제품은 가벼운 형태의 다공성 구조를 가진다.
  3) 원래상태를 유지하고 있어 물을 가하면 급속히 복원된다.
  4) 비교적 낮은 온도에서 건조가 일어나므로 열적 변성이 적고, 향기 성분의 손실이 적다.

▶ 염장에 의한 저장
1. 식염의 삼투압 작용 : 저농도 ⇒ 고농도로 이동
2. 어패류의 염장 저장 원리
 가. 어패류에 식염 첨가 시 체외로 수분 배출, 체내로 소금 침투
 나. 탈수 및 소금으로 인한 수분활성도 감소
 다. 미생물 증식 및 효소 활성 저하
 라. 저장성 향상

▶ 염장방법
1. 마른간법 : 소금을 직접 어패류에 뿌려서 염장하는 방법
 용기 등의 설비가 불필요하지만 산화되기 쉽고, 염분이 균일하지 않는 등의 단점이 있다.
2. 개량마른간법 : 처음 물간으로 가염지를 하여 어패류에 부착한 세균과 어패류 표면의 점질물 등을 제거한 후 마른간으로 본 염지(Curing)를 하여 염장 효과를 높이는 방법
 기온이 높은 계절 또는 선도가 불량한 것의 염장 시 변패를 막는 데 효과적인 방법
3. 물간법 : 진한 농도의 소금물에 어패류를 담구어 염장하는 방법
 육상에서의 염장 또는 소형어의 염장에 주로 사용된다.
4. 개량물간법 : 염장 용기에 어패류를 1단 씩 마른간하여 쌓아올린 후 그 위에 누름돌을 얹어 적당히 가압하여 어패류로부터 유출되는 수분에 의해 마른간한 소금이 녹아 포화식염수가 형성되어 결과적으로 물간을 한 것과 같은 효과를 얻는 염장법

▶ 염장 중에 일어나는 변화
1. 소금의 침투
  소금의 침투 속도와 침투량은 소금의 농도·순도, 식품의 성상, 염장 온도· 방법에 따라 달라진

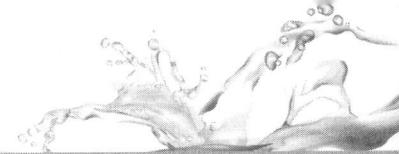

다.
2. 수분함유량의 변화
   소금의 침투로 식품 내 탈수현상이 일어나게 되면 수분함유량이 낮아진다.
3. 무게의 변화
   소금의 사용량이 많을수록 탈수량이 많아져 무게가 감소된다.
4. 탄성의 변화
   소금의 침투 시 근원섬유 단백질의 겔(gel)화로 어패류의 육 조직이 단단해지고 탄성이 높아진다.

※ 염장 중 소금의 침투 속도에 영향을 미치는 요인
1. 소금의 양 : 많을수록 빨라진다.
2. 소금의 순도 : 칼슘(Ca)염 및 마그네슘(Ma)염 존재 시 침투 저해된다.
3. 식품의 성상 : 지방의 함량이 많으면 침투가 저해된다.
4. 염장온도 : 높을수록 빨라진다.
5. 염장방법 :
   염장초기 소금의 침투속도 : 마른간법 〉 개량물간법 〉 물간법
   18% 이상의 식염수에 염장 시 소금의 침투속도 : 물간법 〉 마른간법

※ 염장 중에 일어나는 품질변화
1. 염장품의 소금농도가 낮으면
   가. 자가소화가 일어나 육질이 연해진다.
   나. 저장 중에 지방질 산화로 불쾌취가 나거나 변색(황갈색 또는 적갈색)된다.
2. 소금농도가 10% 이하가 되면
   가. 세균에 의한 부패가 빠르게 진행되므로 저온에서 저장·유통해야 한다.
   나. 곰팡이가 발생하여 불쾌취가 나거나 변색되므로 상품가치가 저하된다.
3. 염장어가 여름철에 색깔이 붉은색으로 변하는 경우
   그 원인은 호염성 세균(사르시나 속, 슈도모나스 속)이 발육하여 적색 색소를 생성하기 때문이다.

▶ 염지(Curing)
1. 원료육에 소금 이외에 아질산염, 질산염, 설탕, 화학조미료, 인산염 등의 염지제를 일정량 배합시켜 냉장실에서 유지시키고, 혈액을 제거하고, 무기염류 성분을 조직 중에 침투시킨다.
2. 염지 목적
   가. 근육단백질의 용해성 증가
   나. 보수성과 결착성 증대
   나. 보존성 향상과 독특한 풍미 부여
   라. 육색소 고정

▶ 훈제에 의한 저장
1. 염지공정에 의한 수분활성도 저하
2. 훈연의 목적
   가. 식염 첨가와 훈연 성분 중의 항균·항산화 물질에 의한 보존성 향상
   나. 특유의 색과 풍미증진
   다. 육색의 고정화 촉진
   라. 지방의 산화방지
3. 연기성분의 종류와 기능
   가. 페놀류 화합물은 산화방지제로 독특한 훈연취를 부여하고 세균의 발육을 억제하여 보존성을 부여한다.
   나. 메탄올(methyl alcohol) 성분은 약간 살균효과, 연기성분을 육 조직 내로 운반하는 역할을 한다.
   다. 카르보닐(Carbonyls)화합물은 훈연색, 풍미, 향을 부여하고 가열된 육색을 고정한다.
   라. 유기산은 훈연한 육제품 표면에 산성도를 나타내서 약간 보존 작용한다.
4. 훈제 과정 중 가열 및 건조에 의한 미생물의 생육 억제
5. 훈연재료
   가. 경질나무가 훈연에 가장 좋고 연질나무는 잘 쓰이지 않는다.
   나. 경질나무 : 떡갈나무, 너도밤나무, 오리나무, 보리수, 단풍나무, 참나무, 마호가니 등

▶ 훈제 재료로 사용되는 목재 :
수지 함량이 적고 단단한 것(참나무, 밤나무)
연질나무 : 침엽수계통의 소나무, 낙엽송, 전나무 등(연질목재는 주로 흑색효과를 나타낼 때 쓰인다)

▶ 훈제방법
1. 냉훈법
   10~30℃에서 1~3주간 훈연하는 방법으로 건조, 숙성이 일어나 보존성이 가장 좋고 풍미가 뛰어나다.
2. 온훈법
   30~50℃에서 10시간 정도 훈연하는 방법으로 훈연시간이 짧으므로 수분이 적게 제거되어 저장성이 비교적 낮다. 온훈법으로 만든 제품은 연하여 맛과 냄새가 좋다.
3. 열훈법
   50~90℃에서 1/2~2시간 훈연하는 방법으로 표면만 강하게 경화하여 내부는 비교적 많은 수분이 함유한 상태로 응고하므로 탄력이 있는 제품이 된다. 저장기간이 짧고, 풍미가 약하다.
4. 액훈법
   훈연액에 어패류를 직접 침지 후 꺼내 건조 또는 훈연액을 가열하여 나오는 연기에 훈제하는 법

이다.
5. 전훈법
소금에 절인 고기 따위를 방전을 이용하여 그을려 갈무리하는 방법

▶ 수산물 저온유통체계의 특성
1. 품질의 안정적 유지로 수급조절이 쉽고 출하조절을 통한 가격안정을 도모 할 수 있다.
2. 변질이나 부패에 의한 경제적 손실을 예방할 수 있다.
3. 수산물 공급 증대효과를 기대할 수 있다.
4. 불가식 부분을 미리 제거하여 유통시킴으로써 수송비용을 절감할 수 있다.
5. 생선식품을 계획적으로 생산할 수 있으므로 생산비와 출하경비를 절감할 수 있다.
6. 각 소비자가 생선식품을 일괄구입하려는 경향이 생겨 구입에 대한 노력이 경감된다.
7. 소비자의 만족도가 증대된다.
8. 상품 및 등급 규격화로 이어져 전자상거래를 확산시킬 수 있다.
9. 수입수산물에 대한 품질 경쟁력 향성을 위한 차별화 수단으로 활용된다.

▶ 저온유통시스템 구축의 우선적 고려대상이 되는 수산물의 형태
1. 신선·냉장수산물
2. 냉동수산물
3. 건조 및 가공수산물(저온유통의 필요성이 낮다)

▶ T.T.T 개념
1. 냉동식품의 품질 유지를 위한 '시간-온도 허용한도'로 식품의 신선도가 일정온도에서 얼마나 오래 유지되는 것인지를 나타내는 수치
2. 품질저하 량을 알 수 있는 유력한 방법
3. T.T.T 값의 계산치가 1.0 이하이면 냉동식품의 품질은 양호한 편이며, 그 값이 1.0이며 그 값이 1.0을 초과할수록 품질의 저하는 크다.

▶ 냉동식품의 품질에 영향을 주는 요인
1. 소비자가 이용하는 식품의 품질에 영향을 주는 인자로서는 원료, 냉동과 그 전·후처리, 포장, 품온 및 저장기간이 있다.
2. 원료(Product) 냉동과 그 전후처리(Processing) 및 포장(Package)은 식품의 초기품질을 구성하는 것으로 P.P.P 조건이라 한다.
3. 식품의 최종품질은 P.P.P 조건 이외에 T.T.T 개념에 기초한 품온 및 저장기간의 영향이 크다.
4. P.P.P가 적절하면 생산직후의 냉동식품은 고품질을 갖게 된다. 고품질 유지기간은 그 유지기간

중의 온도에 따라서 변하게 된다.

▶ 냉동식품의 품질에 미치는 원인
- P.P.P: 원료(Product), 냉동과 그 후처리(Processing), 포장(Package)
- T.T.T: 저장시간(Time), 품온(Temperature), 허용 한도(Tolerance)
- 시간-온도 허용 한도의 계산 값이 1.0 이하이면 동결 식품의 품질이 양호하며, 1.0 이상이면 품질저하는 커진다.
- T.T.T 계산
  품질 저하율= [100/실용 저장기간(일수)]
  각 단계 당 품질 저하율(T.T.T)= 1일당 품질 저하율×실용저장기간 일수(PSL)

▶ 냉동식품의 특성
1. 저장성
2. 편리성
3. 안전성
4. 가격의 안전성
5. 유통의 합리화

▶ 식품의 저온저장온도
1. 냉장(0~10℃) : 단기간 보존을 위해 얼리지 않은 상태에서 저온저장
2. 칠드(-5℃~5℃) : 냉장과 어느 점 부근의 온도 대에서 식품을 저장
3. 빙온(0℃~어는 점) : 식품을 비동결상태의 온도 영역대(0℃~어는 점 사이)에서 저장하는 방법으로 빙결정이 생성되지 않은 상태의 보관
4. 부분동결(-3℃ 부근) : 최대빙결정생성대에 해당되는 온도구간에서 식품을 저장하는 방법으로 조직 중 일부가 빙결정인 상태
5. 동결(-18℃ 이하) : 장기간 보존을 위해 식품을 완전히 얼려서 저장

▶ 식품의 저온저장 효과
1. 미생물의 증식 속도를 느리게 한다.
2. 수확 후 식품조직의 대사작용과 동물조직의 대사작용 속도를 느리게 한다.
3. 효소에 의한 지질의 산화와 갈변, 퇴색, 자가소화, 영양성분의 소실 등 품질을 저하시키는 화학 반응속도를 느리게 한다.
4. 수분 손실로 인한 감량이 일어난다.

▶ 수산물의 냉장
1. 빙결점 이상의 저온을 유지하여 수산물을 동결시키지 않고 저장하는 것이다.
2. 통상 저장온도는 0~10℃이다.
3. 냉장수산물은 품질수명이 짧지만 조직감이 우수하여 품질수명이 긴 냉동품에 비하여 상대적으로 비싸게 유통된다.
4. 수산물의 선도유지를 위하여 많이 사용된다.

▶ 냉각저장법
 어패류를 동결하지 않을 범위의 저온. 일반적으로 10℃에서 빙결점 부근(-3~-2℃)까지의 온도대에서 미동결상태로 저장하는 것을 말한다.
단기간의 저장에 효과적이고 이 방법은 원료의 상태에 가장 가깝게 저장하므로 상품성이 높다.
1. 빙장법 : 얼음의 융해잠열을 이용하여 어패류의 온도를 낮추어 저장하는 일반적인 방법으로 쇄빙으로 어패류를 얼음 속에 묻어 냉각 저장하는 방법이다.
   ⇒ 담수빙은 0℃, 해수빙은 약 -2℃에서 융해된다.
 가. 수빙법 : 습식 빙장법으로 청수 또는 해수에 얼음을 넣어 0℃ 부근으로 유지시키고 어체를 넣어 냉각 빙장하는 방법이다.
 나. 쇄빙법 : 얼음조각과 어체를 섞어서 냉각시키는 방법이다.

수빙법	쇄빙법
냉각해수 또는 청수 + 쇄빙	쇄빙
선도보존효율 ↑	선도보존효율 ↓
작업 시 불편	작업 시 편리

   1) 포빙법 : 아주 큰어체는 내장을 제거한 공간이나 아가미에 얼음을 밀어 넣는 것
   2) 약제빙 이용법 : 방부제를 함유시킨 약제빙을 사용하여 빙장하는 방법
   3) 냉장법 : 어체를 동결시키지 않고 0℃ 정도로 저장하는 방법으로 단기간일 때 흔히 이용한다. 이 때 반드시 미리 수빙법이나 쇄빙법으로 빙장한 것을 냉장하도록 한다.
   4) 빙온법 : 최대 빙결정생성대에 해당하는 온도구간인 -3℃에서 식품을 저장하는 것. 어패류의 단기간 저장에 이용하는 방법이다.
2. 냉각해수저장법 : 어패류를 -1℃ 정도로 냉각된 해수에 침지시켜서 저장하는 방법이다.
   ⇒ 지방함유량이 높은 연어, 참치, 청어, 고등어 등을 빙장법 대신에 이용하기도 한다.

▶ 식품 냉동의 기술
1. 식품의 가공 2. 품질 개선 3. 저장성 유지 4. 작업 종사원의 작업환경 개선을 목적으로 응용된다.

※ 동결은 빙결점 미만의 어느 온도 범위에서 적용하는 공정으로 -5℃~-3℃ 범위에서 응용되는 부분동결, -18℃ 이하에서 응용되는 심온동결, -40℃ 이하에서 응용되는 초저온동결로 구분된다.

▶ 수산물의 냉동
 -18℃ 이하로 냉동하면 식품 중의 수분은 대부분 빙결정을 형성하여 수분 활성도가 낮아져서 미생물의 증식이 억제되고 효소반응 등의 생화학반응속도가 감소하여 식품을 장기저장 가능

▶ 동결저장법
1. 미생물과 효소에 의한 변질은 어느 정도 막을 수 있으나, 지방산화나 조직감 변화는 막을 수가 없어 시간이 지날수록 맛이 떨어지므로 저장시간을 고려하여 빠른 소비가 필요하다.
2. 패류의 품온을 동결점 이하인 -18℃ 이하로 냉각하여 체내 수분의 대부분이 동결된 상태로 유지시켜 저장하는 방법
3. 동결건조법은 감압하여 얼음을 승화시켜 건조하는 방법으로 승화란 얼음에서 수증기로 변하는 것을 말한다.

▶ 최대빙결정생성대
1. -5~-1℃ 구간이다.
2. 최대빙결정생성대의 동결곡선은 완만하다. 그 이유는 식품 중의 수분함량의 약 80%가 빙결정으로 변하므로 다량의 잠열을 제거해야 하기 때문이다.
3. 최대빙결정생성대에서는 대부분의 얼음결정이 생성되므로 될 수 있는 한 빨리 통과하는 것이 좋다.

※ 급속동결과 완만동결

구분	급속동결	완만동결
최대빙결정생성대 통과시간	짧다	길다
빙결정의 상태	크기가 작고, 수가 많다	크기가 크고, 수가 적다
품질 변화	적다	많다
사용처	대부분 수산물의 동결에 이용	냉동 두부, 한천의 제조, 과즙의 동결농축

4. 동일식품 중에서도 표면은 급속동결 되고 중심부는 완만동결되므로 급속동결을 하기 위해서는 식품의 두께가 가능한 얇아야 한다.
5. 최대빙결정생성대에서는 결정이 많이 생성되므로 냉각력의 대부분은 빙열잠열을 제거하는데 소비되어 식품의 온도를 낮추는 역할을 하지 못한다.
6. 완만동결을 하면 굵은 얼음결정이 세포 사이사이에 소수 생기게 되지만 급속동결을 하면 미세한

얼음결정이 세포내에 다수 생기게 된다.
7. 완만동결을 하면 세포벽이 파손되어 해빙 시 얼음이 녹는 물과 세포 내용물이 밖으로 흘러나오게 되어 식품은 원상태로 되돌아가지 못한다.
　이러한 현상은 최대빙결정생성대를 통과하는 시간이 갈수록 심하다.

※ 어육의 조직손상을 최소화하기 위해서 급속동결하고 완만해동한다.

※ 동결방식은 -5~-1℃ 사이의 온도범위로 동결률이 70~80%에 달하는 최대빙결정생성대의 통과시간에 따라 분류할 수 있다. 일반적으로 급속동결이라 하면 이 최대빙결정생성대를 30~35분 정도에 통과하는 동결방식 또는 품온강하(-15~0℃)의 진행이 0.6~4cm/hr되는 동결속도를 갖는 동결방식이다.

▶ 빙결정의 발생과 성장원리
1. 식품의 동결속도가 빠르면 빙결정의 크기는 작아진다.
2. 빙결률은 같으므로 빙결정의 수는 많아지게 된다.
3. 동결속도가 빠르면 미세한 빙결정이 다수 생성되고 빙결정의 분포도 세포 내(근섬유 내)에 많이 생성된다.
4. 빙결정의 성장을 막기 위해서는 급속동결을 하여 빙결정의 크기를 될 수 있는 대로 같도록 할 것과 동결종온을 낮추어 빙결률을 높임으로써 잔존하는 액상이 적도록 하여야 한다.
5. 저장온도를 낮게 함으로써 증기압을 낮게 유지하고 저장 중의 온도의 변동이 없도록(±1℃ 이내) 관리하는 것이 필요하나.

▶ 냉동품의 제조공정에서 속포장과 글레이징 공정은 두 공정 중 한 공정만을 실시한다.

▶ 빙결정 성장의 방지
1. 급속동결을 하여 빙결정의 크기를 될 수 있는 대로 같도록 할 것
2. 동결종온을 낮추어 빙결율을 높임으로써 잔존하는 액상이 적도록 할 것
3. 저장온도를 낮게 하여 증기압을 낮게 유지할 것
4. 저장 중 온도변화를 없게(±1℃ 이내)할 것

▶ 완만동결방법
1. 공기동결법
　가. 정지공기동결법 : 다른 동결법에 비할 때 완만동결에 속한다. 최근에는 거의 사용하지 않는다.
　나. 반송풍동결법

공기동결실 내에 송풍기를 설치하여 공기를 교반함으로써 동결을 촉진시키는 방법이다.
2. 드라이 아이스(Dry ice)동결법

▶ 급속동결방법
1. 송풍동결법 : -40~-30℃의 냉동실에 넣고 냉풍을 3~5m/sec의 속도로 강제 순환(송풍)시켜 어육의 동결시간을 단축하는 방법으로 대부분의 수산물의 동결에 이용한다.
2. 유동층 냉동 : wire conveyer 벨트에 제품을 실어 냉동실로 보내면서(제품은 벨트 위에 떠서 유동층을 형성하며 지나가게 된다) 벨트 하부로부터 -40~-35℃ 냉각 공기를 불어주어 냉동시키는 방법이다.
3. 접촉식동결법
   냉매에 의하여 냉각되는 -40℃~30℃의 냉각판 사이에 어육을 놓고 동결시키는 방법이다. 수리미(냉동연육)와 필레의 동결에 이용된다. 동결속도가 빠르므로 대표적인 급속동결법 중의 하나이다. 일정한 모양을 가진 포장식품인 경우에 더욱 효과적인 방법으로 동결능력이 비해 동결장치 면적이 크다.
4. 침지식동결법
   -50~-25℃ 정도의 브라인(brine)에 제품을 침지시켜서 동결하는 방법이다.
   염화칼슘, 소금용액 등의 냉각된 액체 2차 냉매에 담구어 동결시키는 방법이다. 방수성과 내수성이 있는 플라스틱 필름에 밀착 포장된 식품을 냉각브라인에 침지동결하는 방법으로 급속동결법 중의 하나이다.
5. 액화가스 동결법
   -196℃에서 증발하는 액체질소를 이용한 동결법이다.
   새우, 반탈각, 굴 등과 같은 고가의 개체 급속동결 제품 등에 한정적으로 이용되고 있다. 초급속동결 및 연속작업이 가능하고 동결장치에 맞지 않는 블록도 가능한 반면 설치비 및 운영비가 비싸며 제품에 균일이 생길 우려가 있다.

※ 수산물의 저장 중에 품질저하를 방지할 목적으로 염수처리, 가염처리, 탈수처리, 산화방지제 처리 및 동결변성 방지제 처리 등과 같은 보호처리를 한다.

※ 일반적으로 냉동 게 : 18℃에서 6개월
냉동 왕새우 : -18℃에서 2개월
냉동 모시조개 및 냉동 가리비조개 : -18℃에서 3~4개월 동안 저장할 수 있다.

▶ 심온냉동(cryogenic freezing)
1. 액체질소, 액체탄산가스, 프레온-12 등을 이용한 급속동결방법이다.
2. 에틸렌가스는 -169.4℃, 액체질소는 -195.79℃, 프레온-12는 -157.8℃, 이산화황가스는 -75℃에서 기화한다.

3. 이산화황가스는 심온냉동기의 냉매로는 부적합하다.

▶ 동결화상(냉동화상, Freezer burn)
1. 동결저장 중에 승화한 다공질의 표면에 산소가 반응하여 갈변한 현상
2. 동결육은 빙결정이 승화한 후 미세공이 생길 뿐 표면수축이나 피막형성이 없으며 건조가 거의 중심부까지 진행된다. 이와 같이 동결육의 표면건조가 진행되면 탈수와 산화에 의해 변색되는 부위가 생기며 이 부위는 물에 대한 흡습성을 상실하게 된다.
2. 식품표면이 다공성으로 되어 공기와의 접촉면이 커져 지질의 산화, 단백질의 변성, 풍미의 저하 등을 일으킨다.
3. 조직감이 질겨지고 색소단백질 변성으로 백탁 현상이 일어나고 이취가 생성되어 상품가치가 낮아진다.
4. 제품의 수분손실을 방지하기 위하여 상대습도를 높이거나 수증기압에 대한 투과성이 없는 포장재료를 사용한다.

▶ 콜드쇼크(Cold shock)
1. 식품의 급속 냉각 시 빙결점 이상의 온도에서 미생물의 일부가 사멸하는 현상이다.
2. 콜드쇼크는 처리 온도대, 세균의 발육온도 및 균의 종류에 따라 차이가 있다.
3. 미생물의 콜드쇼크의 영향은
  가. 저온성균 < 중온성 및 호열성균
  나. 그람양성균, Gram(+) < 그람음성균, Gram(-)

▶ 빙의(글레이즈, Glaze)
① 빙의란 동결한 어류의 표면에 입힌 얇은 얼음 막(3~5mm)을 말한다.
② 동결법으로 어패류를 장기간 저장하면 얼음결정이 증발하여 무게가 감소하거나 표면이 변색된다. 이를 방지하기 위해 냉동수산물을 0.5~2℃의 물에 5~10초 담갔다가 꺼내면 3~5mm 두께의 얇은 빙의가 형성된다.
③ 장기 저장하면 빙의가 없어지므로 1~2개월마다 다시 작업하여야 하며, 동결품의 건조와 변색방지에 효과적이다.

▶ 단백질의 변성
1. 단백질 분자가 물리적 또는 화학적 작용에 의해 구조의 변형이 일어나는 현상이다.
2. 대부분 비가역적 반응이다.
3. 단백질의 변성에 영향을 주는 요소
  가. 물리적 작용 : 가열, 동결, 건조, 교반, 고압, 조사 및 초음파 등

나. 화학적 작용 : 묽은 산, 알칼리, 요소, 계면활성제 알코올, 알칼로이드, 중금속, 염류 등
4. 단백질 변성에 의한 변화
　가. 용해도 감소
　나. 효소에 대한 감수성 증가
　다. 단백질의 특유한 생물학적 특성 상실
　라. 친수성 감소

▶ 냉동의 방법
1. 자연냉동법
　가. 융해잠열을 이용한 방법 : 보통 얼음을 이용
　나. 승화잠열을 이용한 방법 : 드라이아이스 이용(고체⇒ 기체)
　다. 증발열을 이용한 방법 : 액화가스가 증발하는 원리를 이용
　라. 기한제를 이용한 방법 : 얼음이나 눈에 소금을 혼합하였을 때 얼음의 융해열과 소금의 융해열이 상승작용을 하여 주위의 열을 흡수
2. 기계냉동법
암모니아와 프레온 가스 등의 냉매를 이용한 냉동기로 수산물을 동결할 때 많이 사용된다.
　가. 증기 압축식 냉동법
　 1) 액화가스가 갖는 증발잠열을 이용한 방법으로 증발한 가스를 압축하여 냉각작용을 하는 것으로 정의된다.
　 2) 증발된 가스를 다시 액화, 즉 응축하여 연속적인 냉동작용을 얻는 것이 증기 압축식 냉동법의 특징이다.
　 3) 사용할 수 있는 온도범위도 매우 넓고 효율이 좋아 현재 가정용 냉장고, 공조용 대형냉장고 등에 널리 사용되고 있다.

※ 냉동사이클

압축과정	응축과정	팽창과정	증발과정	압축과정
	(기름분리기)	(수액기)	(액 분리기)	
냉매를 상온으로 액화하기 쉬운 상태로 만든다.	냉매는 기체에서 액체가 된다.	냉매액을 증발하기 쉬운 상태	냉매는 액체에서 기체로 변화한다.	

▶ 응축온도 : 30℃, 증발온도 : -15℃, 압축기 흡입가스온도 : -15℃, 팽창밸브 입구서의 냉매액의 온도 : 25℃

▶ 냉동의 원리에서 냉매는 냉동장치 내에서 냉동사이클은 압축 ⇒ 응축 ⇒ 팽창 ⇒ 증발의 4가지 과정을 반복하면서 장치 내를 순환하여, 온도가 낮은 증발기에서 열을 빼앗아서 온도가 높은 응축기로 열을 이동시키는 역할을 한다.

나. 증기 흡수식 냉동법
 1) 흡수기에서 흡수제의 화학작용으로 냉매증기를 흡수하고 발생기에서 가열, 분리하여 처리하는 점에서 차이가 있다.
 2) 증발기와 응축기는 증기압축식과 동일하게 가지고 있지만 압축기 역할을 흡수기(냉매가스 흡수)와 발생기(가열, 분리)가 대신하는 점이 다르다.
 3) 고온의 폐열을 쉽게 얻을 수 있는 곳에 적합하며 효율이 낮기때문에 용액 열교환기를 설치하여 열효율을 향상시킨다.
 4) 냉매를 기계적으로 압축하는 방식 ⇒ 압축식 냉동기
  열적으로 압축하는 방식 ⇒ 흡수식 냉동기
  냉매를 압축하기 위해 압축식에서는 기계적 에너지를, 흡수식에서는 열에너지를 이용한다.

다. 흡착식 냉동법
 1) 냉동원리는 흡수식과 비슷하나 흡수기 대신 흡착탑이 있고 흡착제는 고정이며, 냉매만 순환한다.
 2) 흡착기, 응축기, 증발기, 흡착질(냉매)용기로 구성된다.
 3) 구동부분이 없어 진동과 소음이 적고, 물, 메탄올이 냉매이기 때문에 오존층 파괴의 문제가 없으면 용액결정이 없고 불응축가스(수소)의 발생이 적은 장점이 있다.
 4) 흡착탑은 주기적으로 흡탈착이 전환되므로 열팽창 수축에 의한 누설의 우려가 있고 시스템의 콤펙트화가 필요한 단점이 있다.

라. 공기압착식 냉동법
 1) 냉매인 공기를 압축하여 고온, 고압으로 된 압축공기를 상온까지 냉각한 후 팽창기(팽창터빈) 내에서 팽창시켜 저온의 공기를 얻는 방법이다.
 2) 터보 압축기, 냉각기(압축된 공기 냉각용), 팽창기(팽창터빈)
 3) 냉동효과에 비해 많은 동력이 필요한 단점이 있다(열효율이 나쁨).

마. 증기 분사식 냉동법(증기 분사 냉동기)
 1) 밀폐된 용기에 물과 공기를 함께 넣은 다음 진공 펌프로 진공시키면 압력저하와 동시에 수분의 증발이 왕성하게 되고 나머지 물은 증발열을 빼앗겨 냉각되는 방법을 이용한 것이다.
 2) 고압증기를 '이젝터로 분사 ⇒ 증발기 내의 압력 저하 ⇒ 물의 일부증발 ⇒ 물의 증발열에 의해 물이 냉각 ⇒ 냉동효과'의 과정을 거친다.
 3) 화학공업에서의 탈수, 식품공업에서의 건조용, 진공냉각 장치로서 야채류의 예냉에 사용되며 고압증기를 손쉽게 다량으로 얻을 수 있는 곳에 적합하다.

바. 전자 냉동법(열전기식 냉동법)
성질이 다른 2개 금속의 접촉점을 통하여 전류가 흐를 때 전류의 방향에 따라 한쪽 접합점에서는 열을 방출하고 다른 쪽 접합 점에서는 열을 흡수하는 현상인 '펠티에 효과'를 이용한 냉동방법이다.

Point 실전문제

▶ 1냉동톤(1RT)의 정의
1. 우리나라와 같이 국제 표준단위를 사용하는 나라의 1냉동톤(1RT)은 0℃의 물 1톤을 24시간 동안 0℃의 얼음으로 변화시키는 냉동능력으로 정의된다.
2. 물의 동결잠열은 79.68kcal/kg이므로, 1톤(ton)은 1시간에 3,320kcal의 열을 제거하는 능력이다.
3. 동결 시 제거되는 전체 에너지 : 약 1.35 냉동톤
4. 원심식 압축기를 사용하는 냉동설비는 그 압축기의 원동기 정격출력 1.2KW를 1일의 냉동능력 1톤으로 흡수식 냉동설비는 발생기를 가열하는 1시간의 입열량 6,640kcal를 1일의 냉동능력 1톤으로 본다.

▶ 식품가열 살균법(살균온도가 10℃ 증가하면 살균시간은 1/10으로 줄어든다)
1. 식품변질을 일으키는 미생물은 열에 대체로 약하여 100℃에서 가열하면 대부분 사멸한다.
2. 클로스트리듐 보툴리누스균의 포자를 살균하는 데 걸리는 시간은 가열온도가 높을수록 살균시간이 줄어든다.
3. 초기 미생물의 농도가 높을수록 가열 살균시간이 길어진다.

▶ pH와 내열성
1. pH가 낮을수록 내열성이 약하고 중성에 가까울수록 내열성이 강해진다.
2. pH4.6 미만의 산성식품 통조림은 저온 살균하고, pH4.6 이상인 저산성 식품은 레토르트로 고온 살균하여야 한다.

▶ 식품첨가물
식품을 제조·조리·가공 시 식품의 품질을 좋게 하고 그 보전과 기호성을 향상시키며, 나아가 식품의 영양가나 그 본질적 가치를 증진시키기 위해 인위적으로 첨가하는 물질이다.

▶ 천연첨가물 : 천연인 동물, 식물, 광물 등으로부터 유용한 성분을 추출, 농축, 분리, 정제 등의 방법으로 얻은 물질이다.

▶ 식품첨가물의 사용목적
1. 식품을 가공할 때 오래 보관할 수 있다.
2. 맛이나 냄새, 색 및 외관을 좋게 하기 위함에 있다.
3. 인체에 해를 끼치지 않는 물질
4. 첨가물의 종류 : 보존료, 살균제, 산화방지제, 착색제, 발색제, 표백제, 조미료, 감미료, 향료,

팽창제, 강화제, 유화제, 증점제(호료), 피막제, 거품억제제 등이 있다.
5. 식품첨가물의 구비조건
 가. 인체에 무해하고, 체내에 축적되지 않을 것
 나. 소량으로도 효과가 충분히 있을 것
 다. 식품의 제조가공에 필수불가결일 것
 라. 식품의 영양가를 유지할 것
 마. 식품에 나쁜 이화학적 변화를 주지 않을 것
 바. 식품의 화학분석 등에 의해서 그 첨가물을 확인할 수 있을 것
 사. 식품의 외관을 좋게 할 것
 아. 값이 저렴할 것

▶ 식품첨가물 중 보존료
1. 식품이 세균, 곰팡이, 효모 등의 미생물의 번식에 의해 부패 내지 변패하는 것을 방지하기 위해서 첨가하는 물질로 식품첨가물이며 방부제의 라고도 한다.
2. 보존료 사용의 목적은 부패세균의 증식을 저지하여 부패되는 시기를 지연시킴으로써 식품의 저장기간을 늘리는 것이다.
3. 보존료의 특성
 가. 식품의 부패나 변질 등 화학변화를 방지하여 식품의 신선도 유지와 영양가를 보존한다.
 나. 살균작용보다는 부패 미생물에 대한 정균작용, 효소의 발효억제 작용을 하는 첨가물이다.
 다. 보존료의 종류에는 보존제, 살균제, 산화방지제가 있다.
 라. 현재 식품의 보존료로는 아황산나트륨, 무수아황산, 소르브산 및 소르브산칼륨, 소르브산 칼슘, 데히드로초산나트륨, 벤조산 등이 있다.
4. 보존료의 구비조건
 가. 미생물의 발육 저지력이 강할 것
 나. 지속적이어서 미량의 첨가로 유효할 것
 다. 식품에 악영향을 주지 않을 것
 라. 무색, 무미, 무취할 것
 마. 산이나 알칼리에 안정할 것
 바. 사용이 간편하고 값이 쌀 것
 사. 인체에 무해하고 독성이 없을 것
 아. 정기적으로 사용해도 해가 없을 것
5. 보존료의 효과는 식품의 pH에 따라 다르기 때문에 pH에 따른 보존료의 선택이 필요하다.
6. 소르브산 및 이를 함유하는 제재의 사용량은 소르브산으로 어육가공품, 성게젓 2.0g/kg 이하이다.

▶ 식품첨가물의 사용목적에 따른 분류

1. 식품의 기호성을 향상시키고 관능을 만족시키는 목적
   : 감미료, 산미료, 조미료, 착향료, 착색제, 발색제, 표백제 등
2. 식품의 변질을 방지하는 목적
   : 보존료, 산화방지제, 살균제 등
3. 식품의 품질을 개량하거나 일정하게 유지하는 목적
   : 품질개량제, 밀가루개량제
4. 식품 가공선을 개선하는 목적
   : 팽창제, 유화제, 호료, 소포제, 용제, 추출제, 이형제
5. 기타
   : 여과보조제, 중화제 등

▶ 식품첨가물의 사용기준 설정
1. 가장 중요한 인자는 1일 섭취허용량이다.
2. 식품첨가물의 의약품과 달리 일생 동안 섭취하므로 만성독성 시험 또는 발암성 시험 등이 추가되어 사용량 및 사용할 수 있는 대상 식품이 검토되며 물질의 조성, 순도 등 여러 가지 시험을 통해 각각의 식품첨가물에 대한 1일 섭취허용량을 정한다.
3. 1일 섭취허용량(ADI) : 식품첨가물을 안전하게 사용하기 위한 지표가 되는 것으로 인간이 어떤 식품첨가물을 일생 동안 매일 섭취해도 어떠한 영향도 받지 않는 하루의 섭취량을 의미한다.

▶ 산화방지제(항산화제)
1. 산화방지제의 정의
 가. 지질 성분의 산패방지를 위해 사용하는 첨가물이다.
 나. 유지 또는 이를 함유한 식품은 보존 중에 공기 중의 산소에 의해서 산화하여 산패한다. 즉, 유지의 산패에 의한 이미, 이취, 식품의 변색 및 퇴색 등을 방지하기 위하여 사용되는 첨가물이다.
2. 산화방지제의 종류
 가. 수용성 산화방지제
 주로 색소의 산화방지에 사용되며 ascorbic acid(아스코르브산, 비타민C), erythrobic acid 등이 있다.
 나. 지용성 산화방지제
 유지 또는 유지를 함유하는 식품에 사용되며, 비타민E(토코페롤), 부틸히드록시아니솔(BHA), 디부틸히드록시톨루엔(BHT), propyl gallate, ascorbyl palmitate 등이 있다.
3. 산화방지제는 이미 산패가 진행된 후에는 효과가 떨어지므로 신선한 식품에 첨가하여야 저장성을 연장할 수 있다.
4. 산화방지제는 단독으로 사용할 경우보다 2종 이상을 병용하는 것이 효과적이며 구연산과 같은 유기산을 병용하는 것이 효과적이다.

5. BHA와 BHT의 사용기준은 어패류, 건제품, 어패류염장품에 0.2g/kg 이하, 어패류 냉동품의 침지액에 1.0g/kg 이하이다.

보존료	1. 세균, 효모, 곰팡이 등의 미생물의 증식을 억제하여 식품의 저장기간을 늘려주는 식품첨가물이다. 2. 수산식품에 사용되는 대표적인 보존료는 소르브산, 소르브산 칼슘, 소르브산 칼륨이 있다. 3. 사용기준은 어육가공품과 성게젓에 2.0g/kg 이하, 젓갈류에 1.0g/kg 이하이다.
산화 방지제	1. 지질성분의 산패방지를 위해 사용하는 첨가물이다. 2. 대표적 산화방지제로는 수용성 비타민C(아스코르브산)와 지용성 비타민E(토코페롤), BHA, BHT 등이 있다. 3. 이미 산패가 진행된 후에는 효과가 떨어지므로 신선한 식품에 첨가하여 저장성을 연장할 수 있다. 4. BHA와 BHT의 사용기준은 어패류 건제품, 어패류 염장품에서 0.2g/kg 이하이다.

▶ 식품의 방사선 조사기준 및 특성
1. 사용 방사선의 선원 및 선종 : 코발트(^{60}Co), 세슘(^{137}Cs)의 감마선
▶ 감마선의 투과력이 강하여 제품이 완전히 포장된 상태에서도 처리가 가능하고 플라스틱, 종이, 금속 등 제한 없이 사용할 수 있다.
▶ 조사식품은 용기에 넣어가 또는 포장한 후 판매하여야 한다.
2. 식품조사 처리에서는 흡수선량을 Gy(그레이), kGy(킬로그레이)라는 단위로 쓴다.
3. 조사된 식품의 온도 상승이 거의 없으므로 가열 처리할 수 없는 식품이나 건조식품 및 냉동식품을 살균할 수 있다.
▶ 단백질, 탄수화물, 지방과 같은 거대분자 영양물질은 10kGy까지는 비교적 안정하다.
 (10kGy 이하의 방사선 조사는 모든 병원균을 완전히 사멸시키지는 못한다. 완전살균이나 바이러스의 멸균을 위해서는 10~50kGy 선량이 필요하다. 기생충 사멸 기준 : 0.1~0.3kGy)
4. 식품조사효과는 주로 발아억제, 성숙지연(숙도조절), 살충, 살균의 4개 이용법이 있다.
5. 연속처리가 가능하다.
▶ 일단 조사한 식품을 다시 조사하여서는 아니 되며 조사식품을 원료로 사용하여 제조·가공한 식품도 다시 조사하여서는 아니 된다.
6. 조사된 식품이 방사능을 띠지 않는다.
▶ 식품에 방사선이 잔류하지 않고 공해가 없다.
7. 효과가 확실하다.

④ 포장·선별 이론

▶ 포장 선별 이론

▶ 수산물 및 수산가공품 선별 시 고려사항
1. 어류(갑각류 포함), 패류, 해조류
 가. 색채가 맑고 어류 고유의 색깔을 지니고 있어야 한다.
 나. 어류의 눈이 팽팽하고 푸르며 맑고 아가미가 선명하며 적홍색을 띄고 근육질이 단단하게 보여야 한다.
 다. 비늘이 있는 어류는 비늘이 어체에 밀착되어 있어야 하고 불쾌한 냄새가 나지 않아야 하며 표피에 상처가 없어야 한다.
 라. 게는 발이 모두 붙어있고, 무거우며 살아있는 것이 좋고 입과 배 사이에 검은 반점이 없어야 한다.
 마. 새우는 껍질이 단단하고 투명하며 윤기가 있고 머리가 달려있는 것이 좋으며 머리 부분이 검게 되었거나 전체가 흰색인 것은 피하고 껍질이 잘 벗겨지지 않아야 한다.
 바. 문어, 오징어는 살이 두텁고 처지지 않으며, 색체가 선명한 것이 좋고 색체가 하얗거나 붉은색을 띄는 등 변한 것은 피한다.
 사. 생태는 눈이 맑고 아가미는 선홍색을 띄어야 하며 손으로 눌렀을 때 단단하여야 한다.
 아. 조개류는 가능한 한 살아있어야 하며 크기는 균일하고 다른 종류의 것이 혼입이 없어야 한다.
 자. 바지락은 껍질에 구멍이 없고 작은 것이 상품이다.
 차. 대합은 표면의 무늬가 엷고 껍질이 두꺼운 것이어야 한다.
 카. 굴은 몸집이 오돌오돌하고 통통하며 탄력성이 있고, 색이 많은 것이 좋으며 손으로 눌렀을 때 미끈미끈하고 탄력성이 있으며 바로 오그라드는 것이 좋다.
 타. 해조류는 녹조류, 홍조류, 갈조류 등으로 구분하고 원료의 색깔, 향미, 중량, 건조 상태를 보아야 한다. 곰팡이 및 이취가 없어야 하고, 고유의 향미를 가지며 약간의 비린내가 나고 바다 냄새가 많을수록 좋다. 건조도는 수분의 함량이 15% 이하의 것이어야 하며, 특히 염분이 많을수록 건조도는 불량한 편이다.
 파. 김은 빛깔이 검고 윤기가 있으며 두께가 얇고, 일정한 것으로 이물질이 없는 것이 좋다.
 하. 미역은 흑갈색으로 검푸른 빛을 띄고 잎이 넓으며 줄기가 가는 것이 좋다.

▶수산물의 어상자 입상방법
1. 어상자
어상자의 재료로서는 나무, 금속, 합성수지, 고무 등이 있으며, 최근에는 나무상자에서 스티로폼 상자로 많이 바뀌었다.

가. 물고기를 담기 전에 위생적으로 충분히 세척하도록 한다.
나. 입상 시 어류의 종류 크기별로 담아야 하고, 혼합 입상은 피해야 한다.
다. 어상자의 크기보다 어체의 크기가 더 큰 것을 상자에 걸쳐 입상하지 않도록 한다.
라. 어체에 상처가 나지 않도록 갈고리로 찍어 입상하지 않도록 하고, 부득이 한 경우 아가미 또는 머리에 한정하여 갈고리를 사용하여 던지거나 밟지 않도록 한다.
마. 어체에 상처가 난 것이나 선도가 나쁜 것을 혼합 입상하지 않도록 한다.
바. 녹은 물이 쉽게 배출되어 어체의 냉각이 잘 되도록 입상한다.
사. 입상배열은 어종이나 용도 및 예정 저장기간을 고려하여 적절히 선택하도록 한다(배립형은 10일 이전, 복립형은 10일 이후).

2. 입상배열방법
 가. 배립형 : 등 부분을 위로 오게 하여 배열하는 방법(등세우기 법)
3. 주로 생선횟감으로 이용으로 이용하는 돔, 민어 등과 같은 고급어종
 나. 복립형 : 배 부분을 위로 오게 하여 배열하는 방법(배세우기 법)
4. 가공원료로서 이용하는 조기, 메퉁이 같은 어종
 다. 평편(힐)형 : 옆으로 가지런히 배열하는 방법(눕히는 법)
 라. 산립형 : 잡어와 같이 일정한 형태가 없이 아무렇게나 배열하는 방법(불규칙하게 담는 법)
 마. 환상형 : 동그랗게 구부려 넣는 방법(갈치, 장어류 등의 어종)

▶ 어상자 중 나무상자의 장·단점
1. 장점
 가. 나무와 나무사이에 간격이 있기 때문에 원형의 어체를 유지시키면서 보관하기에 편리하다.
 나. 다른 소재에 비해 상자 당 가격이 저렴하다.
 다. 선상 보관 시에 통풍이 잘되어 어획물의 보관이 용이하다.
2. 단점
 가. 나무의 결에 미생물이 오랫동안 보존되면서 위생상의 문제를 일으킬 수 있다.
 나. 나무를 소재로 하여 내구성이 약해 뒤틀림 현상 등이 나타나 반복적인 사용이 어려워 환경 친화적이지 못하다.
 다. 원료를 주로 폐목이나 폐건축 자재를 사용하여 위생상의 문제가 있다.
 라. 어상자의 나무 사이로 보냉재(주로 얼음)나 해수가 떨어져 도로 및 시장 환경을 악화시킨다.

▶ 종이(골판지) 상자
 갈치나 고등어를 냉동하거나 냉동수산물을 주로 취급하는 원양어업에서 사용하는 포장재이다.

▶ 발포 폴리스틸렌 상자

1. 장점
 가. 나무상자에 비해 세척 등 위생관리가 가능하다.
 나. 나무상자에 비해 가격이 높지만 PE상자에 비해서는 가격이 낮다.
 다. 상자 내에 보냉재(얼음, 아이스팩 등)를 사용하기에 용이하다.
 라. 상자 자체가 폐쇄형으로 수산물의 잔해(오염수 등) 및 보냉재의 탈수를 막을 수 있다.
2. 단점
 가. 어획 후 선상에서 나무상자보다 어체 형태를 유지하기에 적합하지 않다.
 나. 사용 후 재사용을 위한 내구성이 충분하지 않다.
 다. 리사이클 처리시설이 없는 경우에는 환경오염의 원인이 되기도 한다.

▶ 폴리에틸렌 상자
1. 장점
 가. 다른 상자들에 비해 수산물을 가장 위생적으로 보관할 수 있다.
 나. 내구성이 뛰어나 재사용 빈도가 높아 친환경적이다.
2. 단점
 가. 다른 상자들에 비해 단가가 높기 때문에 과다한 비용 지출
 나. PE 상자의 회수물류시스템이 수산물 유통 전반에 갖추어지지 않을 경우에 높은 비용을 충당할 방법이 없다.

▶ 식품포장의 목적
1. 품질 보호성
2. 품질 보전성
3. 품질 편리성
4. 정보전달 기능
5. 마케팅에 관계된 판매촉진 기능
6. 환경 친화적 기능
7. 물류비 절감 기능

▶ 식품포장의 기능
1. 제품이 수송 및 취급 중에 손상을 받지 않도록 보호한다.
2. 식품을 오래 저장할 수 있도록 보존성을 높인다.
3. 밀봉 및 차단 기능을 한다.
4. 제품의 취급이 간편하도록 편리성을 부여한다.
5. 디자인이나 표시내용을 통한 광고로 판매촉진 효과를 부여한다.
6. 제품의 외관을 아름답게 하여 상품성을 높인다.

7. 내용물에 대한 정보를 소비자에게 전달한다.
8. 미생물이나 유해물질의 혼입을 막아 식품의 안전성을 높인다.
9. 식품을 담아서 운반하고 소비되도록 분배하는 취급수단이 된다.

▶ 식품의 겉포장(외포장)
1. 내용물의 수송을 주목적으로 한 포장이다.
2. 상자, 포대, 나무통 및 금속 등의 용기에 넣거나 용기를 사용하지 않고 그대로 묶어서 포장한 상태이다.
3. 유통과정에 있어 수송이나 보관을 편리하게 하고 충격, 진동 및 압력 등으로 인하여 손상이 없도록 보호한다.
4. 겉포장재에는 골판지상자, PE대(폴리에틸렌대), PS대(폴리스틸렌대), PP대(폴리프로필렌 직물제 포대), 그물망(PE), 지대(종이포장), 나무상자, 금속재상자 등이 있다.

▶ 포장의 수준에 따른 분류
1. 1차 포장 : 담은 제품과 직접 접촉하는 포장으로, 이는 1차적이면서 가장 중요한 차단성을 부여한다(예 : 캔, 유리병, 플라스틱 파우치 등).
2. 2차 포장 : 골판지 상자와 같이 1차 포장된 것들을 여러 개씩 한 단위로 포장하는 것을 말한다.
3. 3차 포장 : 2차 포장된 것을 여러 개씩 담도록 한 것이다(예 : 많은 골판지상자를 쌓고 수축필름으로 감싼 팰릿을 들 수 있다).
4. 4차 포장 : 3차 포장된 여러 개 팰릿을 담은 4차 포장인 컨테이너가 자주 사용된다. 이는 크레인을 사용하여 배, 트럭, 열차 등에 옮겨서 수송한다.

▶ 상업포장
1. 식품포장은 일반적으로 상업포장에 속한다.
2. 주 기능은 수송·하역의 편의기능과 판매촉진의 기능이다.
3. 최종적으로 소비자 손에 들어가는 포장을 뜻하며 상품포장, 소매포장 또는 소비자 포장이라고도 한다.
4. 판매 및 소비를 위한 포장으로 소매를 주도하는 거래에 있어 상품의 일부로서 또는 상품을 한 단위로 취급하기 위해 시행하는 포장이다.

▶ 식품 포장재료의 조건
1. 위생성 : 포장은 식품과 직접 접촉하는 것이므로 포장재료 자체가 유독하거나 식품의 수분, 산, 염류, 유지 등에 의하여 부서 또는 용출해서 그것이 식품위생상의 문제를 일으키는 일이 없도록 한다. 또한 포장재료 자체가 특이한 냄새나 맛을 지녀서는 안 된다.

▶ 무색, 무취, 무독하며 식품 성분과 반응하지 않고, 독성 첨가제를 함유하지 않을 것
2. 보호성, 보전성
 가. 물리적 강도
  1) 일정한 외력에 버틸 수 있는 강도를 가져야 한다.
  2) 가능한 한 가벼우면서도 물리적 강도가 클 것
  3) 인장강도, 신장도, 인열강도, 충격강도, 파열강도, 완충성, 내마멸성 등이 있다.
 나. 차단성
  1) 포장재료가 갖추어야 할 차단요소에는 방습성, 방수성, 기체차단성, 단열성, 차광성, 자외선 차단성 등이 있다.
  2) 식품 포장재료가 차단하여야 하는 요소들 중에 가장 중요한 것은 습도, 산소, 빛이다.
 다. 투과성
 라. 안전성
  1) 포장재료의 성질 변화에 영향을 주는 요인으로는 수분, 빛, 온도, 약품, 유지 등을 들 수 있다.
  2) 내수성, 내광성, 내약품성, 내유기용매성, 내유성, 내한성, 내열성을 확보
3. 작업성
 가. 포장재료를 선정할 때에 작업성을 고려
 나. 포장 작업성, 기계 적응성, 부스러짐성, 미끄러짐성, 열접착성, 접착제 적응성, 열수축성
4. 취급편리성(간편성)
 가. 개봉 및 휴대가 쉽고 가벼울 것
5. 상품성
 가. 광택, 투명, 백색도, 인쇄적성
6. 경제성
 가. 가격, 생산성, 수송, 보관성
7. 환경친화성

▶ 가식성 재료
1. 재제장(동물의 내장), 오블레이트, 나투린케이싱 등
2. 오블레이트 : 전분을 원료로,
3. 나투린케이싱 : 콜라겐을 원료로 하는 가식성 필름이다.

▶ 냉동 식품 포장재료
1. 내한성, 방습성, 내수성이 있어야 한다.
2. 가스투과성이 낮아야 한다.
3. 가열 수축성이 있어야 한다.
4. 종류 : 저압 폴리에틸렌, 염화 비닐라덴 등이 단일 재료로서 사용된다.

▶ 골판지의 특성
1. 장점
 가. 대량 생산품의 포장에 적합
 나. 대량 주문요구를 수용할 수 있다.
 다. 규격화가 용이하며 운반과 보관이 편리하므로 수송 중 물류비 절감이 가능하다.
 라. 무게가 가벼워서 겹쳐 쌓기가 쉽고 접을 수 있어 장소를 많이 차지하지 않는다.
 마. 포장작업이 용이하고 기계화 및 생력화가 가능하다.
 바. 포장조건에 맞는 강도 및 형태를 임의로 제작할 수 있다.
 사. 외부충격에 쉽게 손상을 입지 않는다.
2. 단점
 가. 종이 특유의 성질인 수분흡수로 인해 압축강도가 저하된다.
 나. 소단위 생산 시 비용이 비교적 높다.
 다. 화물 취급 시 휘거나 파손되기 쉽다.

▶ 속포장용 골판지상자
1. 상자의 치수가 작은 편이다.
2. 사용하는 골판지의 재질도 저등급이다.
3. 일정하게 정한 규격이 없어 상자의 형식도 간단하고 구조적으로도 약한 형식이 많이 쓰이고 있다.

▶ 플라스틱 필름과 성형용기로서의 특성
1. 플라스틱 필름
 가. 내용물의 보존성이 크다.
 나. 열 접착성이 있다.
 다. 인쇄적성이 좋다.
 라. 유연 포장재료로서 포장의 모양이나 크기조절이 쉽다.
 마. 다른 재료를 도포하거나 적층하여 결점을 보완할 수 있다.
2. 플라스틱 성형용기
 가. 착색이 용이하고 여러 가지 모양으로 쉽게 성형할 수 있다.
 나. 대량생산이 가능하다.
 다. 표시용 문자나 마크를 부각시킬 수 있다.
 라. 값이 저렴하여 1회 사용용기를 만들기에 적당하다.

▶ 플라스틱 필름의 재가공
1. 연신필름

가. 일축연신필름 : 잘 찢어지는 필름이나 방습필름 등에 이용된다.
나. 이축연신필름 : 고강도, 치수안전성, 내충격성, 내열성, 내한성, 기체 차단성 등의 성질이 뛰어나 널리 사용되고 있다.
다. 연신처리한 필름 : 수축필름과 같이 열 수축하거나 또는 열수축률이 크기 때문에 열 경화시켜 가열에 의한 치수 안정성을 높인다.
라. 식품의 유연 포장 재료로 사용되는 폴리프로필렌(PP), 폴리에스테르 (PET), 폴리아마이드와 야채의 포장 등에 사용되는 폴리스틸렌 필름 (PS) 등은 이축연신필름이다.

2. 수축필름
가. 수축필름은 적절한 수축률, 수축응력, 수축온도, 열접착성 등의 기본적인 성능 외에 투명성이나 광택성도 요구된다.
나. 팰릿포장용은 수축응력이 큰 것이 필요하지만 컵라면 같은 경우에는 수축률이 크고 수축응력이 작은 것이 요구된다.
다. 수축필름에 쓰이는 플라스틱은 폴리염화비닐(PVC)이나 폴리에틸렌 (PE), 폴리프로필렌(PP) 등의 올레핀계 플라스틱이 주로 사용된다.

3. 가공필름
가. 적당한 물질을 입힌 필름을 도포필름이라 하고 다른 필름을 겹쳐 붙여서 가공한 필름을 복합필름 또는 적층필름이라 한다.
나. PP/PE, PET/PE, N(나일론)/PE 등이 대표적인 가공필름

4. 라미네이션(적층, lamination)
가. 보통 한 종류의 필름으로는 두께에 상관없이 기계적 성질이나 차단성, 인쇄적성, 접착성 등 모든 면에서 완벽한 필름이 없기 때문에 필요한 특성을 위해 서로 다른 필름을 적층하는 것을 말한다.

▶ 플라스틱의 종류
1. 열가소성 플라스틱 : 가열로 한 번 경화시킨 후에도 다시 가열하여 형상 변경 가능하다.
가. 폴리에틸렌(PE)
  1) 사슬모양의 고분자 화합물로 플라스틱 필름 중 가장 많이 쓰이고 있는 투명한 포장재료이다.
  2) 저밀도 폴리에틸렌(고압 폴리에틸렌) : 내한성이 커서 냉동식품의 포장으로 많이 사용되고 있다.
  3) 고밀도 폴리에틸렌(저압 폴리에틸렌) : 전지절연성이 뛰어나므로 전선의 피복이나 각종 용기 비커 또는 화학 장치의 라이닝 등에 사용된다.
  4) 내화학성 및 가격이 저렴하고, 수분차단성이 좋다.
  5) 열접착성이 양호하며, 내수성이 우수하다.
  6) 방습성과 가스투과성이 좋지만 인쇄적성이 좋지 못하다.
나. 폴리프로필렌(PP)
  1) 플라스틱 필름 중에서 가장 가벼운 것 중의 하나이다.
  2) 광택성 및 인쇄적성은 뛰어나지만 열접착성은 좋지 않아 내측면에 사용되는 경우는 드물다.

　3) 기계적 강도가 아주 좋고, 내열성이나 내유성도 매우 양호하다. 방습성과 가스투과성이 좋지만 내한성이나 내광성이 약하다.
다. 폴리염화비닐(PVC)
　1) 위생적인 이유로 식품 포장재료로는 사용하지 않고 농사용 필름과 업무용 스트레치 필름이나 시트 등에 사용된다.
라. 폴리염화비닐리덴(PVDC)
　1) 화학적으로 매우 안정하여 산과 알칼리에 잘 견딘다.
　2) 광선 차단성이 좋아 닭고기나 햄류의 수축포장 및 전자레인지용, 랩 필름 등에 다양하고 광범위하게 이용된다.
　3) 내열성, 풍미, 보호성, 내약품, 내유성이 우수하다.
　4) 투명을 요하는 식품의 포장에 쓰인다.
　5) 가스 투과성과 흡습성이 낮아 진공포장 재료로 사용된다.
　6) 기체투과성이 낮고 열수축성과 밀착성이 좋아 수산물 건제품과 어육연제품의 포장에 이용
마. 폴리스틸렌(PS)
바. 폴리에스테르(PET) : 탄산 음료수병으로 많이 사용된다.
사. 셀로판
　1) 열 접착성이 없고 수분이나 산소차단성이 거의 없다.
　2) 표면의 광택과 색채의 투명성이 좋고 인쇄적성이 좋다.
　3) 대전성이 없으므로 먼지를 타지 않고 가스, 향기, 증기의 투과성이 적고 내유성이 좋다.
　4) 일반적으로 독성이 없으며 온도의 영향을 받는다.
　5) 가시광선의 90%를 투과시킨다.
　6) 종류에는 보통셀로판, 방습셀로판, 폴리셀로가 있다.
　7) 사탕이나 캔디류의 포장에 주로 사용된다.
아. 폴리아미드(polyamide)
　1) 기계적 강도가 크고 가스투과성이 작은 것이 장점이고 내유성, 내약품성이 좋다. 내수성이 가장 강하며 가격이 비싸다.
바. 폴리카보네이트(polycarbonate)
　1) 투명성, 내유성, 내열성은 우수하나 가스 차단성은 낮다.

▶ 알루미늄박(Al-foil)
1. 장점 : 가스 차단성, 내유성, 내열성, 방습성, 빛 차단성, 내한성 우수
2. 단점 : 인쇄성, 열접착성, 열성형성, 기계적성, 투명성 등에 결점
3. 알루미늄박과 폴리에틸렌을 붙이면(적층) 알루미늄박의 결점인 강도, 인쇄성, 열접착성, 기계적성 등이 향상된다.

▶ 입체진공포장

1. 폼(Form) ⇒ 필(Fill) ⇒ 실(Seal)
2. 폼- 필- 실 포장의 정의
   하부필름이 열 성형되어 플라스틱 용기나 만들어진(Form) 후, 내용물이 충전되고(Fill), 상부필름이 덮여져 진공 후 밀봉(Seal)되는 과정이 연속적으로 이루어지는 것을 말한다.

▶ 탈산소제 첨가포장
1. 탈산소제 봉입효과
   가. 호기성세균에 의한 부패방지
   나. 갈변 방지
   다. 벌레방지
   라. 식품 성분의 손실 방지
   마. 지방과 색소의 산화방지
   바. 벌레 방지
   사. 향기와 맛의 보존
   아. 비타민류의 보존

▶ 무균포장
1. 식품과 포장의 살균
2. 용기의 성형과 충전 시의 무균적 환경유지 등의 3요소가 무균상태로 되어야 한다.

▶ 환경기체조절포장(MAP, Modified Atmosphere Packaging)
1. 폴리에틸렌 필름이나 피막제를 이용하여 생산물을 외부 공기와 차단하고 산소 농도의 저하와 이산화탄소의 농도 증가로 품질 변화를 억제하는 기술이다.
2. 사용하는 필름이나 피막제 : 가스 확신을 저해하므로 MA 처리는 극도로 압축된 CA 저장이라 할 수 있다.
3. 생물에 있어서 활성기체로 산소나 이산화탄소가 적절히 이용되고 있으며 또 산소가 존재하면 지방식품은 산패가 일어나므로 질소가스 등으로 치환시켜 보존한다.
4. 후숙억제, 선도유지, 상품가치의 향상, 취급상의 편리성 등을 추구하는 방법이다.

▶ 환경기체 조절포장에 사용되는 주요 가스의 특성

가스종류	특성
산소(O_2)	신선육의 밝은 적색 유지
	식품의 기본 대사의 유지

	혐기적 변패의 방지
질소(N2)	화학적으로 불활성
	산화, 산패, 곰팡이 성장, 곤충 성장의 방지
이산화탄소(CO2)	박테리아와 미생물 성장의 억제
	지방 및 물의 가용성
	곤충의 성장 억제
	고농도에서는 제품의 색택이나 향미를 변화시킴
	식품류 중 과채류에서는 질식을 가져올 수 있음

▶ 질소치환포장
1. 질소(N_2)는 식품에 영향을 주지 않는 불활성가스 역할을 한다.
2. 산소를 제거하고 질소치환포장을 하면 산화, 산패, 곰팡이 성장, 곤충의 성장을 방지할 수 있고, 호흡작용이 억제되어 식품의 신선도를 유지할 수 있다.

▶ CA저장
1. 일반 대기성분과 탄산가스, 질소가스 등을 이용하여 식품을 저장하는 방법이다.
2. 저온으로 처리하면 더욱 효과적이다.

▶ 수산물 표준규격상 용어의 정의
1. 표준규격품 : 이 고시에서 정한 포장규격 및 등급규격에 맞게 출하하는 수산물을 말한다.
2. 포장규격 : 거래난위, 포장치수, 포장재료, 포장방법, 포장설계 및 표시사항 등을 말한다.
3. 등급규격 : 수산물의 품종별 특성에 따라 형태, 크기, 색택, 신선도 또는 선별 상태 등 품질 구분에 필요한 항목을 설정하여 특, 상, 보통으로 정한 것을 말한다.
4. 거래단위 : 수산물의 거래 시 포장에 사용되는 각종 용기 등의 무게를 제외한 내용물의 무게 또는 마릿수를 말한다.

> 수산물 표준거래 단위는 3, 5, 10, 15, 20(kg)를 기본으로 한다(전어, 문어).
> 1. 고등어 : 5, 8, 10, 15, 16, 20(kg)
> 2. 오징어, 대구 : 5, 8, 10, 15, 20(kg)
> 3. 멸치 : 3, 4, 5, 10(kg)
> 4. 명태 : 5, 10, 15, 20(kg)
> 5. 뱀장어 : 5, 10(kg)

5. 포장치수 : 포장재 바깥쪽의 길이, 너비, 높이를 말한다.
   가. 골판지, PS : 길이, 너비의 허용범위 : ±2.5%
   나. 그물망, PP, PE : 길이의 ±10%, 너비의 ±10mm
   다. 지대(종이포장) : 가 길이, 너비의 ±5mm
6. 겉포장 : 수산물 또는 속포장한 수산물의 수송을 주목적으로 한 포장

Point 실전문제

※ 표준규격품을 출하하는 자가 표준규격품임을 표시하려면 해당물품의 포장 겉면에 '표준규격품' 이라는 문구와 함께 품목 생산지역(산지), 품종, 등급, 무게(실 중량), 생산자 또는 생산자 단체, 출하자의 성명 및 전화번호를 포상외면에 표시하여야 한다. 품종을 표시하기에 어려운 품목은 국립수산물품질관리원장이 정하여 고시한 바에 따라 품종의 표시를 생략할 수 있다. 또한 무게는 반드시 표시하여야 하며 필요시 마릿수를 병기할 수 있다.

▶ 한국 산업표준과는 별도로 포장규격을 따로 정할 수 있는 항목

▶ 포장규격 : 거래단위, 포장치수, 포장재료, 포장설계 및 표시사항 등이다.

❺ 가공

▶가공 이론

▶ 수산가공품의 건조방법
1. 천일 건조법
 가. 자연의 햇빛, 바람, 온도 등의 환경을 이용하여 건조하는 것
 나. 건조경비가 저렴하고 고도의 기술도 필요로 하지 않는다.
 다. 건조에 장시간을 필요로 하고 미생물 오염에 의한 변질이 일어날 수 있다.
 라. 기상조건에 좌우되므로, 일정한 품질의 제품을 일정기간에 얻는 것이 곤란하다.
2. 자연 동건법
 가. 겨울철의 야간에 기온이 내려갈 때 식품 중의 수분이 빙결되고 주간에 기온이 상승할 때 용해하여 수분이 증발 또는 유출하게 되는데 이러한 처리를 반복하여 수분을 제거하고 건조하는 방법
 나. 한천, 황태, 과메기 등은 자연동건법의 대표적인 제품이다.
3. 열풍건조법
 뜨거운 바람을 강제적으로 식품에 불어주어 건조하는 방법
 가. 열풍건조기
  - 상자형(송풍식, 통풍식)
  - 터널형(방류형, 교류형, 중앙배기형, 교차류형)
4. 냉풍 건조법
 제습하여 수증기압을 낮게 한 차가운 바람을 식품에 접촉시켜 건조하는 방법(멸치나 오징어 등의 건조에 이용)
 가. 동결진공 건조법
 저온에서 일어나기 때문에 열에 의한 어패류의 변질이 적고 어패류의 색, 맛, 향기 및 물성을 잘 유지하며 복원성이 좋은 반면 시설비 및 운전경비가 비싸다.
 나. 분무 건조법
 액체식품을 분무기를 이용하여 미세한 입자로 분사하여 건조실 내에 열풍에 의해 순간적으로 수분을 증발하여 건조, 분말화시키는 것이다.
 다. 적외선 건조법
 라. 배건법
 수산물을 한 번 구워서 건조시키는 방법

▶ 건제품의 정의

수산물을 태양열 또는 인공열로 건조시켜 보존성을 좋게 한 제품

▶ 건제품의 종류

건제품	건조방법	종류
소건품	원료를 그대로 또는 간단히 전 처리하여 말린 것	(마른)오징어, 대구, 김, 상어지느러미, 미역, 다시마
자건품	원료를 삶은 후에 말린 것	(마른)멸치, 해삼, 패주, 전복, 새우
염건품	소금에 절인 후에 말린 것	(마른)굴비, 가자미, 민어, 고등어
동건품	동결과 해동을 반복해서 말린 것	황태(북어), 한천, 과메기
자배건품	원료를 삶은 후 곰팡이를 붙여 배건 및 일건 후 딱딱하게 말린 것	가쓰오부시 (원료: 가다랑어)
훈건품	훈연하면서 건조한 제품	훈연 오징어, 훈연 굴 등
조미가공품	조미 후 건조한 제품	조미오징어, 조미쥐치 등

▶ 건제품의 품질변화
1. 품질변화 요인 : 고온 및 고습
2. 품질변화 현상
 가. 미생물에 의한 불쾌취 발생
 나. 지질의 산화로 인한 제품의 변색
 다. 영양가 저하로 산패취 발생

▶ 염장품의 정의
전 처리한 수산물에 소금을 가하여 만든 제품

▶ 염장의 저장효과
1. 고 삼투압으로 원형질 분리
2. 단백질 가수분해효소 작용 억제
3. 식품의 탈수작용
4. 미생물에 대한 염소(Cl-)이온의 작용
5. 고농도 식염용액 중에서의 산소 용해도 감소에 따른 호기성세균 번식 억제
6. 수분활성도 저하
7. 미생물의 이산화탄소(CO_2)에 대한 감도를 예민하게 하는 작용

▶ 염장품의 종류

1. 염장 어류 : 염장 대구, 염장 조기, 염장 고등어(간 고등어, 자반 고등어)
2. 염장 어류의 알 : 염장 연어알, 염장 철갑상어알
3. 염장 해조류 : 염장 미역
4. 염장 수산동물 : 염장 해파리

▶ 염장방법의 장·단점
일반적으로 소형어는 물간법으로, 대형어는 마른간법으로 절인다

염장방법	장 점	단 점
마른 간법	가. 설비가 간단하다. 나. 소금의 침투속도가 빨라 염장 초기의 부패가 적다. 다. 염장이 잘못되었을 시 피해를 부분적으로 그치게 할 수 있다.	가. 소금의 침투가 불균일하다. 나. 탈수가 강하여 제품의 외관이 불량하며, 수율이 낮다. 다. 염장 중 공기와 접촉되므로 지방이 산화되기 쉽다.
물 간법	가. 소금의 침투가 균일하다. 나. 염장 중 공기와 접촉되지 않으므로 산화가 적다. 다. 과도한 탈수가 일어나지 않으므로 외관, 풍미, 수율이 좋다. 라. 제품의 짠맛을 조절할 수 있다.	가. 물이 새지 않는 용기가 필요하다. 나. 소금의양이 많이 필요하다. 다. 소금의침투 속도가 느리다. 라. 염장중에 자주 교반해야 하며 연속사용 시 소금을 보충해 주어야 한다.

▶ 훈제품의 정의
나무를 불완선 연소시켜 발생되는 연기에 어패류를 쐬어 건조시켜 독특한 풍미와 보존성을 지니도록 한 제품

▶ 훈제품의 가공원리

> 세척 ⇒ 조리 ⇒ 해체 ⇒ 염장 ⇒ 소금빼기 ⇒ 세척 ⇒ 물기제거 ⇒ 풍건 ⇒ 훈연

▶ 훈제법의 종류
1. 냉훈법
 가. 오래 전부터 쓰인 방법으로 염분을 강하게 해서 절인 원료육을 열로 응고시키지 않을 정도로 15~30℃의 저온에서 1~3주간 걸려 건조시키는 훈제법
 나. 장시간 염지시켜 짠맛을 약간 강하게 한 원료어를 저온으로 장기간 훈건하는 법
2. 온훈법
 가. 엷은 소금간으로 절인 원료육을 30~80℃의 온도로 가열하여 단백질을 응고시킨 후 3~8시간 동안 가볍게 훈건한다.

나. 원료어를 고온에서 단시간 훈건하는 방법
부드럽고 맛도 좋으나 수분함유량이 50~60%로 비교적 높아 보존성이 약하다. 최근 훈제품은 대부분 온훈법으로 만들어진다.

3. 액훈법
  가. 훈연액에 어패류를 직접 침지 후 꺼내 건조 또는 훈연액을 가열하여 나오는 연기에 훈제하는 방법이다.
  나. 장점
   1) 가공이 간편하다.
   2) 짧은 시간에 많은 양의 제품을 가공할 수 있다.
   3) 시설이 간단하다.
   4) 처리시간 및 일손이 적게 든다.
  다. 단점
   1) 신맛이나 떫은맛이 있어 온훈법의 제품보다 풍미가 떨어진다.
   2) 훈연액에 의한 품질 변화와 훈연액의 농도 또는 침지시간을 맞추기 어렵다.

4. 열훈법
  가. 제품의 수분함유량이 높아(60~70%) 저장성이 낮으므로 빨리 소비해야 한다.
  나. 원료어를 고온(100~120℃)으로 단시간(2~4시간)을 훈건한다.

5. 전훈법
  가. 고전압으로 코로나 방전을 발생시키고 그 속에 훈연을 통과시켜 이온화되어 전기를 띤 연기의 입자를 원료육에 전기적으로 흡착시키는 방법
  나. 수분이 많이 남기 때문에 보존성이 낮으며 역시 맛이 떨어진다.

6. 속훈법
  가. 인위적으로 연기를 만들어 단 시간에 훈연의 효과를 올리기 위해서 하는 방법

▶ 훈제품의 종류
1. 수산 훈제품에는 냉훈품과 온훈품이 대부분이다.
  가. 냉훈품 : 연어, 청어, 방어를 원료로 한 제품
  나. 온훈품 : 연어, 오징어, 뱀장어를 원료로 한 제품
2. 대표적인 훈제품 : 오징어 조미 훈제품, 연어 훈제품(가장 고급품), 장어 훈제품, 송어 훈제품 등
3. 훈연 중의 연기성분
  가. 불완전연소에 의하여 생기는 물질의 혼합물로 수증기, 기체 미세한 고체입자 등으로 이루어져 있다.
  나. 연기 중의 포름알데히드(formaldehyde), 페놀(phenol), 크레졸(creosol), 유기산(초산 등이 어육 속에 침투되어 살균작용을 한다.
  다. 훈연의 살균성은 연기성분의 살균력에만 의존하지 않고 원료육의 성상, 훈연 전 처리, 훈연 시 조건 등에 따라 달라진다.

▶ 연제품
1. 어육에 2~3%의 식염을 가하고 고기갈이하면 점질성의 졸(sol)이 되며, 이것을 가열하면 탄력 있는 겔(gel) 제품이 된다.
2. 연제품의 정의
  어육에 소량의 소금(2~3%) 및 부재료를 넣고 갈아서 만든 고기풀을 가열, 응고시켜 만든 탄성 있는 겔(gel) 상태의 가공품
  가. 겔(gel) : 친수 졸(sol)을 가열 후 냉각시키거나 물을 증발시키면 분산매가 줄어들어 반고체 상태로 굳어지는 상태
  나. 졸(sol) : 분산매가 액체이고 분산질이 고체 또는 액체의 교질입자가 분산되어 전체가 액체 상태를 띠고 있는 것
3. 연제품의 특징
  어종이나 어체의 크기에 상관없이 원료의 사용 범위가 넓고 맛의 조절이 자유로우며, 또한 어떤 소재라도 배합이 가능하고, 외관이나 향미 및 물성이 어육과는 다르며 바로 섭취할 수 있다.

▶ 동결수리미의 제조공정

| 채육공정⇒ 수세공정⇒ 첨가물의 혼합 및 충전⇒ 동결 및 저장 |

1. 동결수리미(=냉동연육, surimi)
  동결변성을 막기 위해 채육 후 수세한 어육에 설탕(4%), 솔비톨(4%), 중합 인산염(0.2~0.3%)을 첨가한다.
  가. 동결 수리미의 원료
   1) 온수성 및 열대성 어종 : 민어류, 참조기, 보구치, 매퉁이, 갯장어, 갈치, 실꼬리돔 등
   2) 냉수성 어종 : 명태, 임연수어, 대구류
   3) 원양어획물 : 참치류, 청새리상어
   4) 붉은 살 어종 : 정어리, 고등어, 전갱이
  나. 동결수리미의 장점
  연제품의 원료로서 어육에 동결 내성을 부여하여 장기 저장이 가능하며, 비 가식부의 일괄처리가 가능하다.
2. 제조된 수리미는 동결하여 수송 및 장기 저장하는데 일반적으로 -20℃ 이하로 동결 저장한다.

▶ 어육연제품의 겔 형성에 영향을 주는 요인
1. 담수어보다 해수어가 연골어류보다 경골어류가 적색육 어류보다 백색육 어류가 각각 겔 형성력이 좋다(담수어< 해수어, 연골어류< 경골어류, 적색육< 백색육).
2. 온수성어류 단백질이 냉수성어류 단백질보다 더 안정하므로 겔 형성력이 더 좋다(냉수성어류 단백질< 온수성어류 단백질).
3. 선도가 좋을수록 겔 형성력이 좋다.

4. 어육 중에 존재하는 수용성단백질(근형질 단백질)이나 지질 등은 겔 형성을 방해한다.
5. 수세를 하면 수용성 단백질이나 지질 등이 제거되어 색이 좋아지고 겔 형성에 관여하는 근원섬유 단백질이 점점 농축되므로 겔 형성이 좋아져 제품의 탄력이 좋아진다.
6. 고기갈이 할 때 2~3%의 소금을 첨가하면 근원섬유 단백질의 용출을 도와 겔 형성을 강화시키고 맛을 좋게 하는 역할을 한다.
7. 고기갈이 어육은 pH6.5~7.5, 온도는 10℃ 이하에서 겔 형성이 가장 강해진다.
8. 가열온도가 높고 또 가열속도가 빠를수록(급속가열) 겔 형성이 강해진다.
※ 진공포장제품의 변질은 대부분 바실러스 속의 세균 때문에 일어난다.

▶어육연제품의 제조방법
1. 채육공정
 가. 어체 처리, 세정, 채육
2. 수세 및 탈수 공정
 가. 수세, 협잡물 제거, 탈수
3. 동결 수리미 제조 및 해동
 가. 첨가물 혼합, 충진·계량, 동결 저장
 나. 반 해동(자연 해동, 접촉식 해동, 고주파 해동)
4. 고기갈이 공정
 가. Silent cutter, stone grinder, 진동 고속 cutter
5. 성형 공정
 가. 찐 어묵, 구운 어묵, 튀김 어묵 등 각종 성형기로 성형
6. 가열 공정
 식염첨가 후 겔화 시킴
7. 냉각·포장
 가. conveyer식 강제 냉각장치로 냉각·포장(완전 포장 및 간이 포장)
8. 보관·유통
 가. 냉각 저장

▶ 어육연제품의 종류
어육 연제품은 배합하는 소재에 따라 성형이 자유롭고, 가열방법 및 소재의 종류가 다양하며 제품의 종류가 많다.
1. 형태에 따른 분류 : 판붙이 어묵, 부들 어묵, 포장 어묵
2. 가열방법에 따른 분류 : 찐 어묵, 구운 어묵, 튀김 어묵, 게맛어묵(맛살류)

▶ 가열방법에 따른 어육 연제품의 구분

방법	온도(℃)	매체	어육연제품 종류
배소법	100~180	공기	구운 어묵
증자법	80~90	수증기	찐 어묵, 판붙이 어묵
탕자법	80~95	물	어육 소시지
튀김법	170~200	식용유	튀김 어묵, 어단

▶ 어육연제품의 변질방지

가열(중심온도 75℃ 이상), 저온(1~5℃에서 냉장), 보존료 사용(소르브산 및 소르브산 칼슘, 소르브산 칼륨), 포장 등이 있다.

▶ 연제품용 기기

1. 채육기
  가. 연제품을 만들 때 사용하며 수세된 어체를 어육과 껍질, 뼈 등으로 분리하여 어육만 채취하는 기계이다.
2. 연속식 압착기
  가. '나사프레스' 또는 '익스펠레'라 칭하는 연속 시 압착기는 수세한 어육이 있는 뼈와 껍질을 압착해서 걸러내는 장치이다.
  나. 육의 탄력이 보강되는 효과를 얻을 수 있다.
3. 세절 혼합기
  가. 어육을 잘게 부수거나 여러 가지 부원료를 골고루 혼합할 때 사용되는 기계이다.
  나. 동결 수리미 및 각종 어묵을 만들 때 많이 사용된다.

▶ 통조림의 의의

1. 공관에 식품을 넣고 탈기하여 밀봉한 다음 가열 및 살균한 것
2. 공기 유통을 차단함으로써 미생물의 침입을 방지하여 식품의 변패를 막고 장기 저장이 가능하도록 한 것이다.
3. 금속용기에 넣어 밀봉하였다고 하더라도 가열, 살균하지 않은 것은 통조림의 범주에 포함하지 않고 있다.

▶ 통조림의 역사

1. 통조림 제조법 개발(병조림) : 1804년 프랑스 니콜라스 아페르
2. 양철 통조림 발명 : 1810년 영국 피터 듀란드
3. 우리나라 통조림 제조 시작 : 1892년 전라남도 완도의 수산물 통조림 공장 건설 이후
4. 레토르트 식품 발달 : 1950년 후반 미국에 의해 통조림 및 병조림 용기를 대체한 플라스틱 용기가 개발됨에 따라 발달

▶ 통조림의 특징

1. 장점

  가. 보존성   나. 인진싱   다. 섭취 간편성   라. 편의성

   1) 위생적이고 간편하며 대량 생산이 가능하여 미국의 남북전쟁 및 제2차 세계 대전 중 급속히 발전하였다.

2. 단점

  가. 소비자가 내용물을 육안으로 직접 확인할 수 없다.

  나. 원료에 따른 제품의 맛에 차이가 적다.

▶ 알루미늄 캔의 특징

1. 장점

  가. 캔 내용물의 향기의 열화가 적다.

  나. 캔 내면이 황화수소에 의한 흑변이 어렵다.

  다. 무게가 가벼우며 내식성이 좋다.

  라. 녹이 생기지 않으며 개관성이 우수하다.

  마. 외관이 고급스러워 상품성이 뛰어나다.

  바. 따기 쉬운 캔 뚜껑을 만들기 쉽다.

  사. 뛰어난 인쇄 효과가 있다.

2. 단점

  가. 산이나 식염에 대한 내식성을 떨어지므로 내면도색이 요구된다.

▶ 통조림 제조공정

원료 ⇒ 조리 ⇒ 세정 ⇒ 살쟁임 ⇒ 액 주입 ⇒ 칭량 ⇒ 탈기 ⇒ 밀봉(권체) ⇒ 살균 ⇒ 냉각 ⇒ 검사 ⇒ 포장

※ 핵심공정 : 탈기 ⇒ 밀봉 ⇒ 살균 ⇒ 냉각

1. 탈기 : 식품을 캔에 넣고 밀봉하기 전에 캔 내부의 공기를 제거하는 작업으로 탈기의 정도는 캔의 진공도를 측정하여 확인한다.

  가. 탈기의 목적

   1) 캔 내의 공기제거에 의한 호기성 세균의 발육억제

   2) 캔 내부의 부식방지

   3) 식품성분의 산화방지

   4) 가열살균 시 캔의 변형이 방지된다.

  나. 탈기법

   1) 밀봉 전에 식품을 가열하는 방법

   2) 기계적 진공 하에서 깡통을 밀봉하는 방법

가) 기계적 탈기법 :
  (1) 진공펌프에 의한 탈기기를 이용하는 방법으로 가장 많이 사용된다.
  (2) 진공밀봉기로 감압된 장치 내에서 탈기와 밀봉을 동시에 실시하는 방법이다.
  (3) 장점
    (가) 가열하기 곤란한 통조림식품에 이용 가능하다.
    (나) 소요면적이 적다.
    (다) 증기를 절약한다.
    (라) 위생적이다.
    (마) 진공도의 조절이 가능하고 균일한 진공도를 얻을 수 있다.
    (바) 단시간에 이루어진다.
  (4) 단점
    (가) 내용물 중의 공기 제거가 불충분하다.
    (나) 고진공을 위한 적절한 headspace가 필요하다.
    (다) Flushing현상이 발생하기 쉽다.
  3) 밀봉 직전에 headspace에 직접 증기를 불어 넣어 공기와 치환하는 방법
  4) 화학적 탈기법 : 아황산소다, 히드라진 등의 환원제를 이용하는 방법이다.
2. 밀봉 : 식품을 캔에 넣고 밀봉하는 것으로 통조림 가공에 있어 가장 중요한 공정 중 하나이다.
 가. 밀봉의 목적
  1) 외부로부터 미생물과 오염물질의 혼입을 막고
  2) 관내의 공기유통을 방지하여 진공을 유지함으로서 식품을 안전하게 보존하기 위해서이다.
 나. 밀봉법
  1) 현재의 봉소림 밀봉법으로는 기의 이중밀봉법을 사용하며 밀봉기는 시머(이중밀봉기 또는 권체기)가 사용된다.
 다. 밀봉의 3요소
  1) Seaming roll : 시밍롤(권체롤)
  2) Lift : 리프트
  3) Seaming Chuck : 시밍척(권체척)
3. 살균 : 통조림 살균법에는 수증기를 이용한 가열 살균법이 가장 효과적이고 실용적인 방법이다. 저장 중에 식품의 변질이 일어나지 않도록 하는 공정이다.
 가. 살균의 목적
  1) 미생물의 사멸과 효소의 불활성화로 보존성과 위생적 안전성을 높이고, 식품의 가열 조리로 바로 먹을 수 있게 하여 이용 간편성을 높이는 데 있다.
  2) 수증기를 이용한 가열살균법이 가장 효과적이고 실용적인 방법이다.
  3) 레토르트에 넣어서 고압가열 수증기로 하는 경우가 대부분이다.
  4) 통조림을 가열 살균할 때 필요한 가열의 정도는 식품의 pH와 밀접한 관계가 있는데 수산물은 pH가 중성에 가까우므로 내열성이 강한 클로스트리듐 보툴리누스균의 발육 염려가 크기 때문에 고온고압에서 장시간 살균한다.
 나. 살균조건을 결정하는 요소

1) 원료의 신선도
  2) 식품의 산도
  3) 식품의 물리성
  4) 살균 시의 흔들림
  5) 용기의 종류와 모양
  6) 미생물의 종류, 상태, 수
 다. 온도와 살균시간의 관계
  1) 살균 시 초기온도는 살균 시간에 큰 영향을 준다.
  2) 식품을 가열 탈기 또는 관 내 식품 온도를 높여주면 살균 시간을 줄일 수 있다.
 라. 산성 식품의 통조림 살균
  1) pH가 4.5 이하인 산성식품에는 식품의 변패나 식중독을 일으키는 세균이 자라지 못하므로 곰팡이나 효모는 비교적 낮은 온도의 끓는 물에서 살균한다.
  2) 저산성 식품의 통조림 살균
   pH가 4.5 이상인 저산성 식품의 통조림은 내열성 유해포자 형성 세균이 잘 자라므로 이를 살균하기 위해 100℃ 이상의 온도에서 고온고압 살균(클로스트리듐 보툴리누스의 포자를 파괴할 수 있는 살균조건)해야 한다.
4. 냉각 : 가열 살균을 끝낸 통조림은 될 수 있는 한 빨리 냉각하여야 한다.
 냉각은 살균의 마지막 단계에서 레토르트 안에서 시작되어 냉각수조에서 마무리되어 진다.
 가. 냉각의 목적
  1) 호열성 세균의 발육억제
  2) 내용물의 과도한 분해방지
  3) 황화수소(H_2S)발생 억제
  4) 스트루바이트(유리결정 형태의 결석) 생성억제

※ 익스펜션 링(expansion ring) 제조 목적
1. 통조림을 밀봉한 후 가열 살균 시 내부 팽압으로 뚜껑과 밑바닥이 밖으로 팽출하고 냉각하면 다시 복원한다.
2. 내부 압력으로 견디고 복원을 용이하게 하여 밀봉부에 비틀림이 생기지 않도록 하기 위함이다.

▶ 통조림 제품의 종류
1. 보일드 통조림 : 원료 조리 후 소량의 식염을 가하여 밀봉·살균한 제품
 가. 연어, 고등어, 정어리, 굴, 새우, 게, 바지락 통조림 등
2. 조미 통조림 : 설탕과 간장을 주체로 한 조미액을 사용하여 만든 제품
 가. 고등어, 전갱이, 오징어 통조림 등
3. 기름담금 통조림 : 원료육을 삶은 후 혈합육, 뼈, 껍질, 등을 분리•제거하고 소량의 식염과 식물유를 첨가 하여 만든 제품
 가. 참치, 가다랑어 통조림 등
4. 그 외 훈제 굴 통조림 등이 있다.

▶ 진공도 검사
1. 통조림용 진공계를 사용하여 실온에서 실시한다.
2. 원형관 및 각관에 대해 뚜껑의 익스펜션 링(expansion ring)의 돌기부에, 타원관에 대해서는 관의 장경부에 진공계 끝을 밀착, 삽입시켜서 측정한다.
※ 진진공도 = 측정진공도 + 진공도/headspace + 내용적

▶ 레토르트 식품
1. 레토르트 식품의 용기는 플라스틱 외 알루미늄 박이 들어있는 불투명 파우치, 투명 파우치 및 성형 용기가 있다.
2. 3층 적층 가공 파우치 : 폴리에스테르, 알루미늄 호일, 폴리에틸렌으로 구성
3. 레토르트 식품의 제고 공정
  가. 식품을 파우치에 수납
  나. 공기 탈기
  다. 금속제 열판으로 필름 열융착
  라. 레토르트로 가열 살균
  마. 냉각
4. 사용 사례 : 카레, 스프, 야채조리식품, 참치 기름담금 레토르트 파우치(일본)

▶ 통조림 식품의 변패 발생 원인
1. 생물학적 원인과 화학적 원인으로 구분된다.
2. 물리적 변형 원인 : 탈기 불충분, 과잉 충전, 밀봉 불량 등
3. 미생물학적 변패에는 열처리 후 미생물이 생존하였거나, 관에 미생물이 통과할 수 있는 개구부가 존재하므로 발생한다.
4. 통조림은 가장 저장성이 높은 식품이나 때로는 살균부족이나 밀봉불량에 의해 변패가 발생된다.

※ 통조림의 탁음 발생 원인 : 탈기 부족, 관 내에서 가스발생, 살균 부족, 기온이나 기압의 변화, 밀봉의 불완전 등

▶ 통조림의 품질변화
1. 흑변
  가. 어패류의 가열 시 단백질의 분해로 발생하는 황화수소는 어패류의 선도가 나쁠수록 pH가 높을수록 많이 발생한다.
  나. 황화수소가 통조림 용기의 철이나 주석 등과 결합하면 캔 내면에 흑변이 일어난다.
  다. 흑변을 일으키기 쉬운 통조림 원료로는 참치, 게, 새우, 바지락 등이 있다.
  라. 흑변의 방지를 위해 C-에나멜 캔이나 V-에나멜 캔을 사용하여 게살 통조림의 경우 게살을 황

산지에 감싼다.
2. 허니콤
 가. 어육의 표면에 작은 구멍이 생겨서 마치 벌집모양으로 된 것이다.
 나. 참치 통조림에서 흔히 볼 수 있는데 이것은 어육을 가열하였을 때 육 내부에서 발생한 가스가 밖으로 배출되면서 생긴 통로가 그대로 남은 것이다.
 다. 허니콤을 방지하기 위해서는 어체 취급을 조심스럽게 하여 상처를 내지 않도록 해야 한다.
3. 스트루바이트(유리결정 형태의 결석)
 가. 통조림 내용물에 유리조각 모양의 결정이 나타나는 현상으로 중성, 약알칼리성의 통조림에 나타나기 쉽다.
 나. 꽁치 통조림에서 많이 나타나며, 참치 통조림에서도 pH6.3 이상 될 때 생기는 경우가 있다.
 다. 스트루바이트는 30~50℃가 최대 결정 생성범위이므로 이를 방지하기 위해서는 살균 후 통조림을 급랭시켜야 한다.
4. 어드히전
 가. 캔을 열었을 때 육의 일부가 캔 몸통의 내부나 뚜껑에 눌러 붙어있는 현상으로 육과 용기면 사이에 물기가 있으면 일어날 수 없다.
 나. 어드히전을 방지하기 위해서는 빈 캔 내면에 물을 분무하거나 내용물인 육의 표면에 소금을 뿌려 수분이 스며 나오게 하거나 또는 빈 캔 내면에 식용유 유탁액을 도포한다.
5. 커드
 가. 어류 보일드 통조림의 표면에 생긴 두부모양의 응고물로 선도가 나쁜 원료에서 생기기 쉽다.
 나. 육중의 수용성 단백질이 녹아나와 가열 살균할 때 열 응고하여 생성된다.
 다. 커드를 방지하기 위해서
  1) 살쟁임에 앞서 생선을 묽은 소금물에 담가 수용성 단백질을 미리 용출시켜 제거한다.
  2) 육편과 육편사이에 틈이 없도록 살쟁임 한다.
  3) 살쟁임 한 육의 표면온도가 빨리 50℃ 이상이 되도록 가열한다.

▶ 변형캔 (통조림 밀봉의 결함)
1. 평면산패
 가. 가스의 생성 없이 산을 생성한 캔을 말한다.
 나. 외관은 정상으로 보이기 때문에 개관 후 pH 또는 세균검사를 통해 비로소 변질여부를 알 수 있다.
 다. 호열성 균(바실러스 속)에 의해 변패를 일으키는 특성이 있다.
 라. 통조림의 살균 부족 또는 밀봉 불량 등으로 누설 부분이 있을 시 발생한다.
 마. 타검에 의해 식별이 어렵다.
2. 플리퍼
 가. 캔의 뚜껑과 밑바닥은 거의 평평하나 어느 한쪽 면이 약간 부풀어 있는 캔이다.
 나. 부풀어 있는 부분을 손끝으로 누르면 소리를 내며 원상태로 되돌아간다.
3. 스프링거

　가. 뚜껑과 밑바닥의 어느 한쪽 면이 플리퍼의 경우보다 심하게 부풀어 있는 캔
　나. 손끝으로 부푼 면을 누르면 반대쪽 면이 소리를내며 부풀어 튀어나온다.
4. 스웰캔(팽창캔)
　변질이 많이 진행되어 캔의 뚜껑과 밑바닥이 모두 부푼 상태의 캔이다.
5. 버클캔(캔내압〉캔외압)
　캔의 몸통부분이 볼록하게 튀어나온 상태
6. 패널캔(캔내압〈 캔외압)
　캔 몸통의 일부가 안쪽으로 오목하게 찌그러져 들어간 상태의 캔

※ Lip : body hook이나 cover hook이 권체 내로 서로 말려들어 가지 않고 빠져나와 있는 상태

▶ 통조림의 품질검사
1. 통조림의 품질검사법
　가. 통조림의 품질검사에는 일반검사, 세균검사, 화학적 검사 및 밀봉 부위검사 등으로 나눌 수 있다.
　나. 통조림의 일반검사항목 :

표시사항 및 외관검사	제조일자, 포장상태, 밀봉상태, 변형캔 등을 육안으로 조사한다.
타관검사	1. 타검봉으로 캔을 두르려 나는 소리로 검사한다. 2. 눈으로 판별이 불가능한 캔의 검사에 이용한다. 3. 진공도가 높을수록 타검음이 높아지는 경향이 있다.
가온검사	1. 살균부족 통조림을 조기발견 하기 위해 검사한다. 2. 37℃에서 1~4주 또는 55℃에서 가온하여 외관 및 내용물을 검사한다.
진공도검사	1. 탈기, 밀봉 공정이 제대로 되었는지 통조림 진공계를 이용하여 검사한다. 2. 진공계를 팽창링에 찔러 진공도를 측정한다. 3. 진공도가 50kPa(37.5cmHg)이면 탈기가 잘된 양호한 제품이다.
개관검사	캔 내용물의 냄새, 색, 육질상태, 맛, 액즙의 맑은 정도 등을 검사한다.
내용물의 무게검사	제품에 표시된 무게만큼 들어 있는지 검사한다.

▶ 식품재료를 가공할 때 얻을 수 있는 것
1. 장점
　가. 가공성 증가
　나. 다양성 증가
　다. 복합적 요소 증가
　라. 관능적 가치 증가
　미. 상품성 가치 증가
　바. 저장성 증가

2. 단점
 가. 자연적 특성의 감소
 나. 가공비용

▶ 식품가공의 효과
1. 식품의 맛과 영양 및 기능성 등을 향상시킨다.
2. 불리한 물질이나 독성물질을 제거한다.
3. 수송과 저장을 용이하게 한다.
4. 식량의 용도를 다양하게 한다.
5. 연중 내내 식량의 공급조절이 가능하다.
6. 직접 소비될 수 없는 식품을 이용할 수 있다.
7. 부산물을 효율적으로 이용할 수 있다.
8. 새로운 식품의 개발을 가능하게 한다.

▶ 수산물 가공처리의 목적
1. 저장성을 높인다.
2. 위생적인 안전성을 높인다.
3. 운반 및 소비의 편리성을 높인다.
4. 효율적 이용성을 높인다.
5. 부가가치를 높일 수 있다.

▶ 조미 가공품
1. 어패류 및 건조물에 식염, 감마료, 조미료, 향신료 등의 혼합 조미액을 첨가하여, 맛과 저장성을 부가하기 위하여 바짝 조리고 건조하는 등의 공정을 거쳐 만든 제품(식품공전 상의 정의 : 수산물에 소금, 조미료, 향신료 등의 조미액을 첨가하여 조림·건조 또는 구워서 만든 제품 및 패류 자숙 시 유출되는 액의 유효성분을 농축하여 만든 간장류(주스류) 등의 제품)
2. 조미가공품의 종류
 가. 조림류(조미 자숙품)
  1) 어류, 패류, 새우류 및 해조류 등을 간장, 설탕, 물엿, 화학조미료 등을 진하게 배합한 조미액으로 비교적 장시간 조려서 만든 것
 나. 조미건제품, 조미구이제품
  1) 소형 어패류 및 해조류를 간장, 설탕, 물엿, 향신료 등의 조미액에 침지 후 불, 열풍 또는 일광으로 건조시켜 보존성을 부가한 제품
  2) 조미 후 배소하는 제품(예 : 장어구이)
  3) 조미 후 배건하는 제품(예 : 조미 오징어 및 오징어 훈제품)

3. 우리나라에서 주로 생산되는 조미 가공품의 종류
  가. 조미 오징어
  나. 조미 쥐치포, 꽃포

▶ 수산발효식품
1. 수산발효식품의 정의
  어패류의 육, 내장, 생식소 등에 소금을 가하여 어패류 내 자가소화효소 및 미생물의 작용으로 발효·숙성시켜 독특한 풍미를 지니게 한 저장식품(부패방지, 저장성 향상)
2. 수산발효식품의 종류
  원료의 자가소화 효소, 세균·효모, 밥·쌀겨·지게미 등에 의해 특유의 풍미를 생성시킨 것
  가. 젓갈
   1) 어류, 갑각류, 연체류, 극피류 등의 전체 또는 일부분을 주원료로 하여(생물 기준 60% 이상) 식염을 가하여 발효·숙성시킨 것
   2) 저장성을 가지게 하는 것은 염장품과 공통점이나, 일반 염장품은 염장 중 육질의 분해가 억제되어야 좋은 반면 젓갈은 원료를 적당히 분해 숙성시켜 독특한 풍미를 가지게 한다는 것이 차이점이다.
   3) 젓갈의 종류
     가) 육 : 멸치젓, 조기젓, 전어젓, 정어리젓, 소라젓, 전복젓, 오징어젓 등
     나) 내장 : 창란젓, 참치 내장젓, 창자젓, 갈치 내장젓 등
     다) 생식소 : 명란젓, 성게알젓, 숭어알젓, 날치알젓, 청어알젓, 상어알젓 등
  나. 액젓
   1) 젓갈을 여과하거나 분리한 액 또는 이에 젓갈을 여과하거나 분리하고 남은 것을 재발효 또는 숙성시킨 후 여과하거나 분리한 액을 혼합한 것
   2) 어패류를 고농도의 소금으로 염장하여 1년 이상 장기간 숙성시켜 액화시킨 것
   3) 동물성 단백질에서 유래되는 아미노산을 많이 함유하므로 주로 조미료로 사용
  다. 식해 : 어류, 갑각류, 연체류, 극피류 등의 전체 또는 일부분을 주원료로 하여(생물 기준 60% 이상) 이에 식염과 가열한 전분(쌀밥)을 혼합하여 숙성·발효시킨 보존 식품이다.

※ 새우젓은 다른 젓갈보다 소금 첨가량이 많다.
⇒ 이유 : 이것은 새우 껍질 때문에 소금의 침투속도가 느리고 내장에 있는 효소의 활성이 높기 때문이다.

3. 전통젓갈(발효보존식품)
  가. 어패류에 20% 이상의 소금을 첨가하여 부패를 막으면서 자기소화 효소 등의 작용을 활용하여 숙성시킨 것으로 맛과 보존성이 좋다.
  나. 장염 비브리오는 소금이 10% 이상이 되면 증식할 수 없으므로 전통젓갈은 식중독 염려가 없다(부패 방지 역할).

다. 발효온도 : 상온, 발효기간 : 2~3개월
라. 소금은 미생물의 작용을 억제하지만 제거하지는 못한다.
4. 저염젓갈(조미기호식품)
  가. 저염젓갈은 소금농도를 4~7% 정도로 낮추어 1개월 정도 짧게 숙성한 것으로 맛과 보존성이 낮다.
  나. 따라서 0~5℃에서 저온저장을 하거나, 조미료·보존료 등을 첨가하여 맛을 부여하고 보존성을 높인다.
  다. 장염 비브리오는 5% 이하의 소금농도에서 증식을 잘하므로 저염젓갈의 경우 식중독 우려가 있다.

▶ 대표적 해조가공품
1. 갈조류
  가. 미역
    1) 식용 해조류 중에서 생산량과 소비량이 가장 많다. 미역의 대부분은 양식으로 생산되는데 미역 총 생산량의 약 98%를 차지한다.
    2) 칼슘 함량이 많고, 철 또한 풍부하게 함유되어 있으며, 요오드를 다량 함유한다.
    3) 미역의 미끈미끈한 점질물은 '알긴산(alginic acid)'이며, 이것은 소화되지 않는 성분이며, 또한 미역과 다시마 속에 들어있는 염기성 아미노산인 '라미닌(laminine)'은 혈압을 내리는 작용이 있는 것으로 알려져 있다.
  나. 다시마
    1) 황갈색 또는 흑갈색의 띠 모양을 이룬다.
    2) 철과 칼슘이 풍부한데 칼슘은 소화흡수가 잘되며 미역과 마찬가지로 요오드도 풍부한데 이 역시 갑상선 호르몬의 합성에 필수적인 것이다. 또한 다시마에는 비타민 C가 많다.
    3) 마른 다시마의 표면에 백색 분말로 붙어있는 물질이 '만니트(mannit)'로 단맛을 띤다.
2. 홍조류
  가. 김
    1) 보라털과에 속하는 홍조류인 김은 해의, 해태, 자채라 불리며, 마른 김은 건태라 불린다.
    2) 우리나라에서 생산되는 김은 대부분이 방사무늬 김이다.
    3) 김은 미역, 다시마와 함께 우리나라에서 가장 많이 채취되고 소비되는 해조류로 독특한 향기와 맛이 있다. 겨울철에 가장 맛이 좋으며 기수역에서 생산되는 김이 가장 맛이 좋으며 탄수화물과 단백질을 비롯하여 여러 가지 무기질을 다량 함유하고 있다.
    4) 겨울 김은 열처리 되지 않으므로 빠른 기간 내에 먹는 것이 좋다. 그렇지 못할 경우 냉동 보관하여야 한다.

▶ 해조다당류를 이용한 수산가공품 - 알긴산
1. 만누론산과 글루론산으로 만들어진 고분자의 산성 다당류이다.

2. 알긴산의 칼슘염은 물에 녹지 않으나, 나트륨염 등의 알칼리염은 물에 잘 녹는다.
3. 미역, 다시마, 모자반, 감태 등과 같은 갈조류에 함유된 다당류이다.
4. 금속이온(칼슘 등)과 결합하면 겔을 만드는 성질을 가진다.
5. 알긴산은 경구 투여로는 독성이 없으나 혈액 속에 주사하면 유독한데 알긴산이 혈액 속의 칼슘이온과 반응하여 불용성 염을 만들고 그것이 혈관을 막기 때문이다.
6. 포유류는 알긴산을 분해하는 효소가 없으므로, 알긴산을 영양으로 이용할 수 없다.
7. 알긴산은 점성, 막 형성력 및 유화 안전성 등의 성질을 가지고 있다.
8. 식품가공용 : 주스류의 점증제나 아이스크림의 안정제 등
  의약용 : 봉합사나 지혈제 등
  화장품 공업 : 증점제 및 침전 방지제
  그 밖에 폐수처리제로 사용된다.
9. 장의 활용을 활발하게 하며 콜레스테롤, 중금속, 방사선물질 등을 몸 밖으로 배출하는 기능이 있다.

▶ 해조다당류를 이용한 수산가공품- 한천
1. 원료는 우뭇가사리와 꼬시래기, 석묵, 비단풀 등의 홍조류를 열수추출 및 냉각 시 생기는 우무겔을 표백·탈수한 것
2. 응고력이 강하고 보수성 및 점탄성이 좋으며 인체의 소화효소나 미생물에 의해 분해되지 않고 염류에는 녹지 않는다.
3. 제조법에 따라 천연 한천과 공업 한천으로 구분된다.
  한천의 종류 : 실한천, 가루한천, 설한천, 가한천, 인상한천 등
4. 산에는 약하지만 알칼리에는 강하다.
5. 주성분은 아가로스로 아가로펙틴과의 혼합물이다.
6. 아가로스의 함유량이 많을수록 응고력이 강하다(품질 향상).
7. 보수성, 점탄성, 식감 등이 좋으며 미생물에 의해 분해되지 않는 특성을 가진다.
8. 냉수에는 녹지 않으나, 80℃ 이상의 뜨거운 물에는 잘 녹는다.
9. 식품 가공용 : 제과용 및 양조용의 청정제
  의약용 : 완하제, 정정제, 연고 등
  학술 연구용 : 세균 배지 제조 및 겔 여과제 등에 사용된다.
10. 소화·흡수가 잘 되지 않아 다이어트 식품의 소재로 많이 이용된다.

▶ 해조다당류를 이용한 수산가공품- 카라기난(Carrageenan)
정의 및 특성(1937년부터 생산)
1. 진두발, 돌가사리 등의 홍조류에서 열수 추출한 점질성 다당류이다.
2. 식품의 점착성 및 점도를 증가시키고 유화 안전성을 증진시킨다.
3. 식품의 물성 및 촉감을 향상시키기 위한 식품 첨가물이다.

4. Galactose(갈락토스)와 anhydro galactose(언하이드로 갈락토스)가 결합된 고분자 다당류이다.
5. 한천보다는 황산기의 함량이 많아 응고력은 약하나 보수력과 점성이 크고 투명한 겔을 형성한다. 또한 우유의 유청 분해방지 효과가 강하다.
6. 아이스크림 안정제, 초콜릿 우유의 침전 방지제, 식빵 및 과자류의 조직 개량 및 보수제, 화장품의 점도 증강제 등에 사용된다.
7. 냉수에는 완전히 용해되지 않으나 80~85℃에서 완전히 용해되며 용해 후 약 50~55℃에서 겔화가 시작된다.
8. pH7.0 이상에서는 안정되나 산성에서는 점도가 저하된다.
9. 수산냉동품의 글레이즈제에 사용된다.

▶ 카라기난의 종류

황산화 정도에 따른 세 분류

1. 카파(κ) 카라기난
 가. 한국에서는 1974년 카라기난 생산공장 설립 후 처음으로 생산
 나. 람다(λ) 카라기난과 요타(γ) 카라기난에 비해 용도 범위가 매우 넓다.
 다. 디저트젤리의 겔화제, 햄소시지 등의 결착제, 아이스크림 안정제 등으로 사용된다.
2. 람다(λ) 카라기난
 가. 콘드루스 크리스푸스가 원료이다.
 나. 칼륨이온이나 칼슘이온에 의해 겔화하는 특성이 없다.
 다. 고점성 카라기난으로 점착력이 크다.
 라. 다른 카라기난에 비해 황산염이 있어 분자량이 가장 크다.
 마. 냉수에도 용해가 가능하다.
 바. 초콜릿 우유용 안정제, 우유용 겔화제 등으로 미국이나 유럽에서 많이 사용된다.
3. 요타(γ) 카라기난
 가. 칼슘이온과 가장 강하게 겔화된다.
 나. 다른 카라기난에 비해 겔 탄력이 있고 복원력이 좋으나 겔 강도는 비교적 약하다.
 다. 카파 카라기난의 물성이나 식감 등을 조절하는데 사용된다.

▶ 소금(염화나트륨)의 순도

정제염(99% 이상) > 암염(96% 이상) > 천일염 및 재제염(약 88% 정도)

▶ 어분·어유

수산가공 부산물인 잡어의 비 가식부의 대량 처리를 목적으로 어분 및 어유 등을 생산한다.

1. 어분
 가. 전 어체 또는 그 가공 부산물을 삶고 압착하여 수분과 기름을 짜내어 건조시키고 분쇄시켜 분

　　말로 만든 것
나. 잔사어분 : 어체를 가공하고 남은 비가식부를 주원료로 하여 가공한 어분
다. 어분의 품질이나 규격에 관여되는 주요성분은 수분, 단백질 및 지질이다.
라. 단백질 함유량이 많을수록 어분의 가격이 높게 책정된다.
마. 어분의 제조공정 : 습식어분의 주요 가공공정 4단계
(증자 ⇒ 압착 ⇒ 건조 ⇒ 분쇄)
바. 주로 가축이나 양어의 사료 및 비료로 사용하고 정제한 것은 가공식품의 원료로 이용
사. 어분의 종류 : 가자미류, 명태 등에서 만든 백색어분(변색이 적음)과 정어리, 멸치, 꽁치 등에서 만든 갈색어분(유지산화 등으로 품질변화가 심함)이 있다.

2. 어유
가. 어분의 제조 공정에서 부산물로 생기는 자숙액과 압출액, 오징어 내장 등에서는 어유가 채취된다.
나. 국내에서 생산되고 있는 어유는 오징어간유, 명태간유, 상어간유인데, 그 중에서도 '오징어간유'의 생산량이 가장 많다.
다. 어유는 중성지방 주성분 :
'트리아실글리세롤(TAG, Triacylglycerol)'
라. 어유의 종류 : 어유, 간유, 해수유
  1) 어유는 유지 공업의 중요한 원료이며 식용은 경화유, 계면활성제로, 비식용은 도료, 세제, 윤활유 등으로 사용된다.
  2) 간유는 상어, 명태, 대구, 다랑어 등의 어류의 간장을 원료로 하며, 비타민 A와 D를 많이 함유하므로 농축하여 영양제로 사용된다.
    가) 상어간유- 스쿠알렌(화장품 원료 및 기계와 항공기 등에도 사용)

▶ 수산피혁·어교 및 그 밖의 가공품
1. 수산피혁 : 어류의 껍질 등을 원료로 가죽 제품 제조에 이용
2. 어교 : 어류의 껍질, 뼈, 비늘, 부레 등의 콜라겐을 수증기나 끓는 물로 가열하여 아교 또는 젤라틴을 수획
3. 그 밖의 가공품 : 공예품, 약용품, 농용품 등으로 사용

▶ 기능성 수산 가공품
1. 고시형 : 글루코사민, N-아세틸글루코사민, 뮤코다당류, 단백, 스쿠알렌, 클로렐라, 스피룰리나, 상어간유, 분말한천, 오메가-3 계열의 고도 불포화 지방산 함유 유지, 키토산 및 키토올리고당 등
2. 개별 인정형 : 콜라겐 효소분해 펩타이드, 연어 펩타이드, 김 올리고 펩타이드, 정제 오징어유, DHA 농축유지, 정어리 펩타이드 등

▶ 스쿠알렌
1. 항산화 작용, 면역강화 작용, 간 기능 개선 작용, 산소수송 기능의 강화작용 등의 기능이 있다.
2. 심해상어 간유에 특히 많이 함유되어 있다.

▶ 푸코이단
1. 혈액이 응고되는 것을 방지하고 치매를 예방하며 혈중 콜레스테롤 수치를 낮추어 주고, 면역력을 증강시켜 바이러스, 알레르기 등의 질환에 효과적이다.
2. 변비개선 작용 및 보습성을 유지하는 효과가 강한 점에 착안하여 화장수 및 물티슈로도 개발, 시판되고 있다.

▶ 스피룰리나
1. 해조류 중 남조류에 해당되며, 고단백 식품으로 다양한 비타민과 무기질을 함유하고 있다.
2. 단백질이 많기로 유명한 클로렐라(50%)보다도 더 많은 단백질(69.5%)을 함유하고 있는 고단백 식품이다.
3. 다세포로 세포벽이 없어 소화흡수율(95.1%)이 높으나, 클로렐라는 단세포로 세포막이 두꺼워 소화율(73.6%)이 낮다.
4. 빈혈 및 당뇨병 예방, 면역력 증강 등에 도움이 된다.

❻ 위생

▶위생 이론

▶ 영양표시 대상이 아닌 식품
1. 즉석 판매제조, 가공업자가 제조·가공하는 식품
2. 최종 소비자에게 제공되지 아니하고 다른 식품을 제조, 가공 또는 조리할 때 원료로 사용되는 식품
3. 식품의 포장 또는 용기의 주표시면 면적이 30cm2 이하인 식품

▶ 영양성분 표시 대상식품 또는 식품첨가물
1. 식품제조, 가공업 및 즉석 판매 제조·가공업의 신고를 하여 제조·가공하는 식품(다만, 식용얼음의 경우 5kg 이하의 포장제품에 한함)
2. 식품첨가물 제조업의 허가를 받아 제조·가공하는 식품첨가물
3. 식품 소분업으로 신고를 하여 소분하는 식품 또는 식품첨가물
4. 방사선으로 조사 처리한 식품
5. 수입식품 또는 수입식품 첨가물
6. 자연상태의 식품 중 다음에 해당하는 식품[다만, 식품의 보존을 위하여 비닐랩 등으로 포장(진공포장 제외)하여 관능으로 내용물을 확인할 수 있도록 투명하게 포장한 것은 제외]

▶ 위 1~5까지 해당하는 식품 외의 용기·포장에 넣은 식품

▶ 수입 농산물, 임산물, 축산물, 수산물로서 포장에 넣어진 식품

▶ 표시대상 영양성분
1. 필수적 표시대상 영양성분 : (탄수화물, 당류, 단백질, 지방, 포화지방, 트랜스지방, 콜레스테롤, 나트륨), 열량
2. 임의적 표시대상 영양성분(영양표시나 영양강조 표시를 하고자 하는 영양소 기준치 표의 영양성분)
 : 비타민, 무기질, 식이섬유 등

▶ 품질관리 과정

계획(Plan) ⇒ 실시(Do) ⇒ 확인(Check) ⇒ 조치(Action)

1. 식품의 품질에 영향을 미치는 주요 구성인자로는 양적 품질인자, 관능적 품질인자, 영학적 품질인자 및 위생학적 품질인자가 있는데 이 중 일반 소비자들이 민감하게 느끼는 품질인자는 오감을 통해 인지하는 관능적 품질 인자와 영양학적 품질인자 및 위생학 품질인자이다.

▶ 위해요소중점관리기준(HACCP, Hazard Analysis Critical Control Point)
1. 선행요건 프로그램
  가. GMP(Good Manufacturing Practices, 우수제조기준)
  위생적인 식품 생산을 위한 시설·설비 요건
  나. SSOP(Sanitation Standard Operation Procedure, 표준위생관리기준)
  일반적인 위생관리 운영 기준

암기법 : 준비단계(5)- 팀제를 사용하여 공정 현장을 확인하자!!
원칙(7)- 위중한 모개검문

2. HACCP 추진을 위한 준비단계 절차(5단계)
 HACCP팀 구성 ⇒ 제품설명서 작성 ⇒ 제품용도 확인 ⇒ 공정흐름도 작성 ⇒ 공정흐름도 현장 확인
3. 7원칙 적용순서
 위해요소 분석 ⇒ 중요관리점 결정 ⇒ 한계기준 설정 ⇒ 모니터링 체계
 확립 ⇒ 개선조치 및 방법 수립 ⇒ 검증절차 및 방법수립 ⇒ 문서화 및 기록 유지

▶ 기존위생관리방법과 HACCP
1. 기존 위생관리방법 : 문제발생 후 관리하는 것으로 최종제품을 관리 및 검사(이물, 세균수, 식중독균 등)
2. HACCP : 중점관리 공정과 관리방법을 수립 후 문제발생 전 예방적 관리(가열온도, 시간, 중심온도 관리 등)

▶ 수산식품 또는 수산가공식품 중 HACCP 의무적용품목
1. 어육가공품 중 어묵류, 어육소시지
2. 냉동수산식품 중 어류, 연체류, 패류, 갑각류, 조미가공품
3. 레토르트 식품 중 저산성 통·병조림- 굴통조림
4. 냉장수산물 가공품(수산물을 내장제거, 세척, 절단 등의 가공공정을 거쳐 냉장한 식품)을 의무적용품목으로 지정

▶ 식중독
1. 세균성 식중독
 가. 감염형 식중독균
  1) 음식과 함께 섭취된 미생물이 체내에 증식하거나, 식품 내에서 증식한 다량의 미생물이 장관 점막에 위해가 원인이 되어 일어나는 식중독
  2) 살모넬라, 장염비브리오균, 병원성 대장균, 리스테리아균, 시겔라균
   가) 감염원인
    (1) 살모넬라 : 어패류와 그 가공품
    (2) 장염비브리오균 : 어패류(주로 생선회), 그 외 가열 조리된 해산물
    (3) 병원성 대장균 : 음식물의 하수, 사람의 분변
    (4) 리스테리아균 : 수산물(훈제연어), 냉장·냉동 수산물 등
    (5) 시겔라균 : 물, 사람의 분변

※ 우리나라에서 가장 식중독을 많이 일으키는 균 : 살모넬라균으로 8~48시간 정도의 잠복기를 거친다.

※ 식용 어패류에 의한 식중독 : 대부분이 장염비브리오균에 의해서 발생한다(수인성 식중독으로는 장염비브리오 균에 의한 발병률이 가장 높다).

※ 비브리오 식중독균
1. 원인식품 : 주로 어패류로 생선회가 가장 대표적이지만, 그 외에도 가열 조리된 해산물 등이 있다.
2. 예방원칙 :
 가. 여름철 해수 중에서 번식하며 생어패류의 섭취가 주된 감염경로이기 때문에 7~8월의 어패류의 생식을 주의해야 한다.
 나. 이 균은 어패 표면이나 아가미에 부착되어 있으므로 충분히 수돗물로 씻어 먹으면 어느 정도 예방할 수 있다.
 다. 냉장상태에서나 민물 중에서 급속히 사멸하므로 냉장보관 후 먹는다.
 라. 가열에 의해 쉽게 사면하므로 가열조리 후 먹는다.

※ 비브리오 패혈증
1. 원인균 : Vibrio vulnificus(비브리오 불니피쿠스)
2. 성상
 가. 해수세균, 그람음성 간균
 나. 소금 농도가 1~3% 배지에서 잘 번식하는 호염성균
 다. 18~20℃로 상승하는 여름철에 해안지역을 중심으로 발생
3. 감염 및 원인식품
 가. 오염된 어패류의 섭취(경구 감염)
 나. 낚시, 어패류의 손질 시, 균에 오염된 해수 및 갯벌의 접촉(창상 감염)
 다. 알코올 중독이나 만성간질환 등 저항력 저하 환자에 주로 발생
 라. 생선회보다는 조개류, 낙지류, 해삼 등 연안 해산물에서 검출 빈도가 높음
4. 임상증상
 가. 경구감염 시 어패류 섭취후 1~2일에 발생하고 피부병변 수반한 패혈증이 나타남
 나. 당뇨병, 간질환 알코올 중독자 등 저항성 저하된 만성질환자에 중증인 경우가 많고 발병 후 사망률은 50%로 높음
 다. 오한, 발열, 저혈압, 패혈증, 사지의 동통, 홍반, 수포, 출현반 등 증상이 있음

라. 창상 감염 시 해수에 접촉된 창상부에 발적, 홍반, 통증, 수포, 괴사 등의 증상이 있음
마. 예후는 비교적 양호함
5. 예방
 가. 여름철 어패류의 취급 주의
 나. 여름철 어패류 생식을 피함
 다. 어패류는 56℃ 이상 가열로 충분히 조리 후 섭취함
 라. 피부에 상처가 있는 사람은 어패류 취급을 주위하며 오염된 해수에 직접 접촉을 피함

나. 독소형 식중독균
 1) 세균이 식품 중에 증식하면서 생산한 독성물질을 섭취한 후 발생되는 식중독
 2) 감염형 식중독과 비교하여 잠복기가 비교적 짧다.
 3) 발열이 적고, 생균의 유무와 상관 없이 생성된 독소가 파괴되지 않는 한 식중독이 발생할 수 있다.
 4) 독소종류
  가) 황색포도상구균 : 장내 독소(엔테로톡신, enterotoxin)
  나) 클로스트리듐 보툴리누스균 : 신경독소(neurotoxin)
  다) 바실러스 세레우스균 : 장내 독소(엔테로톡신, enterotoxin)
다. 중간형 식중독균
 1) 웰치균(증상- 구토, 설사, 복통, 발열)
  가) 원인식품 : 어패류 및 그 가공품
  나) 독소 : 신경독소(neurotoxin)
2. 바이러스성 식중독
 가. 식중독을 유발하는 대표적인 바이러스 : 노로바이러스, 로타바이러스, A형 간염바이러스
  1) 노로바이러스(Norovirus, NV)
   가) 굴 등의 조개류에 의한 식중독
   나) 겨울철에 발생하지만 계절과 관계없이 발생하고 있는 추세이다.
   다) 전염력이 매우 강해 소량의 바이러스에도 쉽게 감염되며, 감염자의 대변, 구토물, 오염된 음식, 감염자가 사용한 기구를 통해 감염된다. 오염된 물에서는 특히 쉽게 제거되기 어렵고 사람 간 2차 오염도 가능하다.
   라) 구토, 수양성 설사, 오심, 메스꺼움, 발열 증상 유발된다.
   마) 현재 노로바이러스에 대한 항바이러스제가 없으며 감염을 예방할 백신이 없다.
3. 자연독 식중독(식물성, 동물성, 곰팡이성)
 가. 복어독 : 테트로도톡신(10MU/g 이하)
  1) 복어의 알과 생식선(난소, 고환), 간, 피부, 장, 육질부 등에 함유되어 있다.
  2) 독성이 강하고 물에 녹지 않으며 열에 안정하여 끓여도 파괴되지 않는다.
  3) 진행속도가 빠르고 해독제가 없어 치사율이 높다(약 60%).
  4) 식후 30분~5시간 만에 발병하며 중독증상이 단계적으로 진행된다.
   (혀의 지각마비, 구토, 감각둔화, 보행곤란, 청색증, 심장마비 심하면 사망)

※ 어패류의 독소
1. 악티톡신 : 뱀장어(혈액)
2. 홀로수린 : 해삼(내장)
3. 티라민 : 문어(타액)
4. 베네루핀 : 모시조개, 굴(내장), 바지락(내장)
5. 삭시톡신 : 굴(근육, 내장), 홍합(내장)
6. 미틸로톡신 : 홍합(간장)

* 암기법 : 삼수(해삼-홀로수린)가 뱀티(뱀장어-악티톡신)를 입고 문민(문어-티라민)정부에 굴홍색(굴, 홍합-삭시톡신) 편지를 바베(바지락-베네루핀)에게 보내니 홍미(홍합-미틸로톡신)를 보인다.

4. 화학적 식중독(의도적, 비의도적 사용)
 가. 유독성 화학 물질에 오염된 식품을 섭취함으로 일어나는 식중독
 나. 고의 또는 오용으로 첨가되는 유해물질- 식품첨가물
 다. 제조, 가공, 저장 중 생성되는 유해물질- 지질의 산화생성물, 니트로소아민
 라. 조리기구, 포장에 의한 중독 : 구리, 납, 비소 등의 중금속

▶ 패류독
1. 마비성 패류독(PSP)
 우리나라에서 중독사고가 자주발생
 가. 원인 대상종 : 알렉산드리움 타마렌스, 알렉산드리움 카테넬라
 나. 증상 : 언어상애, 침 흘림, 두통, 입마름, 구토 등
 다. 80ug/100g 이하(0.8mg/kg 이하)
2. 설사형 패류독(DSP)
 가. 원인 대상종 : 디노파이시스(0.16mg/kg 이하)
 나. 증상 : 설사, 구토, 복통, 구역질 등의 소화기관계의 장애를 일으킨다.
3. 기억상실성 패류독(ASP)
 가. 원인 대상종 : 니치시아(우리나라에서 발생하지 않았다)
 나. (20mg/kg 이하) (20.7.15 시행)
  갑각류(20.7.15 시행)
4. 신경성 패류독(NSP)
 가. 원인 대상종 : 짐노디움(어류에 치명적)

▶ 중금속
1. 철, 구리, 아연, 코발트 등 생체기능 유지에 필요한 금속이지는 하나 과잉 섭취 시 독성을 일으킬 수 있다.
2. 비중 4.0 이상의 무거운 금속이다.

3. 중금속 중독
  가. 카드뮴(Cd) 중독 : 이타이이타이병
  나. 수은(Hg) 중독 : 미나마타병

▶ 식품공전 상의 냉동식품
1. 냉동식품의 규격
 가. 가열하지 않고 섭취하는 냉동식품
  1) 세균수 : n=5, c=2, m=100,000, M=500,000(다만, 발효제품, 발효제품 첨가 또는 유산균 첨가제품은 제외)
  2) 대장균수 : n=5, c=2, m=10, M=100
   n : 검사하기 위한 시료의 수
   c : 최대허용 시료 수
   m : 미생물 허용기준치로서 결과가 모두 m 이하인 경우 적합으로 판정
   M : 미생물 최대허용 한계치로서 결과가 하나라도 M을 초과하는 경우는 부적합으로 판정
  ※ m, M에 특별한 언급이 없는 한 1g 또는 1mL 당의 집락 수(CFU, Colony Forming Unit)이다.

▶ 식품일반에 대한 공통기준 및 규격
1. 냉동식용어류머리
 가. 정의
  1) 대구, 은민대구, 다랑어류 및 이빨고기의 머리를 가슴지느러미와 배지느러미 부위가 붙어있는 상태로 절단한 것
  2) 식용가능한 모든 어종(복어류 제외)의 머리 중 가식부를 분리하여 중심부 온도가 -18℃ 이하가 되도록 급속냉동 한 것으로 식용에 적합하도록 처리한 것
 나. 원료 등의 구비요건
  1) 국제협약상 식용으로 분류되어 위생적으로 처리된 것이 관련기관에 확인된 것이어야 한다.
  2) 원료절단 시 아가미와 내장이 제거되고 위생적으로 처리되어야 한다.
  3) 식품첨가물 등 다른 물질을 사용하지 않은 것이어야 한다.
 다. 규격
  1) 성상 : 적합하여야 한다.
  2) 중금속 :
   가) 납- 0.5mg/kg 이하
   나) 총수은- 0.5mg/kg 이하(심해성어류, 다랑어류, 새치류 제외)
   다) 메틸수은- 1.0mg/kg 이하(심해성어류, 다랑어류, 새치류 한함)
  3) 대장균 : n=5, c=2, m=0, M=10
  4) 세균수 : n=5, c=2, m=100,000, M=500,000
  5) 히스타민 : 200mg/kg 이하(다랑어류에 한함)

　　6) 방사능 : 131I - 100Bq/kg 이하
　　　　　　　134Cs +137Cs : 100Bq/kg 이하

2. 냉동식용어류내장
　가. 정의 : 식용 가능한 어류의 알 제외한(복어 알 제외) 창란, 이리(곤이), 오징어 난포선 등을 분리하여 중심부 온도가 -18℃ 이하가 되도록 급속냉동한 것으로 식용에 적합하도록 처리된 것
　나. 원료 등의 구비요건
　　1) 국제협약상 식용으로 분류되어 위생적으로 처리된 것이 관련 기관에 확인된 것이어야 한다.
　　2) 원료 분리 시 다른 내장은 제거된 것
　　3) 식품첨가물 등의 다른 물질을 사용하지 않을 것
　다. 규격
　　1) 성상 : 적합하여야 한다.
　　2) 중금속
　　　가) 총수은 : 0.5mg/kg 이하(심해성어류, 다랑어 및 새치류는 제외)
　　　나) 메틸수은 : 1.0mg/kg 이하(심해성어류, 다랑어 및 새치류에 한함)
　　　다) 납 : 0.5mg/kg 이하(다만, 두족류는 2.0mg/kg 이하)
　　　라) 카드뮴 : 3.0mg/kg 이하 다만, 어류의 알은 1.0mg/kg 이하,
　　　　　두족류는 2.0mg/kg 이하
　　3) 대장균 : n=5, c=2, m=0, M=10
　　4) 세균수 : n=5, c=2, m=100,000, M=500,000

3. 생식용 굴
　가. 정의 : 소비자가 날로 섭취할 수 있는 전각굴, 반각굴, 탈각굴로서 포장한 것을 말한다(냉동굴 포함).
　나. 원료 등의 구비요건
　　1) 청정해역(→지정해역)의 수질기준에 적합한 해역에서 생산된 것
　　2) 자연정화 또는 인공정화 작업을 통해서 청정해역(→지정해역)의 기준에 적합하도록 생산된 것(제2019-57호 7월 3일 개정)
　　3) 생식용 굴은 채취 후 신속하게 위생적인 물로써 충분히 세척하여야 하며, 식품첨가물[차아염소산나트륨(락스) 제외]을 사용하여서는 안 된다.
　　4) 생식용 굴은 덮개가 있는 용기(합성수지, 알루미늄 상자 또는 내수성의 가공용기)등으로 포장해서 10℃ 이하로 보존·유통하여야 한다.
　다. 규격
　　1) 대장균 : 230MPN/100g 이하 또는 n=5, c=1, m=230, M=700MPN/100g
　　2) 세균수 : 1g 당 50,000 이하(생식용 굴), 1g 당 100,000 이하(냉동품)

> ※ 자연정화와 인공정화의 정의
> 1. 자연정화 : 굴 내에 존재하는 미생물의 수치를 줄이기 위해 굴을 수질기준에 맞은 지역으로 옮겨 자연정화 능력을 이용하여 처리된 과정
> 2. 인공정화 : 굴 내부의 병원체를 줄이기 위하여 육상시설 등의 제한된 수중환경에서 처리하는 과정

Point 실전문제

▶ 가열하지 않고 섭취하는 냉동식품
1. 검사하기 위한 시료의 수(n)= 5
2. 최대 허용 시료 수(c)= 2
3. 미생물 허용기준치(m)= 100,000
4. 미생물 최대허용한계치(M)= 500,000

❼ 수산업의 개요

▶ 수산업의 목적
경제적 이익을 목적으로 물 속의 동식물을 잡거나 길러서 인류가 유익하게 이용할 수 있도록 제공하는 사업

▶ 수산업법의 목적
수산업에 관한 기본제도를 정하여 수산자원 및 수면을 종합적으로 이용하여 생산성을 향상시키고 수산업 발전과 어업의 민주화를 도모하는 것을 목적으로 한다.

▶ 현행 수산업법에서의 수산업
1. 어업 : 수산 동식물을 포획·채취하거나 양식하는 사업과 염전에서 바닷물을 증발시켜 소금을 생산하는 사업을 말한다.
2. 어획물 운반업 : 어업현장에서 양륙지까지 어획물이나 그 제품을 운반하는 사업
3. 수산물 가공업 : 수산 동식물을 직접원료 또는 재료로 하여 식료, 사료, 비료, 호료, 유지 또는 가죽을 제조하거나 가공하는 사업

▶ 용어의 정의
4. 기르는 어업 : 해조류 양식어업, 패류양식어업, 어류 등 양식어업, 복합양식어업, 협동양식어업, 외해양식어업과 육상해수양식어업을 말한다.
5. 외해 : 육지에 둘러싸이지 아니한 개방된 바다로서 해수 소통이 원활하여 오염물질이 퇴적되지 아니하는 수면으로서 대통령령으로 정하는 수면을 말한다.
6. 양식 : 수산동식물을 인종적인 방법으로 길러서 거두어들이는 행위와 이를 목적으로 어선·어구를 사용하거나 시설물을 설치하는 행위를 말한다.
7. 어장 : 면허를 받아 어업을 하는 일정한 수면을 말한다.
8. 어업권 : 면허를 받아 어업을 경영할 수 있는 권리를 말한다.
9. 입어 : 입어자가 마을어업의 어장에서 수산동식물을 포획·채취하는 것을 말한다.
10. 입어자 : 어업신고를 한 자로서 마을어업권이 설정되기 전부터 해당 수면에서 계속하여 수산동식물을 포획·채취하여 온 사실이 대다수 사람들에게 인정되는 자 중 대통령령으로 정하는 바에 따라 어업권 원부에 등록된 자를 말한다.
11. 어업인 : 어업자와 어업종사자를 말한다.
12. 어업자 : 어업을 경영하는 자를 말한다.
13. 어업종사자 : 어업자를 위하여 수산동식물을 포획·채취 또는 양식하는 일에 종사하는 자와 염전

에서 바닷물을 자연 증발시켜 소금을 생산하는 일에 종사하는 자를 말한다.
14. 바닷가 : 만조수위선과 지적공부에 등록된 토지의 바다 쪽 경계선 사이를 말한다.
15. 유어 : 낚시 등을 이용하여 놀이를 목적으로 수산동식물을 포획·채취하는 행위를 말한다.
16. 어구 : 수산동식물을 포획·채취하는 데 직접 사용되는 도구를 말한다.

> 1. 수산업의 예
> 가. 통발로 꽃게 어획
> 나. 안강망으로 조기 어획
> 다. 해상 가두리로 참돔을 기르는 일
> 라. 멸치를 어획하여 젓갈을 만드는 일
> 마. 양식 미역을 채취하여 염장미역을 가공하는 일
> 2. 예외
> 가. 낚시터에서 낚시를 즐기는 일
> 나. 바닷물을 이용하여 소금을 생산하는 일 (어업에만 해당)
> 3. 수산업·어촌발전기본법 상에는 수산업에 어업, 어획물운반업, 수산물가공업, 수산물유통업이 포함된다.
>
> ※ 수산물 유통업 : 수산물의 도매·소매 및 이를 경영하기 위한 보관·배송·포장과 이와 관련된 정보·용역의 제공 등을 목적으로 하는 산업

▶ 수산업·어촌발전 기본법의 목적

수산업과 어촌이 나아갈 방향과 국가의 정책방향에 관한 기본적인 사항을 규정하여 수산업과 어촌의 지속가능한 발전을 도모하고 국민의 삶의 질 향상과 국가경제 발전에 이바지하는 것을 목적으로 한다.

▶ 수산자원관리법의 목적

수산자원관리를 위한 계획을 수립하고, 수산자원의 보존·회복 및 조성 등에 필요한 사항을 규정하여 수산자원을 효율적으로 관리함으로써 어업의 지속적 발전과 어업인의 소득증대에 기여함을 목적으로 한다.

▶ 수산자원관리법

용어의 정의
1) 수산자원 이란 수중에 서식하는 수산동.식물로서 국민경제 및 국민 생활에 유용한 자원을 말한다.
2) 수산자원관라 란 수산자원의 보호.회복 및 조성 등의 행위를 말한다.
3) 총허용어획량 이란 포획.채취할 수 있는 수산동물의 종별 연간어획량의 최고한도를 말한다.
4) 수산자원조성 이란 일정한 수역에 어초.해조장 등 수산생물의 번식에 유리한 시설을 설치하거나 수산종자를 풀어놓은 행위 등 인공적으로 수산자원을 풍부하게 만드는 행위를 말한다.
5) 바다목장 이란 일정한 해역에 수산자원조성을 위한 시설을 종합적으로 설치하고 수산 종자를 방류하는 등 수산자원을 조성한 후 체계적으로 관리하여 이를 포획.채취하는 장소를 말한다.

6) 바다숲 이란 갯녹음(백화현상)등으로 해조류가 사라졌거나 사라질 우려가 있는 해역에 연안생태계 복원 및 어업생산성 향상을 위하여 해조류 등 수산종자를 이식하여 복원 및 관리하는 장소를 말한다(해중림을 포함한다)

* 이 법에서 따로 정의되지 아니한 용어는 「수산업법」 또는 「양식산업발전법」에서 정하는 바에 따른다.

▶ 수산업의 분류

	수산업법	일반적	넓은 의미
1차 산업	어업 (어업, 양식업 포함)	어업 양식업	어업 양식업
2차 산업	수산 가공업	수산가공업	수산 가공업 어구 제조업 냉장·냉동업 조선업
3차 산업	어획물 운반업	수산물 유통업	어획물 운반업 판매업

▶ 수산업에 관련된 여러 사업
1. 생산 장비의 현대화에 필요한 조선, 기계공업, 전자공업 등
2. 어망의 원료가 되는 화학공업
3. 수산물 제조 및 유통에 따르는 제빙업, 제염업, 통신사업, 복지후생 등

▶ 수산업의 특성
1. 대부분 정착하지 않고 이동하는 특성이 있기 때문에 소유하는 주인이 정해져 있지 않다.
2. 수산생물 자원은 관리를 효율적으로 하면 지속적으로 생산할 수 있는 특징이 있다.
3. 수산 동식물은 이동하기 때문에 관리가 쉽지 않을 뿐 아니라 생산하는 수역의 해황 변화, 어장의 조건과 해양환경은 물론이고 수산 동식물의 생활사 및 생산시기가 다르다. 또 수산물의 생산량이 일정하지 않기 때문에 생산된 수산물 관리를 위한 기술도 함께 발전되고 있다.
4. 생산물이 부패, 변질하기 쉽고 자연 채취물이 그대로 상품화되므로 계획적인 생산이 용이하지 않으며 모든 생산품을 일정한 규격을 갖춘 제품으로 만들 수 없는 특징이 있다.
5. 넓은 의미에서 수산업은 국가의 기간산업이다.

▶ 자원관리형 어업
수산 자원이 고갈되어 어업 생산성을 지속시킬 수 없게 되었을 때 수산 동식물의 자연 생산력이 최대로 유지되도록 여러 가지 수단과 방법을 도입하여 자원량을 유지할 수 있도록 하는 어업을 말한다.

Point 실전문제

> 1. 2018년 1월 기준(한국)
>   가. 주요 수출국 : 1) 일본 2) 중국 3) 미국 4) 태국 5) 베트남
>   나. 주요 수출품 : 1) 참치 2) 김 3) 이빨고기 4) 고등어 5) 넙치
> 2. 2016년 하반기 기준(FTA 체결국으로부터)
>   가. 주요 수입국 : 1) 중국 2) 러시아 3) 베트남 4) 미국 5) 칠레 6) 노르웨이
>   나. 주요 수입품 : 1) 까나리 2) 명태 3) 고등어 4) 오징어 5) 새우 6) 낙지

우리나라의 對(대)미 수산물 수출은 주로 김, 이빨고기, 오징어, 굴, 넙치 등이나, 대상 수산물에 포함된 전복, 참치 등 상당 품목의 수출도 이루어지고 있다.

지난 2018년 한해 한국 농수산식품유통공사(aT)에 따르면, 올해 11월까지 집계된 2018년도 농림수산식품 대미 주요 수출품목 중 한국산 김이 8,880만달러를 기록해 일본(1억1,460만달러)에 이어 두 번째로 한국산 김이 많이 수출된 국가로 등극했으며, 한국의 대미 김 수출액은 전년 동기대비 12.7%나 급증했다고 밝혔다.

▶ 양식어업 생산량의 동향(2017년 기준)

수산물의 공급구조에 있어 연근해어업이나 원양어업과 같은 어획어업 비중이 축소되는 가운데 양식어업 생산 비중이 전체 수산물 생산량의 절반을 넘어서는 등 점차 확대되고 있다. 2017년 양식어업 생산량은 약 213만톤으로 전체 수산물 생산량의 62%에 달하며, 양식어업 생산량 중에서 해조류가 76.0%로 가장 큰 비중을 차지하고 있는 것으로 파악되었다.

또한 2016년 기준으로 대중어종인 오징어(중국어선의 불법조업 및 원양해역에서의 생산량 급감 등의 원인), 명태, 조기 갈치 등 수산물 자급률이 2010년 대비 3.5% 이상 하락세를 보였다.

▶ 세계 어업 생산량의 비율

현재 우리나라의 수산업은 연안 여러 나라의 200해리 배타적 경제 수역설정에 따른 해외 원양어장의 제약과 축소, 공해의 조업에 대한 규제, 국내 연근해 어장의 생산력 저하, 어민 후계자 확보 등 여러 가지 문제점을 가지고 있다.

> 1. 국내 총수산물 생산량(2019년 기준)
>   천해양식어업〉 일반해면어업〉 원양어업〉 내수면어업
> 2. 국내 어류별 양식량(2019년 기준)
>   넙치류〉 조피볼락〉 숭어〉 참돔〉 가자미류〉 농어류
> 3. 연근해 어업 주요 품종별 생산량(2019 기준)
>   멸치〉 고등어〉 갈치〉 삼치류〉 청어〉 전갱이류〉 참조기
> 4. 국내 수산물(가공품) 품목별 생산량(2019년 기준)
>   냉동품〉 해조제품〉 기타〉 연제품〉 통조림
> 5. 국내 유통비용이 차지하는 비중(2019년 기준)
>   명태〉 고등어〉 갈치〉 오징어

▶ 우리나라 수산업의 발전 방안
인공어초 형성, 인공종묘 방류 등에 의한 자원조성, 어선의 대형화와 어항시설의 확충 및 영어 자금지원의 확대, 어업과 양식의 신기술 개발, 신해양 질서에 대처한 외교 강화, 해외어업 협력 강화 및 새로운 어장이 개척, 어업경영의 합리화, 수산업의 안정적 공급, 수출시장의 다변화, 원양 어획물의 가공, 공급의 확대 및 수산가공품의 품질 고급화, 어민후계자 육성 대책마련 등을 들 수 있다.

▶ 수산업의 시대적 과정
1) 1960년까지: 무동력 소형어선, 재래식 어로장비, 전통적인 어로방법
2) 1960년 이후: 1차산업에 대한 집중적인 투자로 일본 등에서의 기술도입과 함께 어업구조의 개선을 가져 왔다. 수산물 수출을 하여 외화 획득으로서 중요한 역할 양식업은 주로 해조류 양식이었다.
3) 1970년대: 수산물에 대한 수요의 증가로 양식 및 근해어장의 개발과 원양어업의 오대양 진출로 수산업 발전의 단계를 맞음
   양식업: 패류(조개류) 양식 기술 도입
4) 1980년대: 인접국가의 어업활동 규제로 수산업의 성장이 일시 멈춤 따라서 어선의 대형화 양식어장 개발에 주력한 시기였다
   양식업: 어류양식 기술도입
5) 1990년대: 수산자원의 남획 및 환경오염 등으로 생산이 줄어들고, 세계 연안국의 조업규제 강화로 수산업 경영에 어려움을 겪었다. 특히, 한일, 한중 어업협정 등으로 인하여 조업규제 및 어획량 규제로 인하여 수산업이 심각한 위기에 몰림

▶ 우리나라 원양어업
1) 1957년 인도양 시험조업, 다랑어 주낙어업 시작
2) 1966년 대서양 트롤어업 시작
3) 1970년대 두차례 석유파동 겪음
4) 최근엔 연안국의 200해리 경제수역설정과 연안국 간의 어업협정으로 생산량 감소

▶ 수산업 정보의 종류 및 특징
1. 수산업 정보의 종류
통계, 관측, 시장정보, 수산물 생산정보, 수산물 가공정보, 수산물 유통정보 등

▶ 수산업 정보의 특징
1. 대용량 자료처리가 필요
2. 비용과 시간이 소요

3. 접근하는데 여러 가지 제약과 한계
4. 육상정보처럼 고정적이지 않고 시간적으로 변하는 동적이 특징이 있다.
5. 영해분쟁, 배타적 경제수역(EEZ) 어장, 해양지명 등 국제적 및 공공정책에 많이 활용

▶ 해양정보 관리의 필요성
1. 인접국가 사이의 해양영토 분쟁, 해양지명문제, 배타적 경제수역 및 대륙붕 경제확정, 해양자원 개발 등 상대국가 사이에 필요한 기본적인 자료 확보가 필요하기 때문이다.
2. 해안선 변화, 해안침식 원인규명, 실시간 항행 정보제공, 수산물 생산과 유통정보, 해안선과 해양변화 감시, 해양예보 및 해양 교통 안전정보 제공
※ 생산 및 관리되는 대부분의 해양정보는 연안 관리정보, 항만지하 시설물 GISDB 구축, 해양환경, 해양생태, 해양 물리정보 등으로 해양정보 관리 시스템을 구축하는 데 활용되며 그 외 업무지원 시스템 및 외부연계 시스템은 해양정보를 기반으로 활용되는 시스템이다.

▶ 수산업 경영활동에 중추적 역할을 하는 수산업 정보시스템의 종류
1. 생산활동과 관련된 정보 시스템
2. 분배활동과 관련된 정보 시스템
3. 수산업 관리 및 운영과 관련된 정보 시스템

▶ 수산업의 생산 정보 관리
1. 수산물의 생산정보
2. 수산물 생산정보의 수집
3. 수산물 생산정보의 분산과 이용
4. 수산물 생산정보의 검색

▶ 수산물 생산량 통계조사
1. 계통조사
2. 비계통조사 : 표본조사, 전수조사, 표본전수 병행조사

▶ 수산물의 가공정보관리
수산물 가공과 정보시스템 수산물 가공 기술정보의 이용, 수산물 가공품의 생산정보, 수산물 가공정보, 수산물 포장정보의 검색이 있다.

▶ 수산물 유통정보의 체계
1. 분산형태에 따른 유통체계
2. 거래시장에 따른 유통체계
3. 전자상거래에 따른 유통체계

수산물 유통정보 수집은 수산물 유통정보의 수집체계와 수산물 유통정보 기관과 방법 및 수산물 유통정보의 분산과 이용을 통해 이루어진다.

▶ 어항의 종류 및 특성
1. 어항의 정의
이용범위가 전국적인 어항 또는 섬, 외딴 곳이 있어 어장의 개발 및 어선의 대피에 필요한 어항
2. 어촌·어항법 상 어항
천연 또는 인공의 어항시설을 갖춘 수산업 근거지로서 말하며 그 종류는 다음과 같다.
　가. 국가어항 : 이용 범위가 전국적인 어항 또는 섬, 외딴 곳에 있어 어장의 개발 및 어선의 대피에 필요한 어항
　나. 지방어항 : 이용 범위가 지역적이고 연안어업에 대한 지원의 근거지가 되는 어항
　다. 어촌정주어항(漁村定住漁港) : 어촌의 생활 근거지가 되는 소규모 어항
　라. 마을공동어항 : 어촌정주어항에 속하지 아니한 소규모 어항으로 어업인들이 공동으로 이용하는 항포구

8 수산자원의 관리

▶ 연근해 조업정보

1. 근해업종 : 채낚기어업, 연승(주낙)어업, 안강망어업, 자망어업 및 연안업종 복합 통발 어업에 업종별 어획분포, 해황정보, 안전조업안내 등의 내용을 제공한다.
2. 해수역은 지구 표면적의 약 70.8%를 차지하며, 평균 깊이가 4km, 육지면적의 약 2.43배가 된다. 해수에는 약 88종의 원소들이 융해되어 있으며 해수 1kg 중에는 융해되어 있는 염분은 약 32~36g이다.
3. 내수면은 지구의 육지에 있는 모든 수면 즉 호수, 강, 하천 등을 말하며, 그 면적은 지구 표면적의 약 1%이고, 염분의 농도는 0.1~1.0‰ 이하인 담수에 해당한다.

※ 해양의 평균수심 : 3,800m

대륙붕	해안선에서 완만한 경사로 수심 200m까지의 해저지형이다. 전체 해양면적의 7.6%를 차지하며 산업과 관련된 생산 및 인간생활에 밀접하다. 세계주요어장의 대부분을 형성한다. (평균 경사: 1°)
대륙사면	급경사 지형으로 전체 해양면적의 12%를 차지한다. (평균 경사: 4°)
대양저	해저지형의 대부분으로 심해저 평원, 대양저 산맥 및 해구가 있다.
해구	대양저에서 가장 깊은 부분으로 수심이 6,000m 이상이다. V자 지형으로 전체 해양 면적의 1% 차지한다.

▶ 해양의 기초생산을 좌우하는 요인
에너지원이 되는 태양광, 수온, 영양염, 초식자의 섭이 등

1. 수산식물은 연하고 잘 뜰 수 있는 대형으로 되고 있고 잎, 줄기, 뿌리 등의 전체 표면에서 영양분 또는 빛을 흡수하여 생육하는 해조류가 많다.
2. 정의
   가. 개체군 : 같은 종에 속하는 개체들만으로 구성하여 암컷과 수컷의 어린 것과 큰 것이 뭉쳐서 서로 교배하면서 세대와 세대를 이어가며 존속하는 집단
   나. 생물군집 : 종류를 서로 달리하는 개체군들이 서로 밀접한 관련을 맺고 한 곳에 어울려 사는 집단

▶ 생태계의 정의
1. 생태계 : 생물과 무생물환경, 생물과 생물 간의 복잡한 관계로 물질순환과 에너지의 흐름을 통하

여 하나의 안정된 계를 유지하는 것을 말한다. 생태계는 크게 무생물적 요소와 생물적 요소를 구성하며 생물적 요소는 다시 무기물에서 유기물을 생산하는 생산자 유기물을 소비하는 소비자, 유기물을 분해하여 다시 무기물로 환원하는 분해자로 세분된다.

생산자는 환경에 있는 무기물을 광합성 과정에 의하여 유기물로 합성하며 소비자는 생산자가 합성한 유기물을 이용하고 분해자는 유기물을 분해하여 다시 무기물로 환원한다.

* 영양염류⇒ 1차 생산자⇒ 1차 소비자⇒ 2차 소비자⇒ 3차 소비자⇒ 분해자⇒ 영양염류

▶ 해양과 육지의 생태계 비교

구분	해양생태계	육지생태계
매체 및 특성	물, 균일	공기, 다양
온도 및 염분	-3~5℃, 34~35psu	-40~40℃
산소량	6-7mg/L	대기의 20%, 200mg/L
태양광	표층일부 존재, 거의흡수 X	거의 모든 곳 흡수
중력	무중력상태, 부력작용	중력작용
체물질 구성	단백질	탄수화물
분포	넓다.	좁다.
종 다양성	종의 수가 적고 개체수가 많다.	종의 수가 많고 개체수가 적다.
방어 및 행동	거의 노출, 느리다.	숨을 곳이 많고, 빠르다.
난의 크기	작다.	크다.
유생기	유생시기O, 길다.	유생시기X
생식전략	다산다사(부유동물 생활사 진화)	소산소사(포유동물 생활사 진화)
먹이연쇄	길다.	짧다.

※ 생물적 요소 : 생산자, 소비자, 분해자
※ 무생물적 요소 : 물, 공기, 도양, 암석 등

▶ 수산생물의 특성
1. 해양의 안정된 환경으로 종족 보존에 유리하다.
2. 스스로 발광하는 동물이 많다.
3. 온도 변화의 변동이 거의 없어 몸 표면이 연한 생물이 많이 분포한다.
4. 수산식물은 연하고 물에 잘 뜰 수 있는 대형구조이다.
5. 잎, 줄기, 뿌리 등 전체 표면에서 영양분 또는 빛을 흡수하여 생육하는 해조류가 많이 존재한다.

▶ 부유생물

극미세 부유생물	5㎛ 이하 일반 채집망 사용 및 부착법으로 채집 불가 거름종이 이용법, 가라앉힘법 및 원심분리법 이용
미세 부유생물	0.005~0.5mm 정도의 대부분 식물 부유 생물
미소 부유생물	0.5~1mm 정도의 대부분 동물 부유생물 (해양 무척추동물 및 어류의 알, 자치어 및 유생 포함)

대형 부유생물	1~10mm 정도(육안 식별가능) 대부분 동물 부유 생물과 소수의 대형 식물 부유생물

1. 동물 부유생물
   운동력이 미약한 절지동물을 비롯하여 수산동물의 알과 유생, 어류의 치어, 해파리 등을 말한다.
2. 식물 부유생물
   광합성을 통하여 자신에게 필요한 에너지를 만들어내는 단세포 식물체이다. 바다의 기초 생산자 대다수의 경우 광합성 작용을 통하여 자신에게 필요한 에너지를 생성할 수 있기 때문에 바다에서 이들이 살 수 있는 깊이는 매우 한정되어 있다.

▶ 저서생물

1. 저서식물(해조류)의 특성
   가. 엽록소로 광합성 하는 해양환경의 1차 생산자이다.
   나. 몸의 표면을 통해 바다 속의 영양분을 직접 흡수하므로 육상식물과는 달리 특정한 몸의 체제가 불필요하다.
   다. 뿌리, 줄기, 잎, 열매, 씨 및 통로조직이 없다.
   라. 포자로 번식하는 엽상식물이다.
   마. 몸체는 아주 간단한 엽상체와 이들 엽상체를 바다에 부착시켜주는 부착기 형태를 가지고 있다.
   바. 해수의 부영양염 제거 역할과 해양동물의 서식처 및 산란장 제공한다.

녹조류	주로 민물에 서식한다. (청각, 파래, 우산말, 유글레나, 매생이 등)
갈조류	대부분이 바다에 서식하며 몸체가 크다. (미역, 다시마, 모자반, 감태, 톳 등)
홍조류	해조류의 대부분을 차지한다. (김, 우뭇가사리, 진두발, 꼬시래기, 불등풀가사리 등)

※ 해양에서 식물 생활을 지배하는 주 영양염류 : 질산염, 인산염, 규산염
※ 담수에서 식물 생활을 지배하는 주 영양염류 : 질산염, 인산염, 칼륨염

2. 저서동물의 정의 및 종류
만조 때의 해안선과 간조 때의 해안선 사이의 부분인 조간대에 서식하는 동물(해면동물, 따개비류, 고둥류, 조개류)

해면동물	조간대 바위표면에 껍질모양으로 부착하여 살며, 표면에 다공성이 있다.
따개비류	만각류에 해당하며, 유생일 때는 자유유영하지만 석회질 껍데기를 형성하여 서식한다.
고둥류	복족류에 해당하며, 깊은 곳에서 상부 조간대까지 널리 분포한다. 고둥류에는 소라, 전복, 우렁, 고둥 등이 있다.
조개류	이매패류(두 장의 조가비)가 대표적이며, 바위 조간대 아래 서식한다. 조개류에는 담치류, 바지락, 고막, 조개류, 굴류 등이 있다.

▶ 유영동물

유영동물은 크게 어류, 두족류, 포유류, 갑각류로 나눌 수 있다.

어류 (25,000여종)	바다 척추동물 중 가장 많은 종류와 개체가 있다. 어류에는 경골어류와 연골어류가 있다. * 경골어류 : 고등어, 꽁치, 전갱이, 전어, 뱀장어, 복어 등 * 연골어류 : 홍어, 가오리, 상어 등
두족류 (100여종)	몸 속의 뼈가 거의 퇴화되고 없으며, 상처 부위의 혈액을 응고시키는 혈소판이 있다. 두족류에는 크게 십완류와 팔완류가 있다. * 십완류 : 오징어, 갑오징어, 꼴뚜기 * 팔완류 : 문어, 낙지, 주꾸미
포유류 (4,000여종)	고래류, 물개류 등이 있으며, 주로 태생이다. (허파로 호흡)
갑각류 (8,700,000여종)	수산생물 종 중 가장 많은 수를 차지한다. 갑각류에는 새우, 게, 가재 등이 있다.

▶ 어류의 분류

한류성, 난류성 수산자원이 풍부하다.

우리나라 연근해 어류 : 해양성 어류와 담수성 어류는 약 900여종이다.

▶ 회유성 어류(강하성, 소하성 어류)

강하성 어류	강에서 살다가 산란기에 바다에서 산란하는 어류 ⇒ 뱀장어
소하성 어류	바다에서 살다가 산란기에 강에서 산란하는 어류 ⇒ 연어, 송어

1. 어류의 회유

회유 : 외부환경의 변화 및 생리적 요인에 의해 발육단계 및 생활주기를 거치며 무리지어 이동하는 것을 의미한다.

 가. 유기회유 : 자·치어가 산란장에서 성육장으로 이동(뱀장어)
 나. 성육회유 : 성육장에 도달한 치어가 유영능력을 갖춘 후 색이장으로 이동
 다. 색이회유 : 어류가 적온범위 내에서 먹이를 찾아 대규모로 이동하는 회유
 라. 산란회유 : 성어가 산란을 하기 위해 이동하는 회유
  1) 소하성회유(연어, 송어) : 산란(강) - 성장(바다) - 산란(강)
  2) 강하성회유(뱀장어) : 산란(바다) - 성장(강) - 산란(바다)
 마. 계절회유 : 방어, 고등어, 참돔과 같은 어류들은 계절이 바뀌면 자신이 살기에 적합한 수온대를 찾아 이동을 하는데 이를 계절회유라 한다.
 바. 삼투조절 회유 : 생리적인 요구에 의하여 일정 기간 바다에 사는 어류가 강으로, 강에 사는 어류가 바다로 내려가는 것을 말하며 숭어, 농어, 풀잉어 등에서 볼 수 있다.
 사. 연인성회유 : 연안에서 이동하는 회유

▶ 난생, 난태생 및 태생

난생	잉어, 연어, 송어, 미꾸라지, 틸라피아, 감성돔, 넙치, 자주복, 대구, 명태 등의 대부분의 어류
난태생	볼락류, 망상어류, 학공치류, 가오리, 청상아리, 은상어, 별상어, 곱상어과, 신락상어과 등
태생	흉상어, 개상어, 귀상어(보통 큰 상어들은 태생에 해당된다) 및 바다 포유류

▶ 광염성 어(패)류 및 협염성 어(패)류

광염성 어패류	무지개송어, 송어, 넙치, 바지락, 굴, 개량조개, 숭어, 망둥어
협염성 어패류	참돔, 오징어, 전복, 가리비

▶ 해산어와 담수어

해산어	해수 이온농도에 비해 체액 이온농도가 낮다. 아가미에서 염류를 배출한다. 소량의 진한 오줌을 배출한다.
담수어	담수 이온농도에 비해 체액 이온농도가 높다. 아가미에서 염류를 흡수한다. 대량의 묽은 오줌을 배출한다.

▶ 경골어류와 연골어류

경골어류	뼈가 단단하고, 주로 부레와 비늘이 있음 [고등어, 방어, 전갱이(방추형), 전어, 돔(측편형), 복어 (구형), 뱀장어(장어형)]
연골어류	뼈가 물렁물렁하고, 주로 부레와 비늘이 없음 [홍어, 가오리(편평형), 상어]

▶ 수서동물(무척추동물)

절지동물	가재, 새우, 게, 따개비, 물벼룩 등
환형동물	지렁이, 갯지렁이 등
연체동물	모시조개, 전복, 조개, 굴, 오징어, 문어 등 그중 99%이상이 고동류와 조개류이다.
극피동물	성게, 불가사리 해삼 등 세계적으로 6,000여종 이상 피낭류 등 기타 무리별로 구분 (멍게, 미더덕, 오만둥이 등- 척색동물)
강장동물	해파리, 말미잘, 산호 등

▶ 어류의 체형과 종류
각 종의 서식, 생태적 특징에 따라 현재 지구상에 존재하는 종마다 고유의 형태로 진화해 왔다.

방추형 (Fusiform)	가다랑어, 고등어, 방어와 같은 외양성 어종들이 갖고 있는 체형으로 빠른 유영속도를 내기 위하여 물과의 마찰을 최소화한 체형이다.
측편형 (Compressed form)	참돔, 돌돔, 감성돔 등의 돔류, 쥐치, 독가시치, 전어 등 옆으로 납작한 체형이다
편평형 (Depressed form)	바닥에 배를 붙이고 살아가는 어종인 가오리류, 양태, 아귀류가 갖고 있는 체형으로 아래위로 납작한 체형이다.
장어형 (Anguilliform)	긴 원통형의 체형으로 먹장어, 칠성장어, 드렁허리, 뱀장어, 갯장어, 붕장어 등의 체형을 말한다.
구형 (Globiform)	복어류와 같이 몸이 둥근 체형을 말한다

▶ 수산자원 생물의 조사방법

어기별, 어장별, 어업 종류별, 어종별로 어획량 및 어획노력량을 조사해야 한다(이 때, 어획 노동량은 해당하지 않는다).

▶ 통계조사법

어선을 대상으로 실시하며, 자원 총량 추정법 중 직접적인 방법이다.

1. 전수조사

대상이 되는 모든 어선에 대해 어기별, 어장별, 어업종류별, 어종별 어획량 등을 집계하는 방법으로, 시간과 비용의 소모가 많아 자주 활용되지는 않는다.

2. 표본조사 : 일반적 조사법

조사대상 어선 중 일부를 임의적 또는 개관적으로 추출하여 추정하는 방법으로, 적은 비용으로 전체 특성을 파악이 가능하여 자주 활용된다.

▶ 형태측정법

전장측정	입 끝~꼬리 끝까지 측정한다. 예) 어류, 새우, 문어
피린체장측정	입 끝~ 비늘이 있는 몸 끝까지 측정한다. 예) 어류(멸치)
표준체장측정	입 끝~몸통 끝까지 측정한다. 예) 어류
두흉갑장측정	머리부터 가슴까지의 길이 측정 예) 새우, 게류
두흉갑폭측정	머리와 가슴 좌우 양단 길이를 측정하는 방식 예) 게류
동장측정	몸통 길이만 측정

	예) 오징어류

1. 어체의 길이측정
  가. 전장측정
  나. 표준체장측정
  다. 피린체장측정 : 입 끝부터 비늘이 덮여있는 몸의 말단까지를 측정한다.
2. 대상종 별 길이측정법
  가. 멸치 : 국제적으로 피린 체장측정방법을 택한다.
  나. 새우 : 전장 또는 두흉갑장
  다. 게류 : 두흉갑장과 두흉갑폭을 각각 측정
  라. 오징어류 : 몸통길이(동장)를 측정
  마. 문어류 : 전장을 측정

▶ 계군분석법

개체들의 형태, 생활사 등을 조사하는 방법이다.

같은 종 중에서도 각기 다른 환경에서 서식하는 계군들 간에는 개체의 형태 차이 또는 생태적 차이, 유전적 차이가 있으므로 계군 분석이 필요하다. 여러 방법을 종합적으로 결론 내리는 것이 바람직하다.

형태학적 방법	계군의 특정형질에 관해서 통계적으로 비교·분석하는 방법은 생물 특정학적 방법과 비늘, 가시 등의 위치와 형태 등을 비교·분석하는 해부학적 방법이 있다.
생태학적 방법	각 계군의 생활사를 비롯하여 생활사를 비롯하여 산란기나 산란장의 차이, 체장조성 비늘의 형태, 포란 수, 분포 및 회유 상태, 기생충의 종류와 기생률 등의 차이를 비교·분석한다.
표지 방류법	계군의 이동상태를 직접 파악할 수 있으므로 매우 좋은 계군식별 방법 중의 하나이다. 표지방류법의 표지법의 종류에는 염색법, 절단법, 부착법, 몸 부분 표지법 등이 있다.
어황 분석법	어획 통계자료를 통해 어황의 공통성, 변동성, 주기성 등을 비교 검토하여 어군의 이동이나 회유로를 추정하는 방법이다.

▶ 연령사정법

연령 형질법 (비늘이 가장 많이 사용되고 있으며 다음이 이석, 척수골 순이다)	가장 널리 사용하며, 어류의 비늘, 이석, 등뼈, 지느러미, 연조, 패각, 고래의 수염, 이빨 등을 이용하는 방법이다. 이석을 통한 연령사정은 경골어류에 효과적이고, 연골어류인 홍어, 가오리, 상어는 이석을 통한 연령사정에 부적합하다. 연안정착성 어종인 노래미와 쥐노래미는 등뼈(척추골)를 이용하여 연령사정하며, 비늘은 뒤쪽보다 앞쪽 가장자리의 성장이 더 빠르다.
체장 빈도법	체장조성자료를 이용하는 방법은 체장빈도법 혹은 피터센(Petersen)법이라고도 하며, 연령형질이 없는 갑각류나 연령형질이 뚜렷하지 못한 어린 개체들의 연령사정에 유효하게 사용된다.

(피터센법)	체장빈도법은 연간 1회의 짧은 산란기를 가지며 개체의 성장률이 거의 같은 수산자원생물의 연령 결정에 효과적으로 사용된다.

1. 자원량 추정 시, 개체수가 정확히 추정 불가능하므로, 총량 추정법에는 직접법과 간접법이 있다.
   가. 직접법 : 전수조사 및 표본부분조사법
   나. 간접법 : 표지방류 및 총 산란량을 측정하여 친어 자원량 추정법, 어군탐지기 이용법이 있다.
2. 상대지수표시법
자원총량의 추정이 어려울 때 실시하는 방법이다.
주로 단위노력 당 어획량 사용 : CPUE(Catch per unit effort)

> * 목시조사법
> 눈으로 직접 확인해 조사하는 방법(고래 마릿수 조사)
> 고래는 해양생태계 먹이사슬의 꼭대기에 위치해 생태계 균형을 유지하는 데 기여한다.
> --
> 고래연구소는 매년 황해와 동해에서 수행한 목시조사 결과를 국제포경위원회(IWC) 과학위원회에 보고하고 있다.
>
> 1. 수산관련기구
>   가. 참치관리기구 : 중서부태평양수산위원회
>   나. 비참치관리기구 : 북서대서양수산위원회, 남극해양생물보존위원회
> --
> * 더 알아보기
>
> 2014년에 발표된 미국 버몬트대학의 연구팀의 조사결과에 의하면, 고래가 급격히 줄어들면서 크릴새우의 개체수는 현 상태를 유지하거나 오히려 줄었습니다. 고래가 크릴새우와 다른 물고기들에게 영양분을 제공하는 중요한 역할을 한다고 제시했는데요. 포유동물이자 엄청난 몸집을 자랑하는 고래가 방대한 양의 찌꺼기와 오줌 등을 자신의 몸에서 분출해 바다 표면에 질소와 철 성분을 풍부하게 한다는 사실을 밝혀낸 것입니다. 특히, 고래가 수영하거나 다이빙하면서 바다 표면에 영양분을 채워주는 역할을 하고 있다고 결론지었습니다. 연구자들은 고래가 증가하면서 식물성 플랑크톤도 늘어났다는 사실도 확인했습니다. 또 고래가 숨으낸 깊은 바다의 다른 생물들에게 유기물질을 제공하는 하나의 원천이 되기도 하는 것으로 파악하고 있습니다. 모두 고래는 해양생태계의 건강성을 나타내는 척도임을 연구 결과가 말해주고 있는 것입니다. 이런 이유로 한반도 주변 수역의 밍크고래 목시조사는 필수적이라고 전문가들은 입을 모았습니다.
>
> - 출처 : 한국의 환경전문 민간 연구소인 '시민환경연구소' -

▶ 남획의 징후

: 자원분포영역의 축소, 어장면적의 감소

> 어획량 > 자원증가량 : 자원감소 ⇒ 자원의 불균형
> 잉여생산량 > 어획량 : 자원증가
> 잉여생산량 < 어획량 : 자원감소 ⇒ 조업선박의 척수제한, 조업횟수를 줄인다.

1. 어린 개체의 비율 증가(대형어의 비율 감소)한다.
2. 성성숙 연령 감소한다.
3. 어획물의 평균연령 감소한다.
4. 정상적 어획량 회복기간이 길다(단위 노력당 어획량 감소).
5. 각 연령군의 평균 체장 및 평균 체중의 대형화된다.

  6. 어획물 곡선의 우측 경사가 해마다 증가한다.

> 1. 남획이 잘되는 어종
>   군집성이 강하고 한 장소에 서식징이 국한되어 있는 어종으로 북태평양 넙치, 연어, 송어 등이 있다.
> 2. 남획이 잘되지 않는 어종
>   수명이 짧고, 자연사망률이 높은 어종으로 멸치, 오징어, 새우 등이 있다.

▶ 총허용어획량(TAC, Total Allowable Catch)
1. 수산자원을 합리적으로 관리하기 위해 어종별로 연간 어획할 수 있는 상한선을 정하고 어획량이 목표치에 이르면 어업을 종료시키는 제도로 어선 어업의 경쟁적 조업을 유도하는 제도이다.
2. TAC 산정하기 전 과학적인 자원평가가 선행되어야 한다.
  최대 지속적 생산량(MSY, Maximum Sustainable Yield)를 기초로 한 사회경제적 요소를 고려하여 결정한다.
3. 1995년 수산업법, 1996년 수산자원보호령, 1998년 총허용어획량의 관리에 관한 규칙에 TAC을 규정한다.

> ❂ 토막상식
>
> 어류 등 수산자원을 계속적으로 잡을 수 있도록 하기 위해 고등어, 전갱이, 도루묵, 오징어, 키조개, 개조개, 대게, 붉은 대게, 꽃게, 제주소라, 참홍어(현 11종이며, 이후 갈치, 멸치, 참조기 3종이 포함될 예정)의 주요어종에 대하여 번식하는 데 필요한 만큼의 자원은 항상 남겨둘 수 있도록 1년 간 잡을 수 있는 양을 어선 또는 개인별로 설정하고, 이를 적정하게 배분하여 어업이 가능하도록 하고 어획량이 어획 설정량에 이르면 어업을 정지시켜 자원을 보존, 관리하는 방법이다. (매년 자원량 평가)
> 이 제도의 도입은 200해리 배타적 경제수역(EEZ, Exclusive Economic Zone)제도를 근간으로 하는 UN 해양법협약의 발효가 그 직접적인 원인이다.
> * 기술적 관리수단 : 특정어구 사용금지, 특정어업 금지구역 설정
> * 어획노력당 관리수단 : 어선사용제한, 어선설비제한, 어획성능제한
>
>   ※ 우리나라 총허용어획량이 적용되는 어업종류와 어종
> 1. 고등어, 정어리, 전갱이- 대형 선망어업
> 2. 붉은 대게- 근해통발어업
> 3. 대게- 근해자망, 통발어업
> 4. 개조개, 키조개- 잠수기어업
> 5. 꽃게- 연근해자망, 통발어업
> 6. 오징어- 채낚기어업
>
> 참고) 갈치는 2018년도 기준 총허용어획량(TAC)의 대상품목에 해당되지 않는다. 2019년도 기준 총허용어획량(TAC)의 대상품목에 바지락이 추가되었다.
>
> 1. MSY : Maximum Sustained Yield
>   최대 지속적 생산량 : 일정한 환경조건 하에 있는 어류의 지속적인 최대생산량
> 2. MEY : Maximum Economic Yield
>   최대 경제적 생산량 : 경제적으로 가장 큰 이익을 가져다주는 생산량, 가장 높은 경제적 이익을 얻기 위한 이론이다.
> 3. ABC : Acceptable Biological
>   생물학적 최대생산량 : 현재의 조건 하에서 과학적인 예측에 기반을 두고 계절마다 정해지는 생산량 또는 생산범위를 의미한다.

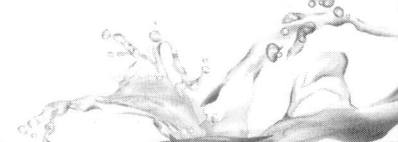

4. TAC : Total Allowable Catch
   생물학적으로 계측된 MSY를 기초로 사회경제적 요소를 고려하여 결정된 총 가능 허용량으로 선진국형 제도이다.

▶ 자원량 변동에 영향을 주는 요소

가입	성장	자연사망	어획사망
자원증가요소		자원감소요소	
자연 요인에 의해 좌우		인위적 요인에 의해 조절가능	

1. 가입 : 수산자원이 자란 후 어장에 도달하여 자원량에 포함되는 것
2. 성장 : 가입된 개체가 시간이 지남에 따라 체중이 증가되는 것
3. 자연사망 : 가입된 개체군 중 어획되지 않은 것으로 자연적으로 사망한 것
4. 어획사망 : 가입된 개체군 중에서 어획되어 사망한 것

※ 가입에는 성어만 대상(자어, 치어는 미포함 대상이다)

※ 자원변동이 없는 평형상태

> 가입량 + 개체 성장에 따른 체중 증가량(성장량) = 자연사망량 + 어획사망량

이 가장 이상적이다.

▶ 자원량 변동공식 (러셀의 방정식)

$P_2 = P_1 + R + G - D - Y$		
P_1 : 연초 자원량	R : 가입량	D : 자연사망량
P_2 : 연말 자원량	G : 성장량	Y : 어획사망량

(R + G - D)는 자연의 요인에 의해 정해지는 증가량이므로, Y와 같은 양으로 유지되면 자원량은 감소하지 않고, $P_1 = P_2$가 되어 자원량의 균형을 이룬다. 즉, R + G - D = Y

▶ 가입관리에 해당되는 요소
1. 어업의 법적규제를 통한 번식보호
   가. 질적규제 : 그물코 제한, 체장 제한, 어구사용금지
   나. 양적규제 : 어선 및 어구 수 제한, 어획노력량의 규제, 총허용어획량(TAC)의 할당제
2. 번식조장에 해당하는 가입관리
   이식, 어도설치, 산란치어방류, 인공산란장설치, 인공부화방류, 인공수정란방류, 인공종묘방류
3. 이식에 의한 가입관리
   연어나 송어가 올라오지 않는 하천에 다른 하천에서 수정란을 채취한 후 부화시켜 방류하는 것

이다.
4. 어장제한

    치어와 성어기 따로 분포하는 수산생물에 실시하는 것이 좋고 남획을 막는 일석이조의 효과가 있다.

※ 체장제한과 그물코제한은 번식보호와 어업경영의 양면이 모두 조화될 수 있도록 해야 한다.

5. 인공수정란 방류

    우리나라 진해만에서 대구를 대상으로 하여 오래 전부터 실시해오고 있다.

6. 성장관리

    수산생물의 성장에 적합한 환경을 제공하여 성장을 촉진함으로써 자원량을 늘이는 것을 말한다. 성장관리 방법으로는 이식, 시비, 수초제거, 먹이증강 등 있다.

※ 수산생물의 자연사망 원인에는 질병, 해적생물, 해황이변, 수질오염 등이 있다.

※ 자연사망을 관리하는 성격이 강하게 나타나는 예로는 해적생물의 구제, 외래생물종의 이식규제, 육종을 통한 질병이나 환경에 강한 품종개발 등이 있다.

⑨ 어구·어법

▶ 어업의 기능

1. 식량자원의 공급기능
  가. 수산물은 식생활에 필요한 식품으로 활용
  나. 어업은 안정적인 식량확보를 위한 중요한 위치에 있다.
  다. 인간의 건강유지에 도움이 되는 것

▶ 어업의 정의
수산업의 한 분야로 수산물 생산 활동의 영리목적의 사업이다.

▶ 어업의 분류

항목	분류
어획물의 종류	해수어업, 치패어업, 채조어업
어장	내수면어업, 해양어업(연안, 근해, 원양어업)
어업근거지	국내기지, 해외기지
어획물에 따른 어획법	고등어 선망, 오징어 채낚기, 장어통발, 계통발, 문어단지, 멸치 사망, 멸치 기선권현망, 명태트롤, 꽁치 봉수망, 참치 선망, 참치연승, 전갱이 선망어업 등
경영형태	자본가적 어업(조합, 회사, 합작어업) 비자본가적 어업(단독어업, 협동어업)
법적관리제도	면허어업(유효기간 10년), 허가어업(5년), 신고어업 (5년)

▶ 어로과정

어군 탐색	어장 찾기	1. 간접적이며 1차적 어군탐색 방법으로 어로가 가능한 바다를 찾는 과정이다. 2. 과거의 어업실적, 다른 어선의 정보, 어황예보, 어업용 해도 및 위성정보 등을 종합적으로 판단한다.
	어군 찾기	1. 직접적이며 2차적 어군탐색 방법으로 실제어군의 존재를 확인하는 과정이다. 2. 수명의 색깔변화, 물거품, 물살 등을 통해 판단한다. 3. 육안, 어군탐지기, 헬리콥터 등을 이용한다.
집어	유집	1. 어군에 자극을 주어 자극원 쪽으로 모이게 하는 방법이다. 2. 야간에 불빛으로 모이는 습성(주광성)을 이용한다. 3. 야간에만 가능하고, 달빛이 밝을 때는 효과가 떨어진다. (예 : 고등어, 전갱이 선망, 멸치들망, 꽁치 봉수망, 오징어 채낚기어업 등)
	구집	1. 어군에 자극을 주어 자극원으로부터 멀어지게 하여 모이게 하는 방법이다. 2. 큰소리, 줄후리기, 전류 등을 이용한다.

		3. 어류는 보통 음극(-)에서 양극(+)으로 이동한다.
차단 유도		1. 회유통로를 인위적으로 막아 한 곳으로 모이게 하는 방법
	가.	유도함정(정치망의 길그물)
	나.	유인함정(문어단지)
	다.	강제함정(죽방렴, 안강망, 낭장망, 주목망)
어획		목표했던 어류를 포획하여 잡는 과정이다.

▶ 어구의 분류

구성 재료	1. 낚시어구(외줄낚시, 끌낚시, 주낙연승) 뜸, 발돌, 낚시대, 낚시줄 등 2. 그물어구, 잡어구
이동성	운용어구, 고정어구(정치어구)
기능	주어구(그물, 낚시) 1. 보조어구(어군탐지기, 집어등)- 어획능률 향상 2. 부어구(동력장치)- 어구의 조작효율 향상

▶ 낚시어구의 구성

1. 낚시, 낚시줄, 낚시대, 미끼
   (오징어- 오징어살, 장어- 멸치, 참치- 꽁치, 상어- 꽁치),
2. 뜸 : 낚시를 일정한 깊이에 드리워지도록 하는 기능
3. 발돌 : 낚시를 빨리 물속에 가라앉히고, 원하는 깊이에 머무르게 하는 기능

▶ 그물어구의 구성

그물어구의 재료로는 그물실, 그물코, 그물감, 줄, 뜸, 발 (추), 마함, 보호망 등이 있다.
1. 그물실(합성섬유) : 최근에는 합성섬유(나일론, 비닐론, 아크릴, 폴리에틸렌, 폴리에스테르 사용.
   단점은 햇볕에 노출 시 약해지고 장점은 굵기, 길이, 단면 모양 등을 인공적으로 조절 가능하다.
2. 그물코 : 4개의 발과 4개의 매듭으로 구성.
   크기측정은 뻗친 길이로 측정 시 그물코의 양 끝 매듭의 중심사이를 잰 길이를 mm단위로 표시한다.

그물코의 규격 : 그물코를 잡아당겨서 잰 안쪽 지름길이
   가. 매듭수로 측정 시 : 5치(15.15cm)안의 매듭의 수(절)으로 표시
   나. 씨줄수로 측정 시 : 50cm 폭 안의 씨줄의 수(경)으로 표시

> 1. 줄 : 그물어구의 뼈대형성 및 힘이 많이 미치는 곳에 쓰임
> 2. 마함 : 그물감을 절단 시 절단된 가장자리의 풀어지기 쉬운 코에 덮코를 붙인 것
> 3. 보호망 : 원살 그물이 줄에 감기거나 찢어지지 않게 가장자리에 원살의 그물실보다 굵은 실로 몇 코 더 떠서 붙이는 것

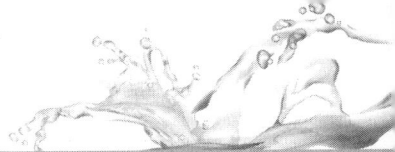

▶ 그물감의 종류

매듭이 있는 결절 그물감	1. 그물코를 형성하는 4개의 꼭짓점마다 매듭을 맺어 짠 것 (참매듭, 막매듭) 2. 그물감을 분리할 필요 있는 것 : 항쳐붙이기 3. 그물감 분리가 불필요한 것 : 기위붙이기
매듭이 없는 무결절 그물감	1. 편망재료가 적게 들고 물의 저항이 작은 장점이 있다. 그러나 한 개의 발이 끊어졌을 때 다른 매듭들이 잘 풀리고 수선이 어렵다. 가. 엮는 그물감 : 씨줄과 날줄을 교차하며 제작 나. 여자 그물감 : 씨줄과 날줄을 두 가닥으로 꼬아가며 제작 다. 관통형 그물감 : 실을 꼬아가며 일정 간격으로 맞물리게 제작

▶ 그물어법의 종류

1. 함정어법

  가. 유인함정어법 : 문어단지(문어, 주꾸미), 통발류(장어, 게, 새우)
   1) 대상어족을 미끼로 유인하는 어획법 : 통발
   2) 대상어족을 미끼없이 유인하는 어획법 : 문어단지
  나. 유도함정어법 : 어로의 통로를 차단하고 어획이 쉬운 곳으로 유도해서 잡는 방법으로 정치망 (길그물, 통그물로 구성)이 대표적인 어구이다.
  다. 강제함정어법: 물의 흐름이 빠른 곳에 어구를 고정하여 설치해두고 조류에 밀려 강제적으로 그물이 들어가게 하는 어법
   1) 고정어구 : 죽방렴, 안강망
   2) 이동어구 : 안강망(주목망에서 발달한 형태), 그 밖에 미로함정어법, 기계함정어법, 공중함정 어법 등이 있다.

2. 걸그물어법(자망)

  가. 긴 사각형의 어구로 어군의 유영통로에 수직방향으로 펼쳐두고 지나가는 어류가 그물코에 꽂히게 하여 어획하는 방법 (그물코의 크기 = 아가미의 둘레)
   1) 깊이에 따라 : 표층, 중층, 저층 걸그물
   2) 운용방법에 따라 : 고정, 흘림(유자망-꽁치, 멸치, 삼치, 상어), 두릿 걸그물
  나. 저서 어족은 저질에 따라 서식 어종이 다르다.
   1) 어두운 곳을 좋아하는 종 : 참돔, 가자미 등
   2) 암반이 있는 곳에 서식하는 종 : 꽃게 새우, 소라, 전복 등
  다. 그물코의 크기는 어획 대상 어류의 아가미 부분의 둘레 크기와 일치해야 한다.
  라. 걸그물 어법의 종류
   1) 어획하는 수층에 따라 표층, 중층, 저층 걸그물로 나뉜다.
   2) 어구 사용 방법에 따라 고정 걸그물, 흘림걸그물(유지망), 두릿걸그물(선자망)로 나뉜다.

3. 들그물어법(들망, 부망)

  수면 아래에 그물을 펼쳐두고 대상어족을 그 위로 유인하여 그물을 들어 올려 어획하는 방법
  가. 봉수망 : 현재 산업적으로 활용되는 대표적인 어구(꽁치)
  나. 들망 : 연안의 소규모어업에 이용(멸치, 숭어 등)
    제주도에서는 특히 자리돔을 잡는데 들그물어법을 사용한다.

4. 끌그물어법(예망, 범선저인망)

> 발전단계 : 범선저인망 ⇒ 기선저인망 → 범트롤 ⇒ 오터트롤

한 척 또는 두 척의 어선으로 어구를 수평방향으로 임의시간 동안 끌어 어획하는 방법
 가. 기선권현망 : 연안 표중층 부근의 멸치
 나. 기선저인망 : 쌍끌이 기선저인망, 외끌이 기선저인망
 다. 트롤어법 : 그물어구를 입구를 수평방향으로 전개판을 사용하여 한 척의 선박으로 조업하며 가장 발달된 형태의 끌그물어법이다.
  1) 공선식 트롤선 : 어장이 멀어짐에 따라 채산성을 높이기 위해 어장에 장기간 머물며 어획물을 선내에서 완전히 처리 및 가공할 있는 설비가 갖추어진 어선이다. 급속냉동, 통조림, 필렛, 어분 등의 제조 및 가공시설을 선내에 갖추고 있다.

5. 두릿그물어법(선망) – 근해선망, 참치선망
   긴 그물로 표·중층 어군을 둘러싸서 가둔 다음, 죔줄로 점차 범위를 좁혀가며 어획하는 어법이다. 대표적 어획 대상 종은 전갱이, 다랑어, 고등어 등으로 군집성이 큰 어군을 대량으로 어획 시 사용된다.
 가. 고등어 대형선망어업
   사각형의 그물로 어군을 굴러싸 포위한 다음 발줄 전체에 있는 조임줄을 조여 어군이 그 아래로 도피하지 못하도록 하고 포위 범위를 점차 좁혀 대상 생물을 어획하는 어업이다.
   고등어, 전갱이는 표·중층에서 군집하여 회유하는 난류성 및 연안성, 야간성, 주광성 어종이다 (집어등을 사용하여 어획).
 나. 대형선망어업의 단점
  1) 본선 1척, 등선 2척, 운반선 3척 등 하나의 선단을 이루어 조업하므로 경비가 많이 들고 선령이 오래되어 노후화되어 있다.
  2) 선원실과 식당 등 후생시설은 비좁고 채광이나 환기도 잘 되지 않는다.
  3) 어선원의 복지공간이 부족한 상태이다.
  4) 어선원확보가 어렵다.
    해양수산부는 대형선망어업의 어선경비 절감과 어선원 복지 및 안전 등 종합적으로 고려하여 새로운 모델개발을 추진 중이다. 시험조업을 거쳐 2019년 이후 어업현장에 보급할 계획이며, 새롭게 개발되는 대형선망 어선이 상용화되면 기존 선단은 6척에서 4척으로 줄고, 어선원 후생공간도 대폭 개선되어 어업비용은 13% 이상 절감되고 어선원 근로요건도 크게 개선될 것으로 기대된다)

6. 후릿그물어법(인기망)
   자루의 양 쪽에 긴 날개가 있고 끝에 줄줄이 달린 그물을 멀리 투망해 놓고 육지나 배에서 끌줄을 오므리면서 끌어당겨 어획하는 방법으로, 소규모 자래식 어법에 해당한다.
 가. 후리 : 배후리 어법은 기선권현망으로 발전하였으며, 표·중층 어족을 대상으로 한다.
 나. 방 : 손방어법은 기선저인망으로 발전하였으며, 저층어족을 대상으로 한다.

7. 채그물(초망)어법
   그물을 대상물 밑으로 이동시켜 떠올려서 잡는 어법⇒ 남해안 및 제주 근해에서 멸치 챗배그물이 사용된다. 그 밖에 얽애그물어법, 덮그물어법, 몰잇그물어법 등이 있다.

▶ 어군탐색방법

간접적인 어군탐색 방법	1. 과거의 어업실적 2. 다른 어선의 조업경보 3. 그 밖의 어황예보나 어업용 해도
직접적인 어군탐색 방법	1. 갈매기 등의 바닷새의 행동 2. 수면의 색깔변화 3. 어군이 일으키는 물살 등을 보고 감각적인 방법이 포함

▶ 어군탐지장치

어군 탐지기	1. 초음파의 성질이용 : 직진성, 등속성, 반사성 (동심성 X, 굴절성 X) 2. 해저의 형태, 수심, 어군 등이 관한 정보를 얻을 수 있는 수직 어군탐지기 3. 어군탐지기의 사용음파 : 28~200kHz 주파수 4. 발진기 ⇒ 송파기 ⇒ 수파기 ⇒ 증폭기 ⇒ 지시기 5. 자갈 등 단단한 저질은 펄에서보다 음파가 강하게 반사되어 선명하게 기록되며, 펄은 단단한 저질보다 해저 기폭의 폭이 두껍게 기록된다.
소나	어군탐지기와 마찬가지로 초음파를 이용하나, 소나는 수평방향의 어군을 탐지하는 데 용이하다.

▶ 어구관측장치

네트 리코더	트롤어구 입구의 전개상태, 해저와 어구와의 상대적 위치, 어군의 양 등을 알 수 있다.
전개판 감시장치	전개판 사이의 간격 측정 장치
네트 존데	선망(두릿그물)어선에서 그물이 가라앉는 상태를 감시한다.

▶ 어구조작용 기계장치

양승기	주낙(연승)어구의 모릿줄을 감아올리기 위한 장치
양망기	그물어구를 감아올리기 위한 장치
사이드 드럼	여러 종류의 줄을 감아올리기 위한 장치로, 기선저인망 어선의 끌줄 또는 후릿줄을 감아올린다. 기관실 벽 좌우에 1개씩 장치하며, 소형 연근해 어선에 널리 사용된다.
트롤윈치	트롤 어구의 끌줄을 감아올리기 위한 장치로, 좌우현에 두 개의 주드럼(줄감기)가 주드럼 앞쪽에 위치한 와이어리더(로프감기)로 구성된다.
데릭장치	선박의 화물을 적재하거나 양륙하는 작업에 쓰이는 하역장치이다.

※ 직접 어획을 하는 데 사용하는 어업기계 : 오징어 자동조획(조상)기, 가다랑어 자동조획기, 조개 채취기, 해조 채취기, 피쉬펌프(Fish pump)

▶ 우리나라 3면 해역의 특징 및 대표적 어법

동해	1. 조경(해안전선)형성, 영양염류 및 플랑크톤 풍부, 수직순환 왕성
	  가. 한류세력 우세 : 대구, 명태의 남하회유
	  나. 난류세력 우세 : 오징어, 꽁치, 방어, 멸치의 북상회유
	2. 오징어 채낚기 : 1년생 연체동물, 집어등을 이용해 어군유집
	  (주어기 : 8-10월, 어획적수온 : 10-18℃)
	3. 꽁치 자망(걸그물) : 봄에 산란. 난류가 강하면 남하한다.
	  (주어기 : 봄, 어획적수온 10-20℃)
	4. 명태연승(주낙), 대게 자망 : 대표적인 한류성 어족으로 난류층 바로 아래의 수온약층 부근에서 어군의 밀도가 높다.
	  (주어기 : 겨울철이나 연중 어획가능, 어획적수온 : 4~6℃)
	5. 도루묵 근해자망
	6. 붉은 대게 통발 : 수심 800~2,000m 해저에서 주로 서식한다.
	7. 방어 정치망 : 연안 근처에서 서식하는 회유성 어종으로 계절에 따라 광범위하게 남북으로 회유 이동한다.
	  (봄~여름 : 북상회유, 가을~겨울 : 남하회유)
	  (주어기 : 가을~이른 겨울, 어획적수온 : 14~16℃)

서해	1. 수심이 100m 이내로 얕으며, 해안선 굴곡이 많아 산란장으로 뛰어난 지형이다(저서어족이 풍부). 2. 조수간만의 차가 심하다(조석전선 형성). 3. 대표어종 조기, 민어, 고등어, 전갱이, 삼치, 갈치, 넙치, 가오리, 새우 등 4. 안강망 : 연안 인접지역에서 강한 조류를 이용하는 방법으로 우리나라에서 발달한 고유의 어법이다(조기, 멸치, 민어, 갈치 등. 5. 쌍끌이 기선저인망 : 저서어족이 풍부하여 해저에서 서식하는 어류를 어획하는 기선저인망 발달하였다. 6. 트롤 어법 : 저서어족이 풍부하여 해저에 서식하는 어류를 어획하는 트롤어업이 발달하였다. 7. 꽃게 자망(걸그물) : 자원보호를 위해 포획금지 기간과 체장이 정해져 있다. 여름철 수심이 얕은 연안에서 산란 후에 가을철 수심이 깊은 곳에서 월동하기 위해 이동 시 걸그물을 사용하여 어획한다. 8. 두릿그물(선망) : 주 어획 대상종은 고등어와 전갱이이다.

남해	1. 동해안과 서해안의 중간에 위치하여 여러 어업이 연중 지속적으로 이루어진다. 남해안은 해류, 조류, 수심, 해저지형 등의 해양환경이 어류서식에 적합하다.
	2. 멸치, 갈치, 고등어, 전갱이, 삼치, 조기, 돔류, 장어류, 방어, 가자미, 말쥐치, 꽁치, 대구 등 어종이 다양하다(다양한 어업 발달).
	3. 멸치 기선권현망 : 연안성 및 난류성 어종으로 표·중층 사이에 무리지어 생활하는 어족이다.
	  (주어기 : 연중 어획가능, 어획적수온 : 13~23℃, 주산란기 : 봄)
	4. 고등어, 전갱이 근해선망(두릿그물) : 고등어, 전갱이는 표·중층에서 군집하여 회유하는 난류성 및 연안성, 야간성, 주광성 어종이다(집어등을 사용하여 어획).
	  (주 어장 : 동중국해 및 남해안, 어획적수온 : 14~22℃)
	  가. 선망어업은 어법이 매우 정교하고 조업방법이 복잡하여 각종 계측장비 등이 활용된다.
	5. 장어통발 : 렙토세팔루스(장어의 유생형태)로 남해안 연안에 내유하여 성장한다(11~28℃).
	6. 정치망 : 멸치, 삼치, 갈치 등 난류성 회유 어종에 많이 사용된다(주어기 : 난류의 영향이 강한 늦은 봄~초가을, 어획적수온 : 멸치의 경우 13~23℃, 삼치의 경우 13~17℃).
	7. 원양어업 : 다랑어 연승어업, 다랑어 선망 사용
	8. 트롤어업 : 주로 저서어족을 대량 어획할 수 있는 가장 효율적이고 적극적인 방법으로, 우리나라는 1960년대 후반부터 선미식 트롤선을 도입하고 북태평양의 명태트롤어업에 진출함으로써 본격적인 원양트롤어업의 시대를 열었다.

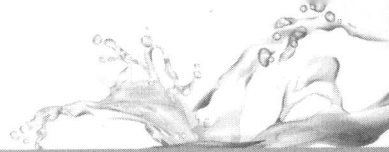

▶ 어업자원의 합리적 관리수단
1. 어획량의 제한
2. 어선이나 어구의 수와 규모의 제한
3. 어장 및 어기의 제한
4. 어획물의 크기 또는 그물코 크기의 제한

▶ 자원관리형 어업의 형태

자원 관리형	직접적으로 자원보호를 목적으로 하는 것 예) 어구의 그물코 크기를 확대하여 치어의 혼획을 감소시키는 선택적 어업이 포함된다.
어장 관리형	간접적 자원관리 형태 어장이용 방식을 개선하는 것 예) 어업자들의 합의에 의한 윤번제 어장 활용 등이 있다.
어가 유지형	간접적인 자원관리 형태로 어선별 어획량의 조절 등으로 어가를 유지하는 것 예) 어선별 어획량 할당제 등이 포함된다.

▶ 기르는 어업
해조류 양식어업, 패류 양식어업, 어류등 양식어업, 복합 양식어업, 협동 양식어업, 외해 양식어업과 육상해수양식어업, 종묘생산어업 등이 있다.
1. 어업분야에서 조업자동화는 조업인력을 감소시키고 어획성능을 향상시키므로 인건비 등의 비용을 절감시킬 수 있고 생산성을 높이는 장점이 있다.
2. 현재 어업에 활용할 수 있는 가장 적합한 위성은 NOAA이다.
   해면의 수온을 원격 탐사하여 자동화상 전송방식으로 전송하는 기법으로 해류, 조경, 와류 등의 위치와 크기 및 변화상태 등을 함께 추적한다.

▶ 어선의 정의
1. 어업, 어획물 운반업 또는 수산물 가공업에 종사하는 선박
2. 수산업에 관한 시험, 조사, 지도, 단속 또는 교습에 종사하는 선박
3. 건조허가를 받아 건조중인 것
4. 건조한 선박
5. 어선의 등록을 한 선박

※ 강화유리섬유(FRP) 선박
가벼우며 녹슬지 않고 철강에 비해 강도가 우수하나, 충격에 약한 단점이 있다. 보통 중소형어선 및 구명정, 레저용 어선 등에 주로 사용된다. 해양환경오염에 많은 영향을 주기 때문에 폐기처리를 철저히 해야 한다.

▶ 어선의 주요 치수

흘수	선체가 물에 잠긴 깊이(높이) 용골 아랫부분에서 수면까지의 수직거리 등흘수 : 선수= 선미(수평유지)	
트림	선박이 길이 방향으로 일정 각도로 기울어진 정도를 의미한다. 선수 흘수와 선미 흘수의 차이로 계산(선박조종에 영향)	
선수트림	선수〉 선미(기울어진 상태)	
선미트림	선미〉 선수(기울어진 상태)	
선루	선수루는 모든 선박에 설치, 선미루는 조타장비 보호역할, 선교루는 기관실 보호역할	
건현	물에 잠기지 않은 부분(수면~상갑판 상단까지의 거리)	
전장	선수에서 선미까지의 거리	
용골	배의 제일 아래쪽 선수~선미까지의 중심을 지나는 세로방향의 골격으로 사람의 등뼈에 해당한다.	
늑골	용골과 직각 배치이며, 선체의 좌우 현측을 구성하는 골격	
보	늑골의 상단과 중간을 가로로 연결하는 뼈대	
선수재	충돌 시 선체를 보호하는 역할	
선미재	키와 추진기(프로펠러)를 보호하는 역할	
외판	선체의 외곽형성, 배가 물에 뜨게 함	
선저구조	연료탱크, 벨러스트 탱크 등으로 이용, 침수를 방지하는 역할	
조타실	선박을 조종하는 곳 주위를 감시하기 위해 높은 곳에 설치 배 안에 키를 조종하는 장치	
어창	어획물을 적재하는 창고	
갑판	선체 상부의 수밀을 유지하고 작업공간 등으로 사용하는 선체구조	

▶ 어선의 톤수

정의 : 어선 크기를 나타내는 데 사용되는 배의 톤수

* 무게가 많이 나가는 톤수 :
배수톤수〉 재화중량톤수〉 총톤수〉 순톤수

용적 톤 수	총톤수 (GT)	선박의 밀폐된 내부 전체 공간 선원, 항해, 추진에 관련된 공간 제외 (검사수수료, 관세, 선박등록세 등의 부과기준)
	순톤수 (NT)	화물이나 여객을 수용하는 장소의 용적 직접 상행위에 사용되는 장소를 합한 톤수 (항세, 톤세, 항만시설 이용료, 등대사용료, 운하통과료 등의 과세 기준) 총톤수의 약 65%
중량톤 수	재화 중량 톤수	선박에 실을 수 있는 화물무게 선박이 만재흘수선에 이르기까지 적재 가능한 화물의 중량톤수 (매매와 용선료의 적용기준)
	배수 톤수	물에 떠 있는 선박의 수면아래 배수된 물의 부피와 동일한 물의 중량톤수 군함의 크기를 나타내는 톤수

▶ 어선의 설비
항해설비(캠퍼스, 선속계, 측심기 등), 통신설비(GPS, 레이더, 로란 등), 기관설비(디젤기관, 냉동장치, 발전기 등), 하역설비(데릭장치), 정박설비(닻, 양묘기, 계선줄, 체인로커 등), 조타설비(키, 조타장치, 자이로캠퍼스), 구명설비(구명정, 구명뗏목, 구명부환, 구명동의, 조난신호장비) 등이 있다.

▶ 선박의 디젤기관
원리 : 고온, 고압 이용⇒ 피스톤 상하운동⇒ 에너지 얻음
출력단위 : 마력/kw/hp/ps

2행정 사이클 기관 (중·대형의 저속기관)	크랭크 1회전, 피스톤 1회를 왕복하는 동안 흡입-압축-팽창-배기의 1사이클이 이루어져 동력발생
4행정 사이클 기관 (대부분의 어선)	크랭크 2회전, 피스톤 2회를 왕복하는 동안 흡입-압축-팽창-배기의 2사이클이 이루어져 동력발생

※ 저인망 어선에 요구되는 성능 : 내항성, 복원성, 고출력(고속성 X)

▶ 선박의 도료

선저 도료	선박의 선저와 수선부의 부식과 방청을 보호하고 방지할 목적으로 이용된다.
광명단 도료	어선에서 가장 널리 사용하는 방청용 도료로서 선저부에 도장한다. 도막이 견고하고, 선체표면에 대한 우수한 부착성을 지녀야 한다. 내수성·피복성이 강하다.
제1호 선저도료(A/C)	만재흘수선 아래 부분(부착방지를 위한 외판부분) 건조가 빠르고 방식, 방청능력이 뛰어나다.
제 2호 선저도료(B/F)	항상 물에 잠겨있는 부분 즉, 경하흘수선 아래 부분으로 해양생물의 부착방지(방오) 역할을 한다.
제3호 선저도료(B/T)	수선부 즉, 만재흘수선과 경하흘수선 사이의 외판에 칠하는 도료로 A/C를 먼저 칠하고 그 위에 도장한다. 방식 및 마멸방지 역할을 한다.

1. 도료의 특성
   도료는 물리적 강고가 크고 화학적으로 불안정하며, 기능적으로는 미완성 상태인 반제품 상태의 화학제품이다.
2. 도료의 기능(보호 기능, 미화 기능, 특수 기능)
   가. 부식방지(방식)   나. 녹방지(방청)   다. 해양생물 부착방지(방오)   라. 청결   마. 장식

▶ 선속(노트, knot)
프로펠러의 회전으로 인해 선박이 앞으로 향해가는 추진력이 생기고 선속(속력)이 달라진다.
선속(Knot)- 1시간에 1해리(1,852m)전진하는 속도 : 1노트
예) 10해리를 1시간에 주파했다면 선속은 '10노트'이다.

⑩ 수산양식관리

▶ 어장의 환경요인
1. 물리적 요인
가. 수온
 1) 수산생물의 생활(성장 및 성숙도)과 가장 밀접한 관계가 있으며, 생물의 서식가능성을 판단하는 가장 기초적인 자료로서 측정이 비교적 쉬워 어장탐색에 널리 활용된다.
 2) 수산생물과 수온과의 관계
  가) 서식수온 : 어떤 어종이 살아갈 수 있는 수온의 최대범위
  나) 어획적수온 : 어떤 어종을 대상으로 어획이 이루어졌던 때의 수온
  다) 어획최적수온 : 가장 많이 어획되었던 수온
나. 광선(빛)
 해양식물의 광합성, 생산력 증가에 영향을 준다. 해양생물의 성적인 성숙, 연직운동에 영향을 미친다. 태양의 고도와 해양생물의 연직운동은 반비례한다. 파장이 짧은 파란색이 심층을 투과한다.
 (연직운동 : 낮에는 깊은 심층에서 생활하다가 밤에는 표층으로 상승)
다. 지형
 해저지형이나 저질도 어장형성과 깊게 연관된다.
 대륙붕 지역이 광합성과 해류 및 조류의 작용으로 영양염이 풍부하여 생산력이 가장 높다(좋은 어장 형성). 저서어족은 저질에 따라 서식어종이 다르며 그 이유는 저질에 따라 먹이가 되는 소형생물이 다르고, 그에 따라 포식어가 달라지기 때문이다. 참돔 및 가자미는 어두운 색의 저질을 좋아하며 꽃게는 사니질, 닭새우 및 소라 등은 주로 암반이 있는 곳에 서식한다.
라. 바닷물의 유동
 1) 수평운동 중 해류- 회유성 어류의 회유 및 유영력이 없는 어류의 알 및 자치어를 수송함으로써 해양생물의 재생산과 산란회유에 영향을 준다.
 2) 수평운동 중 조류- 상하층수 혼합을 촉진함으로써 생산력에 영향을 준다.
 3) 수직운동 중 연직운동(용승류와 침강류) – 영양염류가 풍부한 하층수가 표면으로 올라오게 되어 생산력이 증가한다(좋은 어장 형성).
  가) 용승류 : 깊은 수심의 물이 표층으로 올라오는 현상
  나) 침강류 : 표층수가 아래로 내려가는 현상
마. 투명도
 바닷물의 맑고 흐림을 나타내는 것으로 지름이 30cm인 흰색 원판을 바닷물에 투입하여 원판이 보이지 않을 때까지의 깊이를 미터(m)단위로 나타낸 것이다. 수산생물의 이동분포에 영향을 준다.
 (예 : 정어리, 방어– 물이 흐릴 때/ 고등어, 다랑어류– 투명할 때 잘 잡힌다)
2. 화학적 요인
가. 염분
 염분의 농도는 생물의 삼투압 조절에 영향을 미친다.

삼투압은 농도가 낮은 곳에서 높은 곳으로 이동한다.
1) 해수어 : 체액이온농도 < 환경수인 바닷물
2) 담수어 : 체액이온농도 > 환경수인 담수
　수산생물은 언제나 체내외의 삼투압을 조절해야 하고 이것을 실패하면 결국 죽게 된다.
　수산양식에서 담수의 일반적인 염분 농도는 0.5psu 이하
나. 용존산소(BOD)
　용존산소는 호흡과 대사 작용에 필수요소이며, 표층수일수록 많고, 하층수일수록 적다. 용존산소가 결핍되면 생물의 성장이 늦어지고 심한 경우에는 죽게 된다.
　용존산소량의 증가 요인 : 수온↓, 염분↓, 기압↑, 유기물↓
　유기물을 박테리아에 의해 산화시키는데 필요한 산소량을 측정하여 오염의 정도를 나타내는 수질 오염지표
다. 영양염류
　질산염(NO_3), 인산염(PO_4), 규산염(SiO_2) 등 영양염류는 해수에서의 광합성에 필수요소이다(비고 : 담수에서는 질산염, 인산염, 칼륨염).

영양염류의 분포 :

| 열대 < 온대, 한대 |
| 연안 > 외양 |
| 여름 < 겨울 |
| 표층 < 심층 |

광합성 : 열대 > 온대 > 한대

	난류	한류
이동방향	저 → 고위도	고 → 저위도
염분	↑	↓
수온	↑	↓
용존산소량	↓	↑
영양염류	↓	↑

3. 생물학적 요인
　가. 먹이생물　나. 경쟁생물　다. 해적생물

▶ 어장형성요인

| 조경어장
(해양
전선어장) | 1. 조경 : 특성이 서로 다른 2개의 해수덩어리 또는 해류 (한류와 난류)가 서로 인접하고 있는 경계
2. 원리 : 고밀도의 한류는 한랭차고 무거워서 난류 밑으로 들어가는 형태가 되어 조경수역이 형성된다. |

	3. 조경수역은 두 해류가 서로 불연속선을 이루고 이로 인해 부분적 소용돌이가 생겨 상하층수의 수렴, 발산 현상이 일어나 먹이생물이 다양하여 어족이 풍부하다. 4. 서해에는 난류가 약하고 고위도에서 형성되어 남하하는 한류가 없으므로, 조경수역이 나타나지 않는다. 예) 세계적 조경어장- 북태평양어장, 뉴펀들랜드어장, 북해어장, 남극해어장, 대한해협 일대, 동해안
대륙붕 어장	하천수의 유입에 따른 육지 영양염류의 공급과 파랑, 조석, 대류 등에 의한 상하층수의 혼합으로 영양염류가 풍부하여 좋은 어장이 형성된다.

용승
어장
	1. 바람, 암초, 조경, 조목 등에 의해 용승이 일어나 하층수의 풍부한 영양염류가 유광층까지 올라와 식물 플랑크톤을 성장시킴으로써 광합성이 촉진되어 어장이 형성된다.
	2. 용승된 물은 주변의 물에 비해 저온, 고밀도, 고염분, 빈 용존산소이다.
	예) 가. 캘리포니아 근해 어장(정어리, 멸치, 저서어류 등), 나. 페루 근해 어장(멸치 등),
	    다. 대서양 알제리 연해 어장(정어리, 문어, 저서어류 등), 라. 카나리아 해류수역 어장,
	    마. 벵겔라 해류수역 어장, 바. 소말리아 연근해 어장

와류 어장	조경역에서 물 흐름의 소용돌이로 인한 속도 차 또는 해저나 해안 지형 등의 마찰로 인한 저층 유속의 감소 등으로 일어나는 와류에 의해 어장이 형성된다.

※ 토막상식
1. 용승이 일어나는 원인
 가. 북(남)반구에서 바람의 진행방향에 대해 왼(오른)쪽에 연안을 두고 지속적으로 바람(이안풍)이 불 때
 나. 어초(퇴초)가 있을 때
 다. 한류와 난류, 연안수와 외양수의 흐름이 부딪칠 때
 라. 섬이나 해곡, 육붕연변이 있을 때
 마. 적도해역에서 바람에 의한 확산이 일어날 때
 바. 하구역에서 하천수 유입에 따라 염수쐐기가 일어날 때
 사. 조경, 조목이 있을 때

2. 엘니뇨(El Niño)
 가. 열대 태평양의 광범위한 구역에서 해수면 온도가 평년에 비해 0.5℃ 이상 높은 상태로 일정기간 동안 지속 시 나타난다.
 나. 무역풍의 감소, 서쪽으로 흐르는 해류의 감소
 다. 약해진 해류의 영향으로 용승이 약화되고 중태평양과 동태평양의 수온이 상승한다.
 라. 즉, 대기와 해양의 상호작용에 의해 열대 동태평양에서 중태평양에 걸쳐(예 : 남미의 페루, 에콰도르 연안) 광범위한 구역에 해수면 온도상승이 일어나게 되는 반면 서태평양에서는 온도가 하강한다.

3. 라니냐(La Niña)
 가. 엘니뇨와 상대적인 현상으로, 무역풍의 강화로 인하여 서태평양의 온도가 상승하게 되고, 동태평양이 평년보다 더 차가운 표층수온이 형성된다.

에크만 수송	랭뮤어 순환	코리올리 효과
지구의 자전에 의해 표면류의 흐름이 풍향에 45° 오른쪽으로 편향되어 흐르는 현상	바람과 작은 파도들로 인해 표층 안에 소용돌이가 형성되어 표층수 혼합에 기여하는 현상	지구의 자전으로 인해 북반구에서는 오른쪽으로 남반구에서는 왼쪽으로 휘는 현상으로 전향력이라 한다(위도가 증가할수록 강해짐).

▶ 세계 4대 어장

북서태평양어장 (북태평양어장)	1. 대륙붕이 발달하여 세계 제1의 어장을 형성 2. 세계 최대의 어장으로 명태, 꽁치 등의 어획 쿼터제를 실시한다(러시아 수역). 3. 대표적 어획물 : 명태, 연어, 대구, 청어, 정어리, 다랑어 등
북동태평양어장 (캘리포니아 어장)	1. 대륙붕이 좁고 인구가 적어 가장 늦게 개발된 어장으로, 소비 시장이 멀어 통조림 등의 수산가공업이 더 발달하였다. 2. 대표적 어획물 : 청어, 대구, 게, 정어리, 다랑어, 가다랑어 등
북서대서양어장 (뉴펀들랜드 어장)	1. 북아메리카 동해안 해역의 어장 해안선의 굴곡이 심하고, 퇴와 여울이 많다. 2. 멕시코만류와 래브라도 한류가 교차하며 트롤어장으로 적합하다. 3. 대표적 어획물 : 대구, 청어, 고등어, 오징어, 새우, 굴 등 4. 미국과 캐나다 간의 어업협정으로 일찍이 수산 자원보호 차원에서 어로활동을 했으며, 200해리 경제수역 선포 후 외국어선에는 국가별 어획량 할당제를 실시하고 있다.
북동대서양어장 (북해어장)	1. 한류인 동그린란드 해류와 난류인 북대서양 해류가 만나 조경수역이 발달하여 어족자원이 풍부하다. 2. 대서양 북동부 해역으로 일찍부터 연안국들에 의해 고도로 개발되었다. 수산물 소비지인 유럽 여러 나라가 위치해 있기 때문에 어장으로 유리하다. 3. 대표 어획종 : 대구, 볼락류, 청어, 전갱이, 굴 등 4. 대륙붕과 뱅크가 발달하였으며, 점차 어획량이 감소되고 있는 추세이다.

▶ 양식의 개념
1. 이용가치가 높은 수산생물을 기르고 번식시키는 것
2. 일정한 독점수역 또는 시설에서 이루어지는 것이 보통
3. 지역어민이 종묘를 방류하여 성장관리 후 어획활동을 하는 것

▶ 수산양식 종류
1. 해조류 양식법

말목식 (지주식)	수심 10m 보다 얕은 바다에 말목을 박고 수평으로 김발을 4-5시간 햇빛에 노출 가능한 높이의 줄에 매달아 양식하는 방식이다. (예 : 김)
흘림발식 (부류식)	최근 가장 많이 이용되는 방식으로 얕은 간석지 바닥에 뜸을 설치하고 밧줄로 고정 후 그물발을 설치하여 양식하는 방식이다.(예 : 김) * 김발을 설치할 때에도 말목 대신에 뜸과 닻줄을 이용하여 설치하는데, 이러한 김발을 흘림발이라고 한다.
밧줄식	수면 아래에 밧줄을 설치하여 해조류들이 밧줄(어미줄과 씨줄)에 붙어 양식할 수 있도록 하는 방식이다. (예 : 미역, 다시마, 모자반, 톳 등)

2. 저서생물의 4가지 양식법

수하식	1. 성장균일, 해적피해 방지, 지질매몰이 적다. 2. 굴, 담치, 우렁쉥이 등 부착성 동물을 조가비 등의 부착기에 착생시킨 다음 이 부착기를 다시 줄에 꿰어 뗏목이나 뜸에 매달아 수하하는 방식(부착기를 꿴 줄 : 수하연) 3. 뗏목식, 말목식, 로프식(연승식) 등으로 나뉜다.
빗줄식	1. 수하연에 종묘가 채취된 줄을 같이 감아서 수면 아래 일정한 깊이에 설치하는 양식이다. 2. 뜸통에 수하연을 매달아 5~6m 간격을 유지한다. 3. 미역, 다시마 등의 양식에 널리 이용된다.

발식	대나무나 합성섬유로 만든 그물 발을 바다에 치고 김의 종묘를 붙여 키우는 방법이다.
바닥식	1. 별도의 인공적인 시설이 불필요하며, 생장할 수 있는 좋은 환경을 조성해주고 종묘를 양식, 방류한다. 2. 백합, 바지락, 피조개, 고막, 해삼, 소라 등 저서동물 양식에 적합하다.

※ 토막상식
1. 굴의 양식방법
  가. 수하식
     수심이 깊은 곳에서 뗏목이 패각 채묘연을 굴 부착층에 수직으로 채묘한다. 굴이 먹이를 먹을 수 있는 시간을 길게 하기 위하여 항상 물속에 잠겨 있도록 하는 방법이다.
  1) 장점 : 고른 부착 유도가 가능하다. 부착치패의 수가 많다.
  2) 단점 : 많은 노동력이 소모된다. 정확한 채묘 예보가 힘들고 저항력이 약하다.
  3) 수하식 양성의 종류
     뗏목 수하식 양성, 로프 수하식 양성, 간이 수하식 양성 방법이 있다.
  나. 나뭇가지식
  1) 송지식 양성 : 소조 때 간출선에서부터 대조 때의 간출선보다 다소 깊은 곳까지의 사이에 나뭇가지를 세워 여기에 굴을 부착시켜 양성한다.
  다. 바닥식(투석식)
  1) 만조선에서 간조선 사이의 노출되는 바닥에 20kg 정도의 돌을 넣어 굴이 자연적으로 부착하여 성장되도록 양성한다.
참고) 귀메달기식 - 가리비 양성 방법에 해당한다.

3. 유영동물의 5가지 양식법

지수식	1. 가장 오래된 양식법 2. 유기물이 적은 못이나 호수에서 기르는 방식 3. 흙으로 둑을 만들고 넓은 면적에 저밀도 양식을 한다. 4. 산소부족과 수질오염이 문제가 된다. 5. 잉어, 뱀장어, 가물치, 새우, 무지개송어, 연어 등 양식
유수식	1. 긴 수로형 또는 원형수조 사용 가. 수량이 충분한 계곡이나 하천지형 이용 나. 사육지에 물을 연속적으로 흘려보내는 양식방법 다. 유입수의 양에 따라 사육 밀도 조절(고밀도 사육가능) 라. 송어, 연어류 양식에 많이 이용 마. 산소공급과 수질오염의 문제해결 2. 저밀도양식: 1일 1~2회전(잉어 등) 3. 고밀도양식: 1일 20-40회전(넙치, 송어 등) 4. 송어 등 냉수성 어종: 용천수, 침투수, 하천수 사용 5. 뱀장어, 잉어 등 온수성 어종: 저수지 물, 온천수, 하천수 사용 6. 넙치 등의 해수어: 해수 및 지하해수 사용
가두리식	1. 인공호, 자연호소, 외해 등에 그물로 만든 가두리를 수중에 띄워놓고 그 속에 잉어, 송어 등의 어류를 양식하는 방법(용존산소 공급, 노폐물 교환 활발) 2. 풍파의 영향으로 시설장소 제한 등의 문제점 3. 조피볼락, 감성돔, 참돔, 송어, 농어, 광어, 방어 등 양식
순환 여과식	1. 수조 내 물을 계속 순환 여과시켜 유해물질을 제거하고 산소량을 증가시켜 수산동물을 양식하는 방법 2. 양식용수의 가온, 재사용으로 빠른 성장 유도 가능 3. 초기 시설 및 가온시설의 고비용 4. 고밀도 양식이 가능하여 단위면적 당 생산량 증가 5. 폐쇄적 양식장 수질관리 :

방류 재포식	물리적 여과 ⇒ 생물학적 여과 ⇒ 소독
	1. 자연수역이나 양식장에 종묘를 방류한 다음 성장한 것을 다시 잡아들이는 방법
	2. 연어, 참돔 등의 유영동물 외 저서동물인 전복, 소라 등도 양식가능

> ◎ 토막상식
> 1. 해상가두리 양식장의 환경 특성
> 가. 가두리 근방의 수초가 없고 영양염류가 적은 빈영양호인 곳
> 나. 물의 유통이 어느 정도 있는 곳(해수 유동)
> 다. 일조시간이 길고 수온이 따뜻할 것(수온)
> 라. 강우나 가뭄의 피해가 적고 교통과 동력시설이 편리한 곳
> 마. 5m 이상 수심이 깊을 것
> * 투명도 : 물속으로 빛이 통과하는 정도로 진흙입자, 침니, 플랑크톤, 유색의 유기물 등과 같은 물질의 농도가 높을수록 높아진다.

▶ 양식어업의 종류- 수산업법 시행령 제8조
1. 해조류 양식- 수하식, 바닥식
2. 패류 양식- 가두리식, 수하식, 바닥식
3. 어류 등 양식- 가두리식, 축제식, 수하식, 바닥식
4. 복합 양식- 축제식, 수하식, 바닥식, 혼합식
5. 외해 양식- 가두리식

▶양식장의 환경조건에 따른 분류
 1) 개방식 양식
  ① 양식장의 환경이 주위의 자연환경에 크게 지배를 받는다
  ② 환경의 인공적인 관리가 불가능하다
  ③ 환경에 알맞은 생물을 선택하여 기른다
  ④ 조개류와 같이 바닥에서 기르는 생물일 경우는 바닥의 지질, 수심, 간만의차, 물의흐름, 수질, 수온 등을 잘 파악하여 거기에 알맞은 생물을 선택해야 한다.
 2) 폐쇄식 양식
  ① 탱크나 비교적 작은 연못을 만들어 외부환경과는 완전히 분리시켜 환경을 인위적으로 조절하면서 양식 하는 것
  ② 양식장의 수질환경은 그 속에 사는 양식생물의 배설물과 같은 오물의 양이 지배한다.
  ③ 생물의 밀도가 높고 먹이를 많이 줄때에는 배설물과 먹이 찌꺼기의 양이 많아져서 수질을 빨리 오염시킨다.
  ④ 순환 여과식 양식장은 폐쇄적 양식장 중 고도로 발달한 양식방법의 한 예이다.

▶ 이패류 및 해조류 양시 대상종

넙치 (광어)	1. 먹이를 먹고 활동량이 적어 사료계수가 다른 어종에 비해 낮아 대표적 고부가가치 양식어종이다. 2. 고밀도 사육이 가능하며, 대량 인공종묘생산 가능하다.
조피볼락 (우럭)	1. 정착성 어류이며, 난태생이다. 2. 대량 인공종묘생산이 가능하고 가두리 양식을 주로 한다.
돔류	인공종묘양식 생산으로 완전양식 가능하며 다른 어종에 비해 성장속도가 느리다. * 참돔; 가장 민감한 혐염성 어류
참다랑어	1. 다른 어종에 비해 성장이 빠르다. 2. 자연산 종묘와 생사료 먹이에 의존한다.
무지개 송어	냉수성어류 중 대표적 양식종이다.
잉어류	우리나라에서 가장 오래된 내수면 양식종이다. * 가장 많이 양식되고 있는 종류: 이스라엘 잉어(향어)
뱀장어	우리나라 내수면 양식어업에서 가장 중요한 비중 차지 (부화유생 : 렙토세팔루스)
틸라피아	역돔이라고도 하며, 계속 산란하는 번식력을 억제하기 위해 암수분리, 성전환 테스토스테론 주입, 잡종생산, 고밀도 사육을 한다.
메기	온수대에 서식하며, 야행성으로 고밀도로 사육 시 공식현상이 일어난다.
새우류	흰 다리 새우의 경우 질병에 내성이 강하며 배양이 쉽고, 수송에 잘 견뎌서 전 세계적 가장 유용한 양식대상종이다. 현재 국내 새우류중 양식 생산량이 가장 많다
굴류	1. 우리나라의 주 양식대상은 참굴이다. 2. 단련을 통해 단련종묘 생산이 가능하다. 3. 인공종묘생산치패가 자연종묘생산치패에 비해 균등히 성장하므로 생산을 선호한다.
담치류	1. 우리나라에서 생산하는 담치류에는 홍합이라 부르는 참담치와 진주담치가 있다. 2. 생활사 알- 담륜자 유생- D상 유생- 각정기- 부착치패)
전복류	1. 한류성 : 참전복 2. 난류성 : 오분자기, 말전복, 시볼트전복, 까막전복 3. 산업적 가치가 높은 종 : 참전복, 까막전복 4. 생활사 알- 담륜자 유생- 피면자- 저서 포복생활) 5. 전복의 양식법: 연안방류 연승수하식, 가두리식, 육상수조식 6. 전복의 산란유발 자극법 : 수온자극, 간출자극, 자외선조사해수자극법 등

고막류	1. 산업적 가치가 있는 종 :
	  가. 고막(방사늑 수 : 17~18개)
	  나. 새고막(방사늑 수 : 29~32개)
	  다. 피조개(방사늑 수 : 42~43개)이며, 남해안과 동해안의 내면이나 내해에 분포하며, 꼬막류 중 가장 깊은 곳까지 분포한다.
	2. 수심에 따른 서식 범위는 고막< 새고막< 피조개 순이다.

가리비류	1. 생활사 [수정란- 담륜자 유생- D상 유생- 각정기- 부착치패 (약 40일 후) - 족사로 부착하여 주연각 생성] 2. 귀매달기, 다층 채롱을 이용해 양성 후 2년 뒤 수확 3. 종류에는 참가리비(한류계), 비단가리비가 있다.
바지락류	하천수의 영향을 많이 받는 곳에 잘 서식한다.
우렁쉥이	1. 암·수 한 몸으로 알과 정자를 체외로 방출하여 수정한다. 2. 남해안, 동해안의 외양의 바위나 돌에 서식하는 척색동물 3. 생활사 [수정란- 2세포기- 올챙이형 유생(척색 발생)- 척색소실 부착기 유생- 입·출수공 생성] 4. 타우린, 신티올, 바나듐, 글리코겐, EPA 및 DHA 등의 성분 포함

미역	1. 우리나라 전 해역에 분포하며 1년생이다. 2. 미역양식에서 가이식의 이유 : 아포체의 성장촉진 3. 생활사 포자체- 유주자낭- 유주자- 암수배우체- 아포체- 유엽
다시마	1. 다년생이며, 미역과 달리 여름에도 낮은 수온에서만 배양 가능하다. 2. 생활사 포자체- 유주자낭- 유주자- 암수배우체- 아포체- 유엽
김	1. 1년생으로 온대에서 한 대까지 조간대 지역에서 폭넓게 서식한다. 2. 염분 및 노출에 대한 적응력이 강하다. 3. 중성포자에 의한 영양번식이 특징이다. (여러 번에 걸쳐 채취가능) 4. 15℃ 이하로 내려가면 김이 급속히 성장한다. 5. 생활사 중성포자- 수정- 과포자낭- 과포자 방출- 각포자체- 각포자낭 형성- 각포자 방출- 각포자 발아- 엽체

✪ 토막상식

1. 어패류별 제철시기
   가. 봄 : 참돔, 삼치, 청어, 가자미
   나. 여름 : 참치, 송어, 장어, 전복, 멍게, 농어
   다. 가을 : 갈치, 꽁치, 고등어, 전갱이, 전어
   라. 겨울 : 방어, 대구, 복어, 굴, 해삼
2. 어류의 회유
   가. 회유 : 외부환경의 변화 및 생리적 요인에 의해 발육단계 및 생활주기를 거치며 무리지어 이동하는 것을 의미한다.
   1) 유기회유 : 자·치어가 산란장에서 성육장으로 이동(뱀장어)
   2) 성육회유 : 성육장에 도달한 치어가 유영능력을 갖춘 후 색이장으로 이동
   3) 색이회유 : 어류가 적온범위 내에서 먹이를 찾아 대규모로 이동하는 회유
   4) 산란회유 : 성어가 산란을 하기 위해 이동하는 회유
      가) 소하성회유(연어, 송어) :
         산란(강)- 성장(바다)- 산란(강)
      나) 강하성회유(뱀장어) :
         산란(바다)- 성장(강)- 산란(바다)
   5) 연안성회유 : 연안에서 이동하는 회유
   6) 계절회유 : 방어, 고등어, 참돔과 같은 어류들은 계절이 바뀌면 자신이 살기에 적합한 수온대를 찾아 이동을 하는데 이를 계절회유라 한다.
   7) 삼투조절 회유 : 생리적인 요구에 의하여 일정 기간 바다에 사는 어류가 강으로, 강에 사는 어류가 바다로 내려가는 것을 말하며 숭어, 농어, 풀잉어 등에서 볼 수 있다.
3. 세대교번을 하는 종
   가. 김
      포자체 세대와 배우체 세대가 모양이 같은 동형 세대교번을 하는 1년생 해조류
   나. 미역
      포자체 세대와 배우체 세대가 모양이 다른 이형 세대교번을 하는 1년생 해조류이다.
   다. 다시마 : 미역과 동일한 세대교번을 하는 조류로 미역처럼 무성세대인 포자체와 유성세대인 현미경적인 배우체가 세대교번을 하는 생활사는 같으나, 수명에는 차이가 있다.
      [미역- 1년생, 다시마 다년생(3-4년)]
4. 세대교번을 하지 않는 종
   녹조류인 청각은 세대교번을 하지 않으나 핵상의 교번은 한다.
   이 외에 갈조류의 모자반, 톳이 있다.

Point 실전문제

▶ 양식장의 주요환경요인

수온	1. 양식 시 생물의 호적수온보다 약간 높은 온도에서 양식
	2. 적응 범위 온도 이내에서 높은 수온 : 성장률 향상
	  가. 온수성(잉어, 뱀장어) : 25℃ 내외에서 성장이 빠르다.
	  나. 냉수성(송어, 연어) : 15℃ 이상에서 성장이 빠르다.

염분	1. 염분변화에 강한 종(굴, 담치, 바지락, 대합 등) : 조간대 서식 2. 염분변화에 약한 종 : 전복 외양에서 서식하는 종(예 : 전복) 3. 염분조절이 가능한 종 주로 회귀성 어종(예 : 연어, 송어, 송어, 은어, 뱀장어 등)

영양염류	1. 질산염(NO_3), 인산염(PO_4), 규산염(SiO_2)이 대표적으로 광합성에 필수적 요소이다.
	  가. 해수에서의 제한요인 : 질산염, 인산염, 규산염
	  나. 담수에서의 제한요인 : 질산염, 인산염, 칼륨염

용존산소	1. 수온↓ : 용존산소↑, 염분↓ : 용존산소↑ 2. 용존산소량은 공기와 접하는 면적이 넓을수록 증가한다.
암모니아	1. NH_3 : 이온화되지 않은 암모니아로서 해중생물에 유해 영향 미침(pH↑ : 독성↑) 2. pH가 알칼리성일수록 이온화 되지 않은 암모니아 비율↑ 3. NH_4^+ : 이온화된 암모니아는 무해하다.
황화수소 (H_2S)	물의 흐름이 원활하지 않은 저수지, 못 등 유기물질은 많은 저질을 검게 변화시키고 악취를 풍기게 한다.

▶ 생물여과 과정

유기물이 무기물의 상태로 전환된 후, 자가 영양세균에 의해 질산화 (Nitrification)되는 과정이다.
(유기물의 무기물화- 질산화- 탈질산화 과정)

```
독성: (+) ----------------------------------- > (-)
암모니아 ($NH_3$) --------> 아질산염 ($NO_2$) --------> 질산염 ($NO_3$)
                    ↑                         ↑
         아질산균 (Nitrosomonas, 니트로소모나스)    질산균 (Nitrobacter, 니트로박터)
```

▶ 수산동물의 유생

새우류의 유생	노플리우스⇒ 조에아⇒ 미시스⇒ 포스트라바(후기유생)
패류의 유생	알⇒ 담륜자유생⇒ D상유생⇒ 각정기⇒ 부착치패
게류의 유생	노플리우스⇒ 조에아⇒ 메갈로파⇒ 포스트라바(후기유생)
뱀장어의 유생*	렙토세팔루스
닭새우의 유생	필로소마
해삼의 유생*	아우리쿨라리아⇒ 돌리올라리아⇒ 펜타쿨라
우렁쉥이의 유생	수정란⇒ 2세포기⇒ 올챙이형 유생(척색 발생)⇒ 척색 소실⇒ 부착기유생⇒ 입·출수공 생성

▶ 종묘생산 방식

자연종묘 생산	1. 자연에서 얻은 치어나 치패 등을 양식용 종묘로 활용하는 방식 2. 방어, 뱀장어, 숭어, 참굴, 피조개, 바지락, 대합 등
★인공종묘 생산	1. 환경에 영향을 받지 않고 종묘시기를 조절하는 등 계획적인 양식이 가능하다. 2. 먹이생물배양⇒ 어미확보 및 관리⇒ 채란부화⇒ 자어(유생)사육 3. 동물성 먹이생물(로티퍼)의 배양에 이용 : 클로렐라(식물성 플랑크톤) 4. 어류 초기먹이 : 물벼룩, 로티퍼, 아르테미아(동물성) 5. 패류 초기먹이 : 케토세로스, 이소크리시스 6. 어류종묘생산 : 클로렐라⇒ 로티퍼⇒ 알테미아⇒ 배합사료

● 토막상식
1. 뱀장어의 유생
  가. 산란 후 약 10일 만에 부화하여 렙토세팔루스(Leptocephalus)라는 버들잎 모양의 납작한 유생
  나. 우리나라에서 양식되는 뱀장어의 종묘는 전량 자연에서 종묘인 실뱀장어를 채포하여 양식한다. 그 이유는 뱀장어는 담수에서 성장하여 성숙하게 되면 바다에 내려가서 산란 부화하는 강하성 어류로서 렙토세팔루스는 산란장인 서부 태평양의 깊은 바다를 떠나서 쿠로시오 해류를 따라 6개월~1년 정도 부유 생활을 하면서 우리나라 연안의 육지 가까이(강 하구)에 와서 어미 형태와 같은 둥근꼴의 실뱀장어로 변태하기 때문이다.
2. 해삼의 유생
  가. 해삼의 유생발달 과정
   난(알) → 아우리쿨라리아 → 돌리올라리아 → 펜타큘라 → 새끼해삼
   1) 테드포울 : 올챙이형 유생(예 : 멍게)
    홍해삼의 난은 수온 19.4℃에서 수정 후 2시간 만에 2세포기, 4시간에 4세포기, 5시간에 8세포기, 6시간에 16세포기, 8시간에 32세포기, 10시간에 54세포기, 13시간에 상실기, 17시간에 포배기, 21시간 후에 낭배기에 이르고 난 뒤 25시간 만에 부화
    유생먹이로는 편모조류와 규조류의 3종을 공급했으며 아우리쿨라리아 단계에서 소화관이 보일 때 공급했다. 이 아우리쿨라리아 유생은 수정 후 62시간이 경과된 때였다. 그리고 수정 후 11일 만에 돌리올라리아 유생이 발견돼 채묘기 피판을 넣어 주었으며, 수정 후 16일 만에 부착하는 펜타큘라가 발견됐다. 그런 다음 수정 후 45일 만에 파판에서 흰색 반점의 새끼 해삼을 발견했다.

▶ 채묘시설
1. 고정식, 부동식 : 참굴
2. 침설고정식, 침설수하식 : 피조개
3. 완류식 : 바지락, 대합

▶ 사료의 주성분
1. 단백질 : 양식어류의 몸을 구성하는 기본성분
2. 탄수화물 : 양식어류의 에너지원 역할
3. 지방 및 지방산 : 양식어류의 에너지원과 생리활성 역할
4. 무기염류 및 비타민 : 대사과정 촉매역할
5. 점착제 : 사료가 물속에 풀어지지 않게 해주는 역할
6. 항생제 : 질병치료 목적으로 사용

7. 항산화제 : 지방산, 비타민이 산화되는 것을 방지하는 역할
8. 착색제 : 횟감의 질과 관상어의 색을 선명하게 하는 역할 (크산토필, 아스타잔틴 등)
9. 호르몬 : 성장촉진, 조기성 성숙 등의 역할

▶ 사료의 크기에 따른 분류

미립자	부유성 동물 플랑크톤 대체 사료 사용
가루	분말형태의 사료
플레이크	사료를 납작하게 한 것으로 전복 양식에 많이 사용
펠릿	사료를 압착하여 알갱이 형태로 만든 것
크럼블	펠릿을 부순 형태의 사료

▶ 사료계수

사료계수
양식동물의 무게를 한 단위 증가시키는 데 필요한 사료의 무게단위이다. 사료를 먹고 성장한 정도를 기준으로 한다. 사료계수가 낮을수록 비용이 적게 든다. 사료계수 = 사료공급량/증육량(수확 시 중량 - 방양 시 중량) 예1) 1마리가 1kg인 잉어 100마리에 1,000kg의 사료를 먹여 725kg으로 성장시켰을 때 사료계수는? 1,000/(725 - 100) = 1.6 예2) 참돔 50kg을 해상가두리에 입식한 후, 500kg의 사료를 공급하여 참돔 중 중량 300kg을 수확하였을 경우 사료계수는? 500/(300-50) = 2.0

현재 시판되고 있는 배합사료의 사료계수는 일반적으로 1.5 정도이다.

▶ 사료효율

어류의 1일 사료 공급량 : 같은 무게의 1~5%(보통 2~3%)정도
뱀장어, 미꾸라지 : 치어기에 몸무게의 10~20% 정도 범위

사료효율
사료효율= 1/사료계수 x 100 = 증육량/사료공급량 x 100 예1) 1마리 1kg인 잉어 100마리에 1,000kg의 사료를 먹여 725kg으로 성장시켰을 때 사료계수는? 1/1.6 x 100= 62.5% 예2) 참돔 50kg을 해상가두리에 입식한 후, 500kg의 사료를 공급하여 참돔 중 중량 300kg을 수확하였을 경우

사료계수는?
1/2 x 100= 50%

▶ 활어수송
1. 고려사항
   가. 저온유지   나. 산소보충   다. 오물제거   라. 상처예방   마. 위생관리
2. 수송방법
   가. 활어차 수송   나. 마취 수송   다. 침술수면 수송   라. 인공동면 수송

▶ 축양
수산동물을 유통과정 중 수족관 등에 일시적으로 보관하는 것으로 양식목적이 아니므로 섭이를 하지 않는다.

▶ 수산질병의 원인

산소량의 변화	1. 낮- 식물성 플랑크톤과 해조의 광합성 작용에 의해 산소 유입 2. 밤- 해조의 호흡으로 산소가 소비되므로 해조가 있는 조건이 없는 조건에 비해 산소소비가 더 빠르다.
기포병	1. 지하수에는 질소가스가 많이 함유되어 있어 산소공급 (포기)를 하여 질소가스를 제거하지 않을 시 어체 표면에 기포방울 형태가 생기는 기포병이 발생한다. 2. 질소 포화도가 115~125%일 때 기포병이 발생되고, 130% 이상 포화 시 치사율이 높다.
수온의 변화	수온이 5℃ 이상 큰 폭으로 변화 시 수산생물에 스트레스를 야기 시킨다.
배설물	사료잔여물 또는 배설물 등이 분해되면서 암모니아(NH_3), 아질산(NO_2)이 생성되어 호흡곤란의 원인이 된다. (질산염은 무해)
농약, 중금속	중추신경마비, 골격변형 등을 야기 시킨다.
미생물 (세균, 기생충 및 바이러스 등)	1. 발병 종류 : 물곰팡이, 백점충, 포자충, 아가미흡충, 트리코디나충, 닻벌레, 허피스바이러스, 이리도바이러스, 랍도바이러스 등이 대표적이다. 2. 증상 : 섭이를 하지 않고, 표면에 반점이 생기거나 몸을 벽에 부비거나 움직임이 둔해지는 등의 증상을 보인다. 3. 예방 및 치료 : 허피스바이러스, 이리도바이러스, 랍도바이러스 및 포자충은 살아있는 세포에 기생하여 증식하므로 항생제 등 약물에 의해 치료가 불가능하므로 철저한 예방이 필요하다. 예1) 백점충과 트리코디나충의 경우에는 포르말린을 물 1L 당 300mg의 비율로 녹여 살포함으로써 퇴치할 수 있다. 예2) 아가미흡충, 닻벌레는 트리클로로폰을 0.3ppm 농도로 2주일 간격으로 3회 살포시 퇴치 가능하다.

> ✪ 토막상식
> 물곰팡이병(수생균병)
> 1. 주요 감염 어종 :
> 잉어와 부지개송어의 수정란에 부착하거나 뱀장어 치어에 발생한다.
> 2. 물곰팡이는 표피에 상처가 난 어체나 죽은 알에 기생한다.

3. 변질된 사료 투여에 따른 궤양성 피부병도 원인이 되며, 해동기 수온의 변화가 심해지면 월동기간 동안 저항력이 약해진 어류에서 발생할 수 있다.
4. 물곰팡이병의 발육환경은 수온 10~15℃에서 가장 많이 발생한다.

▶ 수산질병의 분류

바이러스성 질병	양식어류에 감염되는 바이러스는 허피스바이러스, 이리도바이러스, 랍도바이러스 등이 대표적이다 1) 허피스바이러스 : 양식동물의 표피에 작은 사마귀를 일으키는 바이러스 2) 이리도바이러스 : 감염된 양식동물이 무기력하게 유영하며 채색흑화·회색, 출혈, 안구돌출 등의 증상이 있는 바이러스 3) 랍도바이러스 : 바이러스의 모양이 총알 모양의 막대기형인 바이러스 이들 바이러스는 살아있는 세포에 기생 증식하여 항생제 등의 약제에 의한 치료가 불가능하므로 예방을 철저히 하여야 한다.
진균	물곰팡이(수생균병): 물고기에 기생하면 실같이 생긴 균사 때문에 마치 몸 표면에 솜뭉치가 붙어 있는 것같이 보인다. 물곰팡이는 물고기의 알에도 잘 기생하기 때문에 산란된 알을 부화시켜 종묘를 생산할 때에는 물곰팡이가 발생하지 못하도록 세심한 주의를 기울여야 한다. 진균성 육아종증, 위장진균증, 진균성위염, 항아리 곰팡이병 등
세균성 질병	비브리오병, 에드워드병, 연쇄구균병, 활주세균병, 장관백탁증, 세균성 아가미와 지느러미 부식병, 운동성 에로모나스 감염병 (솔방울병), 기적병, 절창병, 적점병, 백운병, 노키디아병 등
기생충성 질병	물이병, 백점병, 닻벌레병, 아가미흡충병, 피브흡충, 포자충병, 트리코디나병, 킬로도넬라병, 브루클리넬라병, 스투티카증, 에피스틸리스병, 익티오보도병, 아밀로오디늄병, 등
영양성 질병	아미노산의 결핍 및 과다, 필수지방산 및 인지질의 결핍, 변성된 지방에 의한 질병, 비타민 결핍, 탄수화물 과잉증 등
해조류 질병	김- 녹반병, 닭살병, 적반병, 백반병, 황반병 등

▶ 적조(red tide)
1. 적조현상 : 해양에 서식하는 동·식물성 플랑크톤, 원생동물, 세균 등 미생물이 일시적으로 다량 증식하게 되거나 물리적으로 집적되어 바닷물의 색이 황색 또는 적색으로 변화하는 현상
2. 발생원인 : 플랑크톤 증가 따른 부영양화, 물의 정체, 일사량 증가, 수온의 상승 등의 원인으로 인해 어패류 등 해양생물의 폐사
3. 적조발생시기 : 초여름부터 가을까지 발생 (6월 중순~9월 하순, 해수 온도 섭씨 21~26℃)하며 해수 내 질소와 인 등의 영양염류 과다 유입 시 발생
4. 적조생물
 가. 무해적조 : 적조생물이 무해성을 지님(주로, 규조류)
 나. 유해적조 : 적조가 어류를 폐사시킬 수 있는 독소 생산(와편모 조류 및 쌍편모 조류 등의 식물성 플랑크톤)
 다. 유독적조 : 적조생물이 어패류를 독화시키고, 사람이 어패류 섭취 시 식중독 등의 증상이 유발된다.
 라. 대표적 적조 유발 생물 : 코클로디니움, 차토넬라, 알렉산드리움, 디노피시스 등

5. 적조에 대한 대책
 가. 황산구리 및 황토 살포
 나. 하수 및 갯벌 정비
 다. 적조 유발 생물을 감염시키는 바이러스 이용

▶ 수산자원관리법상 관리제도
어구제한 및 환경 친화적 어구사용, 어장과 어기제한, 어선의 사용제한, 유해어법금지, 소하성어류 보호, 멸종위기동물 보호, 불법어획물 판매금지 및 방류명령, 자원조성, 수산자원의 조사 및 평가, 보호수면 지정과 관리 등

⑪ 수산업 관리제도

▶ 일반해면 어업 (연안< 근해< 원양어업)
1. 연안어업 + 근해어업
2. 연안어업
 가. 정의 : 무동력 어선, 총톤수 10톤 미만의 동력어선을 사용하는 어업
 나. 종류 : 근해어업, 구획어업, 육상해수양식어업, 종묘생산어업을 제외한 어업
3. 연안복합어업
 가. 정의 : 1척의 무동력어선 또는 동력어선으로 하는 어업
 나. 종류 : 낚시어업, 패류껍질어업, 문어단지어업, 패류미끼망어업, 손꽁치어업 등
4. 구획어업
 가. 정의 : 일정한 수역을 정하여 어구를 설치하거나 무동력어선 또는 총톤수 5톤 미만의 동력어선을 사용하여 하는 어업(시·도지사가 청허용 어획량을 설정. 관리하는 경우에는 총톤수 8톤 미만의 동력어선에 대하여 허가 가능)
 나. 종류 : 들망, 선인망, 승망, 안강망, 패류형망 등
5. 근해어업
 가. 정의 : 총톤수 10톤 이상의 동력어선 또는 수산자원을 보호하고 어업조정을 하기 위하여 특히 필요하며 총톤수 10톤 미만의 동력어선을 사용하는 어업
 나. 종류 : 대형트롤어업, 근해형망어업, 근해연승어업, 기선권현망어업 등

▶ 수산업법상 어업의 법적 관리제도

	유효기간	부여	특징 및 종류
면허어업	10년	어업권	1. 어업권을 취득한 날부터 1년 이내에 어업 시작 2. 시장·군수·구청장 면허 (단, 외해양식어업은 해양수산부장관이 면허) 3. 정치망 : 대통령령으로 정하는 어구를 일정한 장소에 설치한다. 4. 해조류, 패류, 어류 등(패류 제외)양식을 2종 이상 복합양식, 외해양식어업 5. 어장의 수심한계(마을, 협동양식) 및 어업의 종류 : 대통령령 6. 나머지 어장의 수심과 그 이외의 것은 해양수산부령으로 정하는 범위에서 해당 시·군·구의 조례로 정할 수 있다.
허가어업	5년	영업권	1. '특정인에게 해제, 금지해제' 2. 원양, 근해, 육상해수양식, 종묘생산어업, 연안, 구획어업 (암기법 : 원근육해종연구) 1) 근해어업, 원양어업 : 해양수산부장관의 허가 (단, 외국합작설립법인으로 원양어업 하고자 하는 자는 해양수산부장관에게 신고하여야 한다) 2) 연안어업 : 시·도지사 허가

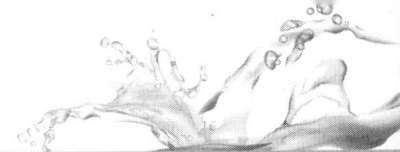

			3) 구획어업 : 시장·군수·구청장 허가		
			해양수산부장관	시·도지사	시장·군수·구청장
			1. 총톤수 10톤 이상의 동력어선 2. 수산자원을 보호하고 어업조정을 하기 위해 특히 필요하여 대통령령으로 정하는 총톤수 10톤 미만 동력어선 '근해어업' 어선·어구마다	1. 무동력선 2. 총톤수 10톤 미만의 동력어선 '연안어업' 어선·어구마다	1. 구획어업-5톤 미만 동력어선 (범선) 2. 육상해수양식어업 어선·어구·시설마다
신고 어업	5년	신고필증	어업신고의 유효기간은 신고를 수리한 날부터 5년으로 한다. 나잠(해녀), 맨손, 투망, 통발, 외줄낚시, 육상양식어업, 육상종묘생산어업		

> ✪ 토막상식
> 1. 어업의 관리제도
> 수산자원의 고갈, 어장을 둘러싼 분쟁, 바다 생태계의 파괴 등을 방지하기 위하여 이러한 목적을 달성하기 위해 수산업법에 따라 아래의 어업 관리 제도를 두고 운영하고 있다.
> 행정 관청으로부터 어업 면허, 어업 허가를 받거나 신고를 하도록 규정되어 있다.
> 2. 허가어업
> 해양수산부장관의 허가(근해어업, 원양어업),
> 시·도지사의 허가(연안어업, 해상종묘 생산어업)
> 시장·군수·구청장의 허가(구획 어업)
> 허가어업의 유효기간 : 5년
>
> 참고) 면허어업의 유효기간은 10년, 신고어업의 유효기간은 5년이다.

✪ 수산가공업

1. 등록 : 어유가공업, 냉장·냉동업, 선상 수산물가공업
2. 신고 : 수산피혁가공업, 해조류가공업

▶ UN 해양법 협상에 따른 해역 분류

내수 (Internal waters)	1. 영해를 구분 짓는 기선의 안쪽 수역 가. 통상기선 : 연안국의 연안을 따라 표기한 저조선 나. 직선기선 : 연안에 섬이 많거나 해안선의 굴곡이 심한 경우의 영해기준선
	⇩
영해 (Territorial sea)	1. 독점적 상공이용권, 연안경찰권, 연안무역권, 연안어업 및 자원개발권, 해양과학조사권을 지님 2. 한 나라의 주권이 미치는 바다로 기점이 되는 기선으로부터 12해리의 범위까지 설정(1982년 UN 해양법 회의에서 정의)
	⇩
접속수역 (Contiguous Zone)	1. 공해와 영해의 중간에 위치하여 영해에 접속해 있는 수역으로, 영해기준선으로부터 24해리를 넘지 않는 범위에서 그 영토 및 영해 상의 관세, 재정, 출입국관리, 보건 위생관계, 규칙위반을 예방하거나 처벌하기 위해 필요한 국제 통제권을 행사하는 수역이다.
	⇩
배타적 경제수역	1. '국가영역도 아니며 완전한 공해로서의 성격도 아니다.' 해양법에 관한 국제연합 협약(UNCLOS)에 따라 설정되는 경제적 주권이 미치는 수역이다.

(EEZ, Exclusive Economic Zone)	2. 1982년 UN 해양법 협약에 규정 – 1994년 발효 3. 연안국은 UN 해양법 조약에 근거한 국내법을 재정하는 것으로 자국의 연안으로부터 200해리 범위이다. 4. EEZ는 영해 12해리를 제외하면 188해리를 초과할 수 없다.
⇩	
공해	1. '공공의 바다'의 의미로 기선으로부터 200해리 밖의 위치로 영유권과 배타권이 특정 국가에 귀속되지 않는 해역을 의미한다. 2. 공해상에서 인정되는 사항 : 항행, 상공비행, 해저전선 및 관선부분, 인공섬과 기타 구조물 설치, 어업, 과학조사 등의 자유

▶ 국제어업관리

경계왕래 어족	EEZ에 서식하는 동일어족 또는 관련 어족이 2개국 이상의 EEZ에 걸쳐 서식할 경우 당해 연안국들의 협의에 의해 조정	오징어, 명태, 돔
고도 회유성 어족	고도회유성 어종을 어획하는 연안국은 EEZ와 인접 공해에서 어족의 자원을 보호하고 국제기구와 협력	참치
소하성 어족	모천국이 1차적 이익과 책임을 지님. 자국의 EEZ에 있어 어업규제 권한과 보존의 의무를 함께 지님. EEZ 밖의 수역인 공해나 다른 인접국가의 EEZ에서는 모천국이라도 어획금지 됨	연어
강하성 어족	강하성 어족이 생장기 대부분 보내는 수역을 가진 연안국이 관리 책임을 지고 회유하는 어종이 출입할 수 있도록 해야 함.	뱀장어

▶ 국제어업협정

1. 국가어업협정
 가. 한·일 어업협정 : 1998년 체결, 1999년 발효
 나. 한·중 어업협정 : 1999년 체결, 2001년 발효
 다. 한·러 어업협정 : 1991년 체결, 1991년 발효

2. 과도수역
배타적 경제수역(EEZ)과 잠정조치 수역의 완충수역 성격을 띤다.
현재는 배타적 경제수역에 포함되었다.

구분	수역의 위치와 명칭	관할권 행사의 주체		성격
		규칙제정	범칙어선 단속	
한·일 어업협정	동해 중간수역	선적국	선적국	공해
	제주도 남부 중간수역	공동	선적국	공동관리
한·중 어업협정	서해 잠정조치수역	공동	선적국	공동관리
	동중국해 조업질서유지수역	선적국	선적국	공해

3. 선적국주의
중간수역에서는 기존의 어업질서를 유지하되, 동해 중간수역은 공해적 성격의 수역으로 하고, 제주도 남부 중간수역은 공동관리 수역으로 정하였다.

4. 연안국주의
양 체약국의 배타적 경제수역에서는 당해 연안국이 어업자원의 보존, 관리상 주권적 권리를 행사하며, 양 측의 전통적 어업실적을 인정하여 상호 입어를 허용하였다.

▶ 책임 있는 수산업(FAO)

1. 수산자원이 고갈됨에 따라 FAO(UN식량농업기구, Food and Agriculture Organization of the United Nations)에서 '책임 있는 수산업'이라는 새로운 개념을 도입하였다(1995년 채택).
2. 책임 있는 수산업의 정의 : 현재와 미래에 있어 수산업을 하는 모든 국가, 기업, 개인이 국제적 규범 하의 책임을 의무적으로 이행하여 수산생물의 다양성 및 생태계 보전·관리를 해야 하는 것이다.
  가. 수산자원의 합리적 이용과 관리
  나. 환경 및 자원관리형 어구·어법 채택
  다. 국가의 책임이행과 국제적 협력
3. 책임 있는 수산업 규범이 도입되면서 편의국적 어선제도는 금지되었다.

▶ 세계 수산업의 전망

1. 1960년대까지 공해 이용 자유 시대
2. 최근 연안국의 200해리 배타적 경제수역 설정으로 해양 분할 시대
   : 연안국 부근에서의 어업 불가 및 입어료 지불로 부분적 조업 가능
3. 수산물의 중요성 증가로 수산자원 확보를 위한 경쟁 심화
4. 식량문제의 평화적 해결을 위해 세계 각국은 공동의 노력이 필요

▶ 수산관련 국제기구

참치관리기구	비참치관리기구	우리나라가 가입한 수산기구
전미열대참치위원회 (IATTC)	북서대서양수산위원회 (NAFO)	FAO 수산위원회 (1965, COFI)
대서양다랑어보존위원회 (ICCAT)	남극해양생물보존위원회 (CCAMLR)	대서양다랑어보존위원회 (1970, ICCAT)
남빙참다랑어보존위원회 (CCSBT)	북태평양소하성어족위원회 (NPAFC)	북태평양해양과학기구 (1995, PICES)
인도양참치보존위원회 (WCPFC)	중부베링공해 명태자원보존관리협약 (CCBSP)	OECD 수산위원회 (1996)
중서부태평양수산위원회 (WCPFC)	국제 태평양 큰넙치 위원회 (IPHC)	
	태평양 연어 위원회 (PSC)	
	북대서양 연어 보존기구 (NASCO)	

MEMO

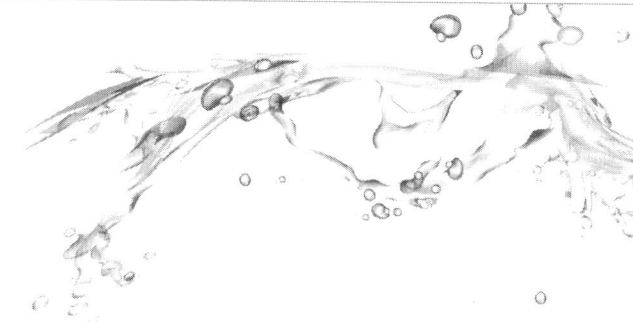

제1회 기출 문제

1. 연육(Surimi) 제조를 위한 기계가 아닌 것은?

① 레토르트(Retort)
② 리파이너(Refiner)
③ 사일런트 커터(Silent cutter)
④ 스크루 압착기(Screw press)

> **정답 및 해설** ①
> 레토르트(Retort)-고압고온살균
> 통조림은 밀봉을 마치면 품질 변화를 줄이기 위해 자체 없이 살균하여야 한다. 통조림을 가열 살균 시 필요한 가열의 정도는 식품의 산도(pH)의 밀접한 관계가 있으며, pH가 4.6 이상인 어패류 통조림은 100℃ 이상의 고온고압 기계인 레토르트 살균기에서 장시간 살균한다.

2. 콜라겐 추출을 위해 사용되는 원료는?

① 상어 껍질
② 굴 패각
③ 미역 포자엽
④ 새우 껍질

> **정답 및 해설** ①
> 콜라겐은 어류의 껍질과 비늘로부터 많이 제조된다. 교원질이라고도 하며, 섬유상 고체로 존재한다. 키틴은 수산물 중에서 게, 새우 등 갑각류의 껍데기와 오징어 등의 연체동물의 골격성분이 많다.

3. 수산물을 삶아서 건조한 제품은?

① 굴비
② 마른 김
③ 마른 멸치
④ 간 고등어

> **정답 및 해설** ③
> 건제품의 하나인 자건품은 수산물을 삶아서(자숙) 건조시킨 것으로 미른멸치, 마른전복, 마른해삼, 마른새우, 마른홍합, 마른소라, 마른가오리, 마른게살 등이 있다.

4. 고등어 염장 시 소금의 침투속도에 관한 사항으로 옳지 않은 것은?

① 염장온도가 높을수록 빠르다.
② 지방함량이 적을수록 빠르다.
③ 소금의 사용량이 많을수록 빠르다.
④ 소금에 칼슘염이 많을수록 빠르다.

정답 및 해설 ④
소금의 침투속도와 침투량은 소금의 농도 및 순도, 식품의 성상, 염장온도 및 방법에 따라 달라진다. 소금의 사용량이 많을수록, 염장온도가 높을수록, 지방함량이 적을수록 소금의 침투속도가 빠르다.

5. 수산물을 냉각된 금속판 사이에서 동결시키는 장치는?

① 송풍 동결장치 ② 침지식 동결장치
③ 접촉식 동결장치 ④ 액화가스 동결장치

정답 및 해설 ③
접촉식 동결장치 은 어패류를 냉각된 냉매 또는 염수(브라인)로 냉각된 금속판 사이에 끼워서 접속시켜 동결하는 것이다.

6. 급속 동결과 완만 동결의 특성에 관한 설명으로 옳은 것은?

① 조직손상은 완만 동결보다 급속 동결이 심하다.
② 빙결정의 수는 완만 동결보다 급속 동결이 많다.
③ 빙결정의 크기는 완만 동결보다 급속 동결이 크다.
④ 빙결정의 크기와 수는 완만 동결과 급속 동결에 따른 차이가 없다.

정답 및 해설 ②
① 조직손상은 완만동결보다 급속동결이 덜하다.
③ 빙결점의 크기는 완만동결보다 급속동결이 적다.
④ 빙결점의 수는 완만동결보다 급속동결에 많다.

no	구분	급속동결	완만동결
1	최대빙결정 생성대 통과시간	짧다.	길다.
2	빙결정의 상태	크기가 작고 수가 많다.	크기가 크고 수가 적다
3	품질변화	적다	많다
4	사용처	대부분 수산물의 동결에 이용된다.	냉동두부, 한천의 제조, 과즙의 동결농축 등에 이용된다.

7. 염장어류에 곡류와 향신료 등의 부원료를 사용하여 속성 발효시킨 제품은?

① 멸치젓 ② 까나리액젓
③ 명란젓 ④ 가자미식해

정답 및 해설 ④
식해는 자가소화단계를 활용한 방법 중 하나로, 어패류를 주원료로 하여 전분질과 향신료와 같은 부원료를 함께 배합하여 발효, 숙성시킨 전통 수산 발효식품이다.

8. 통조림의 진공도를 측정한 결과 진공도가 20cmHg이라면 진 진공도(cmHg)는?(단, 통조림의 상부공간(headspace) 내용적은 6.0mL이고, 진공계침(버돈관)의 내용적은 1.2mL이다.)
   ① 22.0
   ② 24.0
   ③ 26.0
   ④ 28.0

   > **정답 및 해설** ②
   > 진진공도= 진공도+($\frac{진공도}{상부공간내용적}$)+진공계침 내용
   > $20+(\frac{20}{6})+1.2= 24.53$cmHg =24.0

9. 한천의 제조 원료는?
   ① 우뭇가사리
   ② 모자반
   ③ 톳
   ④ 김

   > **정답 및 해설** ①
   > 한천의 원료가 되는 해조류는 홍조류이다. 우뭇가사리와 꼬시래기가 있는데, 꼬시래기가 전 세계적으로 가장 많이 사용된다.

10. 한국의 식품공전에서 수산물 중금속 관리기준이 설정되어 있지 않은 것은?
    ① 납
    ② 비소
    ③ 카드뮴
    ④ 수은

    > **정답 및 해설** ②
    > 식품공전 상의 수산물 중금속 항목: 납, 카드뮴, 수은, 메틸수은 등

11. 수산물의 품질관리를 위한 관능적 요소가 아닌 것은?
    ① 색
    ② 맛
    ③ 냄새
    ④ 세균수

    > **정답 및 해설** ④
    > 관능적 방법은 인체의의 감각을 이용하여 껍질의 상태(색깔, 비늘 등), 아가미의 색깔, 안구의 상태(혈액의 침출 등), 복부(연화, 항문에 장 내용물 노출 등), 육의 투명감, 냄새 및 지느러미의 상처 등을 관찰함으로써 선도를 판정한다.

12. 수산물에서 발생되는 바이러스성 식중독의 특징으로 옳지 않은 것은?

① 감염 후 장기간 면역이 생성되어 재감염되지 않는다.
② 약제에 대한 내성이 강하여 제어가 곤란하다.
③ 사람과 일부 영장류의 장내에서 증식하는 특징이 있다.
④ 소량으로도 감염되며 발병률도 높다.

정답 및 해설 ①

바이러스성 식중독의 특징은 식품에 오염되어 있는 식중독 바이러스의 섭취로 일어나는 중독현상이다. 식중독 바이러스는 소량으로도 식중독을 유발하며, 자연환경 중에서 장시간 생존이 가능하고, 약물에서도 상대적으로 안정하나 가열에 약하다. 대부분 2차 감염된다.

13. 수산물과 독소성분의 연결이 옳지 않은 것은?

① 모시조개 : venerupin
② 독꼬치 : ciguatoxin
③ 개조개 : saxitoxin
④ 진주담치 : tetrodotoxin

정답 및 해설 ④

어패류의 독소
① 모시조개, 굴, 바지락 : venerupin(베네루핀)
② 독꼬치 : ciguatoxin(시구아톡신) 독으로 자연산 곰치엣만 잘 보이는 독이다.
③ 섭조개, 개조개 : saxitoxin(삭시톡신) 조개류에 축적하여 먹으면 식중독을 일으키는 독의 총칭
④ 복어 : tetrodotoxin (테트로도톡신)
   진주담치 : mytilotoxin(미틸로톡신)

14. 위해요소 중점관리(HACCP)의 7원칙 중 식품의 위해를 사전에 방지하고 안전성을 확보할 수 있는 단계는?

① 기록관리
② 시정조치 설정
③ 검증방법 설정
④ 중요관리점 설정

정답 및 해설 ④

위해요소 중점관리(HACCP)의 7원칙
1) 위해요소분석(Hazard Analysis): 원 부자재별, 제조가공 조리 유통에 따른 위해요소 분석
2) 중요관리점 결정(Critical Control Point): 식품안전관리인증기준을 적용하여 식품의 위해요소를 예방 또는 제거하거나 허용수준 이하로 감소시켜 당해 식품의 안정성을 확보할 수 있는 중요한 단계과정 또는 공정을 말한다.
3) 중요관리점 한계기준 설정(Critical Limit)
4) 중요관리점 별 모니터링 체계 확립(Monitoring)
5) 개선조치 방법 수립(Corrective Action)
6) 검증 절차 및 방법 수립(Verification)
7) 문서화 및 기록 유지(Record- keeping & Documentation)
   * 기록보관 의무기간: 2년

15. 수산물 식중독균에 관한 설명으로 옳지 않은 것은?

① Camphylobacter jejuni는 멸치내장에 존재한다.
② Listeria monocytogenes는 냉장온도에서 증식할 수 있다.
③ Vibrio vulnificus는 패혈증을 일으키는 병원균으로 어패류 등에서 발견된다.
④ Vibrio parahaemolyticus는 해수 또는 기수에 서식하는 호염성 세균이다.

> **정답 및 해설** ①
> Camphylobacter jejuni(캄필로박터 제주니)는 가축 또는 가금의 내장에 존재한다.

16. 송어양식장 위해요소 중점관리(HACCP)의 선행요건 중 위생관리 항목으로 옳은 것을 모두 고른 것은?

ㄱ. 사용용수의 위생안전관리	ㄴ. 생산량의 기록관리
ㄷ. 교차오염의 방지	ㄹ. 화장실의 위생관리

① ㄱ, ㄴ
② ㄱ, ㄴ, ㄷ
③ ㄱ, ㄷ, ㄹ
④ ㄱ, ㄴ, ㄷ, ㄹ

> **정답 및 해설** ③
> 위해요소 중점관리 선행요건 사항
> 1) 영업장(주변 환경 관리): 작업장, 건물·바닥·벽·천장, 배수 및 배관, 출입구, 통로, 창, 채광 및 조명, 부대시설(화장실·탈의실·휴게실 등)
> 2) 위생관리: 작업 환경 관리(동선계획 및 공정간 오염방지, 온도·습도관리, 환기시설관리, 방충·방서 관리) 개인위생관리, 폐기물 관리 세척 또는소독
> 3) 제조·가공시설·설비관리: 제조시설 및 기계·기구류 등 설비관리
> 4) 냉장·냉동시설·설비관리
> 5) 용수관리
> 6) 보관·운송관리: 구입 및 입고, 협력업소 관리, 운송, 보관
> 7) 검사관리: 제품검사, 시설 설비 기구 등 검사
> 8) 회수 프로그램 관리

17. 0℃의 물 1톤을 하루 동안 0℃의 얼음으로 동결하고자 할 때 시간당 제거해야 할 열량(kcal/hr)은?(단, 얼음의 융해잠열은 79.68kcal/kg이며, 기타 조건은 고려하지 않음)

① 33.20
② 79.68
③ 3,320
④ 79,680

> **정답 및 해설** ③

1냉동톤(RT): 0℃의 물 1톤을 24시간 동안에 0℃의 얼음으로 변화시키는 냉동 능력
1 RT= 1,000kg × 79.68kcal/kg÷24hr = 3,320kcal/kg

18. 다음과 같은 특징을 갖고 있는 기생충은?

> ㄱ. 오렌지색으로 비교적 대형이다.
> ㄴ. 어류의 내장에서 흔히 발생된다.
> ㄷ. 명태에 흔하며 대구, 청어 및 가자미류에서도 발견된다.

① 광절열두조충 ② 고래회충
③ 구두충 ④ 간흡충

정답 및 해설 ③

어패류에 기생하는 기생충
① 광절열두조충: 연어나 송어가 감염원으로 추정
② 고래회충(아니사키스): 대구, 청어, 광어, 우럭 등 살아있는 바닷물고기 내장에 기생
③ 구두충: 오렌지색 고등어, 갈치, 꽁치, 조기, 붕장어, 대구, 명태 등
④ 간흡충(간디스토마): 황갈색 또는 담홍색 잉어과 물고기(잉어, 참붕어, 붕어 등)

19. 종이류 포장 재료의 일반적 특징으로 옳지 않은 것은?
① 접착 가공이 용이하고 개봉이 쉽다.
② 재활용 또는 폐기물처리가 어렵다.
③ 원료를 쉽게 구할 수 있고 가격이 저렴하다.
④ 가볍고 적당한 강직성이 있어 기계적으로 가공하기 쉽다.

정답 및 해설 ②

종이류 포장 재료는 재활용 또는 폐기물처리가 용이하다.

20. 수산물 포장에 관한 설명으로 옳지 않은 것은?
① 제품의 수송 및 취급 중 손상되기 쉽다.
② 내용물에 대한 정보를 소비자에게 전한다.
③ 유해물질의 혼입을 차단해 준다.
④ 제품의 취급이 간편하며 편의성을 제공한다.

정답 및 해설 ①
제품의 수송 및 취급 중에 손상을 받지 않도록 보호한다.

21. 수산가공 원료의 일반적인 특성이 아닌 것은?
① 어획시기의 한정성
② 어획장소의 한정성
③ 생산량의 계획성
④ 어종의 다양성

정답 및 해설 ③
수산물의 특성
수산물은 농산물이나 축산물과 달리 어획이 극히 불안정하다. 일반 해면어업의 경우 어종의 어획조건 및 어획량을 정확한 예측하기가 어렵다. 수산업 자체가 해류, 기상조건 등 외적요인에 지배되는 부분이 크기 때문에 계획생산이 가장 어려운 1차 산업적 특성을 갖는다.

22. ATP(Adenosine triphosphate) 분해 생성물을 지표로 하여 어류의 신선도를 측정하는 방법은?
① K값 측정법
② 인돌 측정법
③ 아미노질소 측정법
④ 휘발성염기질소 측정법

정답 및 해설 ①
수산물 신선도 측정 방법은 관능적, 화학적, 물리적, 세균학적인 방법이 있고, 그 중에 K값 등은 화학적인 방법에 속한다.
전 ATP 관련 화학물에 대한 HxR(이노신) 및 Hx(하이포크산틴)의 합계량의 비를 구하고, 그 비율이 높은 것일수록 선도는 저하하고 있다고 판정한다.(활어 10% 이하, 신선어 20% 이하, 선어 30%정도)
K값= (HxR + Hx)/(ATP + ADP +AMP +IMP + HxR + Hx) × 100

23. 어류의 사후변화 과정을 순서대로 나열한 것은?

| ㄱ. 사후경직 | ㄴ. 해당작용 | ㄷ. 해경 | ㄹ. 자가소화 | ㅁ. 부패 |

① ㄱ-ㄷ-ㄹ-ㄴ-ㅁ
② ㄴ-ㄱ-ㄷ-ㄹ-ㅁ
③ ㄷ-ㄹ-ㄴ-ㄱ-ㅁ
④ ㄹ-ㄴ-ㄱ-ㄷ-ㅁ

정답 및 해설 ②
어패류의 사후변화: 생→사→해당작용→사후경직→해경→자가소화→부패

24. 기계적으로 -1~2 ℃ 정도로 만든 바닷물에 어패류를 침지시키는 저온저장 방법은?

① 쇄빙법
② 수빙법
③ 냉각 해수법
④ 드라이 아이스법

정답 및 해설 ③

냉각 해수법: 기계적으로 -1~ -2℃ 정도로 냉각된 해수(또는 3~5% 정도의 식염수)중에 어패를 담가 냉각하는 방법이다.

25. 선상에서의 어획물 선별 및 상자담기에 관한 설명으로 옳지 않은 것은?

① 신속히 처리한다.
② 어획물에 상처가 나지 않도록 주의해야 한다.
③ 상자 당 어종별 크기별로 구분해서 담는다.
④ 어종에 관계없이 등을 위로 향하는 배립형으로 담는다.

정답 및 해설 ④

입상 배열방법은 어종이나 용도 및 예정 정장기간을 고려하여 적절히 선택하도록 한다.
(배립형은 10일 이전, 복립형은 10일 이후)
어상자는 물고기를 담기 전에 위생적으로 충분이 세척하도록 한다.

제2회 기출 문제

1. 오징어나 문어를 가열하거나 선도가 저하되면 표피가 적갈색으로 변한다. 이때 관여하는 색소는?
   ① 클로로필(chlorophyll)
   ② 카로테노이노(carotenoid)
   ③ 옴모크롬(ommochrome)
   ④ 헤모시아닌(hemocyanin)

   > **정답 및 해설** ③
   > 두족류를 가열하면 표피가 적갈색으로 변하는 것을 옴모크롬이라는 색소물질이 녹아 나오기 때문이다.

2. 이매패의 폐각근에 주로 함유되어 이는 무척추 수산동물 특유의 단백질은?
   ① 액틴(actin)
   ② 미오신(myosin)
   ③ 엘라스틴(elastin)
   ④ 파라미오신(paramyosin)

   > **정답 및 해설** ④
   > 파라미오신은 연체동물, 환형동물 등 무척추동물 근육의 구요 구조단백질의 하나이다.

3. 어패류의 엑스성분이 아닌 것은?
   ① 색수
   ② 유기산
   ③ 베타인(betaine)
   ④ 유리아미노산

   > **정답 및 해설** ①
   > 어패류의 함유 성분 중에서 단백질, 탄수화물, 지질, 색소 등을 제외한 수용성 물질을 통틀어서 엑스(extra-)성분이라고 한다. 엑스(extra-)성분의 함유량은 약 2% 정도 되며 어패류의 맛을 결정하는 것은 엑스(extra-)성분이다.

4. 어류의 사후변화 과정 중 사후경직 현상에 해당하지 않는 것은?
   ① ATP의 감소
   ② Creatine phosphate의 감소
   ③ TCA cycle 에 의한 유기산의 축적
   ④ 액틴(actin)과 미오신(myosin)의 결합

   > **정답 및 해설** ③
   > 어획 수산물의 사후(死後)에 일정 시간이 지나면 근육이 수축하여 딱딱하게 된다. 이를 사후경직(死後硬直)이라고 하며 ①,②,④등의 현상이 나타난다.

5. 수산건제품 제조시 이용되는 동건법과 동결건조법의 건조 원리를 순서대로 올바르게 연결한 것은?

① 동결 및 융해 – 동결 및 승화
② 동결 및 증발 – 동결 및 해동
③ 동결 및 증발 – 동결 및 승화
④ 동결 및 융해 – 동결 및 가열

정답 및 해설 ①
동건법은 동결과 해동을 반복하여 건조시키는 방법이고 동결건조법은 '동결된 상태로 낮은 압력에서 빙결정을 승화시켜 건조'하는 방법이다.

6. 상자형 열풍건조기와 비교하여 터널형 열풍건조기의 특정으로 옳은 것을 모두 고른 것은?

ㄱ. 열손실이 많다.
ㄴ. 시설비용이 많이 든다.
ㄷ. 연속작업이 용이하다.
ㄹ. 구조가 간단하고 취급이 쉽다.

① ㄱ, ㄴ
② ㄴ, ㄷ
③ ㄱ, ㄷ, ㄹ
④ ㄴ, ㄷ, ㄹ

정답 및 해설 ②
터널형 열풍건조기는 상자형 열풍건조기에 비해 구조가 복잡하며, 시설비용이 많이 들지만 열손실이 적고 연속작업이 용이하다.

7. 수산물을 장기간 동결 저장할 때 나타나는 품질변화에 해당하지 않는 것은?

① 육의 보수력 증가
② 승화
③ 색소의 변화
④ 동결화상

정답 및 해설 ①
육의 보수력은 감소한다.

8. 특정온도에서 저장한 냉동 고등어의 실용 저장기간(PSL)이 400일이라면 1일 품질저하율(%/일)은?

① 0.0025
② 0.25
③ 0.004
④ 0.4

정답 및 해설 ②
1일 품질저하율(%/일) = 100/실용 저장 기간(일수) = 100/400 = 0.25%/일

9. 수분 함량이 80%인 어류를 -20℃에서 동결 저장할 때 어육의 동결율(%)은?
(단, 어육의 빙결점은 -2℃이다)
① 10
② 72
③ 90
④ 95

> **정답 및 해설** ③
> 빙결율 = 동결율 = (1-빙결점/품온)× 100 = 90%

10. 염장법에 관한 설명으로 옳은 것은?
① 마른간법은 소금 사용량에 비해 소금의 침투가 느리다.
② 마른간법은 염장초기에 부패가 빠르다.
③ 물간법은 제품의 짠맛을 조절할 수 없다.
④ 물간법은 염장 중 공기와 접촉되지 않으므로 지방산화가 적다.

> **정답 및 해설** ④
> ① 마른간법은 소금의 침투가 빠르다.
> ② 마른간법은 염장초기에 부패가 적다
> ③ 물간법은 제품의 짠맛을 조절할 수 있다.

11. 장기저장이 가능한 냉훈품의 가공원리가 아닌 것은?
① 건조
② 환원
③ 염지
④ 항균성

> **정답 및 해설** ②
> 훈제품의 공정은 원료의 전처리 → 염지 → 염빼기 → 물빼기 → 풍건 → 훈제처리 → 마무리 손질이다.

12. 동남아시아에서 주로 생산되는 동결 연육의 주원료이며, 자연응고가 잘 일어나고 되풀림이 쉬운 어종은?
① 갈치
② 임연수어
③ 고등어
④ 실꼬리돔

> **정답 및 해설** ④
> 실꼬리돔은 동남아시아에서 주로 생산되는 동결 연육의 주원료이며, 자연응고가 잘 일어나고 되풀림이 쉽다.

13. 어묵의 주원료인 연육을 동결 저장할 때 단백질의 변성지표는?

① 솔비톨(sorbitol) 함량
② 표면 색깔
③ Ca-ATPase활성
④ 아미노산 조성

정답 및 해설 ③

활성측정 : Ca-ATPase 등 효소와 같은 기능 단백질일 경우 활성의 증감을 측정한다

14. 수산물의 레토르트파우치용으로 적합한 식품 포장제는?

① 가공필름
② 폴리염화비닐
③ 오블레이트
④ 셀로판

정답 및 해설 ①

레토르트파우치식품은 플라스틱 필름과 알루미늄박의 적층필름 팩에 식품을 담고 밀봉한 후 레토르트 살균하여 무균성을 부여한 식품이다. 레토르트파우치식품의 포장은 외부는 폴리에스테르의 막으로 되어 있고 중층은 알루미늄박이고, 내부는 폴리에스테르막으로 구성되어 있다.

15. 통조림 제조공정 중 탈기의 목적으로 옳지 않은 것은?

① 살균 및 냉각 중 관의 파손 방지
② 저장 중 관내면의 부식 억제
③ 내용물의 색택과 향미의 변화 방지
④ 보툴리누스균(Clostridium botulinum)의 사멸

정답 및 해설 ④

④는 살균의 목적이다.

16. 수산물을 MA(modified atmosphere) 포장하여 저장할 때 문제점으로 옳지 않은 것은?

① 고농도 이산화탄소에 의한 포장의 팽창
② 이산화탄소 용해에 의한 신맛의 생성
③ 이산화탄소 내성 미생물에 의한 2차 발효
④ pH 변화에 의한 보수성의 감소

정답 및 해설 ①

MA포장은 수확(어획)된 수산물의 호흡에 의해 조성되는 포장 내부의 산소농도 저하와 이산화탄소 농도 상승에 따른 품질변화를 억제하기 위해 수확(어획)된 수산물을 고밀도 필름으로 밀봉하는 포장단위를 말한다.

17. 염장품과 젓갈 가공원리의 차이점?

① 식염 첨가량
② 육질 분해
③ 사용 원료
④ 염장 방법

정답 및 해설 ②
젓갈은 어패류에 소금을 첨가하여 염장(鹽藏)한 것으로 부패균의 번식을 억제하고 어패류 자체의 효소와 외부 미생물의 효소작용으로 육질을 분해시킨 독특한 맛과 풍미의 발효식품이다.

18. 한천은 원료와 제조 방법에 따라 자연한천과 공업한천으로 구분한다. 공업한천의 원료와 탈수법의 연결이 옳은 것은?

① 개우무 – 동결탈수법
② 우뭇가사리 – 동건법
③ 꼬시래기 –압착탈수법
④ 진두발 – 동건법

정답 및 해설 ③
우뭇가사리는 동결탈수법, 꼬시래기는 압착탈수법으로 한천을 생산한다.

19. 식품안전관리인증기준(HACCP)의 선행요건이 아닌 것은?

① 청소 및 살균
② 기구 및 설비 검사
③ 작업환경 관리
④ 위해 허용 한도 설정

정답 및 해설 ④
위해 허용한도 설정은 준비단계(선행요건)가 아니다.

20. 식품안전관리인증기준(HACCP)의 7원칙에 해당하지 않는 것은?

① 위해요소 분석
② 모니터링 체계 확립
③ 품질관리 기준 설정
④ 중요관리점 결정

정답 및 해설 ③
HACCP 7원칙
(ㄱ)원칙1 : 위해요소 분석
(ㄴ)원칙2 : 중요관리점 결정
(ㄷ)원칙3 : 중요관리점에 대한 한계기준 결정
(ㄹ)원칙4 : 중요관리점 관리를 위한 모니터링 체계 확립
(ㅁ)원칙5 : 개선조치 방법설정
(ㅂ)원칙6 : 검증절차 및 방법 설정
(ㅅ)원칙7 : 문서 및 기록유지 방법 설정

Point 실전문제

21. 식품안전관리인증기준(HACCP)의 준비단계 절차를 순서대로 올바르게 나열한 것은?

> ㄱ. HACCP 팀 구성   ㄴ. 공정흐름도 작성   ㄷ. 용도 확인
> ㄹ. 공정흐름도 현장 확인   ㅁ. 제품설명서 작성

① ㄱ – ㄴ – ㄷ – ㅁ – ㄹ
② ㄱ – ㄴ – ㄹ – ㄷ – ㅁ
③ ㄱ – ㅁ – ㄴ – ㄹ – ㄷ
④ ㄱ – ㅁ – ㄷ – ㄴ – ㄹ

정답 및 해설 ④

HACCP 준비 5단계
(ㄱ)원칙1 : HACCP팀을 구성한다.
(ㄴ)원칙2 : 제품의 설명서를 작성한다.
(ㄷ)원칙3 : 제품의 사용 용도를 파악한다.
(ㄹ)원칙4 : 공정흐름도, 평면도를 작성한다.
(ㅁ)원칙5 : 공정흐름도, 평면도가 작업현장과 일치하는지 확인한다.

22. 복어 독에 관한 설명으로 옳지 않은 것은?

① 식품공정상 국내 식용가능 복어 종류는 21종이다
② 사람의 최소치사량은 20,000MU이다.
③ 중독 증상은 섭취 후 30분 ~ 4시간 사이에 나타난다.
④ 복어 독의 강도는 청산가리(NaCN)의 약 1,250배이다

정답 및 해설 ②

복어독인 테트로톡신의 반수치사량은 몸무게 1kg 당 0.01mg으로 알려져 있어 60kg인 사람의 치사량은 0.6mg이다. 복어 1마리가 12명의 치사량의 독을 함유하고 있다고 한다.

23. 패혈증 비브리오균에 관한 설명으로 옳지 않은 것은?

① 식염농도 5~7% 배지에서 잘 번식한다.
② 원인균은 비브리오 불니피쿠스(Vibrio vulnificus)이다.
③ 잠복기는 20시간 정도이다.
④ 어패류를 날것으로 먹을 때에 감염될 수 있다.

정답 및 해설 ①

식염용도 3~4% 배지에서 잘 번식한다.

24. 다음이 설명하는 독소형 식중독균은?

> ○ 1914년 바버(Barber)에 의해 급성위장염 원인균으로 밝혀졌다.
> ○ 이 균이 생산하는 독소는 엔테로톡신(enterotoxin)이다.
> ○ 독소는 100℃에서 30분간 가열해도 무독화되지 않는다.
> ○ 화농성 질환에 걸린 식품관계자에 의해 감염될 수 있다.

① 살모넬라균(Salmonella)
② 포도상구균(Staphylococcus aureus)
③ 바실루스 세레우스균(Bacillus cereus)
④ 프로테우스 모르가니균(Proteus morganii)

정답 및 해설 ②
내용은 포도상구균에 대한 설명이다. 포도상구균의 잠복기는 평균 3시간 정도로서 세균성 식중독 중에서 가장 짧다.

25. 매물고등류를 섭취한 후 배멀미 증상을 동반하는 식중독 원인물질은?

① 삭시톡신(saxitoxin)
② 시구아톡신(ciguatoxin)
③ 테트라민(tetramine)
④ 도모산(domoic acid)

정답 및 해설 ③
타액선에 독이 있는 골뱅이, 고등 등을 섭취하였을 때 나타나는 식중독의 원인물질은 테트라민이다.
① 삭시톡신 : 대합이나 홍합 등에 존재하는 마비성 패류독이다.
② 시구아톡신 : 부시리, 전갱이, 곰치 등에서 주로 보이는 독이다.
④ 도모산 : 기억상실성 패독이다.

제3회 기출 문제

1. 연육(surimi)의 제조에 사용되는 원료어 중 냉수성 어종인 것은?

① 명태
② 갈치
③ 참조기
④ 실꼬리돔

> **정답 및 해설** ①
>
> 냉수성 어종은 명태, 은대구, 강도다리 등이 이에 속한다. 최근 지구 온난화로 인해 냉수성 어종들의 어획량이 크게 줄고 있다. (15℃ 이하의수온)

2. 어류의 선도 판정법이 아닌 것은?

① K값 측정
② 휘발성염기질소(VBN) 측정
③ 관능 검사
④ 중금속 측정

> **정답 및 해설** ④
>
> ① K값 측정법: 화학적 선도측정법으로. 신선한 횟감용의 선도를 측정하는 기준이 된다. 전 ATP 관련 화합물의 분해정도를 이용한 신선한 판정법으로, K값은 ATP의 분해가 사후에 일어난다. K에 대한 HxR(이노신) 및 Hx(하이포크산틴)의 합계량의 비를 구하고, 그 비율이 높은 것일수록 선도는 저하하고 있다고 판정한다.
> ② 휘발성염기질소(VBN) 측정법: 가장 널리 사용되고 있는 화학적 선도 특정법으로. 부패에 따른 휘발성 염기질소는 여러 종류의 아민(amine)류 및 암모니아의 질소량을 말하며 이 측정법에는 통기법 및 감압법 등이 있다.
> ③ 관능검사: 검체 채취시의 상태를 기록해서 과학적 시험의 성적과 조합하여 신선도 판정에 보조적인 역할을 한다.

3. 어육이 90% 동결되어 있을 때 체적 팽창률(%)은 약 얼마인가? (단, 어육의 수분 함량은 70%, 물의 동결에 의한 체적 팽창률은 9%로 하며, 수분을 제외한 나머지 성분의 동결에 의한 체적 변화는 무시한다.)

① 4.9
② 5.7
③ 6.3
④ 8.1

> **정답 및 해설** ②
>
> 어육의 체적 팽창율(%)
> (1) 90%동결되고 어육의 수분 함량은 70% 물의동결에 의한 체적 팽창율은 9%로 한다. 수분의 팽창이 이에 관계되므로 [{70% × 1.09 + 30%) × 90%+10%)−1 = 5.67%

4. 해산어류의 대포적인 비린내 성분은?

① 트리메틸아민(TMA)
② 트리메틸아민옥시드(TMAO)

③ 젖산(lactic acid)   ④ 글루탐산(glutamic acid)

정답 및 해설 ①

해산어의 비린내 성분
① 트리메틸아민(TMA): 트리메틸옥시드가 어패류 사후 시간이 경과함에 따라 선도가 저하 되면 세균의 환원작용으로 인해 트리메틸아민으로 변하면서 비린내 성분으로 전환된다.
② 트리메틸아민옥시드(TMAO): 생선껍질의 점액에 있는 어류 특유의 감칠맛을 내는 무취 성분
③ 젖산(lactic acid): 음료의 산미제 또는 주류 발효 초기의 부패 방지제로 사용된다.
④ 글루탐산(glutamic acid): 비 필수 아미노산의 하나로 생체 내에서는 암모니아에서 먼저 생긴 아미노산으로 다시마국물의 좋은 맛은 이것이 단일 나트륨염에 기인한다.

5. 수산식품의 결합수에 설명으로서 옳지 않은 것은?
① 단백질, 탄수화물 등의 식품성분과 결합되어 있다.
② 미생물의 증식에 이용된다.
③ 용매로 작용하지 않는다.
④ 0℃에서 얼지 않는다.

정답 및 해설 ②

결합수는 식품에서 미생물의 번식과 발아에 이용되지 못한다.

6. 냉동 새우의 흑변에 관한 설명으로 옳지 않은 것은?
① 머리 부위에서 많이 발생 한다.
② 새우에 함유된 효소 작용에 의해 생성 된다.
③ 최종 반응생성물은 과산화물이다.
④ 흑변을 억제하기 위해서는 아황산수소나트륨($NaHSO_3$) 용액에 침지한다.

정답 및 해설 ③

새우의 흑변은 대표적인 효소적 갈변반응으로 아미노산인 티로신이 티로시나아제 효소에 의해 흑색색소인 멜라닌으로 변질된다.

7. 냉동식품의 냉동 화상(freezer burn)을 억제하는 방법으로 옳지 않은 것은?
① 포장을 한다.
② 차아염소산나트륨 처리를 한다.
③ 냉동식품의 표면의 승화를 억제한다.
④ 얼음막 처리(glazing)를 한다.

정답 및 해설 ②

냉동화상(Freezer burn): 식품이 냉동 건조되어 표면이 다공질로 되면 공기와의 접촉이 커지게 되어서 지방의 산화, 단백질 변성, 변색, 맛과 향의 변패 등이 일어나는 현상을 말한다.
② 차아염소나트륨는 락스의 성분 중 하나이다.

8. 통조림 용기로서 알루미늄관의 특성으로 옳지 않은 것은?
① 식염에 부식되기 쉽다.
② 붉은 녹이 발생하지 않는다.
③ 흑변이 발생하지 않는다.
④ 양철관에 비하여 무게가 무겁다.

정답 및 해설 ④

알루미늄관은 양철관에 비하여 무게가 가볍다.

9. 수산물통조림의 밀봉을 위한 밀봉기의 주요 요소가 아닌 것은?
① 리프터(lifter)
② 블리더(bleeder)
③ 시밍 롤(seaming roll)
④ 시밍 척(seaming chuck)

정답 및 해설 ②

밀봉기의 주요요소
① 리프터: 통조림 밀봉공정 중 관의 밑바닥을 유지시키는 관
② 블리더: 주형 시 주입 후에 발생하는 누출
③ 시밍 롤: 금속관에 뚜껑을 권체할 때 사용하는 이 중 권체기의 구성 부품(이중 권체기: 제1권체롤, 제2 권체롤)
④ 시밍 척: 금속관에 뚜껑을 권체하기 위한 2중권체기로 구비되고 있는 금속제의 부품

10. 식품포장의 기능 및 목적으로 옳지 않은 것은?
① 식품을 오래 보관할 수 있게 한다.
② 제품의 취급을 간편하도록 한다.
③ 소비자에게 내용물의 정보를 감추기 위해 사용한다.
④ 유해물질의 혼입을 막아 식품의 안정성을 높인다.

정답 및 해설 ③

소비자에게 내용물의 정보를 알려주기 위해 사용한다. 포장 용기 겉면에 내용물의 정보를 제공한다.

11. 수산가공품 중 수산물을 삶은(자숙) 다음 건조하여 제조한 것으로만 연결된 것은?

① 마른 오징어 - 마른 김
② 마른 김 - 마른 멸치
③ 마른 멸치 - 마른 해삼
④ 마른 해삼 - 굴비

> **정답 및 해설** ③
> 건제품의 종류
> ① 마른 오징어(소건품)- 바람으로 말린다. 마른 김(소건품): 바람으로 건조한다.
> ② 굴비(염건품): 물간이나 마른 간을 한 후 말린다.
> ③ 마른멸치, 마른해삼(자건품): 찐 다음 말린다.

12. 어체의 척추 뼈 부분을 제거하고, 2개의 육편으로 처리한 것은?

① 라운드(round)
② 필렛(fillet)
③ 세미 드레스(semi-dressed)
④ 드레스(dressed)

> **정답 및 해설** ②
> ① 라운드: 원어의 원형을 그대로 유지한 상태
> ② 필렛: 뼈 없는 조각으로 만드는 과정
> ③ 세미 드레스: 어체를 처리할 때 두부는 남겨 놓고, 아가미와 내정을 제거한 형태의 것
> ④ 드레스: 어체에서 아가미, 지느러미, 내장 및 두부를 제거한 것

13. 액젓의 총 질소 측정 방법으로 적합한 것은?

① 속실렛(Soxhlet)
② 상압가열법
③ 칼피셔(Karl-Fiscker)법
④ 킬달(Kjeldahl)법

> **정답 및 해설** ④
> ① 속실렛법: 지방 추출하는 기본적인 방법
> ② 상암가열법: 수분함량 측정법
> ③ 칼피셔법: 수분함량 측정법
> ④ 킬달법: 분해, 증류, 중화, 적의 네 단계를 거치는 질소 조사법

14. EPA(eicosapentaenoic acid)에 관한 설명으로 옳지 않은 것은?

① 혈중 중성지질 개선에 도움을 준다.
② 오메가-3 지방산이다.
③ 포화지방산이다.
④ 고등어, 가다랑어 등에 함유되어 있다.

정답 및 해설 ③

불포화지방산이다.
EPA는 혈중 콜레스테롤 농도를 저하시켜 동맥경화, 뇌경색, 심근경색 등 주로 순환기 계통의 성인병 예방에 유효하다. 특히, 생선 중 고등어, 꽁치, 정어리 및 참치 등 푸른 생선에 많이 함유되어 있다.

15. 연육을 제조할 때 사용하는 첨가물이 아닌 것은?

① 솔비톨(sorbitol) ② 중합인산염
③ 설탕 ④ 감자전분

정답 및 해설 ④

연육 제조 시 첨가물 종류
① 솔비톨: 신선도와 유연성을 유지하고, 건조, 균열, 중량손실을 방지하여 품질 및 저장성을 향상시킨다.
② 중합인산염: 단백질을 가용하여 보수성을 높이는 작용이 있어 결착제로 쓰인다.
③ 설탕: 단맛을 낸다.
④ 밀가루: 감자전분을 사용하기도 한다.

16. 갈조류에 함유된 다당류를 모두 고른 것은?

ㄱ. 알긴산(alginic acid)	ㄴ. 후코이단(fucoidan)
ㄷ. 한천(agar)	ㄹ. 카라기난(carrageenan)

① ㄱ, ㄴ ② ㄱ, ㄷ
③ ㄴ, ㄹ ④ ㄷ, ㄹ

정답 및 해설 ①

갈조류의 다당류
① 알긴산: 갈조류의 세포사이를 채우고 있는 다당류
② 후코이단: 갈조류로부터 물이나 묽은 산으로 추출할 수 있는 L-flucose와 에스테르 황산을 주체로 하는 황산다당류
③ 한천: 홍조류 세포벽 다당류이며, 주성분은 다당류인 갈락탄이다. 갈락탄은 아가로오즈와 아가로펙틴으로 되어 있는데 이 중 겔화되는 힘이 강한 것은 아가로오즈이다.
  가. 자연한천: 천연동결, 자연해동, 천일건조를 반복하면서 건조
  나. 공업용한천: 압착탈수와 열풍건조
④ 카라기난: 홍조류의 Irish moss부터 열수추출로 얻어지는 다당류

17. 브라인 침지 동결법에 관한 설명으로 옳은 것은?

① 브라인으로 암모니아를 주로 사용한다.
② 참치 통조림용 원료어의 동결에 흔히 이용된다.
③ 포장된 수산물에는 적용할 수 없다.
④ 수산물의 개체 별로 동결할 수 있다.

정답 및 해설 ②
② 침지하여 동결하는 방법으로 어류 또는 새우 등의 개별 급속동결법을 사용한다.
④ 수산물의 개체 별로 동결할 수 없다. 과거 어선 내에서의 동결을 위해 많이 이용되고 있다. 다른 물질을 냉각하는 액상의 냉각매체를 브라인(brine)이라고 부르고 있다.

18. 통조림의 제조를 위한 주요 공정의 순서로 옳은 것은?

① 탈기 - 밀봉 - 살균 - 냉각
② 탈기 - 살균 - 냉각 - 밀봉
③ 살균 - 냉각 - 탈기 - 밀봉
④ 밀봉 - 살균 - 냉각 - 탈기

정답 및 해설 ①
통조림의 핵심 4대 공정: 원료처리-살쟁이-[탈기-밀봉-살균-냉각]-검사-포장

19. 다음과 같은 특징을 가지는 알레르기 유발물질은?

○ 비위생석으로 관리된 고등어에 함유 되어 있다.
○ 바이오제닉아민의 일종이다.
○ 탈탄산 반응에 의해 유리 히스티딘으로부터 생성된다.

① 티라민(tyramine)
② 라이신(lysine)
③ 히스타민(histamine)
④ 아르기닌(arginine)

정답 및 해설 ③
① 티라민: 티로신의 탈탄산반응의 산물, 부패한 동물조직, 숙성치즈, 맥각, 초콜릿, 맥주 등에 존재한다. 혈관수축 및 혈압상승작용이 있다. 티라민에 의한 식중독은 이 물질이 콜린에스테라아제 활성을 저해하는 것으로 추정된다.
② 라이신: 동물성 단백질에 많이 존재하고 식물성 단백질에는 그 함유량이 적다. 곡물 섭취량이 많은 동양인에게 부족하기 쉬운 아미노산이다.
④ 아르기닌: 물고기의 이리(정소)의 protamine에 많이 들어있다. 유리형으로 식물 종자나 고기 엑기스의 속에서도 발견된다.

20. 식품첨가물 중 산화방지제에 해당하지 않은 것은?

① 디부틸히드록시톨루엔(BHT)
② 부틸히드록시아니졸(BHA)

③ 소르빈산칼슘   ④ 토코페롤

정답 및 해설 ③

소브산칼슘: 미생물의 생육을 억제하여 가공식품의 보존료로 사용되는 식품 첨가물으로 보존료 중 하나이다.

21. 식품안전관리인증기준(HACCP)의 7원칙 12절차 체계 중 준비단계에 해당하는 것은?

① HACCP팀 구성
② 위해요소분석
③ 중요관리점(CCP)의 결정
④ 중요관리점(CCP). 모니터링 체계 확립

정답 및 해설 ①

식품안전관리인증기준(HACCP) 7원칙 12절차

제1단계	HACCP구성	준비단계	
제2단계	제품 설명서 작성	준비단계	
제3단계	사용 용도 확인	준비단계	
제4단계	공정 흐름도 작성	준비단계	
제5단계	공정흐름도 현장분석	준비단계	
제6단계	위해요소 분석	원칙 1	인체에 질병 또는 해를 일으킬 수 있는 미생물학적이, 화학적, 또는 물리적 요소를 분석하는 단계
제7단계	중요관리점(CCP)결정	원칙 2	수산물에서 발생할 수 있는 위해를 방지 또는 제거하거나 허용할 수 있는 수준으로 감소시킬 수 있는 단계
제8단계	(중요관리점의) 한계기준 설정	원칙 3	위생의 발생을 방지하거나 제거 또는 허용할 수 있는 수준으로 감소시키기 위하여 관리하여야 하는 미생물학적, 화학적 또는 물리적인 요소의 최대값 또는 최소값
제9단계	(중요관리점별) 모니터링 체계 확립	원칙 4	CCP가 적정하게 관리되고 있는지 여부를 평가하기 위하여 계획적으로 실시하는 일련의 관찰 또는측정
제10단계	개선조직 및 방법수립	원칙 5	
제11단계	검증절차 및 방법수립	원칙 6	
제12단계	문서화 및 기록유지 방법 설정	원칙 7	

22. 해산어류를 통하여 감염되는 기생충인 아니사키스(Anisakis spp.)의 특징으로 옳은 것을 모두 고른 것은?

ㄱ. 숙주는 고래, 물개 등이다.
ㄴ. 인체 감염 시 복통 및 구토 등의 증상이 나타날 수 있다.

ㄷ. 고래회충으로도 불린다.

① ㄱ
② ㄱ, ㄴ
③ ㄴ, ㄷ
④ ㄱ, ㄴ, ㄷ

정답 및 해설 ④

아니사키스(Anisakis spp)의 특징
○ 바닷고기나 말린 오징어 등을 생식하여 감염된다.
○ 유충의 길이는 약 3cm로, 내열성이 약하여 50~60도에서 6초에 사멸된다.
○ 냉동에는 영하 20도에서 7일 이상 두어야 사멸하기 때문에 열처리를 철저히 할 필요가 있다.

23. 노로바이러스 식중독에 관한 설명으로 옳지 않은 것은?

① 세균성 식중독의 일종이다.
② 사람의 분변에 오염된 물이나 식품에 의해 발생한다.
③ 메스꺼움, 설사, 구토 등의 증상을 유발한다.
④ 비가열 패류를 섭취할 경우 감염될 수 있다.

정답 및 해설 ①

노로바이러스 식중독은 유행성 바이러스성 위장염이다.
사람은 노로바이러스에 감염되면 평균 24~48시간의 잠복기를 거친 뒤에 갑자기 오심, 구토, 설사의 증상이 발생한 후 48~72시간 동안 지속되다 빠르게 회복된다.

24. 다음 중 복어 독의 주요 성분은?

① 솔라닌(solanine)
② 고시폴(gossypol)
③ 아미그달린(amygdalin)
④ 테트로도톡신(tetrodotoxin)

정답 및 해설 ④

① 솔라닌: 감자 독
② 고시폴: 면실유에서 유도한 독성의 색소
③ 아미그달린: 살구씨, 복숭아씨, 아몬드, 등에 포함되어 있는 독
④ 테트로도톡신: 복어 독 치사량 약 10,000MU(2,200mg) 식품공전 상 국내 식품 가능 복어 종류는 21종이다. 복어독의 강도는 청산가리(NaCN)의 약13배이다.

25. 식품의 생물학적 위해요소로 옳지 않은 것은?

① 식중독 세균
② 잔류농약

③ 식중독 바이러스 ④ 기생충

> **정답 및 해설** ②
> 식품에서 발생할 수 있는 위해요소의 예

생물학적 위해요소	오염 및 생존할 수 있는 부패미생물(병원성 미생물) 식중독 세균, 식중독 바이러스, 진균류(곰팡이, 효모), 기생충.그 외의 생물학적 위해요인
화학적 위해요소	인체에 위해를 줄 수 있는 화학물질 중금속(수은, 납, 카드뮴), 천연독소, 식품첨가물, 잔류농약, 잔류 동물의약품, 화학적 오염물질, 내분비계 교란물질, 알레르기 유발물질
물리적 위해요소	인체에 심각한 위해 또는 혐오감을 줄 수 있는 이물질 유리, 돌, 뼛조각 등, 금속, 기계 찌꺼기, 장신구

제4회 기출 문제

1. 다음은 어류의 사후경직 현상에 관한 설명으로 옳은 것을 모두 고른 것은?

> ㄱ. 근육이 강하게 수축되어 단단해진다.
> ㄴ. 어육의 투명도가 떨어진다.
> ㄷ. 물리적으로 탄성을 잃게 된다.
> ㄹ. 사후경직의 수축현상은 일반적으로 혈합육(적색육)이 보통육(백색육)에 비해 더 잘 일어난다.

① ㄱ, ㄹ
② ㄱ, ㄴ, ㄷ
③ ㄴ, ㄷ, ㄹ
④ ㄱ, ㄴ, ㄷ, ㄹ

정답 및 해설 ④
사후경직단계에서 어류는 근육이 강하게 수축되어 단단해지고, 어육의 투명도가 떨어지고 물리적으로 어육의 탄성을 잃게 된다

2. 수산물의 선도에 관한 설명으로 옳지 않은 것은?

① 휘발성염기질소(VBN)는 사후 직후부터 계속적으로 증가한다.
② K값은 ATP(adenosine triphosphate) 관련 물질 분해에 따라 사후 신속히 증가하다가 K값의 변화가 완료된다.
③ 수산물을 가공원료로 이용하는 경우에는 휘발성염기질소(VBN)가 적합한 선도지표이다.
④ 넙치를 선어용 횟감으로 이용하는 경우에는 K값이 적합한 선도지표이다.

정답 및 해설 ①
사후 직후에는 극히 적으나 선도가 떨어지면서 증가한다.

3. 어육단백질에 관한 설명으로 옳지 않은 것은?

① 근육단백질은 용매에 대한 용해성 차이에 따라 3종류로 구별된다.
② 혈합육(적색육)은 보통육(백색육)에 비해 근형질단백질이 적다.
③ 어육단백질은 근기질단백질이 적고 근원섬유단백질이 많아 축육에 비해 어육의 조직이 연하다.
④ 콜라겐(collagen)은 근기질단백질에 해당한다.

정답 및 해설 ②
적색육에 근섬유질이 백색육보다 많아, 선도가 더 오래간다.

4. 말린 오징어나 말린 전복의 표면에 형성되는 백색 분말의 주성분은?
① 티로신(tyrosine)   ② 만니톨(mannitol)
③ MSG   ④ 타우린(taurine)

정답 및 해설 ④
타우린은 오징어와 문어의 육즙에 함유되어 있다. 황산을 함유한 아미노산으로 일부 무척추동물의 신경 전달물질이다.

5. 다음에서 시간-온도 허용한도(T.T.T.)에 의한 냉동오징어의 품질 저하량은? (단, -18℃에서 품질유지기한은 100일로 한다)

> A과장은 냉동오징어를 구매하여 -18℃ 냉동 창고에서 500일간 냉동저장 후 B구매자에게 판매하였다. 이 때, B구매자로부터 품질에 대한 클레임을 받게 되었으며 이에 A과장은 "-18℃ 냉동보관제품으로 품질에 이상이 없다"라고 주장하였다.

① 2.5   ② 5
③ 7.5   ④ 10

정답 및 해설 ②
품질저하가 처음으로 이루어졌을 때의 변화량을 1로 하고, 품질유지기한 100일의 5배인 500일간 저장했으므로 품질저하량은 5이다.

6. 냉동기의 냉동능력을 나타내는 '1 냉동톤(ton of refrigeration)'의 정의는?
① 0℃의 물 1톤을 12시간에 0℃의 얼음으로 만드는 냉동능력을 말한다.
② 0℃의 물 1톤을 24시간에 0℃의 얼음으로 만드는 냉동능력을 말한다.
③ 0℃의 물 1톤을 12시간에 -4℃의 얼음으로 만드는 냉동능력을 말한다.
④ 0℃의 물 1톤을 24시간에 -4℃의 얼음으로 만드는 냉동능력을 말한다.

정답 및 해설 ②
1RT(1냉동톤)는 0℃의 물 1ton(1000kg)을 24시간동안에 0℃의 얼음으로 만들때 냉각해야 할 열량으로, 얼음의 응고열 또는 융해열은 79.68 kcal/kg이므로 물 1ton(1000kg)의 응고열은 79,680kcal 이다.
따라서 1RT = 79680(=79.68kcal/kg x 1000kg) / 24 = 3320(kcal/hr) 이 된다.

7. 수산물의 냉동 및 해동에 관한 설명으로 옳지 않은 것은?
① 상온보다 낮은 온도로 낮추기 위한 냉각방법으로는 증발잠열을 이용하는 방법이 산업적으로

널리 이용된다.
② 수산물을 냉동할 경우 일반적으로 제품내부온도가 −1℃에서 −5℃ 사이의 온도범위에서 빙결정이 가장 많이 생성된다.
③ 냉동수산물 해동 시 제품의 내부로 들어갈수록 평탄부의 형성 없이 급속히 해동되는 경향이 있다.
④ 수산물 동결 시 빙 결정 수가 적으면 빙결정의 크기가 커진다.

> **정답 및 해설** ③
> 냉동수산물 동결시 제품 심부에 수분의 응결형성이 있으므로 해동시에도 평탄부의 형성에 변화가 온다고 할 수 있다.

8. 어육소시지와 같은 제품을 봉합·밀봉하는 방법으로 실, 끈 또는 알루미늄 재질을 사용하여 포장용기의 끝을 묶는 방법은?
   ① 기계적 밀봉법
   ② 접착제 사용법
   ③ 결속법
   ④ 고주파 접착법

> **정답 및 해설** ③
> 묶는다는 의미는 결속한다는 것과 같다.

9. 수산물 표준규격 제3소(거래단위)에 따라 '기본으로 하는 수산물의 표준거래단위'에 해당되지 않는 것은?
   ① 5kg
   ② 10kg
   ③ 20kg
   ④ 50kg

> **정답 및 해설** ④
> 수산물표준거래단위는 어종을 불문하고 최대 20kg가 한계치다.

10. 고밀도 폴리에틸렌 등을 이용한 적층 필름 주머니에 식품을 넣고 밀봉한 후 가열 살균한 식품은?
    ① 레토르트 파우치 식품
    ② 통조림 식품
    ③ 진공 포장한 건조식품
    ④ 저온 살균 우유

> **정답 및 해설** ①
> 레토르트 파우치는 적층 필름(lamination film)을 사용하는데 보통 성질이 각기 다른 플라스틱필름이나 알루미늄 포일 등을 3겹, 혹은 5겹을 붙여서 내열성, 기체투과성 그리고 열 접착성을 개선하고 있다.

11. 수산식품의 냉동·저장 시 품질변화와 방지책의 연결로 옳지 않은 것은?

① 건조 – 포장
② 지질산화 – 글레이징(glazing)
③ 단백질 변성 – 동결변성방지제 첨가
④ 드립 발생 – 급속 동결 후 저장 온도의 변동을 크게 함

> **정답 및 해설** ④
> 드립발생의 방지책으로 급속동결하거나 솔비톨 등을 가미한다. 급속동결후 온도변화를 크게 하면 해동시 드립이 발생한다.

12. 수산식품을 냉동하여 빙 결정을 승화·건조시키는 장치는?

① 열풍 건조 장치
② 분무 건조 장치
③ 동결 건조 장치
④ 냉풍 건조 장치

> **정답 및 해설** ③
> 승화잠열을 이용한 동결장치가 동결건조장치이다.

13. 훈제품 중 냉훈품의 저장성을 증가시키는 요인에 해당되지 않는 것은?

① 훈연 중 건조에 의한 수분의 감소
② 가열에 의한 미생물의 사멸
③ 훈연 성분 중의 항균성 물질
④ 첨가된 소금의 영향

> **정답 및 해설** ②
> 냉훈품은 낮은 온도에서 연기에 오랫동안 그을려서 저장한 식품을 말한다.

14. 가다랑어 자배 건품(가쓰오부시) 제조 시 곰팡이를 붙이는 이유에 해당하지 않는 것은?

① 병원성 세균의 증가
② 지방 함량의 감소
③ 수분 함량의 감소
④ 제품의 풍미 증가

> **정답 및 해설** ①
> 가쓰오부시(鰹節, Kastuobushi)는 가다랑어를 필렛으로 만들어 자숙, 배건, 곰팡이 붙이기 등을 거쳐 충분히 건조시킨 일본의 독특한 수산 가공품의 하나이다. 가쓰오부시에는 비교적 대형어로 만든 혼부시(本節)와 소형어로 만든 가메부시(龜節)가 있다. 가쓰오부시는 주로 국물을 만드는데 쓰이는데, 독특한 감칠맛과 향기가 있다. 병원세균의 증가와는 무관하다.

15. 수산가공품 중에서 건제품의 연결이 옳은 것은?

① 동건품 - 황태
② 소건품 - 마른 멸치
③ 염건품 - 마른 오징어
④ 자건품 - 굴비

> **정답 및 해설** ①
> 수산건제품에는 제조방법에 따라 소건(素乾), 염건(鹽乾), 자건(煮乾), 조미건조(調味乾燥), 훈건(燻乾), 배건(焙乾), 동건(凍乾), 부시 등으로 나누어짐
> 소건품(마른오징어), 염건품은 원료를 그대로 또는 적당히 조리하여 수세한 다음 물간 또는 마른간 하여 건조시킨 제품. 정어리, 전갱이, 꽁치, 고등어, 대구 등의 제품이 있음. 자건품(마른멸치)은 원료를 자숙한 다음 건조한 제품이다.

16. 식품공전 상 액젓의 규격 항목에 해당하는 것을 모두 고른 것은?

ㄱ. 총질소	ㄴ. 타르색소
ㄷ. 대장균 군	ㄹ. 세균 수

① ㄱ, ㄹ
② ㄱ, ㄴ, ㄷ
③ ㄴ, ㄷ, ㄹ
④ ㄱ, ㄴ, ㄷ, ㄹ

> **정답 및 해설** ②
> 액젓의 규격항목
> (1) 총질소(%) : 액젓 1.0 이상(다만, 곤쟁이 액젓은 0.8 이상) 조미액젓 0.5 이상
> (2) 대장균군 : n=5, c=1, m=0, M=10(액젓, 조미액젓에 한한다.)
> (3) 타르색소 : 검출되어서는 아니 된다(다만, 명란젓은 제외한다).

17. 꽁치 통조림의 진공도를 측정한 결과 진공도가 25.0cmHg일 때, 관의 내기압(cmHg)은? (단, 측정 당시 관의 외기압은 75.3cmHg로 한다.)

① 25.0
② 50.3
③ 75.3
④ 100.3

> **정답 및 해설** ②
> 통조림의 관내지공도 : 통조림을 제조할 때 이용하며, 관내 기압과 밖의 대기압과의 압력차를 말하고, 보통 수은주의 높이로 표시함. '관외대기압-진공도'의 값이 된다.

18. 수산식품의 비효소적 갈변현상이 아닌 것은?

① 냉동 참치육의 갈변 ② 참치 통조림의 갈변
③ 동결 가리비 패주의 황변 ④ 새우의 흑변

> **정답 및 해설** ④
> 식품에 함유되는 효소에 의한 효소적 갈변과 효소에 의하지 아니한 비효소적 갈변으로 나눈다.

19. 세균성 식중독을 예방하는 방법이 아닌 것은?
① 익혀 먹기
② 냉동식품을 실온에서 장시간 해동하기
③ 청결 및 손 씻기
④ 교차오염방지

> **정답 및 해설** ②
> 실온에서 장기간 놓아두면 세균침투가 이루어 진다.

20. 간 기능이 약한 60대 남자가 여름철에 조개류를 날 것으로 먹은 후 발한·오한 증세가 있었고, 수일 후 패혈증으로 입원하였다. 가장 의심되는 원인세균은?
① 대장균(Escherichia coli)
② 캠필로박터 제주니(Campylobacter jejuni)
③ 살모넬라 엔테리티디스(Salmonella enteritidis)
④ 비브리오 불니피쿠스(Vibrio vulnificus)

> **정답 및 해설** ④
> 비브리오 패혈증은 Vibrio vulnificus 에 의한 감염으로서 비브리오균에 오염된 어패류를 생식하거나 피부의 상처를 통해 감염되었을 때 발생한다. 평균 1~2일의 잠복기를 거쳐 패혈증을 유발하며 다양한 피부병변과 오한, 발열 등의 전신증상과 설사, 복통, 구토, 하지통증이 동반된다.

21. 식품안전관리인증기준(HACCP)의 7가지 원칙 중 다음 4개의 적용과정을 순서대로 나열한 것은?

ㄱ. 중요 관리 점(CCP)의 결정
ㄴ. 모든 잠재적 위해요소 분석
ㄷ. 각 CCP에서의 모니터링 체계 확립
ㄹ. 각 CCP에서 한계기준(CL) 결정

① ㄱ-ㄴ-ㄹ-ㄷ ② ㄱ-ㄹ-ㄷ-ㄴ
③ ㄴ-ㄱ-ㄷ-ㄹ ④ ㄴ-ㄱ-ㄹ-ㄷ

> **정답 및 해설** ④
> HACCP 7원칙은 "위해요소 분석", "중요관리점 결정", "중요관리점의 한계기준설정", "중요관리점별 모니터링 체계 확립", "개선조치방법 수립", "검증절차 및 방법 수립", "문서회 및 기록유지방법 설정"으로 구성되는 원칙을 의미한다.

22. ( ) 안에 들어갈 적합한 중금속의 종류는?

> o 1952년 일본 규슈 미나마타 만 어촌바다에서 어패류를 먹은 주민들이 중추신경이상 증세를 보였고, 그 원인은 아세트알데히드 제조공장에서 방류한 폐수 중 ( )에 의해 발생하였다.
> o ( )중독 증상은 사지마비, 언어장애, 정신장애 등이 나타나고, 임산부의 경우 자폐증, 기형아의 원인이 된다.

① 납 ② 구리
③ 수은 ④ 비소

> **정답 및 해설** ③
> 수은중독증상 : 구강염증, 떨림 증상, 무기력증, 이상감각, 기억력 저하, 감정의 변화, 혀의 떨림 등

23. 수산식품 제조·가공업소가 HACCP 인증을 받기 위해 준수하여야 하는 선행요건이 아닌 것은?

① 우수인력 채용관리 ② 냉장·냉동설비관리
③ 영업장(작업장)관리 ④ 위생관리

> **정답 및 해설** ①
> HACCP의 정의는 위해요소관리란 점을 상기하자.

24. 식품위생법 상 판매 가능한 수산물은?

① 말라카이트그린이 검출된 메기
② 메틸수은이 5.0mg/kg 검출된 새치
③ 마비성 패독이 0.3mg/kg 검출된 홍합
④ 복어 독(totrodotoxin)이 20MU/g 검출된 복어

정답 및 해설 ③

마비성 패독 기준 : 0.8 mg/kg 이하
복어독 : 복어독은 10MU/g 이하

25. 패류독소 식중독에 관한 설명으로 옳지 않은 것은?

① 패류독소는 주로 패류의 내장에 존재하며 조리 시 쉽게 열에 파괴된다.
② 마비성패류독소 식중독(PSP) 증상은 섭취 후 30분 내지 3시간 이내에 마비, 언어장애, 오심, 구토 증상을 나타낸다.
③ 설사성 패류독소 식중독(DSP)은 설사가 주요 증상으로 나타나고 구토, 복통을 일으킬 수 있다.
④ 기억 상실성 패류독소 식중독(ASP)는 기억상실이 주요 증상으로 나타나고. 메스꺼움, 구토를 일으킬 수 있다.

정답 및 해설 ①

패류독소(shellfish poisoning)는 유독성 플랑크톤을 먹이로 하는 조개류의 체내 축적된 독이다. 여과 섭식을 하는 이매패류 에서 주로 독이 검출 되며 사람이 섭취시 식중독 증상을 일으킬 수 있다. 독에 의한 증상에 따라서 4가지 증후군이 발생할 수 있으며 심하면 사망에 이를 수도 있고 패류를 가열, 조리, 냉장, 냉동해도 파괴되지 않는다.

제5회 기출문제

1. 휘발성염기질소(VBN) 측정법으로 선도를 판정할 수 없는 수산물은?
① 연어
② 고등어
③ 상어
④ 오징어

> **정답 및 해설** ③
> 휘발성 염기질소(VBN)측정법
> ㄱ. 현재 어패류 선도판정 방법으로 가장 널리 쓰이고 있는 방법이다.
> ㄴ. 신선어육: 5~10mg/100g
> ㄷ. 보통어육: 15~20mg/100g(통조림과 같은 수산가공 가공품의 경우)
> ㄹ. 부패초기: 30~40mg/100g
> ㅁ. 상어, 홍어, 가오리 등 연골어류는 이 방법으로 선도를 판정할 수 없다.

2. 어류의 근육 조직에서 적색육과 백색육을 비교하는 설명으로 옳은 것은?
① 적색육은 백색육에 비하여 지방 함량이 적다.
② 백색육은 적색육에 비하여 단백질 함량이 많다.
③ 백색육은 적색육에 비하여 각종 효소의 활성이 강하다.
④ 적색육은 백색육에 비하여 선도 저하가 느리다.

> **정답 및 해설** ②
> 어류 근육조직의특징
> 1. 적색육
> 가. 비교적 운동성이 강한 회유성 어종에 적색육이 많다.
> 나. 미오글로빈, 헤모글로빈 등과 같은 근육색소의 함량이 많다.
> 다. 근섬유은 조금 가늘며, 근섬유 내에서는 근원섬유에 비해 근형질량이 많다.
> 라. 적색육은 백색육에 비하여 지방 함량이 많다.
> 마. 적색육은 백색육에 비하여 선도 저하가 빠르다.
> 2. 백색육
> 가. 유동성이 약한 정착성 어류인 돔, 넙치, 대구, 가자미 등과 같이 근육의 색이 비교적 흰어류를 일컫는다.
> 나. 근육 내의 색소 단백질이 극히 적고 근형질에 비하여 근원섬유가 많으며 수분, 총 질소가 많다.
> 다. 적색육 어류에는 백색육이 어느 정도 함유되어 있지만, 백색유 어류에는 적색육이 거의 없다.
> 라. 백색육은 적색육에 비하여 단백질 함량이 많다.
> 마. 백색육은 적색육에 비하여 각종 효소의 활성이 약하다.

3. 수산 식품업체 B사는 −20℃에서 실용 저장기간(PSL)이 200일이 신선한 고등어를 구입하여 동일 온도의 냉동고에서 150일간 저장하였디. 이 냉동 고등어의 실용 저장 기간과 품질 저하

율에 관한 설명으로 옳은 것은?

① 실용 저장 기간이 25% 남아 있다.
② 실용 저장 기간이 75% 남아 있다.
③ 품질 저하율이 25%이다.
④ 품질 저하율이 50%이다.

> **정답 및 해설** ①
> 품질 저하율((%/일)= 100/200= 0.5
> 각 저장 단계별 품질저하율(각 단계 당 %)
> = PSL의 저하율 × 저장일수
> = 0.5×150 = 75%
> 품질저하율이 75%이므로 실용 저장 기간이 25% 남아 있다.

4. 우리나라 전통 젓갈과 저염 젓갈의 차이점에 관한 설명으로 옳지 않은 것은?

① 전통 젓갈의 제조원리는 식염의 방부작용과 자가소화 효소의 작용이다.
② 저염 젓갈은 첨가물을 사용하여 보존성을 부여한 기호성 위주의 제품이다.
③ 전통 젓갈은 20% 이상의 식염을 첨가하여 숙성 발효시킨다.
④ 저염 젓갈은 15%의 식염을 첨가하여 숙성 발효시킨다.

> **정답 및 해설** ④

5. 동결 저장 중에 발생하는 수산물의 변질현상에 해당하지 않는 것은?

① 갈변(Browning)
② 허니콤(Honey comb)
③ 스펀지화(Sponge)
④ 스트루바이트(Struvite)

> **정답 및 해설** ④
> 동결저장중 일어나는 변질 현상 동결화상(냉동화상): Freezer Burn)
> 동결 저장 중에 승화한 다공질의 표면에 산소가 반응하여 갈변한 현상으로 식품표면이 다공성[허니콤 (벌집 형태의 구멍형성). 스펀지화]이 되어 공기와 접촉면이 커져 지질의 산화, 단백질의 변성, 품미 저하가 일으킨다.

6. 마른멸치를 가공할 때 자숙의 기능에 해당하지 않는 것은?

① 부착세균을 사멸시킨다.
② 단백질을 응고시켜 건조를 쉽게 한다.
③ 엑스성분의 유출을 방지한다.
④ 자기소화 효소를 불활성화 시킨다.

> **정답 및 해설** ③

7. 수산물의 염장법 중 개량물간법에 관한 설명으로 옳은 것은?
   ① 소금의 침투가 불균일하다.
   ② 제품의 외관과 수율이 양호하다.
   ③ 지방 산화가 일어나 변색될 우려가 있다.
   ④ 염장 초기에 부패가하기 쉽다.

   정답 및 해설 ②
   염장에 의한 저장 방법
   1. 종류: 마른간법, 물간법, 개량물간법
   2. 개량물간법의 특성:
      ㄱ. 마른간법과 물간법의 단점을 보완하여 개량한 염장법이다.
      ㄴ. 어체에 마른간법으로 하여 쌓아올린 다음에 누름돌을 얹어 적당히 가압하여 두면 어체로부터 스며 나온 물 때문에 소금물 층이 형성되어 결과적으로 물간법을 한 것과 같게 된다.
      ㄷ. 소금의 침투가 균일하고 염장 초기에 부패를 일으킬 염려가 적다.
      ㄹ. 제품의 외관과 수율이 좋고, 지방산화가 억제되고 변색을 방지할 수 있다.

8. 통조림의 품질 검사 중 일반 검사 항목으로 옳은 것을 모두 고른 것은?

   | ㄱ. 타관 검사 | ㄴ. 진공도 검사 | ㄷ. 밀봉부위 검사 |
   | ㄹ. 세균 검사 | ㅁ. 가온 검사 | |

   ① ㄱ, ㄹ
   ② ㄱ, ㄴ, ㅁ
   ③ ㄴ, ㄷ, ㄹ
   ④ ㄱ, ㄴ, ㄷ, ㅁ

   정답 및 해설 ②
   통조림의 품질검사법: 통조림의 품질검사에는 일반검사, 세균검사, 화학적검사 및 밀봉부 위검사 등으로 나눌 수 있다.
   ○ 통조림의 일반검사 항목

검사 항목	내 용
표사사항 및 외관 검사	제조일자, 포장상태, 밀봉상태, 변형캔 등의 육안으로 검사
타관 검사	타관봉으로 캔을 두드려 나는 소리로 검사 눈으로 판별 불가능한 캔의 검사에 사용 진공도가 높을수록 타검음이 높다.
가온 검사	살균 불량 통조림을 조기 발견하기 위한 검사 37℃에서 1~4주 또는 55℃에서 가온하여 외관 및 내용물 검사.
진공도 검사	탈기, 밀봉 공정이 제대로 되었는지 통조림 진공계를 이용하여 검사 진공계 팽창링에 찔러 진공관을 측정 진공도가50kpa(37.5cmHg)이면 탈기가 양호한 제품
개관 검사	캔 내용물의 냄새, 색, 육질상태, 맛, 액즙의 맑은 정도 등의 검사
내용물의 무게 검사	제품에 표시된 무게만큼 들어 있는지 검사

9. 기능성 수산가공품에는 고시형과 개별 인정형이 있다. 다음 중 개별 인정형에 해당되는 것

은?
① 리프리놀 ② 글루코사민
③ 클로렐라 ④ 키토산

정답 및 해설 ①

기능성 수산가공품의 종류
1. 고시형: 글루코사민, N-아세틸글루코사민, 뮤코다당류, 단백, 스쿠알렌, 클로렐라, 스피룰리나, 상어 간유, 분말한천, 오메가-3 계열의 고도 불포화 지방산 함유 유지, 키토산 및 키토올리고당 등
2. 개별 인정형: 리프리놀, 콜라겐 효소분해 펩타이드, 연어 펩타이드, 김 올리고 펩타이드, 정제 오징어 유, DHA 농축유지, 정어리 펩타이드 등

10. 오징어, 새우 등 연체동물과 갑각류에 함유되어 단맛을 내는 염기성 물질은?
① 요소 ② 트리메틸아민옥시드
③ 베타인 ④ 뉴클레오티드

정답 및 해설 ③

11. 기체 조절을 이용하여 수산 식품의 저장 기간을 연장하는 방법은?
① 산화방지제 첨가 ② 방사선 조사
③ 무균포장 ④ 탈산소제 첨가

정답 및 해설 ④

탈산소제 첨가 포장: 곰팡이 방지, 벌레방지, 호기성 세균에 의한 부패방지, 지방의 산패방지, 색소의 산화방지, 향기 또는 맛 보존 등을 목적으로 한다.

12. 수산 식품업체 B사는 상온에서 유통 가능한 신제품을 개발하고 있다. 가열 살균온도 110℃에서 클로스트리듐 보툴리눔(Clostridium botulinum) 포자의 사멸에 필요한 시간은 70분이었다. 살균온도를 120℃로 올릴 경우 사멸에 필요한 예상 시간은?
① 7분 ② 14분
③ 35분 ④ 60분

정답 및 해설 ①

13. 식품 포장용 유리 용기의 특성에 해당하지 않는 것은?

① 산, 알칼리, 기름 등에 불안전하여 녹거나 침식이 발생할 수 있다.
② 빛이 투과되어 내용물이 변질되기 쉽다.
③ 충격 및 열에 약하다.
④ 포장 및 수송 경비가 많이 든다.

> **정답 및 해설** ① 벌레 침투방지

14. 연제품의 탄력 보강제 또는 증량제로 사용되지 않는 것은?
① 달걀 흰자
② 글루탐산나트륨
③ 타피오카 녹말
④ 옥수수 전분

> **정답 및 해설** ②
> 연제품의 탄력보강 및 증량제
> 1. 연제품에 사용되는 첨가물: 조미료, 광택제, 탄력보강제, 증량제 등
> 2. 조미료: 설탕, 소금, 물엿, 미림, 글루탐산나트륨(MSG) 등 사용
> 3. 달걀흰자: 탄력보강 및 광택을 내기 위하여 첨가한다.
> 4. 지방: 맛의 개선이나 증량의 목적으로 주로 어육소시지 제품에 많이 사용한다.
> 5. 전분: 탄력보강 및 증량제로서 사용한다.

15. 동결 연육을 이용한 연제품의 가공공정을 옳게 나열한 것은?
① 고기갈이 → 성형 → 가열 → 냉각 → 포장
② 고기갈이 → 가열 → 냉각 → 성형 → 포장
③ 고기갈이 → 가열 → 탈기 → 포장 → 냉각
④ 고기갈이 → 성형 → 가열 → 탈기 → 포장

> **정답 및 해설** ①

16. 카라기난의 성질에 관한 설명으로 옳은 것을 모두 고른 것은?

> ㄱ. 갈락토스와 안히드로갈락토스가 결합된 고분자 다당류이다.
> ㄴ. 단백질과 결합하여 단백질 겔을 형성한다.
> ㄷ. 70℃ 이상의 물에 완전히 용해된다.

ㄹ. 2가의 금속 이온과 결합하면 겔을 만드는 성질을 가지고 있다.

① ㄱ, ㄴ
② ㄷ, ㄹ
③ ㄱ, ㄴ, ㄷ
④ ㄴ, ㄷ, ㄹ

정답 및 해설 ③

카라기난의 정의 및 특성
1. 냉수에는 완전히 용해되지 않으나 70℃ 이상의 물에서는 완전히 용해되며 용해 후 약 50~55℃에서 겔화가 시작된다.
2. 수산 냉동품에 글레이즈제에 사용된다.
3. pH7.0 이상에서는 안정되나 산성에서는 점도가 약해진다.

17. 수산물 원료의 전처리를 위해 사용되는 기계가 아닌 것은?

① 어체 선별기
② 필레 가공기
③ 탈피기
④ 사이런트 커터

정답 및 해설 ④

사이런트 커터(silent cutter): 연제품에 사용되는 세절기(세절혼합기)이다. 유화기로서 소시지 제조 시 고기를 세절하여 유화시키는 기기를 말한다.

18. 동해안 특산물인 황태의 가공법으로 옳은 것은?

① 동건법
② 자건법
③ 염건법
④ 소건법

정답 및 해설 ①

건제품의 종류

건제품	건조 방법	종류
소건품	원료를 그대로 또는 간단히 전 처리한 것	오징어, 대구, 상어지느러미, 김, 미역, 다시마 등
자건품	원료를 삶은 후에 말린 것	멸치, 해삼, 패류, 전복, 새우 등
염건품	소금에 절인 후에 말린 것	굴비, 가자미, 민어, 고등어 등
동건품	얼렸다 녹였다를 반복해서 말린 것	황태, 한천, 과메기
자배건품	원료를 삶은 후 곰팡이를 붙여 배건 및 일건 후에 딱딱하게 말린 것	가쓰오부시(원료-가다랑이)
훈건품	훈연하여 말린 것	훈연오징어, 훈연, 굴 등
조미건제품	조미 후 말린 것	조미오징어, 조미쥐치 등

19. HACCP 7원칙 중 식품의 위해를 사전에 방지하고, 확인된 위해요소를 제거할 수 있는 단계는?

① 위해요소 분석
② 중점관리점 결정
③ 개선조치 방법 수립
④ 검정절차 및 방법 수립

> **정답 및 해설** ②

20. 세균성 식중독 중에서 독소형인 것은?

① 장염비브리오균
② 예르시니아균
③ 살모넬라균
④ 보툴리누스균

> **정답 및 해설** ④
> 식중독의 분류
> 1. 감염형 식중독균: 장염비브리오, 살모넬라(발생량이 최다.), 병원성 대장균, 아리조나
> 2. 독소형 식중독균: 황색포도상구균, 클로스트리듐균, 바실러스 세레우스
> 3. 바이러스성 식중독균: 노르바이러스, 로타바이러스, A형 간염바이러스

21. 식품공전 상 자연독에 의한 식중독의 기준치가 설정되어 있지 않은 것은?

① 복어독(Tetrodotoxin)
② 설사성 패류독소(DSP)
③ 신경성 패류독소(NSP)
④ 마비성 패류독소(PSP)

> **정답 및 해설** ③
> 식품공정 상 자연독에의한 식중독의 기준치
> ① 복어도: 육질-10MU/g 이하 껍질-10MU/g
> ② 설사성 패류독소(DSP): 16ug/100g(= 0.16mg/kg) 이하
> ④ 마비성 패류독소(PSP): 80ug/100g(= 0.8mg/kg) 이하

22. 50대 B씨는 복어전문점에서 까치복을 먹고 난 후 입술과 손끝이 약간 저리고 두통, 복통이 발생하여 복어독에 대한 의심을 갖게 되었다. 복어독의 특성에 관한 설명으로 옳지 않은 것은?

① 독력은 청산나트륨(NaCN) 보다 훨씬 치명적이다.
② 난소나 간에 많고 근육에는 없거나 미량 검출된다.
③ 근육마비 증상 등을 일으키며 심하면 사망한다.
④ 산에 불안정하며 알칼리에 안정하다.

정답 및 해설 ④
복어의 알과 생식선(난소, 고환)간에 많이 함유되어 있고 산에는 안전적이고 알카리에는 불안전적이다.

23. 장염비브리오균에 관한 설명으로 옳지 않은 것은?
① 호염성 해양세균이며 그람 음성균이다.
② 우리나라 겨울철에 채취한 패류에서 많이 검출된다.
③ 어패류를 취급하는 조리 기구에 의해 교차오염이 가능하다.
④ 열에 약하므로 섭취 전 가열로 사멸이 가능하다.

정답 및 해설 ②
장염비브리오균은 우리나라 여름철에 채취한 패류에서 검출된다.

24. 수산물의 가공공정 및 용수 중 위생 상태를 확인하는 오염지표 세균은?
① 살모넬라균
② 대장균
③ 리스테리아균
④ 황색포도상구균

정답 및 해설 ②
대장균: 1. 사람, 동물의 대표적인 균종으로 그람음성(-) 무포자 간균이고 유당을 분해하여 CO_2와 H_2 가스를 생성하는 호기성~통성혐기성의 균이다.
2. 대장균 중 병원성 대장균에는 O157:H7이 있다.
3. 식품위생에서는 음식물의 하수나 분변오염의 지표로 삼는다.
-참고-
인수공통감염병을 일으키는 대표적 세균성 질병
① 살모넬라균: 감염형 식중독균
③ 리스테리아균: 냉장 온도(4℃)에서도 성장이 가능하여 냉동, 건조, 열에 대한 저항력이 크다.
④ 황색포도상구균: 독소형 식중독균

25. HACCP 적용을 위한 식품제조가공업소의 주요 선행요건에 해당하지 않은 것은?
① 위생관리
② 용수관리
③ 유통관리
④ 회수 프로그램관리

정답 및 해설 ③

Point! 기출문제

제6회 기출 문제

1. 수산물의 품질관리를 위한 물리·화학적 및 관능적 항목에 해당하지 않는 것은?

① 노로바이러스
② 히스타민
③ 2mm 이상의 금속성 이물
④ 고유의 색택과 이미·이취

> **정답 및 해설** ①
> 노로바이러스 - 세균학적 항목
> 히스타민 - 화학적 항목
> 2mm 이상의 금속성 이물 - 물리적 항목
> 고유의 색택과 이미·이취 - 관능적 항목

2. 혈합육과 보통육의 비교에 관한 설명으로 옳지 않은 것은?

① 혈합육은 보통육보다 미오글로빈이나 헤모글로빈 등 헴(heme)을 가지는 색소단백질이 많다.
② 혈합육은 보통육보다 조단백질 함량이 적다.
③ 혈합육은 보통육보다 지질 함량이 많다.
④ 혈합육은 보통육보다 철, 황, 구리의 함량이 적다.

> **정답 및 해설** ④
> 1) 혈합육은 보통육보다 지질, 색소단백질, 조지방, 조회분이 많다.
> 2) 보통육은 혈합육에 비해 수분, 조단백질, 함량이 많다.

3. 어패류가 육상동물육에 비해 변질되기 쉬운 원인으로 옳지 않은 것은?

① 효소 활성이 강하다.
② 지질 중 고도불포화지방산의 비율이 낮다.
③ 근육 조직이 약하다.
④ 어획시 상처 등으로 세균 오염의 기회가 많다.

> **정답 및 해설** ②
> ▶ 해산어가 육상육 보다 변질이 쉬운 원인
> 1) 지질 중 고도불포화지방산의 비율이 높다.
> 2) 근육 조직이 부드럽다(약하다).
> 3) 효소 활성이 강하다.
> 4) 포획·채취시 상처로 인하여 세균 오염이 될 확률이 높다.

4. 어는점에 관한 설명으로 옳지 않은 것은?
   ① 수산물의 어는점은 0℃보다 낮다.
   ② 냉장 굴비가 생조기보다 높다.
   ③ 명태 연육이 순수 명태 페이스트보다 낮다.
   ④ 얼기 시작하는 온도를 말한다.

   > **정답 및 해설** ②
   > ■ 어는점:
   > ① 얼기시작하는 온도
   > ② 냉장수산물, 가공품은 생어류보다 어는점이 낮다.

5. 냉동어를 1 ~ 4℃ 물에 수초 동안 담근 후 어체 표면에 얼음옷을 입혀 공기를 차단시킴으로써 제품의 건조 및 산화를 방지하는 방법은?
   ① 글레이징   ② 진공포장
   ③ 기체치환포장   ④ 송풍식 냉동

   > **정답 및 해설** ①
   > 빙의(글레이즈, Glaze)
   > ① 빙의란 동결한 어류의 표면에 입힌 얇은 얼음 막(3~5mm)을 말한다.
   > ② 동결법으로 어패류를 장기간 저장하면 얼음결정이 증발하여 무게가 감소하거나 표면이 변색된다. 이를 방지하기 위해 냉동수산물을 0.5~2℃의 물에 5~10초 담갔다가 꺼내면 3~5mm 두께의 얇은 빙의가 형성된다.
   > ③ 장기 저장하면 빙의가 없어지므로 1~2개월마다 다시 작업하여야 하며, 동결품의 건조와 변색방지에 효과적이다.

6. 수산물의 이상수축현상 중 냉각수축의 주요 원인은?
   ① pH 저하
   ② 근육 중 ATP 분해
   ③ 근육 중 글리코겐 분해
   ④ 근소포체나 미토콘드리아에서 칼슘이온의 방출

   > **정답 및 해설** ④
   > 수산물의 이상수축현상 중 냉각수축의 주요 원인 → 근소포체나 미토콘드리아에서 칼슘이온의 방출

7. 명태 필렛(fillet)을 다음의 조건 하에 저장하였을 때 시간 - 온도 허용한도(T.T.T.)에 의한 품질변화가 가장 많이 진행된 경우는? (단, 품질유지기한은 -30℃에서 250일, -22℃에서 140

일, -20℃에서 120일, -18℃에서 90일로 계산한다.)

① -30℃에서 125일
② -22℃에서 85일
③ -20℃에서 50일
④ -18℃에서 30일

> **정답 및 해설** ②
> ① -30℃에서 품질유지기한은 250일→ 125일 이므로 남은일수 : 125일
> ② -22℃에서 품질유지기한은 140일→ 85일 이므로 남은일수 : 55일
> ③ -20℃에서 품질유지기한은 120일→ 50일 이므로 남은일수 : 70일
> ④ -18℃에서 품질유지기한은 90일→ 30일 이므로 남은일수 : 60일

8. 수산물 표준규격에서 정하는 수산물 종류별 등급규격 중 냉동오징어의 '상' 등급규격에 해당하지 않는 것은?

① 1마리의 무게가 270g 이상일 것
② 다른 크기의 것의 혼입률이 10% 이하일 것
③ 세균수가 1,000,000/g 이하일 것
④ 색택·선도가 양호할 것

> **정답 및 해설** ③
> 냉동오징어 - 포장규격 : 2, 4, 8(kg)
>
> | 항목 | 특 | 상 | 보통 |
> |---|---|---|---|
> | 1마리의 무게 (g) | 320 이상 | 270 이상 | 230 이상 |
> | 다른 크기의 것의 혼입률 (%) | 0 | 10 이하 | 30 이하 |
> | 색택 | 우량 | 양호 | 보통 |
> | 선도 | 우량 | 양호 | 보통 |
> | 형태 | 우량 | 양호 | 보통 |
> | 공통규격 | * 크기가 균일하고 배열이 바르게 되어야 한다.
* 부패한 냄새 및 기타 다른 냄새가 없어야 한다.
* 보관온도는 -18℃ 이하이어야 한다. | | |

9. 참치통조림의 제조에서 원료 참치의 자숙을 위한 선별항목은?

① 크기
② 세균수
③ 맛
④ 색

> **정답 및 해설** ①
> 참치의 자숙을 위한 선별은 크기에 따라 달리한다.

10. 방수 골판지상자 중 장시간 침수된 경우에도 강도가 약해지지 않도록 가공한 것은?

① 발수(拔水) 골판지상자   ② 차수(遮水) 골판지상자
③ 강화(强化) 골판지상자   ④ 내수(耐水) 골판지상자

정답 및 해설 ②
차수 골판지상자: 장시간 침수해도 강도가 약해지지 않는 방수 골판지상자

11. 수산가공품의 묶음 단위로 옳지 않은 것은?

① 마른 김 1첩 – 10장   ② 마른 김 1속 – 100장
③ 굴비 1톳 – 20마리   ④ 마른 오징어 1축 – 20마리

정답 및 해설 ③
▶ 김 1첩 –10장(매), 김 10매(장)– 1첩, 김 10첩 –1속
오징어 1축 – 20마리, 굴비 1두릅 – 20마리(열마리씩 두줄로 묶은 스무마리)
고등어 한 손 – 2마리, 조기 한 뭇 – 10마리, 낙지 한 코 – 스무마리, 북어 한 쾌 – 스무마리

12. 다음과 같이 처리하는 훈연방법은?

> 훈연실에 전선을 배선하여 이 전선에 원료육을 고리에 걸어달고, 밑에서 연기를 발생시킨 후, 전선에 고전압의 전기를 흘려 코로나방전을 일으켜 연기성분이 원료육에 효율적으로 붙도록 하는 훈연방식

① 온훈법   ② 냉훈법
③ 전훈법   ④ 액훈법

정답 및 해설 ③
전훈법
가. 고전압으로 코로나 방전을 발생시키고 그 속에 훈연을 통과시켜 이온화되어 전기를 띤 연기의 입자를 원료육에 전기적으로 흡착시키는 방법
나. 수분이 많이 남기 때문에 보존성이 낮으며 역시 맛이 떨어진다.

13. 어육시료 25g(어육시료의 총 수분 함량 15g)을 취하여 원심분리방법에 의해 분리된 육즙의 양이 5mL이었다면 보수력은? (단, 육즙 중 수분비는 0.951로 계산한다.)

① 53.3%   ② 58.3%
③ 63.3%   ④ 68.3%

정답 및 해설 ④

보수력(%)=[1-분리된 수분량(g)/ 시료의 총수분량(g)]× 100
=[1-5/15]×100
여기서 육즙의 수분비가 0.951이므로
=[1-(5×0.951)/15]×100
=[1-0.3167]×100
=68.33%

14. 적색육, 뼈, 껍질 등을 분리·제거하고 백색육을 주원료로 살쟁임하여 제조하는 어류 통조림은?

① 고등어 보일드 통조림 ② 꽁치 보일드 통조림
③ 정어리 가미 통조림 ④ 참치 기름담금 통조림

정답 및 해설 ④

기름담금 통조림 : 원료육을 삶은 후 혈합육, 뼈, 껍질, 등을 분리·제거하고 소량의 식염과 식물유를 첨가 하여 만든 제품
 가. 참치, 가다랑어 통조림 등

15. 망목(網目)모양으로 작은 구멍이 뚫려있는 회전원반 위에 어체를 얹고, 이 회전원반에 대해서 수직상하운동을 하는 압착반으로 어체를 압착하여 채육(採肉)하는 방식은?

① 롤식 ② 스탬프식
③ 스크루식 ④ 플레이트식

정답 및 해설 ②

어체 채육방식

16. 고등어 보일드 통조림 제조를 위해 사용되는 기계를 모두 고른 것은?

| ㄱ. 레토르트(retort) | ㄴ. 탈기함(exhaust box) |
| ㄷ. 시이머(seamer) | ㄹ. 스크루 압착기(screw press) |

① ㄱ, ㄴ ② ㄷ, ㄹ
③ ㄱ, ㄴ, ㄷ ④ ㄱ, ㄴ, ㄷ, ㄹ

정답 및 해설 ③

통조림에 사용되는 기계
- 레토르트, 탈기함, 시이머

17. 다음은 어떤 수산물 가공기계를 설명하는 것인가?

> ○ 어육페이스트 가공제품 등을 만들기 위해 미리 잘게 절단된 어육을 다시 세절시켜 다지는 기계이다.
> ○ 수평으로 되어 있는 둥근 접시가 회전하면서 어육을 커터 쪽으로 보내주고 커터는 저속 또는 고속으로 회전하면서 어육을 세절한다.
> ○ 어육과 커터와의 접촉열에 의한 육질변화를 최소화하기 위해 쇄빙이나 냉수를 첨가한다.

① 탈수기(dehydrator)
② 육만기(meat chopper)
③ 육정제기(meat refiner)
④ 사이런터 커터(silent cutter)

정답 및 해설 ④

세절 혼합기(silent cutter)
  가. 어육을 잘게 부수거나 여러 가지 부원료를 골고루 혼합할 때 사용되는 기계이다
  나. 동결 수리미 및 각종 어묵을 만들 때 많이 사용된다.

18. 증기 압축기 냉동기가 냉동품을 제조하기 위하여 냉동사이클을 수행할 때 작동되는 순서가 옳게 나열된 것은?

① 압축기 - 응축기 - 팽창밸브 - 증발기
② 압축기 - 팽창밸브 - 응축기 - 증발기
③ 팽창밸브 - 압축기 - 증발기 - 응축기
④ 응축기 - 증발기 - 압축기 - 팽창밸브

정답 및 해설 ①

▶ 냉동의 원리에서 냉매는 냉동장치 내에서 냉동사이클은 압축 ⇒ 응축 ⇒ 팽창 ⇒ 증발의 4가지 과정을 반복하면서 장치 내를 순환하여, 온도가 낮은 증발기에서 열을 빼앗아서 온도가 높은 응축기로 열을 이동시키는 역할을 한다.

19. HACCP에 관한 설명으로 옳지 않은 것은?

① 사전에 위해요소를 확인·평가하여 생산과정 등을 중점 관리하는 기준이다.

② 어육소시지는 HACCP 의무적용품목이다.
③ 정부주도형 사후 위생관리 제도이다.
④ 위해요소분석과 중요관리점으로 구성한다.

정답 및 해설 ③

③ 정부주도형 사전 위생관리 제도이다.

■ 기존위생관리방법과 HACCP
1. 기존 위생관리방법 : 문제발생 후 관리하는 것으로 최종제품을 관리 및 검사(이물, 세균수, 식중독균 등)
2. HACCP : 중점관리 공정과 관리방법을 수립 후 문제발생 전 예방적 관리(가열온도, 시간, 중심온도 관리 등)

■ 수산식품 또는 수산가공식품 중 HACCP 의무적용품목
1. 어육가공품 중 어묵류, 어육소시지
2. 냉동수산식품 중 어류, 연체류, 패류, 갑각류, 조미가공품
3. 레토르트 식품 중 저산성 통·병조림- 굴통조림
4. 냉장수산물 가공품(수산물을 내장제거, 세척, 절단 등의 가공공정을 거쳐 냉장한 식품)을 의무적용품목으로 지정

20. 육상어류 양식장이 준수하여야 하는 HACCP 선행요건에 해당하는 것을 모두 고른 것은?

| ㄱ. 양식장 위생안전관리 | ㄴ. 중요관리점 결정 |
| ㄷ. 양식장 시설 및 설비관리 | ㄹ. 동물용의약품 및 사료관리 |

① ㄱ, ㄴ
② ㄴ, ㄷ
③ ㄱ, ㄷ, ㄹ
④ ㄴ, ㄷ, ㄹ

정답 및 해설 ③

1. HACCP 선행요건 프로그램
    가. 위생관리시설기준(GMP) : 제조업체에서 위생적인 제품을 생산하기 위한 공정, 환경, 장비도구 등에 대한 위생관리 사항
    나. 표준위생운영지침(SSOP) : 위생관리시설기준에 규정된 위생관리항목의 실행절차에 대한 계획서(식품위생 관리와 공장환경의 청결목적)

21. 어묵 제조의 성형 공정에서 이물 불검출을 기준으로 설정하는 것을 HACCP의 7원칙 중 어느 단계에 해당하는가?

① 중요관리점의 한계기준 결정
② 중요관리점별 모니터링 체계확립
③ 잠재적 위해요소 분석
④ 공정 흐름도 현장 확인

정답 및 해설 ①

Point 기출문제

HACCP 12절차

제1단계	HACCP팀 구성	준비 단계	
제2단계	제품 설명서 작성		
제3단계	사용 용도 확인		
제4단계	공정 흐름도 작성		
제5단계	공정흐름도 현장분석		
제6단계	위해요소 분석	원칙 1	인체에 질병 또는 해를 일으킬 수 있는 미생물학적, 화학적 또는 물리적 요소를 분석하는 단계
제7단계	중요관리점 (CCP)결정	원칙 2	수산물에서 발생할 수 있는 위해를 방지 또는 제거하거나 허용할 수 있는 수준으로 감소시킬 수 있는 단계
제8단계	(중요관리점의) 한계기준 설정	원칙 3	위해의 발생을 방지하거나 제거 또는 허용할 수 있는 수준으로 감소시키기 위하여 관리하여야 하는 미생물학적, 화학적 또는 물리적인 요소의 최대값 또는 최소값
제9단계	(중요관리점별)모니터링 체계 확립	원칙 4	CCP가 적정하게 관리되고 있는지 여부를 평가하기 위하여 계획적으로 실시하는 일련의 관찰 또는 측정
제10단계	개선조치 및 방법수립	원칙 5	
제11단계	검증절차 및 방법수립	원칙 6	
제12단계	문서화 및 기록유지 방법 설정	원칙 7	

22. 장염 비브리오 균(Vibrio parahaemolyticus)에 관한 설명으로 옳지 않은 것은?

① 독소형 식중독균으로 치사율이 높다.
② 어패류를 충분히 가열하지 않고 섭취하는 경우에 감염될 수 있다.
③ 주요증상은 설사와 복통이며, 환자 중 일부는 발열·두통·오심이 나타난다.
④ 호염균으로 바닷가 연안의 해수, 해초, 플랑크톤 등에 분포한다.

정답 및 해설 ①

■ 식중독
1. 세균성 식중독
가. 감염형 식중독균
1) 음식과 함께 섭취된 미생물이 체내에 증식하거나, 식품 내에서 증식한 다량의 미생물이 장관 점막에 위해가 원인이 되어 일어나는 식중독
2) 살모넬라, 장염비브리오균, 병원성 대장균, 리스테리아균, 시겔라균
가) 감염원인
(1) 살모넬라 : 어패류와 그 가공품
(2) 장염비브리오균 : 어패류(주로 생선회), 그 외 가열 조리된 해산물
(3) 병원성 대장균 : 음식물의 하수, 사람의 분변
(4) 리스테리아균 : 수산물(훈제연어), 냉장·냉동 수산물 등
(5) 시겔라균 : 물, 사람의 분변

※ 우리나라에서 가장 식중독을 많이 일으키는 균 : 살모넬라균으로 8~48시간 정도의 잠복기를 거친다.
※ 식용 어패류에 의한 식중독 : 대부분이 장염비브리오균에 의해서 발생한다(수인성 식중독으로는 장염비브리오 균에 의한 발병률이 가장 높다).

> ※ 비브리오 식중독균
> 1. 원인식품 : 주로 어패류로 생선회가 가장 대표적이지만, 그 외에도 가열 조리된 해산물 등이 있다.
> 2. 예방원칙 :
> 가. 여름철 해수 중에서 번식하며 생어패류의 섭취가 주된 감염경로이기 때문에 7~8월의 어패류의 생식을 주의해야 한다.
> 나. 이 균은 어패 표면이나 아가미에 부착되어 있으므로 충분히 수돗물로 씻어 먹으면 어느 정도 예방할 수 있다.
> 다. 냉장상태에서나 민물 중에서 급속히 사멸하므로 냉장보관 후 먹는다.
> 라. 가열에 의해 쉽게 사면하므로 가열조리 후 먹는다.
>
> ※ 비브리오 패혈증
> 1. 원인균 : Vibrio vulnificus(비브리오 불니피쿠스)
> 2. 성상
> 가. 해수세균, 그람음성 간균
> 나. 소금 농도가 1~3% 배지에서 잘 번식하는 호염성균
> 다. 18~20℃로 상승하는 여름철에 해안지역을 중심으로 발생
> 3. 감염 및 원인식품
> 가. 오염된 어패류의 섭취(경구 감염)
> 나. 낚시, 어패류의 손질 시, 균에 오염된 해수 및 갯벌의 접촉(창상 감염)
> 다. 알코올 중독이나 만성간질환 등 저항력 저하 환자에 주로 발생
> 라. 생선회보다는 조개류, 낙지류, 해삼 등 연안 해산물에서 검출 빈도가 높음
> 4. 임상증상
> 가. 경구감염 시 어패류 섭취후 1~2일에 발생하고 피부병변 수반한 패혈증이 나타남
> 나. 당뇨병, 간질환 알코올 중독자 등 저항성 저하된 만성질환자에 중증인 경우가 많고 발병 후 사망률은 50%로 높음
> 다. 오한, 발열, 저혈압, 패혈증, 사지의 동통, 홍반, 수포, 출혈반 등 증상이 있음
> 라. 창상 감염 시 해수에 접촉된 창상부에 발적, 홍반, 통증, 수포, 괴사 등의 증상이 있음
> 마. 예후는 비교적 양호함
> 5. 예방
> 가. 여름철 어패류의 취급 주의
> 나. 여름철 어패류 생식을 피함
> 다. 어패류는 56℃ 이상 가열로 충분히 조리 후 섭취함
> 라. 피부에 상처가 있는 사람은 어패류 취급을 주위하며 오염된 해수에 직접 접촉을 피함

나. 독소형 식중독균
1) 세균이 식품 중에 증식하면서 생산한 독성물질을 섭취한 후 발생되는 식중독
2) 감염형 식중독과 비교하여 잠복기가 비교적 짧다.
3) 발열이 적고, 생균의 유무와 상관 없이 생성된 독소가 파괴되지 않는 한 식중독이 발생할 수 있다.
4) 독소종류
가) 황색포도상구균 : 장내 독소(엔테로톡신, enterotoxin)
나) 클로스트리듐 보툴리누스균 : 신경독소(neurotoxin)
다) 바실러스 세레우스균 : 장내 독소(엔테로톡신, enterotoxin)
다. 중간형 식중독균
1) 웰치균(증상- 구토, 설사, 복통, 발열)

가) 원인식품 : 어패류 및 그 가공품
나) 독소 : 신경독소(neurotoxin)
2. 바이러스성 식중독
가. 식중독을 유발하는 대표적인 바이러스 : 노로바이러스, 로타바이러스, A형 간염바이러스
1) 노로바이러스(Norovirus, NV)
가) 굴 등의 조개류에 의한 식중독
나) 겨울철에 발생하지만 계절과 관계없이 발생하고 있는 추세이다.
다) 전염력이 매우 강해 소량의 바이러스에도 쉽게 감염되며, 감염자의 대변, 구토물, 오염된 음식, 감염자가 사용한 기구를 통해 감염된다. 오염된 물에서는 특히 쉽게 제거되기 어렵고 사람 간 2차 오염도 가능하다.
라) 구토, 수양성 설사, 오심, 메스꺼움, 발열 증상 유발된다.
마) 현재 노로바이러스에 대한 항바이러스제가 없으며 감염을 예방할 백신이 없다.

23. 수산물로부터 감염되는 기생충에 해당하지 않는 것은?

① 간흡충(간디스토마)
② 폐흡충(폐디스토마)
③ 고래회충(아니사키스)
④ 무구조충(민촌충)

정답 및 해설 ④

▶ 어패류에 기생하는 기생충
1. 광절열두조충- 연어나 송어가 감염원으로 추정
2. 고래회충(아니사키스)- 대구, 청어, 광어, 우럭 등 살아있는 바닷물고기 내장에 기생
3. 구두충- 오렌지색 고등어, 갈치, 꽁치, 조기, 붕장어, 대구, 명태 등
4. 간흡충(간디스토마)- 황갈색 또는 담홍색 잉어과 물고기 (잉어, 참붕어, 붕어 등)

24. 독소보유생물과 독소의 연결이 옳지 않은 것은?

① 포도상구균 - enterotoxio
② 뱀장어 - saxitoxin
③ 보툴리누스균 - neurotoxin
④ 복어 - tetrodotoxin

정답 및 해설 ②

• 황색포도상구균 : 장내 독소(엔테로톡신, enterotoxin)
• 클로스트리듐 보툴리누스균 : 신경독소(neurotoxin)
• 바실러스 세레우스균 : 장내 독소(엔테로톡신, enterotoxin)
• 복어독 : 테트로도톡신(10MU/g 이하)
※ 어패류의 독소
1. 악티톡신 : 뱀장어(혈액)
2. 홀로수린 : 해삼(내장)
3. 티라민 : 문어(타액)
4. 베네루핀 : 모시조개, 굴(내장), 바지락(내장)
5. 삭시톡신 : 굴(근육, 내장), 홍합(내장)
6. 미틸로톡신 : 홍합(간장)

25. 유해 중금속에 의한 식중독에 관한 설명으로 옳지 않은 것은?

① 식품공전에는 수산물 중 연체류에 대해 수은, 납, 카드뮴 기준이 설정되어 있다.
② 수은 중독시 사지마비, 언어장애 등을 유발하며, 임산부의 경우 기형아 출산의 원인이 된다.
③ 납 중독시 신장 장애를 유발하며, "미나마타병"이라고도 한다.
④ 카드뮴 중독시 관절 통증을 유발하며, "이타이이타이병"이라고도 한다.

> **정답 및 해설** ③
> 중금속 중독
> 가. 카드뮴(Cd) 중독 : 이타이이타이병
> 나. 수은(Hg) 중독 : 미나마타병

제7회 기출 문제

1. 어패류의 근육 단백질 중에서 함유량이 가장 많은 것은?

① 액틴
② 미오신
③ 미오겐
④ 콜라겐

정답 및 해설 ②

근원섬유단백질
근원섬유의 미세섬유인 근육미세섬유는 굵거나 가능 2종류가 존재한다.
　가) 가는 미세섬유는 주로 '액틴' 이라는 단백질로 구성(약 22%정도)
　나) 굵은 미세섬유는 주로 '미오신' 이라는 단백질로 구성(약 48%정도)

2. 어류의 신선도를 유지하기 위하여 연장해야 할 사후변화 단계는?

① 해경
② 숙성
③ 사후경직
④ 자기소화

정답 및 해설 ③

사후경직
　가. 어패류가 죽은 후의 일정시간이 경과 후에는 근육이 수축되어 탄성을 잃고 딱딱하게 되는 현상이다.
　나. ATP의 소실에 의하여 미오신과 액틴이 결합하여 액토미오신이 형성되어 근육은 수축 된다.
　다. 사후경직의 시작시간과 지속시간은 어패류의 종류, 연령, 성분조성, 생전의 활동, 사후상태, 사후의 관리 및 환경온도 등에 따라 달라지게 된다.
　라. 즉사한 경우가 고생사한 경우보다 사후경직이 늦게 시작되고 지속시간도 길다.
　마. 붉은 살 생선이 흰 살 생선보다 사후경직이 빨리 시작되고 지속시간이 짧다.
　바. 어패류의 신선도 유지와 직결되므로 죽은 후에 저온 등의 방법으로 사후경직 지속시간을 길게 해야 신선도를 오래도록 유지할 수 있다.

3. 어패류에 함유되어 있는 색소가 아닌 것은?

① 티라민
② 멜라닌
③ 구아닌
④ 미오글로빈

정답 및 해설 ①

색소
　가. 피부색소 : 멜라닌과 카로티노이드
　나. 근육색소 : 미오글로빈(대부분의 어류), 아스타잔틴(연어, 송어 등)
　다. 혈액색소 : 헤모글로빈(어류), 헤모시아닌(갑각류)
　　⇒ 헤모글로빈에는 Fe(철)이, 헤모시아닌에는 Cu(구리)가 함유
　라. 내장색소 : 오징어 먹물에 있는 검은색 색소인 멜라닌이 있다.

4. 어패류의 선도가 떨어질 때 발생하는 냄새를 모두 고른 것은?

> ㄱ. 암모니아　　　ㄴ. 인돌　　　ㄷ. 저급 아민
> ㄹ. 저급 지방산　　ㅁ. 히포크산틴

① ㄱ, ㄴ, ㄷ
② ㄱ, ㄹ, ㅁ
③ ㄱ, ㄴ, ㄷ, ㄹ
④ ㄴ, ㄷ, ㄹ, ㅁ

정답 및 해설 ③

부패
비린내가 나타나는 현상: 트리메틸아민옥사이드(TMAO)가 트리메틸아민 (TMA)으로 환원되는 과정에서 나는 냄새다.
　가. 단백질이나 지질 등이 미생물의 작용에 의해 분해되는 과정이다.
　나. 비린내의 주요성분인 트리메틸아민(TMA)은 트리메틸아민옥사이드(TMAO)가 세균 또는 효소작용에 의하여 환원되어 발생된다.
　다. 아미노산은 분해되어 아민류, 지방산, 암모니아 등을 생성해서 매운맛과 부패냄새의 원인이 된다.
　라. 유독성 아민류인 히스타민이 생겨서 알레르기나 두드러기 등의 중독을 일으킨다.
▶ 비린내 생성에는 트리메틸아민(TMA), 요소(Urea), 황이온을 가진 아미노산 등의 많은 화합물이 관여하고 있다.
▶ 트리메틸아민옥사이드(TMAO)는 어류가 사는 위치, 어종, 계절 등에 따라 양의 변화가 나타난다.
▶ 미꾸라지 등의 담수어에서 나는 흙냄새는 지오스민 등에서 비롯된다.

※ 어패류의 부패
1. 일반적으로 돔이나 넙치 같은 백색육 생선보다도 고등어나 다랑어 같은 적색육 생선의 부패속도가 빠르다.
2. 스트레스 등의 치사조건은 어패류의 사후 선도유지나 품질에 영향을 준다. 즉살시킨 어류는 고생사시킨 어류보다 품질이 좋다는 것은 알려진 사실이다.
3. 일반적으로 어육은 산성 영역에서 자가소화는 촉진되나 부패세균의 발육은 억제된다. 어패류의 산도(pH)는 부패속도 추정의 좋은 요소이다.
4. 초기에 트리메틸아민(비린내 성분)이 생성되고 이후, 아민, 휘발성산, 암모니아, 인돌, 스카톨, 황화수소, 메탄 등이 생성된다.

5. 새우를 빙장 또는 동결 저장할 때 새우 표면에 흑색 반점이 생기는 이유는?
① 효소에 의한 색소 형성
② 황화수소에 의한 육 색소 변색
③ 껍질 색소의 공기 노출
④ 키틴의 산화 변색

정답 및 해설 ①

새우의 흑변
대표적인 효소적 갈변반응으로, 아미노산인 티로신이 티로시나아제 효소에 의해 흑색색소인 멜라닌으로 변질된다.
1. 머리 부위에서 많이 발생한다.
2. 새우에 함유된 효소 작용에 의해 생성된다.
(공기를 만나 효소작용 일어나 흑변됨)

3. 최종 반응생성물은 과산화물이다.
(아미노산인 티로신이 효소에 의해 흑색 멜라닌으로 변화).
4. 흑변을 억제하기 위해서는 아황산수소나트륨($NaHSO_3$) 용액에 침지하거나 가열한다.
(발색제 이용)

6. 수산 식품에 사용되는 대표적인 보존료는?
① 소르브산 칼륨
② 안식향산 나트륨
③ 프로피온산 칼륨
④ 디히드로초산 나트륨

정답 및 해설 ①
소브산칼슘 : 미생물의 생육을 억제하여 가공식품의 보존료로 사용되는 식품첨가물으로 보존료(소브산, 소브산칼슘, 소브산칼륨) 중 하나이다.

7. 조기를 염장할 때 소금의 침투에 관한 설명으로 옳은 것은?
① 지방 함량이 많으면 소금의 침투가 빠르다.
② 염장 온도가 높을수록 소금의 침투가 빠르다.
③ 칼슘및 마그네슘염이 많으면 소금의 침투가 빠르다.
④ 일반적으로 염장 초기에는 물간법이 마른간법보다 소금의 침투가 빠르다.

정답 및 해설 ②
염장 시 소금의 침투속도
소금의 침투속도와 침투량은 소금의 농도 및 순도, 식품의 성상, 염장온도 및 방법에 따라 달라진다. 소금의 사용량이 많을수록, 염장온도가 높을수록, 지방함량이 적을수록 소금의 침투속도는 빠르다.

8. 기체투과성이 낮고 열수축성과 밀착성이 좋아 수산 건제품 및 어육 연제품의 포장에 이용되는 플라스틱 필름은?
① 셀로판
② 폴리스티렌
③ 폴리프로필렌
④ 폴리염화비닐리덴

정답 및 해설 ④
폴리염화비닐리덴(PVDC)
 1) 화학적으로 매우 안정하여 산과 알칼리에 잘 견딘다.
 2) 광선 차단성이 좋아 닭고기나 햄류의 수축포장 및 전자레인지용, 랩 필름 등에 다양하고 광범위하게 이용된다.
 3) 내열성, 풍미, 보호성, 내약품, 내유성이 우수하다.
 4) 투명을 요하는 식품의 포장에 쓰인다.

5) 기체 투과성과 흡습성이 낮아 진공포장 재료로 사용된다.
6) 기체투과성이 낮고 열수축성과 밀착성이 좋아 수산물 건제품와 어육연제품의 포장에 이용

9. 마른 멸치를 포장할 때 탈산소제 봉입 포장의 효과가 아닌 것은?
① 갈변 방지 ② 지방의 산화 방지
③ 식품 성분의 손실의 방지 ④ 혐기성 미생물의 생육 억제

> 정답 및 해설 ④
> 탈산소제 첨가포장
> 1. 탈산소제 봉입효과
> 가. 호기성세균에 의한 부패방지
> 나. 갈변 방지
> 다. 곰팡이 발생억제
> 라. 식품 성분의 손실 방지
> 마. 지방과 색소의 산화방지
> 바. 벌레 방지
> 사. 향기와 맛의 보존
> 아. 비타민류의 보존

10. 수산물을 건조할 때 감률 제1건조 단계에 관한 설명으로 옳지 않은 것은?
① 표면 경화 현상이 생기기 시작한다.
② 항률 건조 단계에 비해 건조가 속도가 느리다.
③ 한계 함수율에 도달하기 직전의 건조 단계이다.
④ 내부의 수분 확산에 의해 건조 속도가 영향을 받는다.

> 정답 및 해설 ③

11. 알긴산에 관한 설명으로 옳지 않은 것은?
① 고분자 산성다당류이다.
② 2가 금속 이온에 의해 겔을 만든다.
③ 감태와 모자반 등이 원료로 사용된다.
④ 아가로즈와 아가로펙틴으로 구성되어 있다.

> 정답 및 해설 ④
> 해조다당류를 이용한 수산가공품 - 알긴산

1. 만누론산과 글루론산으로 만들어진 고분자의 산성 다당류이다.
2. 알긴산의 칼슘염은 물에 녹지 않으나, 나트륨염 등의 알칼리염은 물에 잘 녹는다.
3. 미역, 다시마, 모자반, 감태 등과 같은 갈조류에 함유된 다당류이다.
4. 금속이온(칼슘 등)과 결합하면 겔을 만드는 성질을 가진다.
5. 알긴산은 경구 투여로는 독성이 없으나 혈액 속에 주사하면 유독한데 알긴산이 혈액 속의 칼슘이온과 반응하여 불용성 염을 만들고 그것이 혈관을 막기 때문이다.
6. 포유류는 알긴산을 분해하는 효소가 없으므로, 알긴산을 영양으로 이용할 수 없다.
7. 알긴산은 점성, 막 형성력 및 유화 안전성 등의 성질을 가지고 있다.
8. 식품가공용 : 주스류의 점증제나 아이스크림의 안정제 등
   의약용 : 봉합사나 지혈제 등
   화장품 공업 : 증점제 및 침전 방지제, 그 밖에 폐수처리제로 사용된다.
9. 장의 활용을 활발하게 하며 콜레스테롤, 중금속, 방사선물질 등을 몸 밖으로 배출하는 기능이 있다.

12. 동남아시아에서 생산되는 동결 연결 연육의 주원료로 탄력형성능은 좋으나 되풀림이 쉬운 어종은?

① 명태
② 대구
③ 임연수어
④ 실꼬리돔

정답 및 해설 ④

실꼬리돔
ⓐ 주요어장은 태국, 베트남 등 동남아시아이다.
ⓑ 육색이 희고 감칠맛이 풍부하다.
ⓒ 겔 형성능이 좋다.
ⓓ 명태 대체어종으로 이용된다.
ⓔ 고온 및 저온에서 자연 응고와 되풀림이 쉽다.
ⓕ 60℃ 부근에서 극단적으로 탄력이 저하된다.

13. 어묵의 주원료로 사용하는 동결 연육의 품질 판정 지표가 아닌 것은?

① 단백질 용해도
② Ca - ATPase 활성
③ 휘발성염기질소 함량
④ 연육 가열겔의 겔강도

정답 및 해설 ③

변성도 측정방법
1. 활성 측정 : Ca-ATPase 등 효소와 같은 기능 단백질일 경우 활성의 증감을 측정한다.
2. 용해도 측정법 : 변성이 일어나면 단백질의 용해도가 변하므로 이를 이용하여 기능단백질 및 구조단백질의 변성도를 측정한다.
3. X-ray diffraction : 단백질 등의 생체 고분자 구조를 결정할 때 이용되며 X-ray diffraction(회절)으로 변성된 단백질의 변성 정도를 측정한다.
4. 보수력 : 단백질이 변성이 되면 수분을 수화할 수 있는 능력이 상실되므로 보수력이 급격히 감소하는 현상을 보인다.

5. 연육 가열젤의 젤강도

14. 적영하 50℃ 냉동고에서 저장 중인 참치의 TTT(Time - Temperature - Tolerance)계산 결과 그 값이 80% 이었다. 이 냉동 참치의 품질에 관한 설명으로 옳은 것은?
① 식용이 가능하다.
② 품질 저하율이 20% 이다.
③ 상품 가치를 잃어버린 상태이다.
④ 실용 저장 기간이 80% 남아 있다.

> **정답 및 해설** ①
> T.T.T: 저장시간(Time), 품온(Temperature), 허용 한도(Tolerance)
> • 시간-온도 허용 한도의 계산 값이 1.0 이하이면 동결 식품의 품질이 양호하며, 1.0 이상이면 품질저하는 커진다.
> • T.T.T 계산
>   품질 저하율= [100/실용 저장기간(일수)]
>   각 단계 당 품질 저하율(T.T.T)= 1일당 품질 저하율×실용저장기간 일수(PSL)

15. 냉동 어패류의 프리저번 또는 갈변을 방지하기 위한 보호처리로 옳지 않은 것은?
① 블랜칭
② 급속동결
③ 글레이징
④ 방습포장

> **정답 및 해설** ②

16. 통조림용 기기인 이중밀봉기에서 캔 뚜껑의 컬을 몸통의 플랜지 밑으로 말아 넣는 역할을 하는 부위는?
① 리프터
② 시이밍 척
③ 시이밍 제1롤
④ 시이밍 제2롤

> **정답 및 해설** ③
> 밀봉기의 주요요소
> 1. 리프터(lifter) : 통조림 밀봉공정 중 관의 밑바닥을 유지시키는 판
> 2. 블리더(bleeder) : 주형 시 주입 후에 발생하는 누출
> 3. 시밍 롤(seaming roll) : 금속관에 뚜껑을 권체할 때 사용하는 이중 시이밍(권체기)의 구성 부품
>   (이중 권체기 : 시이밍1롤(제1권체롤), 시이밍2롤(제2 권체롤)
>   시이밍1롤: 캔의 뚜껑의 컬을 몸통의 플랜지 밑으로 말아 넣는 역할
> 4. 시밍 척(seaming chuck) : 금속관에 뚜껑을 권체하기 위한 2중권체기로 구비되고 있는 금속제의 부품

17. 멸치 액젓의 품질 기준 항목이 아닌 것은?

① 수분 ② 염도
③ 총질소 ④ 유기산

정답 및 해설 ④

18. 세균 A의 포자를 100℃에서 사멸시키는데 300분이 소요되었다. 살균 온도를 120℃로 올릴 경우 사멸에 필요한 예산 시간은? (단, 세균 A 포자의 Z값은 10℃이다.)

① 3분 ② 6분
③ 30분 ④ 60분

정답 및 해설 ①

가열치사시간
일정한 온도에서 미생물을 대부분 사멸시키는데 필요한 최소한의 시간 → (Thermal Death Time, TDT)
2. D값 : 일정한 온도에서 생균수를 1/10(90%) 감소하는 데 필요한 가열시간
(D값은 반드시 온도에 따라 달라지므로 온도 표시가 필요)
즉, 미생물 수가 100마리였던 것이 가열 후 10마리가 되기 위해 가열하는 시간을 뜻한다.

19. 황색포도상구균(Staphylococcus aureus) 식중독에 관한 설명으로 옳지 않은 것은?

① 고열이 지속되는 감염형 식중독이다.
② 장독소(enterotoxin)를 생성한다.
③ 다른 세균성 식중독에 비해 잠복기가 짧은 편이다.
④ 신체에 화농이 있으면 식품을 취급해서는 안 된다.

정답 및 해설 ①

독소형 식중독균
1) 세균이 식품 중에 증식하면서 생산한 독성물질을 섭취한 후 발생되는 식중독
2) 감염형 식중독과 비교하여 잠복기가 비교적 짧다.
3) 발열이 적고, 생균의 유무와 상관 없이 생성된 독소가 파괴되지 않는 한 식중독이 발생할 수 있다.
4) 독소종류
  가) 황색포도상구균 : 장내 독소(엔테로톡신, enterotoxin)
  나) 클로스트리듐 보툴리누스균 : 신경독소(neurotoxin)
  다) 바실러스 세레우스균 : 장내 독소(엔테로톡신, enterotoxin)

20. HACCP 선행요건에서 위생표준 운영절차(SSOP)가 아닌 것은?

① 독성물질 관리 보관 ② 위해 허용 한도 설정

③ 위생약품 등의 혼입방지 ④ 식품 접촉 표면의 청결유지

정답 및 해설 ②

21. HACCP 7원칙에 포함되는 내용을 모두 고른 것은?

| ㄱ. 중요관리점 파악 | ㄴ. 위해요소 분석 |
| ㄷ. 검증절차 및 방법수립 | ㄹ. 공정흐름도 작성 |

① ㄱ, ㄴ ② ㄱ, ㄹ
③ ㄱ, ㄴ, ㄷ ④ ㄴ, ㄷ, ㄹ

정답 및 해설 ③

가. HACCP의 준비 5단계
　　HACCP팀 구성 ⇒ 제품설명서 작성 ⇒ 사용용도 확인 ⇒ 공정흐름도 작성 ⇒ 공정흐름도 현장 확인
나. HACCP 7원칙
　1) 위해요소분석(Hazard Analysis)
　　원 부자재, 제조 가공 조리 유통에 따른 위해요소 분석
　2) 중요관리점 결정(Critical Control Point)
　　식품안전관리인증기준을 적용하여 식품의 위해요소를 예방 또는 제거하거나 허용수준 이하로 감소시켜 당해 식품의 안전성을 확보할 수 있는 중요한 단계과정 또는 공정을 말한다.
　3) 중요관리점의 한계기준 설정(Critical Limit)
　4) 중요관리점 별 모니터링 체계 확립(Monitoring)
　5) 개선조치 방법 수립(Corrective Action)
　6) 검증 절차 및 방법 수립(Verification)
　7) 문서화 및 기록 유지(Record-keeping & Documentation)
　　가) 기록보관 의무기간 : 2년

22. 노로바이러스 식중독에 관한 설명으로 옳지 않은 것은?

① 겨울철에 많이 발생하고 전염력이 강하다.
② GⅠ, GⅡ의 유전자형이 주로 식중독을 유발한다.
③ DNA 유전체를 가진 독소형 식중독이다.
④ 열에 약하므로 식품조리시 익혀 먹어야 한다.

정답 및 해설 ③

노로바이러스(Norovirus, NV)
　가) 굴 등의 조개류에 의한 식중독
　나) 겨울철에 발생하지만 계절과 관계없이 발생하고 있는 추세이다.

다) 전염력이 매우 강해 소량의 바이러스에도 쉽게 감염되며, 감염자의 대변, 구토물, 오염된 음식, 감염자가 사용한 기구를 통해 감염된다. 오염된 물에서는 특히 쉽게 제거되기 어렵고 사람 간 2차 오염도 가능하다.
라) 구토, 수양성 설사, 오심, 메스꺼움, 발열 증상 유발된다.
마) 현재 노로바이러스에 대한 항바이러스제가 없으며 감염을 예방할 백신이 없다.

23. 수산가공품의 품질검사 방법이 아닌 것은?

① 관능검사
② 원산지 검사
③ 영양성분 검사
④ 위생안전성 검사

정답 및 해설 ②

24. 식품위생법에서 수산물 중 허용 기준치가 설정되어 있지 않은 것은?

① 납
② 불소
③ 메틸수은
④ 카드뮴

정답 및 해설 ②

수산물 중금속 관리 기준
식품공전 상의 수산물 중금속 관리 항목 : 납, 카드뮴, 수은, 메틸수은 등

25. 식품위생법에서 수산물 중 허용 기준치가 설정되어 있지 않은 것은?

① ㄱ: Domoic acid, ㄴ: 0.2 mg/kg 이하
② ㄱ: Okadaic acid, ㄴ: 0.8 mg/kg 이하
③ ㄱ: Venerupin, ㄴ: 0.2 mg/kg 이하
④ ㄱ: Saxitoxin, ㄴ: 0.8 mg/kg 이하

정답 및 해설 ④

마비성 패류독(PSP)
우리나라에서 중독사고가 자주발생
가. 원인 대상종 : 알렉산드리움 타마렌스, 알렉산드리움 카테넬라
나. 증상 : 언어장애, 침 흘림, 두통, 입마름, 구토 등
다. 80ug/100g 이하(0.8mg/kg 이하)

제8회 기출 문제

1. 수분활성도를 조절하여 저장성을 개선시킨 수산식품이 아닌 것은?

① 마른오징어 ② 간고등어
③ 가쓰오부시 ④ 참치통조림

정답 및 해설 ④ 참치통조림: 원료 조리 후 소량의 식염을 가하여 밀봉 살균한 제품

건제품의 종류

건제품	건조방법	종류
소건품	원료를 그대로 또는 간단히 전 처리한 것	(마른)오징어, 대구, 상어지느러미, 김, 미역 다시마
자건품	원료를 삶은 후에 말린 것	멸치, 해삼, 패류 전복, 새우 등
염건품	소금에 절인 후에 말린 것	굴비, 가자미, 민어, (간)고등어 등
동건품	얼렸다 녹였다를 반복해서 말린것	황태, 한천, 과메기
자배건품	원료를 삶은 후 곰팡이를 붙여 배건 및 일건 후 딱딱하게 말린 것	가쓰오부시(원료 - 가다랑어)
훈건품	훈연하여 말린 것	훈연오징어, 훈연 굴 등
조미곤제품	조미 후 말린 것	조미오징어, 조미쥐치 등

2. 어패류의 선도 판정법 중 화학적 방법이 아닌 것은?

① 휘발성 염기 질소 측정법 ② 경도 측정법
③ 트리메틸아민 측정법 ④ pH 측정법

정답 및 해설 ②
유리아미노산, 휘발성 염기질소, 트리메틸아민, 휘발성 유기산, 휘발성 환원성 물질 등을 측정한다. 실용적으로 휘발성 염기, 트리메틸아민의 측정이 초기부패의 판정에 널리 쓰이고 있다. 일반적으로 효소 화학적 방법은 선도의 지표로서 유력하며 상당히 신뢰도가 높은 방법이다. PH 측정법: 사후 pH가 증가하는 시점의 pH를 부패시기로 하여 판정의 기준으로 한다.

3. 초기 세균 농도가 10^5 CFU/g인 연육을 120℃에서 3분간 살균하였더니 10^2 CFU/g으로 감소하였다. 이 때 D값은?

① 1분 ② 2분
③ 3분 ④ 5분

정답 및 해설 ①

D값은 임의 온도에서 생균을 90% 사멸시키는 데 필요한 시간 $\dfrac{3}{\log(\frac{105}{102})}=1$

4. 수산식품 가공처리 중 지질산화 억제를 위한 방법으로 옳지 않은 것은?
   ① 냉동굴 제조 시 얼음막 처리
   ② 마른멸치 제조 시 BHT 처리
   ③ 어육포 포장 시 탈산소제 봉입 처리
   ④ 저염 오징어젓 제조 시 소브산 처리

   정답 및 해설 ④
   젖산 솔비톨 에탄올을 첨가하여 부패를 억제시킨다.

5. 접촉식 동결법에 관한 설명으로 옳지 않은 것은?
   ① 냉각된 금속판 사이에 원료를 넣고, 양면을 밀착하여 동결하는 방법이다.
   ② 선상 동결법으로도 사용한다.
   ③ 급속 동결법 중의 하나이다.
   ④ 선망으로 어획된 참치통조림용 가다랑어의 동결에 적용하고 있다.

   정답 및 해설 ④
   접촉식동결방법: 냉매에 의하여 냉각되는 -40℃~-30℃의 냉각판 사이에 어육을 놓고 동결시키는 방법이다. 수리미(냉동연육)와 필레 동결에 이용한다. 동결속도가 빠르므로 대표적인 급속동결법 중의 하나이다.

6. 연승(주낙)으로 어획한 갈치를 어상자에 담을 때 적절한 배열방법은?
   ① 복립형
   ② 산립형
   ③ 환상형
   ④ 평편형

   정답 및 해설 ③
   ① 복립형: 배 부분을 위로 오게 하여 배열하는 방법
   ② 산립형: 잡어와 같이 일정한 형태가 없이 아무렇게나 배열하는 방법
   ③ 환상형: 동그랗게 구부려서 넣는 방법(갈치, 장어류 등의 어종)
   ④ 평편형: 옆으로 가지런히 배열하는 방법

7. 수산식품의 진공포장 처리에 관한 설명으로 옳지 않은 것은?
   ① 호기성 미생물의 발육이 억제된다.
   ② 내용물의 지질산화가 억제된다.

③ 부피를 줄여 수송 및 보관이 용이하다.
④ 포장재는 기체투과성이 있어야 한다.

> **정답 및 해설** ④
> 1) 호기성세균에 의한 부패방지 2) 벌레방지, 곰팡이 발생억제하여 미생물 성장을 억제한다..

8. 수산물 표준규격에서 정하는 포장재료 및 포장재료의 시험방법 중 PP대(직물제포대) 시험항목에 해당하지 않는 것은?

① 인장강도 ② 직조밀도
③ 봉합실 흡수량 ④ 섬도

> **정답 및 해설** ③

9. 고등어의 동결저장 중 품온이 -10℃일 때 동결률(%)은? (단, 고등어의 수분함량은 75%이고, 어는점은 -2℃이다.)

① 75% ② 80%
③ 85% ④ 90%

> **정답 및 해설** ②
> 동결률(%): $(1 - \frac{-2}{-10}) \times 100 = 80\%$

10. 연제품의 탄력에 관한 설명으로 옳은 것은?

① 경골어류는 연골어류보다 겔 형성력이 좋다.
② 적색육 어류가 백색육 어류보다 겔 형성력이 좋다.
③ 어육의 겔 형성력은 선도와 관계없다.
④ 단백질의 안정성은 냉수성 어류가 온수성 어류보다 크다.

> **정답 및 해설** ①
> 어육에 2~3%의 식염을 가하고 고기갈이하면 점질성의 졸(sol)이 되며, 이것을 가열하면 탄력 있는 겔(gel) 제품이 된다.
> 겔(gel): 친수 졸(sol)을 가열 후 냉각시키거나 물을 증발시키면 분산매가 줄어들어 반고체 상태로 굳어지는 상태
> 졸(sol): 분산매가 액체이고 분산질이 고체 또는 액체의 교질입자가 분산되어 전체가 액체상태를 띠고 있는 것

Point 기출문제

11. 어육의 동결 중 나타나는 최대 빙결정 생선대에 관한 설명으로 옳지 않은 것은?
① -5 ~ 어는점(℃) 범위의 온도대이다.
② 얼음 결정이 가장 많이 생성된다.
③ 어육의 품온이 떨어지는 시간이 많이 걸리는 구간이다.
④ 냉동품의 품질은 최대 빙결정 생선대의 통과시간이 길수록 우수하다.

> 정답 및 해설 ④
> ④ 냉동품의 품질은 최대 빙결정 생선대의 통과시간이 짧을수록 우수하다.

12. 한천에 관한 설명으로 옳은 것은?
① 한천은 아가로펙틴과 아가로스의 혼합물이며, 아가로펙틴이 주성분이다.
② 아가로펙틴은 중성다당류이다.
③ 한천은 소화흡수가 잘되어 식품의 소재로 활용도가 높다.
④ 냉수에는 잘 녹지 않으나, 80℃ 이상의 뜨거운 물에는 잘 녹는다.

> 정답 및 해설 ④
> ① 한천은 아가로펙틴(20~30%)과 아가로스(70~80%)의 혼합물이며, 아가로서가 주성분이다.
> ② 아가로펙틴(agaropectin)은 산성다당류이며 아가로스(agarose)가 중성다당류이다.
> ③ 한천은 소화흡수가 잘 되지 않아 다이어트식 품으로 이용되고 있다.

13. 제품의 흑변 방지를 위하여 통조림 용기에 사용하는 내면 도료는?
① 비닐수지 도료   ② 유성수지 도료
③ V-에나멜 도료   ④ 에폭시수지 도료

> 정답 및 해설 ③
> 흑변의 방지를 위해 c-에나멜 캔이나 v-에나멜 캔을 사용하여 게살 통조림의 경우 게살을 황산지에 감싼다.

14. 마른간법과 비교한 물간법의 특징으로 옳은 것을 모두 고른 것은?

ㄱ. 소금의 침투가 불균일하다.	ㄴ. 염장 중 지방산화가 적다.
ㄷ. 소금 사용량이 많다.	ㄹ. 제품의 수율이 낮다.
ㅁ. 소금의 침투속도가 빠르다.	

① ㄱ, ㄴ   ② ㄴ, ㄷ
③ ㄷ, ㄹ   ④ ㄹ, ㅁ

정답 및 해설 ②
마른간법: 소금을 직접 어패류에 뿌려서 염장하는 방법 용기 등의 설비가 불필요하지만 산화되기 쉽고, 염분이 균일하지 않는 등의 단점이 있다. 마른간법은 대형어 염장에 사용한다. 소금사용량은 원료 무게의 20~35% 정도이다.
물간법: 진한 농도의 소금물에 어패류를 담구어 염장하는 방법 육상에서의 염장 또는 소형어의 염장에 사용한다.

15. 국내에서 참치통조림의 원료로 가장 많이 사용되고 있는 어종은?
① 가다랑어　　　　　　　② 날개다랑어
③ 참다랑어　　　　　　　④ 황다랑어

정답 및 해설 ①

16. 게맛어묵(맛살류)의 제품 형태에 해당하지 않는 것은?
① 청크(chunk)　　　　　② 플레이크(flake)
③ 라운드(round)　　　　 ④ 스틱(stick)

정답 및 해설 ③

17. 마른김의 제조를 위하여 산업계에서 주로 적용하고 있는 기계식 건조방법은?
① 냉풍건조　　　　　　　② 열풍건조
③ 동결건조　　　　　　　④ 천일건조

정답 및 해설 ②
① 냉풍건조: 제습하여 수증기압을 낮게 한 차가운 바람을 식품에 접촉시켜 건조하는 방법 (멸치나 오징어 등의 건조방법)
② 열풍건조: 상장형(송풍식, 통풍식)터널형 건조장치에 넣어 뜨거운 바람으로 순환시켜 건조하는 방법 (마른 김)
③ 동결건조: 저온에서 일어나기 때문에 열에 의한 어패류의 변질이 적고 어패류의 색, 맛, 향기 및 물성을 잘 유지하며 복원성이 좋은 방면에 시설비 및 운영경비가 비싸다.
④ 천일건조: 자연의 햇빛, 바람 등의 환경을 이용하여 건조하는 방법

18. 다음 수산발효식품 중 제조기간이 가장 긴 제품은?
① 멸치젓　　　　　　　　② 멸치액젓
③ 명란젓　　　　　　　　④ 가자미식해

정답 및 해설 ②

멸치액젓은 소금을 염장하여 1년 이상 장시간 발효시킨다.
육젓은(멸치젓, 조기젓, 전어젓, 정어리젓 소라젓, 전복젓, 명란젓, 가자미식해)약 2~3개월 상온 발효시킨다.

19. 수산물의 원료 전처리 기계에 해당하는 것을 모두 고른 것은?

> ㄱ. 선별기　　　　　　ㄴ. 필렛가공기
> ㄷ. 탈피기　　　　　　ㄹ. 레토르트

① ㄱ, ㄴ　　　　　　② ㄱ, ㄴ, ㄷ
③ ㄴ, ㄷ, ㄹ　　　　　④ ㄱ, ㄴ, ㄷ, ㄹ

정답 및 해설 ②

레토르트의 가공원리는 데우기만 하면 먹는 식품(3분 카레, 미트볼, 햇밥 등)

20. 어묵제조 공정에 필요한 기계장치를 순서대로 옳게 나열한 것은?

> ㄱ. 채육기(어육채취기)　　ㄴ. 육정선기　　ㄷ. 사일런트커터
> ㄹ. 성형기　　　　　　　　ㅁ. 살균기

① ㄱ → ㄴ → ㄷ → ㄹ → ㅁ　　② ㄱ → ㄷ → ㄴ → ㄹ → ㅁ
③ ㄴ → ㄱ → ㄷ → ㄹ → ㅁ　　④ ㄴ → ㄱ → ㄷ → ㅁ → ㄹ

정답 및 해설 ①

ㄱ. 채육기(어육채취기): 연제품을 만들 때 사용하며 수제된 어체를 어육과 껍질, 뼈, 등을 분리하여 어육만 채취하는 기계
ㄷ. 사일런트커터(silent cutter): 어묵을 잘게 부수거나 여러 가지 부원료를 골고루 혼합할 때 사용되는 기계 동결 수리미 및 각종 어묵을 만들 때 사용한다.

21. 다음과 같은 순서로 처리하는 건조기는?

> ○ 생미역을 선반(tray) 위에 평평하게 담는다.
> ○ 선반을 운반차(대차) 위에 쌓아 올린다.

o 열풍이 통과할 수 있는 적당한 간격으로 운반차를 건조기 안에 넣는다.
o 건조기 내부로 운반차를 차례로 통과시켜 생미역을 건조시킨다.

① 유동층식 건조기　　　　　　② 캐비넷식 건조기
③ 터널식 건조기　　　　　　　④ 회전식 건조기

> **정답 및 해설** ③
> 터널형의 방에 건조물을 올려놓은 대차를 수납하여 건조하는 방식

22. 조개류의 독성 물질이 아닌 것은?

① venerupin　　　　　　　　② PSP
③ DSP　　　　　　　　　　　④ tetrodotoxin

> **정답 및 해설** ④
> ① venerupin(베네루핀): 모시조개, 굴, 바지락　② PSP (마비성 패독)
> ③ DSP(설사성 패독)　　　　　　　　　　　　④ tetrodotoxin(테트로도톡신)은 복어 독이다.

23. HACCP의 CCP(중요관리점)로 결정되어지는 질문과 답변은?

① 확인된 위해요소를 관리하기 위한 선행요건프로그램이 있으며 잘 관리되고 있는가?
　- Y
② 이후의 공정에서 확인된 위해를 제거하거나 발생가능성을 허용수준까지 감소시킬 수 있는가?
　- Y
③ 이 공정이나 이후의 공정에서 확인된 위해의 관리를 위한 예방조치방법이 없으며, 이 공정에서 안정성을 위한 관리가 필요한가? - N
④ 이 공정은 이 위해의 발생가능성을 제거 또는 허용수준까지 감소시키는가? - Y

> **정답 및 해설** ④
> HACCP의 12절차중 CCP(중요관리점)의 결정은 7단계, 2원칙에 해당한다.

24. 식품공전상 수산물의 중금속 기준으로 옳은 것은?

① 납(오징어를 제외한 연체류): 2.0 mg/kg 이하
② 카드뮴(오징어): 2.0 mg/kg 이하
③ 메틸수은(다랑어류): 2.0 mg/kg 이하
④ 카드뮴(미역): 0.5 mg/kg 이하

정답 및 해설 ①
② 카드뮴(오징어): 3.0mg/kg이하 다만, 어류의 알은 1.0mg/kg 이하, 두족류는 2.0mg/kg 이하
③ 메틸수은(다랑어류): 1.0mg/kg 이하(심해성어류, 다랑어 및 새치류에 한함)
④ 카드뮴(미역): 3.0mg/kg 이하 다만, 어류의 알은 1.0mg/kg 이하,

수산물 중금속 기준(22년 6월기준)

대상식품	납(mg/kg)	카드뮴(mg/kg)	수은(mg/kg)	메틸수은(mg/kg)
어류	0.5 이하	0.1 이하(민물 및 회유어류에 한한다) 0.2 이하(해양어류에 한한다)	0.5 이하 (아래 어류는 제외한다.)	1.0 이하 (아래 어류에 한한다)
연체류	2.0 이하 (다만, 오징어 1.0 이하 내장을 포함한 낙지는 2.0 이하)	2.0 이하(다만, 오징어는 1.5 이하, 내장을 포함한 낙지는 3.0 이하)	0.5 이하	-
갑각류	0.5 이하(다만, 내장을 포함한 꽃게류는 2.0 이하)	1.0 이하(다만, 내장을 포함한 꽃게류는 5.0 이하)	-	-
해조류	0.5 이하 미역(미역귀 포함)에 한한다.	0.3 이하 김(조미김 포함) 또는 미역(미역귀 포함)에 한한다.	-	-
냉동식용 어류머리	0.5 이하	-	0.5 이하 (아래 어류는 제외한다)	1.0 이하 (아래 어류에 한한다)
냉동식용 어류내장	0.5 이하(다만, 두족류는 2.0 이하)	3.0 이하(다만, 어류의 알은 1.0 이하, 두족류는 2.0 이하)	0.5 이하 (아래 어류는 제외한다)	1.0 이하 (아래 어류에 한한다)

25. HACCP의 제품설명서 작성 시 포함되지 않는 항목은?

① 완제품규격
② 제품유형
③ 식품제조 현장작업자
④ 유통기한

정답 및 해설 ③
HACCP의 제품설명서 작성 내용: 제품명, 완제품규격, 제품유형, 유통기한, 품목제조보고 연월일 및 보고자, 작성자년월일, 성분배합비율, 포장단위, 보관유통상 주의사항, 포장방법 및 재질, 표시사항, 제품의용도, 섭취방법,

제9회 기출 문제

1. 어패류의 선도판정 방법이 아닌 것은?

① 관능적 방법　　② 화학적 방법　　③ 물리적 방법　　④ 문답적 방법

> **정답 및 해설** ④
> ① 관능적 방법 : 인체의 감각을 이용하여 껍질의 상태(색깔, 비늘 등) 아가미의 색깔, 안구의 형태, 복부(연화, 항문의 장의 내용물 노출 등)육의 투명감, 냄새 및 지느러미의 상처 등을 관찰함으로써 선도를 판정한다.
> ② 화학적 방법: 어패류의 단백질 그 밖의 성분의 세균에 의한 분해 생산물
> ③ 물리적 방법: 육질이나 고기추출액의 물성을 측정하기 때문에 신속히 할 수 있지만 실용가치는 없다. 어체의 경도, 어육의 압착즙의 점도, 전기저항, 안구수정체의 탁도 등을 측정하여 선도를 판정하는 방법이다.

2. 젓갈 제조원리에 해당하지 않은 것은?

① 살균처리　　② 미생물 발효　　③ 자가소화　　④ 단백질 분해

> **정답 및 해설** ①
> 수산물발효식품으로서 어패류의 육, 내장, 생식소 등에 소금을 가하여 어패류 내 자가소화효소 및 미생물의 작용으로 발효 숙성시켜 독특한 풍미를 지니게 한 저장식품
> 동물성 단백질에서 유래되는 아미노산을 많이 함유함으로 주로 조미료로 사용
> ㄱ. 육: 멸치젓, 조기젓, 전어젓. 정어리젓, 소라젓, 전복젓, 오징어젓 등
> ㄴ. 내장: 창란젓, 참치 내장젓, 창자젓, 갈치 내장젓 등
> ㄷ. 생식소: 명란젓, 성게알젓, 숭어알젓, 날치알젓, 청어알젓, 상어알젓 등

3. 어류의 일반적인 가공 처리형태를 순서대로 옳게 나열한 것은?

① 청크(chunk) → 라운드(round) → 스테이크(steak) → 팬 드레스(pan dressed)
② 라운드(round) → 드레스(dressed) → 필렛(fillet) → 청크(chunk))
③ 청크(chunk) → 필렛(fillet) → 라운드(round) → 드레스(dressed)
④ 세미 드레스(semi dressed) → 라운드(round) → 드레스(dressed) → 청크(chunk)

> **정답 및 해설** ② 어체의 처리 방법
> 1. 필렛(fillet): 뼈 없는 조각으로 만드는 과정
> 2. 라운드(round): 머리, 아가미, 내장 등이 원어의 원형을 그 대로 유지한 어체
> 3. 세미 드레스(semi dressed): 어체를 처리할 때 두부(머리)는 남겨 놓고, 아가미와 내장을 제거한 형태의것
> 4. 드레스(dressed): 어체에서 아가미, 지느러미, 내장 및 두부를 제거한 것
> 5. 팬 드레스(pan dressed): 대형어의 처리법의 하나로서, 머리, 아기미, 내장을 제거한 드레스 한 상태에서 다시 꼬리와 지느러미를 제거한 어체
> 6. 청크(chunk): 대형어의 절단 처리법의 한 형식으로, 드레스한 것을 뼈를 제거하고 통체썰기한 것

※ 7. 그란운드(Ground): 고기갈이한 어육
8. 초프(Chop): 채육기에 걸러서 발라낸 것
9. 다이스(Dice): 육편을 2~3cm 각으로 자른 것
10. 슬라이스(Slice): 스테이크에서 횟감 및 튀김용으로 사용할 수 있도록 얇게 절단한 것

4. 수산냉동식품을 제조하기 위한 동결방법이 아닌 것은?

① 송풍동결법 ② 공기동결법 ③ 침식식동결법 ④ 전기자극동결법

정답 및 해설 ④

① 송풍동결법: -40~-30℃의 냉동실에 넣고 냉풍을 3~5m/sec의 속도로 강제 순환(송풍)시켜 어육의 동결시간을 단축하는 방법
② 공기동결법: ㄱ. 정지공기동결법, 다른 동결법에 비할 때 완만동결에 속한다. 최근에는 거의 사용하지 않는다.
　　　　　　　ㄴ. 반송풍동결법, 공기동결실 내에 송풍기를 설치하여 공기를 교반함으로써 동결을 촉진시키는 방법이다.
③ 침식식동결법: -50~-25℃ 정도의 브라인(brine)에 제품을 침지시켜서 동결하는 방법이다.

5. HACCP에서 구분하고 있는 주요 위해요소가 아닌 것은?

① 환경적 위해요소 ② 화학적 위해요소
③ 생물학적 위해요소 ④ 물리적 위해요소

정답 및 해설 ①

HACCP의 7원칙중 1원칙의 위해 요인 분석
② 화학적 위해요소(독성물질, 식품첨가물질, 농약 등 검사분석)
③ 생물학적 위해요소(병원성미생물의 존부여부 등)요인을 분석하는 과정이다.
④ 물리적 위해요소(이물질 혼입여부)
※ HACCP 7원칙 절차: 위해요소 분석(HA)→중요관리점 결정(CCP)→한계기준 설정→모니터링 체계 확립→개선조치 및 방법수립→검증절차 및 방법수립→문서화 및 기록유지

6. 수산냉동식품에서 글레이징(glazing)을 하는 목적에 해당하지 않는 것은?

① 수분 증발 방지 ② 냉동식품과 외부 공기 차단
③ 지질산화 방지 ④ 균일하고 신속한 해동효과

정답 및 해설 ④

글레이징(glazing): 동결식품을 냉동수산물을 0.5~2℃의 물에(5~10초) 수초동안 담구었다가 건져올리면 부착한 수분이 곧 얼어붙어 표면에 얼음의 얇은 막(3~5mm)이 생기는데 이것을 빙의(氷依)glaze라고 하고, 이 빙의를 입히는 작업을 글레어징이라함. 글레이징은 동결식품을 공기와 차단하여 건조나 산화를 막기 위한 보호처리임
장기간 저장하면 빙의가 없어지므로 1~2개월마다 다시 작업하여야 하며, 동결품의 건조와 변색방지에 효과적이다.

7. 수산가공품 중 동건품에 해당하는 것을 모두 고른 것은?

| ㄱ. 황태 | ㄴ. 마른전복 | ㄷ. 굴비 |
| ㄹ. 한천 | ㅁ. 마른해삼 | ㅂ. 마른오징어 |

① ㄱ, ㄴ　　　　② ㄱ, ㄹ　　　　③ ㄷ, ㅁ　　　　④ ㄹ, ㅂ

정답 및 해설 ②
동건품은 동결과 해동을 반복해서 말린 것 (황태(북어), 한천, 과메기 등)
자건품은 원료를 삶은 후에 말린 것 (마른멸치, 해삼, 패주, 전복, 새우)
염건품은 소금에 절인 후에 말린 것 (마른굴비, 가자미, 민어, 고등어)
소건품은 원료를 그대로 또는 간단히 전 처리하여 말린 것 (마른오징어, 대구, 김, 상어지느러미, 미역, 다시마)

8. 어육이 90% 동결되어 있을 때 체적 팽창률(%)은 얼마인가? (단, 어육의 수분 함량은 85%, 물의 동결에 의한 체적 팽창률은 9%로 하며, 수분을 제외한 나머지 성분의 동결에 의한 체적 변화는 무시한다.)

① 5.482　　　　② 6.885　　　　③ 54.85　　　　④ 68.85

정답 및 해설 ②

9. 연제품을 가열방법에 따라 분류할 때 증자법으로 생산되는 제품은?

① 구운 어묵　　② 튀김 어묵　　③ 찐 어묵　　④ 마 어묵

정답 및 해설 ③
연제품은 어육의 소량의 소금(2~3%) 및 부재료를 넣고 갈아서 만든 고기풀을 가열, 응고시켜 만든 탄성 있는 겔(gel) 제품이다.

10. 수산가공품 중 건제품의 가공원리에 관한 설명으로 옳은 것은?
① 수분 활성도가 낮을수록 미생물의 발육이 억제되어 보존성이 좋아진다.
② 일반적으로 수분 함유량이 많으면 수분 활성도가 낮고, 수분 함유량이 낮아지면 수분활성도가 높아진다.
③ 일반적으로 식품의 수분 함유량이 60%이하가 되면 거의 부패가 일어나지 않는다.
④ 수분 함유량을 높게 하여 미생물과 효소의 작용을 활성화시킨다.

정답 및 해설 ①
건제품은 수산물을 태양열 또는 인공열로 건조시켜 보존성을 좋게 한 제품
② 식품의 수분을 감소시킴으로서 식품의 수분활성을 저하시키는 것
③ 일반적으로 수분함량이 40%이하가 되면 세균의 의 성장을 억제할 수 있다.
④ 부패세균의 발육에 필요한 수분을 제거하여 그 발육을 억제하는 것

11. 어패류의 선도유지를 위한 빙장법에 관한 설명으로 옳은 것은?
① 얼음의 융해잠열을 이용하여 어패류의 온도를 낮추어 저장하는 방법이다.
② 연안에서 어획한 수산물을 6개월 이상 장기 저장할 때 널리 이용된다.
③ 자기소화 효소작용이 촉진되어 저장성이 높아진다.
④ 빙장에 사용되는 얼음에는 담수빙만 사용해야 한다.

정답 및 해설 ① 어패류의선도판정법
ㄱ. 물리적방법: 육질이나 고기추출액의 물성을 측정하기 때문에 신속히 할 수 있지만 실용가치는 없다. 어체의 경도, 어육의 압착즙의 점도, 전기저항, 안구수정정체의 탁도 등을 측정하여 선도를 판정하는 방법
ㄴ. 화학적방법: 어패류의 단백질 그 밖의 성분의 세균에 의한 분해 생산물
ㄷ. 세균학적방법: 어패류의 생균수를 직접 측정한다. 조작도 번잡하고 시간을 요하는 것이 어려운점이지만 주로 식품위생의 관점에서 실시한다.
ㄹ. 관능적방법: 인체의 감각을 이용하여 껍질의 상태(색깔, 비늘 등) 아가미의 색깔, 안구의 형태, 복부 (연화, 항문에 장의 내용물 노출 등) 육의 투명감, 냄새 및 지느러미 상처 등을 관찰 함으로써 판정한다.

12. 통조림의 살균온도와 살균시간에 관한 내용으로 옳은 것을 모두 고른 것은?

ㄱ. D값은 일정온도에서 주어진 미생물 농도를 1/10로 감소시키는데 소요되는 시간
ㄴ. 동일 온도에서 D값이 높은 것은 내열성이 약하다는 것을 의미
ㄷ. Z값은 D값을 1/10로 단축시키는데 필요한 온도차이(℃)
ㄹ. Z값은 높은 것은 온도 상승에 대한 내열성이 큰 것을 의미

① ㄱ, ㄷ   ② ㄴ, ㄹ   ③ ㄱ, ㄴ, ㄷ   ④ ㄱ, ㄷ, ㄹ

정답 및 해설 ④

13. 수산물 표준규격상 수산물의 종류별 등급 및 포장규격에서 규격하고 있는 수산물(신선 어패류)이 아닌 것은?
① 생굴   ② 바지락   ③ 가리비   ④ 꼬막

정답 및 해설 ③

① 생굴 등급규격

항목	특	상	보통
1립 무게(g)	5 이상	5 이상	5 이상
다른크기 및 외상이 있는것의혼입율(%)	3 이하	5 이하	10 이하
색택	우량	양호	보통
선도	우량	양호	보통
공통규격	○ 고유의 색깔의 향미를 가지고 있어야 한다. ○ 다른 품종의 것이 없어야 한다. ○ 부서진 패각 및 기타 협잡물이 없어야 한다. ○ 내용물중의 수질은 혼탁되지 아니하여야 한다.		

② 바지락 등급규격

항목	특	상	보통
1개의 크기(각장. cm)	4 이상	3 이상	3 이상
다른크기의 것의 혼입율(%)	5 이하	10 이하	30 이하
손상 및 죽은 패각 혼입율(%)	3 이하	5 이하	10 이하
공통규격	○ 패각에 묻은 모래, 뻘 등이 잘 제거되어야 한다. ○ 크기가 균일하고 다른 종류의 것이 혼입이 없어야 한다. ○ 부패한 냄새 및 기타 다른 냄새가 없어야 한다.		

④ 꼬막 등급규격

항목	특	상	보통
1개의 크기(각장. cm)	3 이상	2.5 이상	2 이상
다른크기의 것의 혼입율(%)	5 이하	10 이하	30 이하
손상 및 죽은 패각 혼입율(%)	3 이하	5 이하	10 이하
공통규격	○ 패각에 묻은 모래, 뻘 등이 잘 제거되어야 한다. ○ 크기가 균일하고 다른 종류의 것이 혼입이 없어야 한다. ○ 부패한 냄새 및 기타 다른 냄새가 없어야 한다.		

14. 히스타민에 의한 화학적 식중독에 관한 설명으로 옳지 않은 것은?

① 어류의 가공 저장 중에 아미노산인 히스티딘이 세균에 의한 분해되어 만들어진다.
② 히스타민이 많이 함유된 수산물을 섭취하면 주로 천식, 피부발진, 호흡곤란 등의 알레르기를 일으킨다.
③ 어류에서 히스타민 허용값은 200mg/kg 이하이다.
④ 선도가 떨어진 고등어, 정어리, 꽁치 등의 적색육 어류를 섭취해도 발생하지 않는다.

정답 및 해설 ④

④ 히스타민(histamine): 비위생적으로 관리된 고등어 등에 함유되어 있다.
 바이오제닉아민의 일종이다. 탈탄산 반응에 의해 유리 히스티딘으로부터 생선된다.

15. 통조림을 밀봉할 때 캔을 고정시키는 역할을 하는 시이머의 주요 부위는?

① 리프터　　　② 시이밍 척　　　③ 시이밍 제1롤　　　④ 시이밍 제2롤

정답 및 해설 ②

밀봉기의 주요요소
② 시이밍 척(seaming chuck): 금속관에 뚜껑을 권체하기 위한 2중권체기로 구비되고 있는 금속제의 부품
① 리프터(lifter): 통조림 밀봉공정 중 관의 밑바닥을 유지하는 관
③ 시이밍롤(seaming roll): 금속관에 뚜껑을 권체할 때 사용하는 이 중 권체기의 구성 부품(이중 권체기 (제1권체롤, 제2 권체롤))
④ 블리더(bleeder): 주형 시 주입 후에 발생하는 누출

16. 시중에 판매되고 있는 통조림의 내기압을 측정한 결과 40.7cmHg 일 때 진공도(cmHg)는 얼마인가? (단, 측정 당시 관의 외기압은 100.7cmHg로 한다.)

① 20　　　② 40　　　③ 50　　　④ 60

정답 및 해설 ④

17. 드립은 동결품을 해동할 때 밖으로 흘러나오는 육즙을 말한다. 드립 발생량을 줄이기 위한 방법으로 옳지 않은 것은?

① 선도가 좋은 원료를 사용한다.　　　② 동결 저장 온도를 낮게 한다.
③ 완만 동결한다.　　　　　　　　　　④ 동결 저장 기간을 짧게 한다.

정답 및 해설 ③

드립(Drip)발생은 급속 동결 후 저온온도의 변동을 크게 함
냉동품(동결품)의 해동 시 빙결정이 녹아서 생성한 수분이 육질에 흡수되지 못하고 유출한 액즙으로 드립은 수산물이 신선하거나 급속 동결되고, 동결 냉장온도를 낮게 하거나 온도 변화 폭이 적으며, 동결 냉장 기간이 짧으면 적게 발생한다.

18. 해조가공품에 해당하는 것은?

① 액젓　　　② 한천　　　③ 연제품　　　④ 키토산

> **정답 및 해설** ② 한천- 해조다당류를 이용한 수산가공품
> ㄱ. 원료는 우뭇가사리와 꼬시래기, 석묵, 비단풀 등의 홍조류를 열수추출 및 냉각 시 생기는 우무겔을 표백, 탈수한 것
> ㄴ. 응고력이 강하고 보수성 및 점탄성이 좋으며 인체의 소화효소나 미생물에 의해 분해되지 않고 열류에 에는 녹지 않는다.
> ㄷ. 제조법에 따라 천연 한천과 공업 한천으로 구분된다. 종류는 실한천, 가루한천, 설한천, 각한천, 인상한천 등
> ㄹ. 산에는 약하지만 알칼리에는 강하다.

19. 어육의 부패에 영향을 미치는 주요 요인이 아닌 것은?

① 온도　　　② 수분　　　③ 중금속　　　④ 미생물

> **정답 및 해설** ③
> 단백질이나 지질 등이 미생물의 작용에 의해 분해되는 과정이다.
> 비린내의 주요성분인 트리메틸아민(TMA)은 트리메틸아민옥사이드(TMAO)가 세균 또는 효소작용에 의하여 환원되어 발생한다.

20. 수산물의 특성 중 식품 가공 원료에 관한 설명으로 옳지 않은 것은?
① 어획량의 불확실성이 크다.
② 어육은 축육보다 사후경직이 느리다.
③ 어류는 축산물에 비해 크기나 시기에 따라 성분조성이 변동이 크다.
④ 어류의 적색육은 백색육보다 선도저하가 빠른 편이다.

> **정답 및 해설** ②

21. 다음에서 설명하고 있는 것은?

> 지방을 많이 포함하고 있는 어류가 산소, 빛, 가열에 의하여 쉽게 산화되어 불쾌한 맛과 냄새를 생성하게 되는 현상

① 산패　　　② 발효　　　③ 청변　　　④ 흑변

> **정답 및 해설** ①

22. 어패류의 사후변화 과정을 순서대로 옳게 나열한 것은?

① 해당작용 → 사후경직 → 해경 → 자가소화
② 사후경직 → 해경 → 해당작용 → 자가소화
③ 자가소화 → 해당작용 → 해경 → 부패
④ 해당작용 → 해경 → 부패 → 자가소화

정답 및 해설 ①

1. 해당작용
ㄱ. 수산물에 함유된 글리코겐이 분해되면서 에너지 물질잉 ATP(아데노신 3인산)와 젖산이 생선디는 과정이다.
ㄴ. 젖산의 양이 많아지면 근육의 pH가 낮아지고 근육의 ATP도 분해된다.
ㄷ. 젖산의 축적과 ATP의 분해되면 사후경직이 시작된다.

2. 사후경직
ㄱ. 어패류가 죽은 후의 일정시간이 경과 후에는 근육이 수축되어 탄성을 잃고 딱딱하게 되는 현상이다.
ㄴ. ATP의 소실에 의하여 미오신과 액틴이 결합하여 액토미오신이 형성되어 근육은 수축된다.
ㄷ. 사후경직의 시작시간과 지속시간은 어패류의 종류, 연령, 성분조성, 생전의 활동, 사후상태, 사후의 관리 및 환경온도 등에 따라 달라지게 된다.
ㄹ. 즉사한 경우가 고생한 경우보다 사후경직이 늦게 시작되고 지속시간이 길다.
ㅁ. 붉은 살 생선이 흰 살 생선보다 사후경직이 빨리 시작되고 지속시간이 짧다.
ㅂ. 어패류의 신선도가 유지와 직결되므로 죽은 후에 저온 등의 방법으로 사후경직 지속시 간을 길게해야 신선도를 오래도록 유지 할 수 있다.

3. 해경
ㄱ. 사후경직이 지난 뒤 수축된 근육이 풀어지는 현상이다.
ㄴ. 해경의 단계는 극히 짧아 바로 자가(기)소화단계로 이어진다.

4. 자가(기)소화
ㄱ. 근육조직 내의 자가소화 작용으로 근육 단백질이 부드러워지는 현상이다.
ㄴ. 단백질 분해효소가 분해되면서 자가소화의 특징이다.
ㄷ. 자가소화에 영향을 주는 주요요소는 어종, 온도, pH이다.
ㄹ. 자가소화가 진행되면 조직이 연해지고 풍미도 떨어지며 부패로 진행된다.
ㅁ. 자가소화를 이용한 식품으로 젓갈, 액젓, 식해류 등이 있다.

5. 부패
비리내가 나타나는 현상: 트리메탈아민옥사이드(TMAO)가 트리메틸아민(TMA)으로 환원되는 과정에서 나는 냄새다. 트리메탈아민옥사이드(TMAO)는 어류가 사는 위치, 어종, 계절 등에 따라 양의 변화가 나타난다.

23. 수산물의 동결저장 중 식품변질에 관한 현상이 아닌 것은?

① Green meat   ② Jelly meat   ③ 새우의 흑변   ④ Adhesion

정답 및 해설 ④

24. 수산 가공 기계에 관한 내용으로 옳지 않은 것은?

① 열풍건조기는 열풍으로 식품을 빠른 시간에 건조시키는 장치다.
② 냉풍건조기는 습도가 낮은 냉풍으로 식품을 건조시키는 장치다.
③ 송풍식 동결장치는 냉풍을 느린 속도로 불어 넣어 수산물을 동결시키는 장치다.
④ 접촉식 동결장치는 식품을 급속 동결시키는데 주로 사용한다.

정답 및 해설 ③
식품을 건조실에 넣고 가열된 공기를 강제적으로 송풍기나 선풍기 같은 기기에 의해 열풍을 불어 넣어 건조시키는 방법이다.

25. 수산물 표준규격상 수산물의 종류별 등급 및 포장규격에서 다음의 등급규격에 해당하는 것은?

항목	특	상	보통
1마리의 크기(전장, cm)	20 이상	15 이상	15 이상
다른크기의 것의 혼입률(%)	0	10 이하	30 이하
색 택	우량	양호	보통
공통규격	○ 고유의 향미를 가지고 다른 냄새가 없어야 한다. ○ 크기가 균일한 것으로 엮어야 한다.		

① 오징어   ② 북어   ③ 굴비   ④ 문어

정답 및 해설 ③
① 냉동오징어 등급규격
② 북어등급규격

항목	특	상	보통
1마리의 크기(전잔. Cm)	40 이상	30 이상	30 이상
다른 크기의 것의 혼입율(%)	0	10 이하	30 이하
색택	우량	양호	보통
공통규격	○ 형태 및 크기가 균일하여야 한다. ○ 고유의 향미를 가지고 다른 냄새가 없어야 한다. ○ 인체에 해로운 성분이 없어야 한다. ○ 수분 : 20%이하		

④ 마른문어 등급규격

항목	특	상	보통
형태	육질의 두께가 두껍고 흡반 탈락이 거의 없는 것	육질의 두께가 보통이고 흡반 탈락이 적은 것	육질이 다소 엷고 흡반 탈락이 적은 것

	곰팡이, 적분이 피지 아니하고 백분이 다소 있는 것	곰팡이, 적분이 피지 아니하고 백분이 심하지 않은 것	곰팡이, 적분이 피지 아니하고 백분이 다소 심한 것
색택	우량	양호	보통
향미	우량	양호	보통
공통규격	o 크기는 30cm 이상이어야 하며 균일한 것으로 묶어야 한다 o 토사 및 기타 협잡물이 없어야 한다. o 수분 : 23%이하		

참고문헌

이응호, 1998, 선진문화사, 수산가공학
김병묵, 1990, 진로연구사, 식품저장학
오후규 외7인, 2012, 세종출판사, 신판식품냉동기술
김진수 외3인, 2007, 도서출판 효일, 수산가공학의 기초와 응용
수산물품질관리연구회, 2015, (주)시대고시기획, 수산물품질관리사

수 확 후 품질관리론

초판 인쇄 / 2015년 8월 30일
8판 발행 / 2024년 1월 5일

저자와의 협의에 의해 인지 첩부를 생략합니다.

편저 / 이영복

발행인 / 이지오

발행처 / 사마출판

주소 / 서울시 중구 퇴계로45길 19 충일빌딩 402호

등록 / 제301-2011-049호

전화 / 02)3789-0909

팩스 / 02)3789-0989

ISBN 979-11-92118-36-9   13520

정가 25,000원

· 이 책의 모든 출판권은 사마출판에 있습니다.
· 본서의 독특한 내용과 해설의 모방을 금합니다
· 잘못된 책은 판매처에서 바꿔 드립니다.

참고문헌

이응호, 1998, 선진문화사, 수산가공학
김병묵, 1990, 진로연구사, 식품저장학
오후규 외7인, 2012, 세종출판사, 신판식품냉동기술
김진수 외3인, 2007, 도서출판 효일, 수산가공학의 기초와 응용
수산물품질관리연구회, 2015, (주)시대고시기획, 수산물품질관리사

수 확 후 품질관리론

초판 인쇄 / 2015년 8월 30일
8판 발행 / 2024년 1월 5일
편저 / 이영복
발행인 / 이지오
발행처 / 사마출판
주소 / 서울시 중구 퇴계로45길 19 충일빌딩 402호
등록 / 제301-2011-049호
전화 / 02)3789-0909
팩스 / 02)3789-0989

저자와의 협의에 의해 인지 첩부를 생략합니다.

ISBN 979-11-92118-36-9　　13520
정가 25,000원

・이 책의 모든 출판권은 사마출판에 있습니다.
・본서의 독특한 내용과 해설의 모방을 금합니다.
・잘못된 책은 판매처에서 바꿔 드립니다.